高校核心课程学习指导丛书

综合化学

无机化学·分析化学·有机化学

ZONGHE HUAXUE

WUJI HUAXUE FENXI HUAXUE YOUJI HUAXUE

张祖德　徐　鑫　江万权
金　谷　罗时玮　王中夏 / 编

中国科学技术大学出版社

图书在版编目(CIP)数据

综合化学:无机化学·分析化学·有机化学/张祖德等编. —合肥:中国科学技术大学出版社,2011.9(2024.8 重印)
(高校核心课程学习指导丛书)
ISBN 978-7-312-02907-3

Ⅰ.综… Ⅱ.张… Ⅲ.化学—研究生—入学考试—自学参考资料 Ⅳ.O6

中国版本图书馆 CIP 数据核字(2011)第 172847 号

出版 中国科学技术大学出版社
安徽省合肥市金寨路 96 号,邮编:230026
http://press.ustc.edu.cn
https://zgkxjsdxcbs.tmall.com
印刷 安徽省瑞隆印务有限公司
发行 中国科学技术大学出版社
开本 710 mm×960 mm 1/16
印张 24.25
字数 475 千
版次 2011 年 9 月第 1 版
印次 2024 年 8 月第 9 次印刷
定价 45.00 元

序

为了适应我国研究生教育改革，研究生入学考试将采用一级学科命题，其中综合化学考试是化学学科硕士研究生入学考试的主要组成部分，其目的是考查考生在大学阶段对化学的基础理论、基础知识和基本技能的掌握情况，以及综合运用所学知识分析问题、解决问题的能力。编写组的老师们在多年的教学实践中，经过长时间的锤炼和升华，适时地编写了这本《综合化学》。纵观全书，我认为作者自始至终在深度和广度上，在知识层次和编写方法上，都认真地把握住了“综合”这一主题。这是一本内容丰富、很有特色、符合研究生入学考试改革要求的好书。

《综合化学》是为帮助参加化学学科硕士研究生入学考试的同学而编写的，旨在辅导考生在最短的时间内掌握学科要点、重点及难点，并通过解答习题的方式达到充分应考的目的。

综合化学考试的内容广泛，不适于用死记硬背的方式来准备，这就要求考生平时养成良好的读书习惯，在弄清基本概念上下工夫，勤于思考，积累经验，加强实验操作能力，注意科学素养的培养，还要养成阅读科学文献的习惯，密切注意当代化学学科发展和新的交叉学科领域。

全书共分三篇，分别是无机化学、分析化学和有机化学。

无机化学篇由化学原理、化学理论和描述化学(元素及其化合物的性质)组成;分析化学篇以定量化学分析内容为主,包括定量分析的基本理论、基本实验技能和分析方法的综合应用;有机化学篇包括有机化合物分子的结构基础理论、结构性质关系、手性、电子效应、空间效应、反应过渡态理论、各类官能团的化学性质及其相互影响的综合应用,有机化合物分子的结构鉴定与解析。每篇又按章节详细介绍了复习要点,概述了重要概念和知识点,并在每章最后列举了相应的习题供读者练习,习题有难有易,有些有一定的综合性。这些都无疑将为考生在三大化学的基本知识的系统化方面起到梳理和提升作用,同时又会使考生对综合化学考试内容和方式有较好的了解。

《综合化学》即将出版了,在此,我高兴地向本书编写组的老师们表示衷心的祝贺。我相信,这本书的出版将给广大考生在考研道路上很好的帮助,同时,也会大大促进研究生入学考试改革的进一步发展。

刘有成

(中国科学院院士)

2011 年 8 月

目　次

绪　论

一、考试范围

在综合化学试卷中，无机化学的命题范围是中国科学技术大学化学与材料科学学院本科教材《无机化学》（修订版，中国科学技术大学出版社，2010 年 8 月）和中国科学院指定考研参考书《无机化学——要点·例题·习题》（第 4 版，中国科学技术大学出版社，2011 年 4 月）中的知识内容。从总体上看，综合化学试卷中的无机化学命题范围由三大部分组成：化学原理、化学理论和描述化学（元素及其化合物的性质）。这三部分的知识是密切相关、有机联系的。以化学理论最为重要，它可以使我们更深层次地认识元素与化合物的性质。为突出无机化学与其他科目的明显不同，无机化学部分的命题以元素及其化合物的性质为主考内容。为了适应无机化学学科的飞速发展，试题的内容必须适应新形势的需要，为此在命题中注重元素及其化合物的基本性质与化学原理、化学理论的有机结合，增加理性的要求，淡化记忆的内容。注重无机化学与环境化学、生命科学、绿色化学、材料科学等学科的交叉，考题尽可能考察考生分析问题的综合能力。

在综合化学试卷中，分析化学的命题范围涵盖教育部对高等学校分析化学的教学要求以及中国科学技术大学分析化学教研室分析化学（甲型和乙型）教学大纲指定的教学内容。考试知识点可参考《定量化学分析》（第 2 版，中国科学技术大学出版社，2005 年 3 月）和中国科学院指定考研参考书《分析化学——要点·例题·习题·真题》（中国科学技术大学出版社，2003 年 11 月）。总体上，命题范围以定量化学分析内容为主，包括定量分析的基本理论、基本实验技能和分析方法的综合应用。根据分析化学实验性的特点，要求正确理解分析化学基本理论，具备分析化学实验技能。注意分析化学学科的发展方向以及分析化学与生命科学、材料科学、环境科学等交叉领域的新问题。

在综合化学试卷中，有机化学的命题范围涵盖教育部对高等学校有机化学的教学要求以及中国科学技术大学有机化学教研室有机化学教学大纲指定的教学内容。复习参考书有《有机化学》(第2版，中国科学技术大学出版社，2009年6月)和《基础有机化学》(第3版，高等教育出版社，2009年11月)。命题范围涵盖基础有机化学的全部内容，包括有机化合物分子的结构基础理论、结构性质关系、手性、电子效应、空间效应、反应过渡态理论、各类官能团的化学性质等及其相互影响的综合应用、有机化合物分子的结构鉴定与解析。根据有机化合物结构特点，要求正确理解各类基本有机反应机理，具备应用基础有机化学知识理解实验结果、解释实验现象、在一定程度上指导实验研究的能力。注意有机化学学科的发展方向以及有机化学与生命科学、医药科学、材料科学、环境科学等的相互交叉、渗透。

二、考试形式

综合化学试卷中的试题形式有两类：选择题和填空题。在综合化学150分的试卷中，无机化学、分析化学和有机化学各占50分，选择题和填空题的比例分别为60%和40%。

三、考试水平分类

无机化学的考题水平分为三个层次：较易、一般和较难，分别称为A类、B类和C类。这三个层次的考题水平涵义简要说明如下：

A类水平：该层次考题考核学生无机化学学习的范围，既要求考生能从试题所提供的材料中识别学过的知识，又要求学生能按试题的要求复述学过的知识。该层次的试题一般比较简单，试题所提供的知识背景都是在教学中出现过的。

B类水平：该层次考题需要学生运用所学过的无机化学知识来解决一些综合问题，例如电极电位与弱酸、弱碱电离平衡，沉淀反应，配合物的稳定性之间关系，物质的结构与性质的关系，等等。

C类水平：该层次考题考核学生独立解决较复杂的化学问题的能力，考生需要用多方面的知识(包括其他学科领域的知识)，才能找出解决问题的方法。有些试题要求考生根据题目提供的信息，解释某些不熟悉物质的性质及其结构，预测某些未知反应的结果。有些试题来源于最新的化学科研成果。

分析化学的考题水平分为三个层次：一般了解、理解及应用和综合应用，分别称为A类、B类和C类。

A类水平:考核分析化学以及相关知识的广度。所考核的内容在理论教学和实验教学中出现过,考题相对简单明了。一般该层次上主要考核以下内容:①分析化学中的一般概念、原理及简单理论基础;②分析化学简史,分析化学发展中重要的人物和事件;③重要化学试剂的配制及标定;④特种试剂的储存及使用;⑤分离的基本知识及应用;⑥常见分析化学仪器基本知识;⑦分析化学实验相关的基础知识。

B类水平:考核学生对定量化学分析相关知识掌握的广度及深度,领会教学中所学知识的涵义,并能够融会贯通灵活运用。考核内容在基本内容的基础上进行一定的变化,要求对定量分析中的化学概念、原理、化学现象和规律具有深入的理解,明晰对公式的推导或证明过程;对实验中出现的现象或问题进行合理的解释或推论。该层次上主要考核以下内容:①定量分析的要求及方法,滴定方式;②重量分析法及影响因素;③误差及数据处理的相关问题;④滴定分析和重量分析的相关计算;⑤光度分析原理及相关计算;⑥溶剂萃取、离子交换条件选择及计算。

C类水平:考核学生运用学过的分析化学知识,解决实际问题的能力。学生需要运用以前学过的多方面相关知识,对问题进行剖析、比较和推理,再对知识进行组合运用,综合考虑解决问题的方法或途径,来解决较为复杂的实际问题。该层次上主要考核以下内容:①应用所掌握的无机化学、分析化学知识,解决与分析化学有关的数据处理、化学平衡、多组分分析问题;②复杂滴定误差及分析结果的处理和计算;③对给定的样品,设计出合理、可行的分析方案。

有机化学的考题水平也分为三个层次:一般了解、理解及应用和综合应用,分别称为A类、B类和C类。

A类水平:考核有机化学以及相关知识的广度。所考核的内容在理论教学和实验教学中出现过,考题相对简单明了。一般该层次上主要考核以下内容:①有机化学中的一般概念、原理及简单理论基础;②有机化学简史,有机化学发展中重要的人物和事件;③各类官能团化合物的基本有机化学反应;④各类官能团化合物的一般化学鉴定;⑤各类官能团化合物的特征光谱分析鉴定;⑥重要基本有机反应机理;⑦有机化学实验相关的基础知识。

B类水平:考核学生对有机化学相关知识掌握的广度及深度,领会结构与反应活性间的关系,并能够融会贯通灵活运用到各类基本反应机理中。考核内容在考察基本内容的基础上进行一定的变化,要求对有机反应中的化学概念、原理、化学现象和规律具有深入的理解,明晰对反应历程的推导或证明过程;对实验中出现的现象或问题进行合理的解释或推论。该层次上主要考核以下内容:①多官能团化合物反应的化学选择性;②具有不同反应位点的区域选择性;③具有不同空间反应位点的立体选择性;④反应产物的动力学控制与热力学控制;⑤取代反应与消除反应的竞争;⑥光反应、热反应及特定试剂或引发剂导致的反应选择性。

C类水平:考核学生运用基础有机化学知识,解决实际问题的能力。考生需要运用在基础有机化学中学到的多方面相关知识,对问题进行剖析、比较和推理,再对知识进行组合运用,综合考虑解决问题的方法或途径,来解决较为复杂的实际问题。

四、复习指南

无机化学的复习重点如下:

(1) 掌握化学原理中各物理量的定义,各类平衡的表达式,各种守恒的关系式,能正确解决一般的各类平衡计算。

(2) 掌握原子和晶体结构,运用这些基本理论解释元素与化合物性质的周期性变化规律。

(3) 从氧化还原反应与路易斯酸碱反应来认识元素各氧化态的化学性质。

分析化学的复习重点如下:

(1) 分析化学的任务、作用、研究对象,分析方法的分类,分析化学和分析方法的历史沿革、发展概况,与相关前沿学科的交叉及最新进展。

(2) 定量分析过程,定量分析结果的表示,滴定分析法的特点,滴定分析对化学反应的要求和滴定方式,基准物质条件及选择,标准溶液的配制和标定,标准溶液浓度的表示方法及计算,滴定分析中的计量关系及计算。

(3) 化学分析方法及其适用范围和特点;仪器分析常用方法及其适用范围和特点。

有机化学的复习重点如下:

(1) 全面掌握有机化合物的结构理论,建立有机化合物的三维空间结构图形,扎实地掌握各类有机化合物的结构特征;系统掌握有机化合物酸碱理论、各种取代基引起的电子效应理论、空间效应,以及影响因素及其对有机化合物性质的影响;结构决定性质,在有机化合物基本结构基础上,理解和掌握反应特点、作用机制和规律,全面系统地掌握和应用各类有机化学反应。

(2) 根据反应类型学习有机化学反应，包括：有机反应中间体、有机反应的基本问题；饱和碳原子上的自由基取代反应、亲核取代反应、消除反应；不饱和碳原子上碳键的加成反应、氧化还原反应；芳环上的亲电取代反应、亲核取代反应、芳环侧链上的取代及氧化反应；羰基等极性双键化合物的亲核加成反应、亲核取代反应；羰基α-H及类似活泼 H 的取代反应、缩合反应；周环反应；各类分子重排骨架反应。在有机化合物的结构理论和酸碱理论指导下，结合动力学和热力学的基本原理，理解、掌握反应机理，认识反应的选择性规律，从而掌握反应物结构、反应条件对反应活性、反应选择性的影响规律及反应过程中的立体化学特征，分析和解决有机合成中的实际问题。

(3) 在理解的基础上记忆各类官能团的特征反应，熟练掌握并应用结构与性质间关系的基本规律、影响化合物性质的电子效应和空间效应、反应条件对反应中间体稳定性影响，掌握官能团间的相互转换、链骨架的增长与缩短、各类环骨架的构建与消除的基本反应方法。

无机化学篇

第一章　气体、液体和溶液的性质

一、气体(处于均一的完全无序状态)

1. 理想气体

(1) 概念

理想气体必须符合两个条件:第一,气体分子之间的作用力为零;第二,气体分子的体积为零。因而理想气体实际上不存在,但在温度不是很低、压强不是很大的情况下,实际气体和理想气体很接近。

(2) 理想气体状态方程:$pV = nRT$(注意 R 的取值)

表 1.1　不同单位制中 R 的取值

单位	$L\cdot atm\cdot mol^{-1}\cdot K^{-1}$	$J\cdot mol^{-1}\cdot K^{-1}$	$m^3\cdot Pa\cdot mol^{-1}\cdot K^{-1}$	$cal\cdot mol^{-1}\cdot K^{-1}$	$L\cdot torr\cdot mol^{-1}\cdot K^{-1}$
R 的取值	0.082057	8.31441	8.31441	1.98719	62.36

结合道尔顿分压定律和阿玛加分体积定律,对于混合气体应理解和掌握下面表达式:

$$p_i V_T = n_i RT,\quad p_T V_i = n_i RT,\quad p_T V_T = n_T RT$$

$$p_T = \sum_i^n p_i\ (\text{在温度和体积恒定时}),\qquad V_T = \sum_i^n V_i\ (\text{在温度和压力恒定时})$$

这些式子中,n_i,p_i,V_i分别为第 i 组分气体的摩尔数、分压和分体积;n_T,p_T,V_T分别为总摩尔数、总压和总体积。

(3) 理想气体状态方程的应用

① 可以求未知气体的分子量等。在理想气体状态方程式中除了 R 外,其他四个物理量都是变量,但只有三个是独立变量,即只要已知三个变量,就可以求第四个变量。

② 格拉罕姆扩散定律:某一温度下的气体扩散(隙流)速率与其摩尔质量的平方根成反比。其表达式为:

$$\frac{r_1}{r_2} = \sqrt{\frac{M_2}{M_1}}$$

上式中 r 为速率，M 为摩尔质量，而扩散距离相同时，扩散速率与扩散时间 t 成反比，所以表达式又可写为：

$$\frac{t_1}{t_2}=\sqrt{\frac{M_1}{M_2}}$$

由 $pV=nRT$ 可知，$M=\frac{m}{pV}RT=\rho\cdot\frac{RT}{p}$，所以在温度与压力恒定时，气体的密度 ρ 又与摩尔质量成正比。因此上面的表达式又可写为：

$$\frac{r_1}{r_2}=\sqrt{\frac{\rho_2}{\rho_1}},\quad \frac{t_1}{t_2}=\sqrt{\frac{\rho_1}{\rho_2}}$$

2. 实际气体

(1) 实际气体与理想气体有很大差别，原因在于分子间存在着相互作用(色散力、偶极力、诱导力、氢键等吸引力)，同时由于电子云之间的排斥，分子并不能无限趋近，因而分子不能看作没有体积的质点。要描述实际气体的行为，必须对理想气体状态方程式作修正。

(2) 范德华实际气体状态方程：

$$\left(p+\frac{n^2a}{V^2}\right)(V-nb)=nRT$$

式中，a/V^2 称为内压，是由于分子间存在吸引力而对压力的校正；b 称为已占体积，是由于分子有一定大小而对体积的校正。气体 a、b 值可以从各类物理化学手册中查到。

二、液体(处于完全混乱的气体状态和基本上完全有序的固体状态之间)

(1) 液体的饱和蒸汽压(简称蒸汽压)：在一定温度下，由饱和蒸汽产生的压力，称为饱和蒸汽压。

(2) 克劳修斯－克拉贝龙方程：

$$\ln\frac{p_1}{p_2}=\frac{\Delta_{vap}H_m}{R}\left(\frac{1}{T_2}-\frac{1}{T_1}\right)\quad 或者\quad \lg\frac{p_1}{p_2}=\frac{\Delta_{vap}H_m}{2.303R}\left(\frac{1}{T_2}-\frac{1}{T_1}\right)$$

该方程有以下两方面的应用：

① 已知某液体在 T_1 温度下的蒸汽压为 p_1，在 T_2 温度下的蒸汽压为 p_2，可以求液体的蒸发热 $\Delta_{vap}H_m$。

② 已知某液体的蒸发热 $\Delta_{vap}H_m$ 和 T_1 温度下的蒸汽压为 p_1，可以求液体在 T_2 温度下的蒸汽压 p_2。

(3) H_2O 与 CO_2 的单组分相图

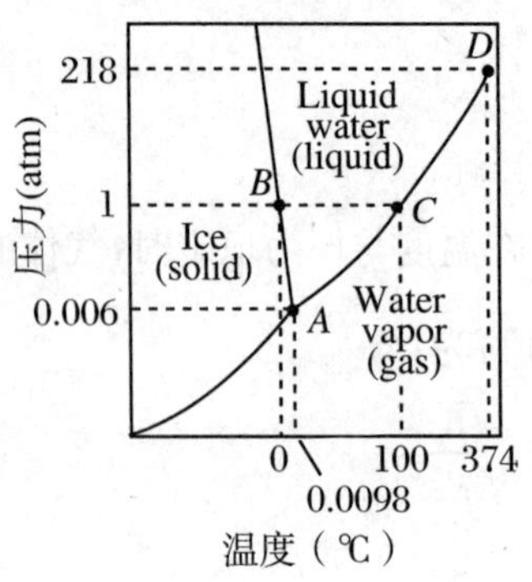

图 1.1 H_2O 的单组分相图

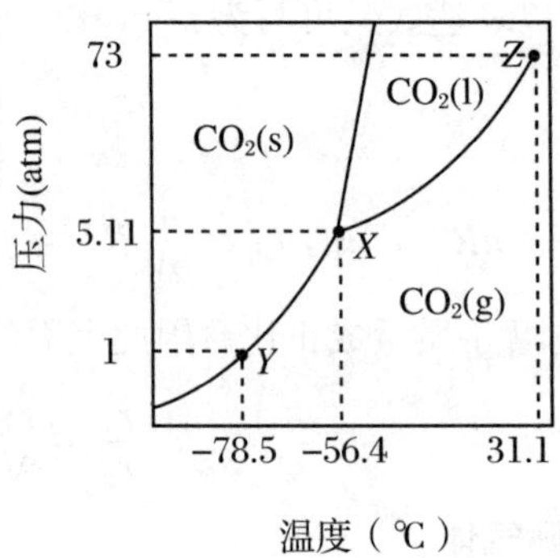

图 1.2 CO_2 的单组分相图

从图中找出液体的正常沸点、凝固点、三相点和超临界液体区域。了解超临界液体所具有的特殊性质和应用。

三、溶液

(1) 掌握溶液的各种浓度表达式及其相互之间的换算关系

(2) 掌握稀溶液的依数性

① 在稀溶液中有一类性质仅与溶液的浓度有关，而与溶质的本质无关，德国化学家奥斯瓦尔德把这类性质称为稀溶液的依数性。

② 稀溶液的依数性包括蒸汽压下降、沸点升高、凝固点降低和渗透压。这些性质的核心是溶液的蒸汽压下降。

③ 稀溶液依数性及其表达式

a. 蒸汽压下降——拉乌尔定律

$$\Delta p = p^0_{剂} - p_{液} = x_{质} \cdot p^0_{剂} = (1 - x_{剂}) \cdot p^0_{剂}$$

$$p_{液} = x_{剂} \cdot p^0_{剂}$$

即在一定温度下，某难挥发性、非电解质稀溶液的蒸汽压等于纯溶剂的蒸汽压乘以溶剂的摩尔分数。

如果两种挥发性液体混合成一种溶液，例如 C_6H_6(benzene)和 C_7H_8(toluene)的混合，没有热效应和体积变化，这样的混合溶液称为理想溶液，那么这两种液体以任何比例相混合，其溶液均服从拉乌尔定律，即 $p_1 = x_1 p_1^0$，$p_2 = x_2 p_2^0$，$p_T = x_1 p_1^0 + x_2 p_2^0$。

对于挥发性的固体非电解质溶质的溶液，其溶液上方的蒸汽压 p_T 可以分成两种情况来计算。第一种情况（不饱和溶液）：$p_T = \frac{x_质}{x_饱} p^0_质 + x_剂 p^0_剂$；第二种情况（饱和溶液）：$p_T = p^0_质 + x_剂 p^0_剂$（即与溶质的摩尔分数无关）。其中 $p^0_质$ 是所在温度，固体的饱和蒸汽压，$x_饱$ 是固体的溶解度（用摩尔分数表示）。

b. 沸点升高

$\Delta T_b = K_b \cdot m$，式中 K_b 为摩尔沸点升高常数，m 为质量摩尔浓度。

c. 凝固点降低

$\Delta T_f = K_f \cdot m$，式中 K_f 为摩尔凝固点降低常数。

d. 渗透压

荷兰物理学家范德霍夫提出了稀溶液的渗透压定律与理想气体定律相似，所以可用代数式表示为 $\pi V = nRT$ 或 $\pi = cRT$。

必须说明的是：

①上述公式只适用于非电解质稀溶液。在极稀水溶液中，1 L 溶液近似看作 1 kg的溶剂，所以 $c = n/V \approx m$，$\pi \approx mRT$；

②只有在半透膜存在的情况下，才能表现出渗透压；

③虽然稀溶液的 $\pi = cRT$ 与气体的 $pV = nRT$ 完全符合，但 π 与 p 产生的原因是不同的。

四、胶体溶液（溶胶）

(1) 分散相粒子的直径在 1～1000 nm 范围内的均匀分散系，称为胶体溶液。

(2) 除了在气-气相中不能形成胶体外，其他体系中都可以形成胶态体系。固体分散在液体中的胶态体系，称为液溶胶。

(3) 胶体溶液具有丁铎尔效应、电泳、渗析和聚沉（高分子溶液的溶胶除外）等性质。

(4) 李伯托夫认为胶粒总是选择性地吸附与其本身结构相似的离子。

①SiO_2 溶胶。表面 $SiO_2 + H_2O \longrightarrow H_2SiO_3 \rightleftharpoons SiO_3^{2-} + 2H^+$，$[SiO_2]_m$ 胶粒吸附 SiO_3^{2-}，使硅胶带负电荷；

②$Fe(OH)_3$ 溶胶。$FeCl_3$ 水解，生成 $Fe(OH)_3$，一部分 $Fe(OH)_3$ 与盐酸反应生成 FeOCl，FeOCl 电离成 FeO^+ 和 Cl^-，胶粒 $[Fe(OH)_3]_m$ 吸附 FeO^+ 而带正电荷；

③AgI 溶胶。在 KI(aq) 和 $AgNO_3$(aq) 反应制备 AgI 溶胶的过程中，当

$AgNO_3$过量时，AgI 胶粒吸附 Ag^+ 离子，带正电荷；若 KI 过量时，AgI 胶粒吸附 I^- 离子，带负电荷。

习　题

一、选择题

1. 在 KI 溶液中加过量的 $AgNO_3$ 溶液，得到溶胶的胶团结构式可表示为（　　）。
   (A) $[(AgI)_m \cdot nI^- \cdot (n-x)K^+]^{x-} \cdot xK^+$
   (B) $[(AgI)_m \cdot nIO_3^- \cdot (n-x)K^+]^{x-} \cdot xK^+$
   (C) $[(AgI)_m \cdot nAg^+ \cdot (n-x)I^-]^{x+} \cdot xI^-$
   (D) $[(AgI)_m \cdot nAg^+ \cdot (n-x)NO_3^-]^{x+} \cdot xNO_3^-$
2. 323K 时，液体 A 的饱和蒸汽压是液体 B 的饱和蒸汽压的 3 倍，A、B 两液体形成理想液态混合物，气液平衡时，在液相中 A 的物质的量分数为 0.5，则气相中 B 的物质的量分数为（　　）。
   (A) 0.15　　(B) 0.25　　(C) 0.5　　(D) 0.65
3. 在 20℃和 30℃时，某液体的蒸汽压分别为 0.02632 atm 和 0.03942 atm，则该液体的蒸发热为（　　）。
   (A) 12.99 $kJ \cdot mol^{-1}$　　(B) 29.92 $kJ \cdot mol^{-1}$
   (C) 0.202 $kJ \cdot mol^{-1}$　　(D) −29.92 $kJ \cdot mol^{-1}$
4. 如果在 27℃ 时 0.010 $mol \cdot L^{-1}$ 蔗糖溶液的渗透压为 0.25 atm，那么 27℃ 时 0.01 $mol \cdot L^{-1}$ 氯化钠溶液的渗透压为（　　）。
   (A) 0.062 atm　　(B) 0.12 atm
   (C) 0.25 atm　　(D) 0.50 atm
5. 在一定温度下，某纯溶剂的蒸汽压为 $p^\circ_{剂}$，某挥发性纯溶质固体的蒸汽压为 $p^\circ_{质}$，该溶质在此溶剂形成饱和溶液的摩尔分数为 x，则此饱和溶液上方的蒸汽压为（　　）。
   (A) $p_T = xp^\circ_{质} + (1-x)p^\circ_{剂}$　　(B) $p_T = p^\circ_{质} + xp^\circ_{剂}$
   (C) $p_T = p^\circ_{质} + (1-x)p^\circ_{剂}$　　(D) $p_T = (1-x)p^\circ_{剂}$
6. 某水溶液的冰点为 −0.28℃，则该溶液可能是（$K_f = 1.86$）（　　）。
   (A) 0.15 $mol \cdot kg^{-1}$ 的 NaCl(aq)
   (B) 0.15 $mol \cdot kg^{-1}$ 的蔗糖溶液
   (C) 0.10 $mol \cdot kg^{-1}$ 的 NaCl(aq) 和 0.05 $mol \cdot kg^{-1}$ 的蔗糖溶液

(D) 0.05 $mol \cdot kg^{-1}$的NaCl(aq)和0.05 $mol \cdot kg^{-1}$的蔗糖溶液

7. 在恒压下，将相对分子质量为50的某溶质0.005 kg溶于0.25 kg水中，测得凝固点为−0.744℃，则溶质在水中的解离度为(　　)。

(A) 100%　(B) 26%　(C) 27%　(D) 0

8. 在一次渗流实验中，一定摩尔数的未知气体通过小孔渗向真空需要45 s，在相同条件下，相同摩尔数的氧气渗流需要18 s，则未知气体的分子量为(　　)。

(A) 100　(B) 200　(C) 5.12　(D) 12.8

9. 下面方程式中，属于范德华方程式的是(　　)。

(A) $(P + \frac{n^2 a}{V^2})(V - nb) = nRT$　(B) $(P - \frac{n^2 a}{V^2})(V + nb) = nRT$

(C) $(P + \frac{n^2 a}{V^2})(V + nb) = nRT$　(D) $(P - \frac{n^2 a}{V^2})(V - nb) = nRT$

10. 下列方程式中，正确的是(p, V, n 分别为气体总压、总体积和总摩尔数，p_i，V_i，n_i分别为第 i 组分气体的分压、分体积和摩尔数)(　　)。

(A) $p_i V_i = nRT$　(B) $p_i V_i = n_i RT$

(C) $pV_i = nRT$　(D) $pV_i = n_i RT$

11. 在温度 T 时的液体的蒸汽压为p，液体的蒸发焓可以从(　　)的直线中获得。

(A) p 对 T 作图　(B) p 对 $1/T$ 作图

(C) $\ln p$ 对 T 作图　(D) $\ln p$ 对 $1/T$ 作图

12. 在密闭容器中，有A、B两只敞口杯子，A杯中装入1/3纯乙醇，B杯中装入1/3的稀乙醇水溶液，最终的现象是(　　)。

(A) A杯空

(B) A、B两杯中有浓度相同的乙醇溶液

(C) B杯空

(D) A、B两杯中有浓度不同的乙醇溶液

13. 等物质的量的CO和H_2O混合，在高温下反应：$CO + H_2O \rightleftharpoons CO_2 + H_2$，当CO的摩尔转化率为24.37%时，混合气体密度与相同条件下氢气密度之比是(　　)。

(A) 46　(B) 11.5　(C) 23　(D) 5.75

14. 下列对物质临界点性质描述中，错误的是(　　)。

(A) 液相摩尔体积与气相摩尔体积相等　(B) 液相和气相的临界面消失

(C) 汽化热为零　(D) 固、液、气三相共存

15. 在75℃时，0.100 M的难挥发的非电解质水溶液的蒸发热焓为40.67 $kJ \cdot mol^{-1}$，

则该溶液的蒸汽压为(　　)。

(A) 4.0×10^4 Pa　　(B) 1.16×10^4 Pa

(C) 1.01×10^5 Pa　　(D) 无法确定

16. 在气液共存的密闭容器中,液体的蒸汽压(　　)。

(A) 取决于液体的量　　(B) 取决于液体的表面积

(C) 取决于温度与液体的本性　　(D) 取决于容器的形状

17. 有一种化合物的元素分析表明,P:26.72%,N:12.09%,Cl:61.17%。1.00 g 该化合物溶于 11.38 mL 的苯($\rho_{苯}=0.879\ g\cdot mL^{-1}$)中,形成溶液的凝固点为 4.37℃,纯苯的凝固点为 5.12℃($K_{f,C_6H_6}=5.12$),该化合物在苯中的分子式为(　　)。

(A) $PNCl_2$　　(B) $P_2N_2Cl_4$　　(C) $P_3N_4Cl_9$　　(D) $P_4N_4Cl_8$

18. 下图是 CO_2 的相图。在 -40℃,1 atm 条件下,CO_2 的存在形式为(　　)。

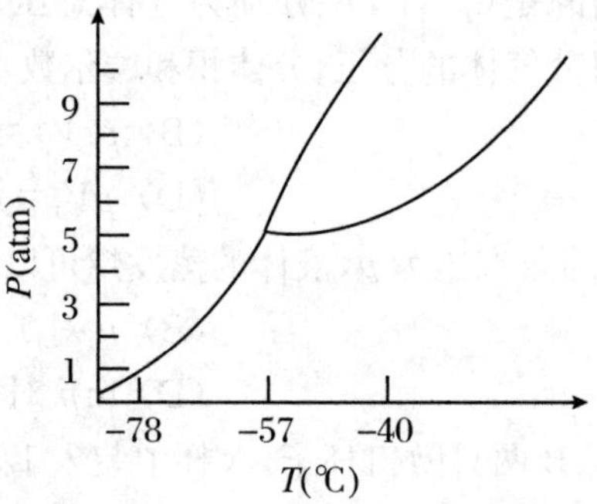

(A) 固态　　(B) 液态

(C) 气态　　(D) 气—液共存

19. 根据 CO_2 的相图,当 CO_2 从 1 atm 压缩到 7 atm 时,CO_2 在 -40℃会(　　)。

(A) 凝聚成液态　　(B) 凝聚成固态

(C) 蒸发成气态　　(D) 升华

20. 胂是剧毒气体,受热分解成两种单质。压强为 186 mmHg 的 AsH_3 放入温度为 -40℃、体积为 1.00 L 的刚性容器中,把容器在短时间内加热到 250℃,然后再放回到温度为 -40℃、体积为 1.00 L 容器中的压强为 250 mmHg 柱,则 AsH_3 分解的百分率为(　　)。

(A) ≈17%　　(B) ≈26%　　(C) ≈34%　　(D) ≈69%

二、填空题

1. 下图是碘的相图。

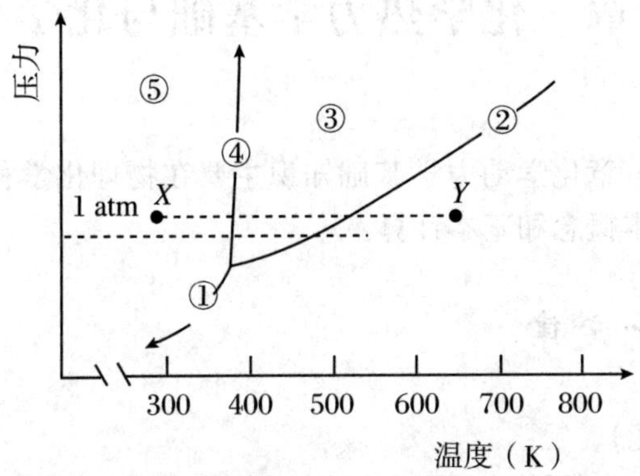

(1) 指出①～⑤位置所存在的相。

(2) 在恒压下，升高温度，从 X 点到 Y 点所经历的相的变化为__⑥__。

2. 从装置上来讲，产生渗透压的必要条件是__①__。渗透压产生的实质是__②__，所以在U型管两边浓度不等的溶液中，__③__溶液的液面高。利用渗透压原理，__④__(能或否)实现海水淡化，其理由是__⑤__。

第二章　化学热力学基础与化学平衡

本章与本篇第五章化学动力学基础知识主要在物理化学科目中考察，无机化学科目中仅考察基本概念和基本计算。

一、热力学第一定律

1. 热力学能(或内能)

(1) 它是体系自身的性质，只取决于体系的状态，但是其绝对量不可知。

(2) 理想气体的内能只是温度的函数。

2. 热和功的符号

(1) 物理学上体系吸热与环境对体系做功为正(进为正)，体系放热与体系对环境做功为负(出为负)；化学上体系吸热与体系对环境做功为正(一进一出为正)，体系放热与环境对体系做功为负(一出一进为负)。

3. 热力学第一定律

(1) 表达式为 $\Delta U = Q + W$(物理学上)　或者　$\Delta U = Q - W$(化学上)

由于物理学上与化学上所规定的功的正负号是相反的，所以表面上看上述表达式不同，实际是相同的。现在一般统一用物理学上的定义和表达式。

(2) 文字叙述

a. 在任何过程中，能量是不能自生自灭的，或者在任何过程中的总能量是守恒的。

b. 第一类永动机是不可能的(不从外界接受任何能量的补给，永远可以做功的装置，称为第一类永动机)。

二、热化学

1. 热焓

(1) 在恒压条件下，为避免考虑膨胀功，定义一个新的状态函数——热焓($H = U + pV$)。

(2) 由于内能无绝对量，所以热焓也无绝对量。

(3) 标准生成热焓($\Delta_f H_m^\ominus$)　在指定温度(通常是298.15K)和标准压力$p^\ominus$下,由最稳定单质生成1摩尔物种(包括化合物,不稳定的单质及其他形式的物种)的焓变(或反应热)。

(4)标准燃烧热焓($\Delta_c H_m^\ominus$)　在指定温度(通常是298.15K)和标准压力$p^\ominus$下,1摩尔有机物完全燃烧时发生的焓变。所谓完全燃烧是指碳(C)变成CO_2(g),氢(H)变成H_2O(l),硫(S)变成SO_2(g),氮(N)变成N_2(g),氯(Cl)变成HCl(aq)等。

2. 盖斯定律

(1) 叙述

任何一个化学反应不管是一步完成还是多步完成,在不做其他功的情况下,其热效应总是相同的。

(2) 表达式

a. $\Delta_r H_m^\ominus = \sum \Delta_f H_{m(产物)}^\ominus - \sum \Delta_f H_{m(反应物)}^\ominus$

b. $\Delta_r H_m^\ominus = \sum \Delta_c H_{m(反应物)}^\ominus - \sum \Delta_c H_{m(产物)}^\ominus$

三、热力学第二定律

(1) 在孤立体系中,自发过程总是朝着体系混乱度增大的方向进行,混乱度减少的过程是不可能实现的。当混乱度达到最大时,体系就达到平衡状态。

(2) 量度体系混乱度的状态函数——熵(S)

① 表达式为$S = k\ln\Omega$,式中k为玻尔兹曼常数,Ω为体系的混乱度。

② 在孤立体系中,自发变化方向和限度的判据:$\Delta S_{孤立}>0$,是自发过程;$\Delta S_{孤立}=0$,是可逆过程;$\Delta S_{孤立}<0$,是不可能过程。

③ 化学反应的熵变$\Delta_r S_{m,298K}^\ominus = \sum S_{m,298K(产物)}^\ominus - \sum S_{m,298K(反应物)}^\ominus$。

在应用上面公式时,必须注意以下几点:

a. 最稳定单质的标准绝对熵不等于零;

b. 某一化合物的标准绝对熵不等于由最稳定单质形成1 mol化合物时的反应熵变;

$\because \Delta_r S_m = S_{m,化合物}^\ominus - \sum S_{m,单质}^\ominus \qquad \therefore S_{m,化合物}^\ominus = \Delta_r S_m + \sum S_{m,单质}^\ominus$

c. 逆反应的$\Delta_r S_m^\ominus$在数值上等于正反应的$\Delta_r S_m^\ominus$,但符号相反;

d. 温度对化学反应熵变的影响不大。因为物质的熵是随温度的升高而增大,当温度升高时，生成物与反应物的熵都随之增大，故反应的熵变随温度的变化就很小。在实际应用中，在一定温度范围内可忽略温度对反应熵变的影响。

四、吉布斯自由能

1. 吉布斯引入一个状态函数——自由能（$G = H + TS$）来判断恒温、恒压条件下化学反应的自发可能性。

2. 由于 H 的绝对量不可知，所以 G 的绝对量也不可知。在指定温度(298.15K)下，各物质的标准态如下表所示：

物　质	固　态	液　态	气　态	溶　液	稳定单质
标准态	纯固态	纯液态	$p^{\ominus}$	$1\ \mathrm{mol\cdot dm^{-3}}$	0

3. 化学反应的自由能变 $\Delta_r G_m^{\ominus}$ 的计算。

① $\Delta_r G_m^{\ominus} = \sum \Delta_f G_{m(产物)}^{\ominus} - \sum \Delta_f G_{m(反应物)}^{\ominus}$

② 吉布斯-亥姆霍兹方程

$$\Delta_r G_m^{\ominus} = \Delta_r H_m^{\ominus} - T\Delta_r S_m^{\ominus}$$

若在 298K 到 TK 的温度区间内，$\Delta_r H_{m,298K}^{\ominus}$，$\Delta_r S_{m,298K}^{\ominus}$ 基本不变，那么吉布斯-亥姆霍兹方程可写成下面的形式：

$$\Delta_r G_{m,TK}^{\ominus} = \Delta_r H_{m,298K}^{\ominus} - T\Delta_r S_{m,298K}^{\ominus}$$

利用此方程可以求 $\Delta_r H_m^{\ominus}$ 和 $\Delta_r S_m^{\ominus}$ 为同号时的化学反应的转向温度（$T_{转}$）。

4. 非标准状态下的化学反应的自由能变——范特霍夫等温式

$$\Delta_r G_{m,T} = \Delta_r G_{m,T}^{\ominus} + RT\ln Q$$

式中 Q 称为反应商。它是各生成物相对分压（对气体参与的反应）或相对浓度（在溶液中反应的物种）的相应次方的乘积与各反应物的相对分压（对气体参与的反应）或相对浓度（在溶液中反应的物种）的相应次方的乘积之比。若化学反应中存在纯固体或纯液体，则其浓度视为 1，即 Q 式中不需要出现纯固体或纯液体物质的浓度项。

5. 恒温恒压条件下化学反应方向的判据：$\Delta_r G_{m,T} < 0$，正反应是自发的；$\Delta_r G_{m,T} = 0$，化学反应达到平衡；$\Delta_r G_{m,T} > 0$，逆反应是自发的。

习　题

一、选择题

1. 反应 $2NO + O_2 \rightleftharpoons 2NO_2$ 的 $\Delta_r H_m$ 为负值，当此反应达到平衡时，要使平衡向产物方向移动，可以（　　）。
(A) 升温加压　(B) 升温降压　(C) 降温升压　(D) 降温降压

2. 在 25℃时，反应 $\frac{1}{2}N_2(g) + \frac{1}{2}O_2(g) + \frac{1}{2}Cl_2(g) = NOCl(g)$ 的 $\Delta_f H_m^\ominus$ 为 $12.6\ kJ \cdot mol^{-1}$，假设上述气体均为理想气体，则 ΔU 为（　　）。
(A) $12.6\ kJ \cdot mol^{-1}$　(B) $46.3\ kJ \cdot mol^{-1}$
(C) $13.8\ kJ \cdot mol^{-1}$　(D) $74.22\ kJ \cdot mol^{-1}$

3. 已知反应 $2HN_3 + 2NO \longrightarrow H_2O_2 + 4N_2$ 在 25℃时，$\Delta_f H_{m,HN_3}^\ominus = +264\ kJ \cdot mol^{-1}$，$\Delta_f H_{m,H_2O_2}^\ominus = -187.8\ kJ \cdot mol^{-1}$，$\Delta_f H_{m,NO}^\ominus = +90.25\ kJ \cdot mol^{-1}$，则上述反应的 $\Delta_r H_m^\ominus$ 为（　　）。
(A) $-896.3\ kJ \cdot mol^{-1}$　(B) $+937.4\ kJ \cdot mol^{-1}$
(C) $-309.5\ kJ \cdot mol^{-1}$　(D) $+742.6\ kJ \cdot mol^{-1}$

4. $H_2O(l)$的正常沸点为 100℃，正常冰点为 0℃。在 1 atm 下，下列过程的 $\Delta G > 0$ 的有（　　）。
(A) $H_2O(l, -5℃) \longrightarrow H_2O(s, -5℃)$
(B) $H_2O(l, 110℃) \longrightarrow H_2O(g, 110℃)$
(C) $H_2O(l, 100℃) \longrightarrow H_2O(g, 100℃)$
(D) $H_2O(l, 5℃) \longrightarrow H_2O(s, 5℃)$

5. 由 A、B 两种纯液体混合形成理想溶液，则对该混合过程描述正确的是（　　）。
(A) $\Delta V = 0, \Delta H = 0, \Delta S = 0, \Delta G = 0$
(B) $\Delta V > 0, \Delta H < 0, \Delta S > 0, \Delta G < 0$
(C) $\Delta V = 0, \Delta H = 0, \Delta S > 0, \Delta G < 0$
(D) $\Delta V > 0, \Delta H < 0, \Delta S = 0, \Delta G = 0$

6. 已知
$Fe_2O_3(s) + 3CO(g) = 2Fe(s) + 3CO_2(g)$　$\Delta_1 H_m^\ominus$
$3Fe_2O_3(s) + CO(g) = 2Fe_3O_4(s) + CO_2(g)$　$\Delta_2 H_m^\ominus$
$Fe_3O_4(s) + CO(g) = 3FeO(s) + CO_2(g)$　$\Delta_3 H_m^\ominus$
$FeO(s) + CO(g) = Fe(s) + CO_2(g)$　$\Delta_4 H_m^\ominus$

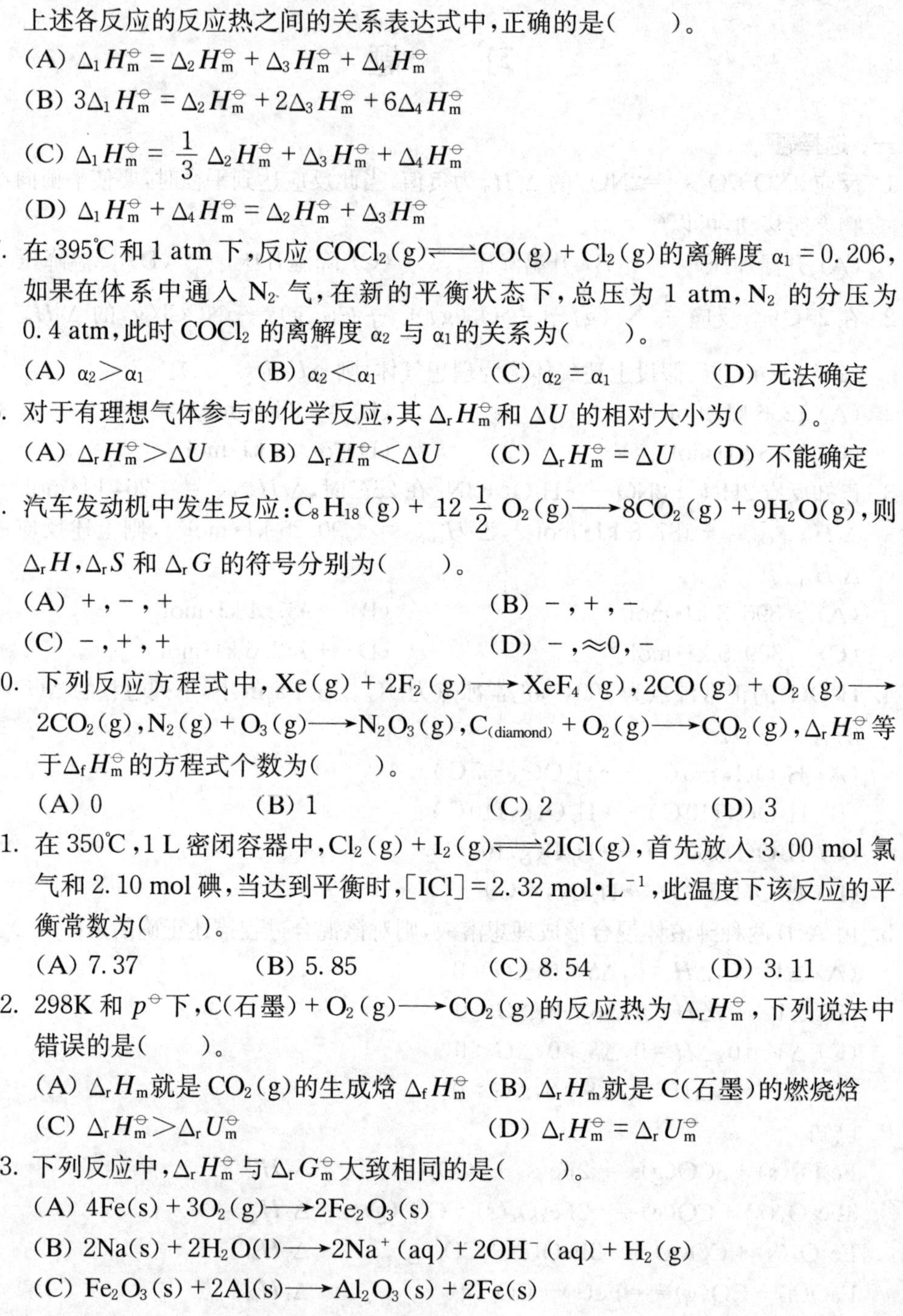

上述各反应的反应热之间的关系表达式中，正确的是(　　)。

(A) $\Delta_1 H_m^\ominus = \Delta_2 H_m^\ominus + \Delta_3 H_m^\ominus + \Delta_4 H_m^\ominus$

(B) $3\Delta_1 H_m^\ominus = \Delta_2 H_m^\ominus + 2\Delta_3 H_m^\ominus + 6\Delta_4 H_m^\ominus$

(C) $\Delta_1 H_m^\ominus = \frac{1}{3}\Delta_2 H_m^\ominus + \Delta_3 H_m^\ominus + \Delta_4 H_m^\ominus$

(D) $\Delta_1 H_m^\ominus + \Delta_4 H_m^\ominus = \Delta_2 H_m^\ominus + \Delta_3 H_m^\ominus$

7. 在 395℃和 1 atm 下，反应 $COCl_2(g) \rightleftharpoons CO(g) + Cl_2(g)$的离解度 $\alpha_1 = 0.206$，如果在体系中通入 N_2 气，在新的平衡状态下，总压为 1 atm，N_2 的分压为 0.4 atm，此时 $COCl_2$ 的离解度 α_2 与 α_1的关系为(　　)。

(A) $\alpha_2 > \alpha_1$　(B) $\alpha_2 < \alpha_1$　(C) $\alpha_2 = \alpha_1$　(D) 无法确定

8. 对于有理想气体参与的化学反应，其 $\Delta_r H_m^\ominus$和 ΔU 的相对大小为(　　)。

(A) $\Delta_r H_m^\ominus > \Delta U$　(B) $\Delta_r H_m^\ominus < \Delta U$　(C) $\Delta_r H_m^\ominus = \Delta U$　(D) 不能确定

9. 汽车发动机中发生反应：$C_8H_{18}(g) + 12\frac{1}{2}O_2(g) \longrightarrow 8CO_2(g) + 9H_2O(g)$，则 $\Delta_r H$，$\Delta_r S$ 和 $\Delta_r G$ 的符号分别为(　　)。

(A) +，−，+　(B) −，+，−

(C) −，+，+　(D) −，≈0，−

10. 下列反应方程式中，$Xe(g) + 2F_2(g) \longrightarrow XeF_4(g)$，$2CO(g) + O_2(g) \longrightarrow 2CO_2(g)$，$N_2(g) + O_3(g) \longrightarrow N_2O_3(g)$，$C_{(diamond)} + O_2(g) \longrightarrow CO_2(g)$，$\Delta_r H_m^\ominus$等于$\Delta_f H_m^\ominus$的方程式个数为(　　)。

(A) 0　(B) 1　(C) 2　(D) 3

11. 在 350℃，1 L 密闭容器中，$Cl_2(g) + I_2(g) \rightleftharpoons 2ICl(g)$，首先放入 3.00 mol 氯气和 2.10 mol 碘，当达到平衡时，[ICl] = 2.32 mol·L^{-1}，此温度下该反应的平衡常数为(　　)。

(A) 7.37　(B) 5.85　(C) 8.54　(D) 3.11

12. 298K 和 $p^\ominus$下，C(石墨) + $O_2(g) \longrightarrow CO_2(g)$的反应热为 $\Delta_r H_m^\ominus$，下列说法中错误的是(　　)。

(A) $\Delta_r H_m$就是 $CO_2(g)$的生成焓 $\Delta_f H_m^\ominus$　(B) $\Delta_r H_m$就是 C(石墨)的燃烧焓

(C) $\Delta_r H_m^\ominus > \Delta_r U_m^\ominus$　(D) $\Delta_r H_m^\ominus = \Delta_r U_m^\ominus$

13. 下列反应中，$\Delta_r H_m^\ominus$与 $\Delta_r G_m^\ominus$大致相同的是(　　)。

(A) $4Fe(s) + 3O_2(g) \longrightarrow 2Fe_2O_3(s)$

(B) $2Na(s) + 2H_2O(l) \longrightarrow 2Na^+(aq) + 2OH^-(aq) + H_2(g)$

(C) $Fe_2O_3(s) + 2Al(s) \longrightarrow Al_2O_3(s) + 2Fe(s)$

(D) $N_2O_4(g) \rightleftharpoons 2NO_2(g)$

14. 下列各式正确描述一个反应达到平衡的是(　　)。

(A) $\Delta_r G_m = 0$　　(B) $\Delta_r G_m^\ominus = 0$

(C) $\Delta_r G_m = \Delta_r G_m^\ominus$　　(D) $\ln K = 0$

15. 反应 $A(g) + 2B(g) \rightleftharpoons 2D(g)$,在温度 T 时,$K_p^\ominus = 1$($p^\ominus = 100$ kPa)。若温度恒定为 T,在一真空容器中通入A、B、D三种理想气体,它们的分压恰好皆为100 kPa。在此条件下,反应(　　)。

(A) 从右向左进行　　(B) 从左向右进行

(C) 处于平衡状态　　(D) 条件不全,无法判断

16. $\Delta_c H_{m,戊烷}^\ominus = -3520\ kJ \cdot mol^{-1}$,$\Delta_f H_{m,CO_2}^\ominus(g) = -395\ kJ \cdot mol^{-1}$,$\Delta_f H_{m,H_2O}^\ominus(l) = -286\ kJ \cdot mol^{-1}$,则 $\Delta_f H_{m,戊烷}^\ominus$ 为(　　)。

(A) $-2839\ kJ \cdot mol^{-1}$　　(B) $-3520\ kJ \cdot mol^{-1}$

(C) $171\ kJ \cdot mol^{-1}$　　(D) $-171\ kJ \cdot mol^{-1}$

17. 在温度 T、压力 p 时,理想气体反应 $C_2H_6(g) \rightleftharpoons H_2(g) + C_2H_4(g)$ 的平衡常数 K_c/K_x 为(　　)。

(A) RT　　(B) $1/RT$　　(C) RT/p　　(D) p/RT

18. 在一定温度下,将1.00 mol 的 SO_3 放在1.00 L密闭容器中,反应 $2SO_2(g) + O_2(g) \longrightarrow 2SO_3(g)$ 达到平衡时,SO_2 为0.60 mol,则反应的 K_c 为(　　)。

(A) 2.8　　(B) 2.2　　(C) 1.5　　(D) 1.9

19. 在下面的变化中,熵增最大的是(　　)。

(A) $H_2O(l) \longrightarrow H_2O(g)$　　(B) $H_2O(s) \longrightarrow H_2O(g)$

(C) $H_2(l) \longrightarrow H_2(g)$　　(D) $He(l) \longrightarrow He(g)$

20. 已知下列热化学反应方程式为

$XO_2(s) + CO(g) \longrightarrow XO(s) + CO_2(g)$　　$\Delta_1 H_m = -20.0\ kJ \cdot mol^{-1}$

$X_3O_4(s) + CO(g) \longrightarrow 3XO(s) + CO_2(g)$　　$\Delta_2 H_m = +6.0\ kJ \cdot mol^{-1}$

$3X_2O_3(s) + CO(g) \longrightarrow 2X_3O_4(s) + CO_2(g)$　　$\Delta_3 H_m = -12.0\ kJ \cdot mol^{-1}$

则 $2XO_2(s) + CO(g) \longrightarrow X_2O_3(s) + CO_2(g)$ 的 $\Delta_r H_m(kJ \cdot mol^{-1})$ 为(　　)。

(A) -40.0　　(B) -28.0　　(C) $+28.0$　　(D) -18.0

21. 已知25℃时下列反应的 $\Delta U = -Z\ kJ \cdot mol^{-1}$,$4Ag(s) + 2H_2S(g) + O_2(g) \longrightarrow 2Ag_2S(s) + 2H_2O(l)$,则 $\Delta_r H_m =$(　　)。

(A) $-Z - 3 \times 8.314 \times 298$　　(B) $-Z + 3 \times 8.314 \times 298 \times 10^{-3}$

(C) $-Z - 3 \times 8.314 \times 298 \times 10^{-3}$　　(D) $+Z - 3 \times 8.314 \times 298 \times 10^{-3}$

22. 对于反应$Cl_2(g)+3F_2(g)\rightleftharpoons 2ClF_3(g)$而言，$K_p$与$K_c$的关系式正确的是(　　)。

(A) $K_p=K_c$　　(B) $K_p=K_c(RT)^{-1}$

(C) $K_p=K_c(RT)^{-2}$　　(D) $K_p=K_c(RT)^2$

二、填空题

1. 在25℃的密闭容器中，反应$4HCl(g)+O_2(g)\rightleftharpoons 2H_2O(g)+2Cl_2(g)$，首先放入1 atm的HCl(g)和1 atm的$O_2(g)$，平衡时氧气分压减少了$p_x$，则下列表达式为：$K_p=$__①__，$K_c=K_p\times$__②__，$K_x=K_p\times$__③__。$K_p$和$K_c$与__④__有关，$K_x$与__⑤__和__⑥__有关，$K_c$、$K_p$、$K_x$在数值上相等的条件是__⑦__。
2. 反应$O_3(g)\longrightarrow 3/2O_2(g)$的$\Delta_r G_m^{\ominus}=-163\ kJ\cdot mol^{-1}$，计算该反应的$K_{c,298K}^{\ominus}=$__①__，$K_{p,298K}^{\ominus}=$__②__。
3. __①__称为第一类永动机，它__②__(能或不能)制造出来，因为它违背__③__定律。证明__④__。

第三章　酸碱理论与溶液中均、异相平衡

一、酸碱理论

1. 离子论(1887 年阿累尼乌斯提出)

(1) 定义　在水溶液中电离出来的正离子全部是氢离子的化合物,称为酸;电离出来的负离子全部是氢氧根离子的化合物,称为碱。

(2) 酸碱的强度标度

该理论的酸碱强度标度非常明确:在 25℃ 水溶液中 $[H^+][OH^-]=K_w=10^{-14}$,所以 $pH+pOH=14$。显然 H^+ 离子浓度越高,pH 越小,溶液的酸性越强;反之,OH^- 离子浓度越高,pOH 越小,pH 越大,溶液的酸性越弱,碱性越强。

2. 质子论(1923 年布朗斯特和劳莱提出)

(1) 定义　凡是能给出质子的物种(正离子、负离子或分子),称为酸;凡是能接受质子的物种(正离子、负离子或分子),称为碱。

(2) 该理论把酸与碱统一在质子上,其关系式为

$$\text{A(酸)} \rightleftharpoons \text{B(碱)} + H^+ \text{(质子)}$$

该关系式说明质子论中的酸碱是一一对应的,这种关系式称为共轭关系式,所以质子论又称为共轭酸碱理论。弱酸共轭强碱,强酸共轭弱碱。

(3) 该理论中不存在盐的概念。因为在质子论中,组成盐的离子已经变成了离子酸和离子碱,所以盐的水解可以看作水溶液中共轭酸或共轭碱的电离(或者看作共轭酸或共轭碱的取代反应)。

$$NH_4^+ + H_2O \rightleftharpoons NH_3 + H_3O^+$$

$$CH_3COO^- + H_2O \rightleftharpoons CH_3COOH + OH^-$$

(4) 在水溶液中,质子论中酸的强度标度与离子论中酸的强度标度是一致的。

3. 溶剂论(1905 年富兰克林提出)

(1) 定义　能离解出溶剂特征正离子的物质,称为该溶剂的酸;能离解出溶剂特征负离子的物质,称为该溶剂的碱。

(2) 溶剂的自偶电离

a. 质子型溶剂

$$3HF(l) \rightleftharpoons H_2F^+ + HF_2^-$$

$$2H_2SO_4(l) \rightleftharpoons H_3SO_4^+ + HSO_4^-$$

$$2NH_3(l) \rightleftharpoons NH_4^+ + NH_2^-$$

b. 非质子型溶剂

$$N_2O_4(l) \rightleftharpoons NO^+ + NO_3^-$$

$$2BrF_3(l) \rightleftharpoons BrF_2^+ + BrF_4^-$$

$$2PCl_5(l) \rightleftharpoons PCl_4^+ + PCl_6^-$$

$$PBr_5(l) \rightleftharpoons PBr_4^+ + Br^-$$

(3) 有了酸碱溶剂论的定义，可以直接把水溶液的酸碱反应知识应用于非水体系中。例如

$$BiN + 3NH_4Cl \xlongequal{NH_3(l)} BiCl_3 + 4NH_3$$

$$Fe + SOCl_2 \xlongequal{SO_2(l)} FeCl_2 + SO \quad (2SO = S + SO_2)$$

4. 电子论(1923 年路易斯提出)

(1) 定义　凡是能接受电子对的物种，称为路易斯酸；凡是能给出电子对的物种，称为路易斯碱。

(2) 表达式

路易斯酸(A) + 路易斯碱(:B)⟶酸碱加合物(A : B)

(3) 反应类型

a. 酸碱加合反应

$$Al_2Cl_6 + 2Cl^- = 2AlCl_4^-$$

b. 酸取代反应

$$BCl_3 + H_3N—BF_3 = BF_3 + H_3N—BCl_3$$

c. 碱取代反应

$$S^{2-}(aq) + 2AgCl(s) = Ag_2S(s) + 2Cl^-(aq)$$

d. 双取代反应

$$Pb(CH_3COO)_2 + H_2S = PbS + 2CH_3COOH$$

(4) 酸碱电子论扩大了酸和碱的范围，包括了离子论、质子论和溶剂论等酸碱理论，所以该理论又称广义酸碱理论。由于电子论涉及中和反应、沉淀反应和配位反应等诸多反应，设想有统一的酸碱强度的标度是非常困难的。

二、溶液中的酸碱均相平衡

1. 正确书写多元弱酸弱碱的分步电离的表达式

例如 $H_3PO_4(aq)$：

$$H_3PO_4 \rightleftharpoons H^+ + H_2PO_4^- \qquad K_{a1} = \frac{[H^+][H_2PO_4^-]}{[H_3PO_4]}$$

$$H_2PO_4^- \rightleftharpoons H^+ + HPO_4^{2-} \qquad K_{a2} = \frac{[H^+][HPO_4^{2-}]}{[H_2PO_4^-]}$$

$$HPO_4^{2-} \rightleftharpoons H^+ + PO_4^{3-} \qquad K_{a3} = \frac{[H^+][PO_4^{3-}]}{[HPO_4^{2-}]}$$

磷酸的表观电离：$H_3PO_4 \rightleftharpoons 3H^+ + PO_4^{3-}$

$$K_{a1} \cdot K_{a2} \cdot K_{a3} = \frac{[H^+]^3[PO_4^{3-}]}{[H_3PO_4]}$$

2. 掌握溶液中各类守恒表达式

例如浓度为 c_0 $mol \cdot L^{-1}$的 Na_2HPO_4 溶液：

(1) 物料守恒表达式：

$$c_0 = \frac{[Na^+]}{2} = [H_3PO_4] + [H_2PO_4^-] + [HPO_4^{2-}] + [PO_4^{3-}]$$

(2) 电荷守恒表达式：

$$[Na^+] + [H^+] = [H_2PO_4^-] + 2[HPO_4^{2-}] + 3[PO_4^{3-}] + [OH^-]$$

(3) 质子守恒表达式：

$$2[H_3PO_4] + [H_2PO_4^-] + [H^+] = [PO_4^{3-}] + [OH^-]$$

第(3)个守恒表达式既可以从上面的第(1)、(2)守恒表达式推导出来，也可以令 HPO_4^{2-}（溶质）和 H_2O(溶剂)为参考水准物，用得、失质子物种的守恒条件，获得质子守恒表达式。

3. 鲍林的含氧酸强度规则

(1) 含氧酸是由中心原子连接氧原子和 OH 基团组成，其通式为 $XO_m(OH)_n$。

(2) 规则一　含氧酸逐级电离常数 $K_{a1} : K_{a2} : K_{a3}$……之比为 $1 : 10^{-5} : 10^{-10}$……。

(3) 规则二　含氧酸的第一级电离常数 K_{a1} 取决于通式 $XO_m(OH)_n$ 中的 m 值。

m	0	1	2	3
K_{a1}	$\leqslant 10^{-7}$	$\approx 10^{-2}$	$\approx 10^{3}$	$\approx 10^{8}$

4. 缓冲溶液

(1) Henderson－Hasselbalch 公式

a. $pH = pK_a + \lg\{[共轭碱]/[酸]\}$

b. $pOH = pK_b + \lg\{[共轭酸]/[碱]\}$

(2) 影响缓冲容量的因素

a. 缓冲剂的浓度越大,缓冲容量越大;

b. 缓冲剂的组分的比值:当[酸]+[共轭碱]为定值、{[共轭碱]/[酸]}=1 时,缓冲容量最大。

5. 盐的水解(共轭酸或共轭碱的电离)

(1) 弱酸强碱盐的水解(共轭碱的电离)

$$CO_3^{2-} + H_2O \rightleftharpoons HCO_3^- + OH^-$$

$$K_h = \bar{K}_b = \frac{[HCO_3^-][OH^-]}{[CO_3^{2-}]}$$

(2) 弱碱强酸盐的水解(共轭酸的电离)

$$NH_4^+ + H_2O \rightleftharpoons NH_3 \cdot H_2O + OH^-$$

$$K_h = \bar{K}_a = \frac{[NH_3 \cdot H_2O][H^+]}{[NH_4^+]}$$

(3) 弱酸弱碱盐的水解

$$[H^+] \approx \sqrt{K_a \cdot \bar{K}_a}$$

该近似公式的应用必须满足:$c_0 \gg K_a$,$c_0 \cdot \bar{K}_a \gg K_w$($c_0$ 为盐的初始浓度)。

(4) 影响水解的因素

a. 内因　金属(特别是过渡元素)元素正离子的电荷越高,半径越小,该正离子的水解程度越大;负离子所对应的酸越弱,该负离子的水解程度越大。

b. 外因　盐的浓度越小,水解程度越大;温度越高,水解程度越大;调节 pH 控制水解,如对于 Fe^{3+} 或 Sn^{2+} 等离子,pH 越低,水解程度越小。

三、水溶液中的异相平衡

1. 溶度积(K_{sp})

对于一般类型的难溶电解质(A_nB_m),其溶度积 K_{sp}的表达式为

$$K_{sp}=[A^{m+}]^n[B^{n-}]^m$$

2. 溶度积规则

对于 $A_nB_m(s) \rightleftharpoons nA^{m+}(aq)+mB^{n-}(aq)$来说,当$[A^{m+}]^n[B^{n-}]^m=K_{sp}$,达到平衡;当$[A^{m+}]^n[B^{n-}]^m>K_{sp}$,会产生大量沉淀以降低 A^{m+} 和 B^{n-} 浓度,然后达到平衡;当$[A^{m+}]^n[B^{n-}]^m<K_{sp}$,不产生沉淀,$A_nB_m(s)$会继续溶解,以增大 A^{m+} 和 B^{n-} 的浓度,然后达到平衡。

在定性分析中,某离子浓度小于 $10^{-5}\ mol\cdot dm^{-3}$,可以认为沉淀完全;在定量分析中,某离子浓度小于 $10^{-6}\ mol\cdot dm^{-3}$,可以认为沉淀完全。

3. 沉淀-溶解平衡的移动

(1) 生成弱电解质使沉淀溶解。

对于弱酸根离子的难溶盐,可以降低 pH 使沉淀溶解,例如:

$$Ag_3PO_4+2H^+ = 3Ag^+ + H_2PO_4^-$$

$$ZnS+2H^+ = Zn^{2+}+H_2S$$

(2) 利用氧化还原反应使沉淀溶解,例如:

$$3CuS+8HNO_3 = 3S+2NO+3Cu(NO_3)_2+4H_2O$$

(3) 生成配合物使沉淀溶解,例如:

$$AgBr+2S_2O_3^{2-} = Ag(S_2O_3)_2^{3-}+Br^-$$

$$HgS+S^{2-} = HgS_2^{2-}$$

习　题

一、选择题

1. 酸雨是因为过度燃烧煤和石油,产生的硫和氮的氧化物溶于水,生成了硫酸与硝酸的缘故。对某次酸雨中的一些离子浓度数据分析如下:$c_{NH_4^+}=2.0\times10^{-8}\ mol\cdot dm^{-3}$,$c_{Na^+}=3.0\times10^{-6}\ mol\cdot dm^{-3}$,$c_{NO_3^-}=1.0\times10^{-5}\ mol\cdot dm^{-3}$,$c_{SO_4^{2-}}=1.0\times10^{-5}\ mol\cdot dm^{-3}$。则此次酸雨的 pH 值最接近(　　)。

(A) 4.30　　(B) 4.52　　(C) 4.57　　(D) 4.77

2. 根据 Pauling 的酸强度规则，H_3PO_4、$H_4P_2O_7$和 HPO_3 的酸强度顺序为（　　）。

(A) $H_3PO_4 > H_4P_2O_7 > HPO_3$　　(B) $HPO_3 > H_4P_2O_7 > H_3PO_4$

(C) $H_3PO_4 > HPO_3 > H_4P_2O_7$　　(D) $HPO_3 > H_3PO > H_4P_2O_7$

3. 下列物种中，（　　）属于 $N_2H_5^+$ 的共轭碱。

(A) NH_3　　(B) N_2H_4　　(C) $N_2H_6^{2+}$　　(D) N_2H_5OH

4. 下列缓冲对，属于人体中的缓冲对的是（　　）。

(A) $H_2CO_3—HCO_3^-$　　(B) $HCO_3^-—CO_3^{2-}$

(C) $H_3PO_4—H_2PO_4^-$　　(D) $HPO_4^{2-}—PO_4^{3-}$

5. 已知 $MO(OH)(s) \rightleftharpoons MO^+(aq) + OH^-(aq)$的 $K_{sp} = 1.0 \times 10^{-24}$，则 MO(OH)(s)的饱和溶液的 pH 为（　　）。

(A) 2　　(B) 12　　(C) 7　　(D) 0

6. 难溶电解质 $M_2S_3(s)$的溶解度 $s_0(mol \cdot dm^{-3})$是其溶度积 K_{sp}的函数，若不考虑正、负离子的水解，它们的关系式为（　　）。

(A) $s_0 = K_{sp}^{1/5}$　　(B) $s_0 = (K_{sp}/108)^{1/5}$

(C) $s_0 = (108K_{sp})^{1/5}$　　(D) $s_0 = (K_{sp}/128)^{1/5}$

7. 在 $Na_2HPO_4(aq)$中，质子平衡式为（　　）。

(A) $[H_3O^+] + [H_2PO_4^-] + 2[H_3PO_4] = [PO_4^{3-}] + [OH^-]$

(B) $[H_3O^+] = [H_2PO_4^-] + 2[HPO_4^{2-}] + 3[PO_4^{3-}] + [OH^-]$

(C) $[Na^+] + [H_3O^+] = [H_2PO_4^-] + [HPO_4^{2-}] + [PO_4^{3-}] + [OH^-]$

(D) $[Na^+] + [H_3O^+] = [H_2PO_4^-] + 2[HPO_4^{2-}] + 3[PO_4^{3-}]$

8. 下列离子方程式中，属于正确的水解反应方程式的是（　　）。

(A) $CO_3^{2-} + 2H_2O \rightleftharpoons H_2CO_3 + 2OH^-$

(B) $CH_3COOH + H_2O \rightleftharpoons CH_3COO^- + H_3O^+$

(C) $NH_4^+ + 2H_2O \rightleftharpoons NH_3 \cdot H_2O + H_3O^+$

(D) $HS^- + H_2O \rightleftharpoons S^{2-} + H_3O^+$

9. 下列含氧酸中，属于二元酸的是（　　）。

(A) H_3PO_4　　(B) H_3BO_3　　(C) H_3PO_2　　(D) H_3PO_3

10. 按照 Lewis 酸碱理论，反应 $F_3B—NH_3 + BCl_3 \longrightarrow Cl_3B—NH_3 + BF_3$ 属于（　　）。

(A) 酸碱加合反应　　(B) 酸取代反应

(C) 碱取代反应　　(D) 双取代反应

11. 为了配制 pH＝5 的弱酸-弱酸盐缓冲溶液，应选择最佳的酸为（　　）。

(A) HX($K_a = 1.0\times10^{-2}$) (B) HY($K_a = 5.0\times10^{-5}$)

(C) HZ($K_a = 1.0\times10^{-5}$) (D) HW($K_a = 1.0\times10^{-9}$)

12. 下列平衡常数的表达式为( )。

$$Ag_2CrO_4(s) + 2Cl^-(aq) \xrightleftharpoons{K} 2AgCl(s) + CrO_4^{2-}(aq)$$

(A) $K = K_{sp,Ag_2CrO_4}/K^2_{sp,AgCl}$ (B) $K = K_{sp,Ag_2CrO_4}\cdot K^2_{sp,AgCl}$

(C) $K = K_{sp,AgCl}/K_{sp,Ag_2CrO_4}$ (D) $K = K^2_{sp,AgCl}/K_{sp,Ag_2CrO_4}$

13. 下列 Lewis 酸中,酸性最强的是( )。

(A) BF_3 (B) BCl_3 (C) BBr_3 (D) SiF_4

14. 下列各对物种中,不属于共轭酸碱对的是( )。

(A) H_3O^+,OH^- (B) NH_3,NH_4^+

(C) HCO_3^-,CO_3^{2-} (D) $HC_2H_3O_2$,$C_2H_3O_{2-}$

15. 0.0100 mol·L^{-1}的 HY 溶液的 pH=2.40,那么 HY 的 K_a为( )。

(A) 1.6×10^{-3} (B) 4.0×10^{-3} (C) 1.6×10^{-5} (D) 2.7×10^{-3}

16. 如果 X^- 的 $\overline{K}_b = 1.5\times10^{-16}$,那么 HX 的 p$K_a$为( )。

(A) 15.82 (B) 1.18 (C) −1.82 (D) +1.82

17. 0.0150 mol HCl 加到 1 L 0.0010 mol·L^{-1}的 HA 溶液中(已知 $K_{a,HA} = 9.0\times10^{-6}$),该溶液的 pH 为( )。

(A) 3 (B) 1.82 (C) 1.18 (D) 0.82

18. 饱和的 $M(OH)_2$ 强碱溶液的 pH=10.00,则 $M(OH)_2$ 的 K_{sp}为( )。

(A) 5.0×10^{-13} (B) 1.0×10^{-12} (C) 2.0×10^{-12} (D) 5.0×10^{-8}

19. 在 pH = 1.0 的溶液中,含有$[H_2S] = 0.1$ mol·L^{-1},$[Ni^{2+}] = [Mn^{2+}] = 0.02$ mol·L^{-1},已知 $K_{sp,NiS} = 10^{-21}$,$K_{sp,MnS} = 10^{-15}$,$K_{a1,H_2S} = 1.0\times10^{-7}$,$K_{a2,H_2S} = 1.3\times10^{-13}$,下列结论正确的是( )。

(A) $[S^{2-}] = 1.3\times10^{-21}$ mol·L^{-1}

(B) NiS 与 MnS 沉淀都生成

(C) NiS 与 MnS 沉淀都不能生成

(D) NiS 沉淀生成,MnS 沉淀不能生成

20. AgI 在 NaI 溶液中的溶解度比在纯水中小的原因是( )。

(A) 溶液的温度降低 (B) AgI 的溶解度小于 NaI 的溶解度

(C) 同离子效应 (D) AgI 与 NaI 形成配合物

二、填空题

1. 超酸的英文名称是__①__,称为"魔酸"的第一个超酸的化学式为__②__。超酸

与 CH_3CH_3 反应可以生成含__③__和__④__正离子的两种化合物。

2. 写出下列条件下的反应方程式

(1) 在 NH_3(l)中，BiN 与 NH_4Cl 反应__①__。

(2) 在 ClNO(l)中，ClNO 与 $FeCl_3$ 反应__②__。

(3) 在 SO_2(l)中，$SOCl_2$ 与 Fe 反应__③__。

(4) 在 N_2O_4(l)中，1 mol N_2O_4 与 3 mol H_2SO_4(l)反应生成 6 mol 离子__④__。

3. 弱酸根离子(X^-)的水解常数可以看作__①__的电离常数，它与弱酸的电离常数(K_a)关系式为__②__。0.1M 的弱酸弱碱(BX)溶液的 pH 的表达式为__③__(弱碱 BOH 的电离常数为 K_b)。已知甘氨酸是一种两性离子($H_3N^+CH_2COO^-$)，在 25℃时，$K_a = 1.7\times10^{-10}$，$K_b = 2.2\times10^{-12}$，则 0.1 mol·dm^{-3} 甘氨酸水溶液的 pH = __④__。

4. 在液态 BrF_3 中，用 $KBrF_4$ 滴定 $SnBr_2F_{10}$ 出现电导最低点，其反应方程式为__①__，$KBrF_4$ 称为__②__，$SnBr_2F_{10}$ 称为__③__。

第四章　氧化还原反应与电化学

一、氧化数

1. 氧化数是判断一个化学反应是否属于氧化还原反应的判据。

2. 氧化数分类为平均氧化数和实际氧化数。

(1) 平均氧化数　引入平均氧化数是为了方便快捷地判断出某化学反应是否属于氧化还原反应，还可以指导氧化还原反应的配平和计算，不需要了解氧化剂或还原剂分子的结构。一般以常见元素的常见氧化态为参考(O：-2，H：+1 或 -1，卤素：-1 等)，计算出其他元素的平均氧化数。例如 $Na_{0.35}CoO_2$ 中 Co 的平均氧化数为 +3.65，$S_4O_6{}^{2-}$ 中 S 的平均氧化数为 +2.5 等。

(2) 实际氧化数　对于复杂结构的氧化剂或还原剂，只有掌握其结构式，才能确定元素的实际氧化数。例如叠氮酸 HN_3，N 的平均氧化数为 -1/3，然而三个氮原子的实际氧化数依次为 -1(连接 H 原子的 N 原子)，0，0。

二、氧化还原配平

1. 氧化数法

(1) 该方法的依据是氧化数总升高值等于氧化数总降低值。

(2) 巧令氧化数，减少氧化数变化的原子个数，简化配平。

2. 离子-电子法

(1) 根据弱电解质的形式确定离子反应在 H^+ 离子或 OH^- 离子介质中反应。

(2) 在 H^+ 离子介质中，只能用 H^+ 离子与 H_2O 配平半反应两边原子数；在 OH^- 离子介质中，只能用 OH^- 离子与 H_2O 配平半反应两边原子数。

(3) 半反应两边的电荷守恒依靠添加电子数来配平。

三、原电池

1. 掌握电池符号的书写。例如铅蓄电池符号为：

$(-)Pb(s), PbSO_4(s) \mid H_2SO_4(m) \mid PbO_2(s), PbSO_4(s) \mid Pb(+)$

2. 由电池符号写出充电、放电电极反应式。例如一种新型嵌锂离子的电池符号为：

$$Li_xC_6 \mid LiClO_4\text{，有机溶剂} \mid Li_{1-x}CoO_2$$

其充电电极反应式为：

$$LiCoO_2 - xe^- \longrightarrow Li_{1-x}CoO_2 + xLi^+ \text{（阳极）}$$

$$C_6\text{（石墨）} + xLi^+ + xe^- \longrightarrow Li_xC_6\text{（阴极）}$$

其放电电极反应式为：

$$Li_{1-x}CoO_2 + xLi^+ + xe^- \longrightarrow LiCoO_2\text{（正极）}$$

$$Li_xC_6 \longrightarrow C_6\text{（石墨）} + xLi^+ + xe^-\text{（负极）}$$

四、电极电势

1. 标准电极电势（$\varphi^{\ominus}_{Ox/Red}$） 在298.15K，$p^{\ominus}$条件下，所有氧化型(Ox)和还原型(Red)上溶液物种的浓度为1 mol·L^{-1}，所有气态物种的分压为$p^{\ominus}$的电对的电极电位与标准氢电极的电极电位之差（规定标准氢电极的$\varphi^{\ominus}_{H^+/H_2} = 0.00$ V）。

2. 能斯特方程

(1) 表达式 对于$Ox + ne^- \longrightarrow Red$电对而言，有：

$$\varphi_{Ox/Red} = \varphi^{\ominus}_{Ox/Red} + \frac{0.0592}{n}\lg\frac{[Ox]}{[Red]}$$

(2) 特别说明

a. 若有气态物种必须用分压出现在表达式中，对于纯固体、纯液体都看作1，所以不在表达式中出现。

b. 能斯特方程的修正项[Ox]/[Red]只与$\varphi^{\ominus}_{Ox/Red}$电对的表达式一致，因为后面项只是修正该电对的标准电极电位，而与所求电对的表达式没有直接联系，它只是提供在修正项中应代入的物种浓度或分压所要求的数值。如果这一点搞不清楚，那么就不能正确地应用能斯特方程来解决问题。例如：分别利用$\varphi^{\ominus}_{Ag^+/Ag}$，$\varphi^{\ominus}_{AgCl/Ag}$和$\varphi^{\ominus}_{Ag_2SO_4/Ag}$标准值，计算非标准态$Ag^+ + e \longrightarrow Ag$电对的电极电位，相应的能斯特方程应分别写成：

$$\varphi_{Ag^+/Ag} = \varphi^{\ominus}_{Ag^+/Ag} + \frac{0.0592}{1}\lg[Ag^+]$$

$$\varphi_{Ag^+/Ag} = \varphi^{\ominus}_{AgCl/Ag} + \frac{0.0592}{1}\lg\frac{1}{[Cl^-]}$$

$$\varphi_{Ag^+/Ag} = \varphi^{\ominus}_{Ag_2SO_4/Ag} + \frac{0.0592}{2}\lg\frac{1}{[SO_4^{2-}]}$$

(3) 能斯特方程的应用

a. 已知两电对的标准电极电位,可以求得它们之间发生氧化还原反应的平衡常数。

例如,已知 $\varphi^{\ominus}_{O_2/H_2O} = +1.26\ \text{V}$, $\varphi^{\ominus}_{S/H_2S} = +0.142\ \text{V}$。试求 $O_2(g) + 2H_2S(aq) \rightleftharpoons 2S(s) + 2H_2O(l)$的平衡常数。

解: $K^{\ominus} = \dfrac{1}{p_{O_2}\cdot[H_2S]^2}$

$$\varphi_{O_2/H_2O} = \varphi^{\ominus}_{O_2/H_2O} + \frac{0.0592}{4}\lg\frac{p_{O_2}\cdot[H^+]^4}{1}$$

$$\varphi_{S/H_2S} = \varphi^{\ominus}_{S/H_2S} + \frac{0.0592}{2}\lg\frac{[H^+]^2}{[H_2S]}$$

平衡时, $\varepsilon = 0$ $\quad\therefore \varphi_{O_2/H_2O} = \varphi_{S/H_2S}$

$$\therefore +1.26\text{V} + \frac{0.0592}{4}\lg\frac{p_{O_2}\cdot[H^+]^4}{1} = +0.142 + \frac{0.0592}{2}\lg\frac{[H^+]^2}{[H_2S]}$$

$$\frac{0.0592}{4}\lg\left\{\frac{[H^+]^4}{[H_2S]^2}\times\frac{1}{p_{O_2}\cdot[H^+]^4}\right\} = 1.26 - 0.142 = 1.118$$

$$\therefore K^{\ominus} = 10^{\frac{1.118\times4}{0.0592}} = 3.47\times10^{75}$$

当然也可以由 $\Delta_r G^{\ominus}_m = -RT\ln K^{\ominus} = -nF\varepsilon^{\ominus}$ 得到 $K^{\ominus} = e^{\frac{nF\varepsilon^{\ominus}}{RT}} = e^{\frac{4\times96485\times1.118}{8.314\times298.15}} = 3.95\times10^{75}$。

利用上面公式时,特别要注意 $\varepsilon^{\ominus}$ 的计算;一个氧化还原反应的 $\varepsilon^{\ominus}$ 不一定总是大数减小数,即不一定是正值,必须是氧化剂的还原电位减去还原剂的还原电位。

b. 可以求 K_a, K_{sp}或 K_f。

3. 莱特莫尔标准电位图

(1) 物理学家莱特莫尔把某元素的不同氧化态间的标准电极电位,按照氧化数依次降低的顺序排列成图解方式,这种方式称为莱特莫尔标准电位图。例如, pH = 0,锰元素各氧化态的莱特莫尔图如下:

$$MnO_4^- \xrightarrow{+0.558\ \text{V}} MnO_4^{2-} \xrightarrow{+2.24\ \text{V}} MnO_2 \xrightarrow{+0.907\ \text{V}} Mn^{3+} \xrightarrow{+1.541\ \text{V}} Mn^{2+} \xrightarrow{-1.185\ \text{V}} Mn$$

(2) 莱特莫尔标准电位图的应用

a. 判断一种元素的某一氧化态能否发生歧化反应。只要该元素右边电对的标准电极电位大于左边电对的标准电极电位,该氧化态就发生歧化。从上面锰的电位图来看 +6 氧化态的 MnO_4^{2-} 与 +3 氧化态的 Mn^{3+} 都会发生歧化(pH = 0 时):

$$3\,MnO_4^{2-} + 4H^+ \xlongequal{} 2\,MnO_4^- + MnO_2 + 2H_2O$$
$$2Mn^{3+} + 2H_2O \xlongequal{} MnO_2 + Mn^{2+} + 4H^+$$

b. 从相邻电对的 $\varphi^\ominus$，计算另一未知电对的 $\varphi^\ominus$，假设有下列元素标准电极电势图(氧化数从大到小排列)，求得 $\varphi^\ominus_{A/D}$ 为：

$$A \xleftrightarrow[n_1]{\varphi_1^\ominus} B \xleftrightarrow[n_2]{\varphi_2^\ominus} C \xleftrightarrow[n_3]{\varphi_3^\ominus} D$$

$$\varphi^\ominus_{A/D} = \frac{n_1\varphi_1^\ominus + n_2\varphi_2^\ominus + n_3\varphi_3^\ominus}{n_1 + n_2 + n_3}$$

式中，n_1，n_2，n_3 是各氧化态之间的差值。

习　　题

一、选择题

1. 在动力汽车的电池发展中，轻便型可充电式锂电池是最有前途的。其电池符号为 $Li(s)|Li^+$—导电电解质(s)$|LiMn_2O_4(s)$。充电时阳极上的反应为(　　)。
   (A) $x\text{Li} - x\text{e} \longrightarrow x\text{Li}^+$
   (B) $Li_{1-x}Mn_2O_4 + xLi^+ + xe \longrightarrow LiMn_2O_4$
   (C) $Li_{1+x}Mn_2O_4 - xe \longrightarrow LiMn_2O_4 + xLi^+$
   (D) $LiMn_2O_4 - xe \longrightarrow Li_{1-x}Mn_2O_4 + xLi^+$

2. 已知金属 M 的标准电极电势数值为

$$M^{2+} + 2e^- \longrightarrow M \qquad \varphi_1^\ominus = -0.40V$$
$$M^{3+} + 3e^- \longrightarrow M \qquad \varphi_2^\ominus = -0.04V$$

   则 $M^{3+} + e^- \longrightarrow M^{2+}$ 的 $\varphi_3^\ominus$ 值为(　　)。
   (A) 0.96V　　(B) 0.68V　　(C) −0.44V　　(D) 1.00V

3. 下列反应中，属于氧化还原反应的个数为(　　)。
   ①$2HOF \longrightarrow 2HF + O_2$；②$2SeOF_6 + 16OH^- \longrightarrow 2SeO_4{}^{2-} + O_2 + 12F^- + 8H_2O$；
   ③$Cr_2O_7{}^{2-} + 4H_2O_2 + 2H^+ \longrightarrow 2CrO_5 + 5H_2O$
   (A) 0　　(B) 1　　(C) 2　　(D) 3

4. 已知 $\varphi^\ominus_{H_2O_2/H_2O} = +1.776V$，$\varphi^\ominus_{Cl_2/Cl^-} = +1.358V$，$\varphi^\ominus_{O_2/H_2O_2} = +0.682V$，$\varphi^\ominus_{HOCl/Cl_2} = +1.611V$，那么 H_2O_2 与 Cl_2 之间应发生的反应是(　　)。
   (A) $H_2O_2 + Cl_2 \xlongequal{} 2HOCl$
   (B) $H_2O_2 + Cl_2 \xlongequal{} 2HCl + O_2$
   (C) $3H_2O_2 + Cl_2 \xlongequal{} 2HOCl + O_2 + 2H_2O$

(D) $3H_2O_2 + Cl_2 = 2HCl + 2O_2 + 2H_2O$

5. 下列电化学方程式中，正确是(　　)。

(A) $\varphi^{\ominus}_{Ag_2SO_4/Ag} = \varphi^{\ominus}_{Ag^+/Ag} + \frac{0.0592}{2}\lg[Ag^+]$

(B) $\varphi^{\ominus}_{Ag_2SO_4/Ag} = \varphi^{\ominus}_{Ag^+/Ag} + \frac{0.0592}{2}\lg\frac{1}{[SO_4^{2-}]}$

(C) $\varphi^{\ominus}_{Ag^+/Ag} = \varphi^{\ominus}_{Ag_2SO_4/Ag} + \frac{0.0592}{1}\lg[Ag^+]$

(D) $\varphi^{\ominus}_{Ag^+/Ag} = \varphi^{\ominus}_{Ag_2SO_4/Ag} + \frac{0.0592}{2}\lg\frac{1}{[SO_4^{2-}]}$

根据美国化学家 Seaborg 估计的第 106 号元素存在的 Latimer 电位图，回答第 6～9 题。

$$\varphi^{\ominus}_A \quad MO_3 \xrightarrow{-0.5\ V} M_2O_5 \xrightarrow{?} MO_2 \xrightarrow{-0.7\ V} M^{3+} \xrightarrow{0.00\ V} M$$

（MO_3 至 MO_2：-0.35 V）

6. pH＝0 时，上述未知电子对的还原电位为(　　)。

(A) -0.85V　(B) $+0.20$V　(C) -0.20V　(D) $+0.15$V

7. 在 1 mol·L^{-1}的盐酸中，能存在的物种为(　　)。

(A) MO_3　(B) M_2O_5　(C) MO_2　(D) M^{3+}

8. MCl_3 放在 $FeSO_4$ 的酸性溶液中，首先应有的现象为(都为标准溶液，$\varphi^{\ominus}_{Fe^{2+}/Fe} = -0.45$ V)(　　)。

(A) Fe^{2+} 被氧化到 Fe^{3+}　(B) Fe^{2+} 被还原到单质铁

(C) 氢气放出　(D) 不发生反应

9. 第 106 号元素的氧化物中，能发生歧化反应的是(　　)。

(A) MO_3　(B) M_2O_5　(C) MO_2　(D) 都不能

10. 对于 $Zn + NO_3^- + H_2O + OH^- \longrightarrow Zn(OH)_4^{2-} + NH_3$ 反应，配平的方程式中 H_2O 分子前面的系数为(　　)。

(A) 4　(B) 5　(C) 6　(D) 8

11. 在下面原电池中，发生 $H_2(g) + 2AgCl(s) \rightleftharpoons 2H^+(aq) + 2Cl^-(aq) + 2Ag(s)$ 的原电池是(　　)。

(A) Ag|AgCl(s)|KCl(aq)|$AgNO_3$(aq)|Ag

(B) Ag|H_2(g)|HCl(aq)|$AgNO_3$(aq)|Ag

(C) Pt|H_2(g)|HCl(aq)|AgCl(s)|Ag

(D) Pt|H_2(s)|KCl(aq)|AgCl(s)|Ag

12. 如果原电池的盐桥从两个半电池之间除去，则两端电压(　　)。

(A) 降低到零　(B) 不会变化　(C) 慢慢增大　(D) 迅速增大

13. 对于电池反应 $Cu^{2+}(c_1)+Zn(s)\rightleftharpoons Zn^{2+}(c_2)+2Cu(s)$，在已知温度下，下面(　　)与该反应自由能变是函数关系。

(A) $\ln c_1$　(B) $\ln(c_2/c_1)$　(C) $\ln c_2$　(D) $\ln(c_1+c_2)$

14. 下面反应的热力学平衡常数为(　　)。

$$3Sn^{4+}+2Cr \longrightarrow 3Sn^{2+}+2Cr^{3+}\ (\varepsilon^{\ominus}=0.885V)$$

(A) 1×10^{90}　(B) 1×10^{19}　(C) 1×10^{20}　(D) 1×10^{39}

15. 在碱性溶液中 $CrO_4{}^{2-}$ 与 $HSnO_2{}^{-}$ 反应，生成 $CrO_2{}^{-}$ 和 $HSnO_3{}^{-}$，在配平中，$CrO_4{}^{2-}$ 与 $HSnO_2{}^{-}$ 前面的系数分别为(　　)。

(A) 1,2　(B) 2,1　(C) 2,3　(D) 3,2

16. 对于下面的原电池

$$Pt|H_2(g)|H_3O^+(aq)|Cl^-(aq),Cl_2(g)|Pt$$

反应熵 Q 的形式为(　　)。

(A) $\dfrac{[H_3O^+][Cl^-]}{p_{H_2}\cdot p_{Cl_2}}$　(B) $\dfrac{[Cl^-]p_{Cl_2}}{[H_3O^+]p_{H_2}}$

(C) $\dfrac{[Cl^-]^2[H_3O^+]^2}{[H_2]\cdot[Cl_2]}$　(D) $\dfrac{[Cl^-]^2[H_3O^+]^2}{p_{H_2}\cdot p_{Cl_2}}$

17. 电解 $0.1\ mol\cdot L^{-1}$ 的 KI 溶液，下列说法正确的是(　　)。

(A) 溶液的碱性增强　(B) 在阴极上淀积出金属钾

(C) 在阳极上放出氧气　(D) 碘单质在阴极上生成

18. 已知 25℃时，下面电池的电动势为 0.83V，

$$Tl|Tl^+(0.0010\ mol\cdot L^{-1})\parallel Cu^{2+}(0.10\ mol\cdot L^{-1})|Cu$$

则该电池的标准电动势为(　　)。

(A) 0.98V　(B) 0.83V　(C) 0.68V　(D) 0.42V

19. 在 25℃时，气体 X(分压为 1 atm)通入含有 $1\ mol\cdot L^{-1}$ 的 Y^- 和 $1\ mol\cdot L^{-1}$ 的 Z^- 的混合液中，如果标准还原电位的顺序为 $Z/Z^- > Y/Y^- > X/X^-$，那么(　　)。

(A) X 不能氧化 Y^- 和 Z^-　(B) X 不能氧化 Z^-，但能氧化 Y^-

(C) X 不能氧化 Y^-，但能氧化 Z^-　(D) X 既能氧化 Y^-，又能氧化 Z^-

20. 对于电化学电池

$$(Pt)H_2(1\ atm)|HCl(0.10\ mol\cdot L^{-1})\parallel CH_3COOH(0.10\ mol\cdot L^{-1})|H_2(1\ atm)(Pt)$$

其电动势不为零，是因为(　　)。

(A) 在两个半电池中的酸不同　(B) 电动势取决于酸的摩尔浓度

(C) 两个半电池中的 pH 不同　(D) 温度是恒定的

二、填空题

1. 用离子－电子法配平下列反应：

（1）$H_2BO_3^- + Al \longrightarrow BH_4^- + H_2AlO_3^-$

氧化反应__①__；还原反应__②__；离子方程式__③__。

（2）高氙酸根离子 XeO_6^{4-} 能存在于强碱性溶液中，在酸性条件下，Xe 的各种正氧化态都有极强的氧化性，试按要求写出高氙酸根离子与酸性条件下的 Mn^{2+} 反应。

氧化反应__④__；还原反应__⑤__；离子方程__⑥__。

2. 燃料电池 $CH_3OH|Y_2O_3—ZrO_2|O_2$ 的电极反应式为：负极__①__；正极__②__。锂离子二次电池的负极材料是石墨（用 C_n 表示），正极材料是类晶石结构的 $LiMn_2O_4$，该电池使用前必须长时间充电，试写出该电池充电时的电极反应式：阳极__③__；阴极__④__。

第五章　化学动力学基础

一、浓度与反应速率

1. 化学反应速率与反应的浓度之间有一定的函数关系，这种关系只有通过实验来测定。例如对于一般的化学反应：

$$a\mathrm{A}+b\mathrm{B}\longrightarrow \mathrm{P}(\text{产物})$$

实验测得反应物浓度和反应速率之间的函数关系为：

$$\mathrm{rate}=k[\mathrm{A}]^{x}[\mathrm{B}]^{y}$$

上式称为反应速率方程式或质量作用定律。式中 x 称为反应物 A 的级数，y 称为反应物 B 的级数，$x+y$ 称为反应的总级数。k 称为速率常数。因为 $k=\mathrm{rate}/\{[\mathrm{A}]^{x}[\mathrm{B}]^{y}\}$，则速率常数的单位为 $(\mathrm{mol\cdot L^{-1}})^{1-(x+y)}\cdot$ 时间$^{-1}$，因此可以通过速率常数 k 的单位来判断总化学反应级数。

2. 简单级数反应速率方程的微分式、积分式及半衰期。

(1) 零级反应

a. 微分式　$-\mathrm{d}[\mathrm{A}]/\mathrm{d}t=k_0\,[\mathrm{A}]^0$

b. 积分式　$\int_{[\mathrm{A}]_0}^{[\mathrm{A}]_t}\mathrm{d}[\mathrm{A}]=\int_0^t(-k_0)\mathrm{d}t$

积分得　$[A]_t=[\mathrm{A}]_0-k_0t$

c. 半衰期　$t_{1/2}=[A]_0/2k_0$

(2) 一级反应

a. 微分式　$-\mathrm{d}[\mathrm{A}]/\mathrm{d}t=k_1[\mathrm{A}]$

b. 积分式　$\int_{[\mathrm{A}]_0}^{[\mathrm{A}]_t}\frac{\mathrm{d}[\mathrm{A}]}{[\mathrm{A}]}=\int_0^t k_1\mathrm{d}t$

积分得　$\ln[\mathrm{A}]_t=\ln[\mathrm{A}]_0-k_1t$

c. 半衰期　$t_{1/2}=\ln 2/k_1$（一级反应半衰期为常数）

放射性蜕变的半衰期为常数，所以它为一级反应。

(2) 二级反应

a. 微分式　$-\frac{1}{2}\frac{\mathrm{d}[\mathrm{A}]}{\mathrm{d}t}=k_2\,[\mathrm{A}]^2$（或 $-\frac{\mathrm{d}[\mathrm{A}]}{\mathrm{d}t}=k_2[\mathrm{A}][\mathrm{B}]\xrightarrow[\text{物料平衡}]{[\mathrm{A}]=n[\mathrm{B}]}k_2'[A]^2$）

b. 积分式　$\int_{[A]_0}^{[A]_t} \frac{d[A]}{[A]^2} = \int_0^t -2k_2 dt$

积分得　$1/[A]_t = 1/[A]_0 + 2k_2 t$

c. 半衰期　$t_{1/2} = 1/\{2k_2[A]_0\}$

二、温度与反应速率

1. 阿累尼乌斯经验式。

(1) 化学反应的速率常数(k)与温度(T)之间呈指数关系。

(2) 表达式为 $k = Ae^{-E_a/(RT)}$，式中 A 为频率因子或指前因子，E_a为反应活化能。其对数形式为：

$$\ln k = \ln A - \frac{E_a}{R} \cdot \frac{1}{T} \quad 或 \quad \ln\left(\frac{k_1}{k_2}\right) = \frac{E_a}{R}\left(\frac{1}{T_2} - \frac{1}{T_1}\right)$$

2. 已知温度为 T_1，T_2 时的速率常数分别为 k_1和 k_2，可以求反应活化能 E_a，或者已知反应活化能 E_a和温度 T_1时的速率常数为 k_1，可以求温度 T_2 时的速率常数 k_2。

三、催化剂与反应速率

1. 掌握化学反应位能图。

2. 催化剂选择新的反应途径，生成不同的活化络合物。对于有利的反应，降低活化络合物的能量；对于不利的反应，升高活化络合物的能量，达到加快或延缓化学反应速率的目的。

四、化学反应的反应级数确定方法

1. 尝试法

把实验数据代入各级反应的速率常数 k 的表达式中，逐一计算出速率常数 k 值。在各个 t 时刻对应的浓度下所求的k 值都很接近，则该公式的级数为此化学反应的级数。

2. 作图法

(1) 以$[A]_t$对 t 作图，得到一条直线，那么该化学反应为零级反应。

(2) 以 $\ln[\mathrm{A}]_t$ 对 t 作图，得到一条直线，那么该化学反应为一级反应。

(3) 以 $1/[\mathrm{A}]_t$ 对 t 作图，得到一条直线，那么该化学反应为二级反应。

3. 半衰期法

各级半衰期公式可以归纳成一个通式：

$$t_{1/2} = K[\mathrm{A}]_0^{1-n}$$

式中，n 为反应级数，$[\mathrm{A}]_0$ 为反应物的初始浓度，K 为比例系数（$n=0$ 时，$K=1/(2k_0)$；$n=1$ 时，$K=\ln 2/k_1$；$n=2$ 时，$K=1/(2k_2)$）。

若对同一个化学反应，用两个不同的起始浓度 $[\mathrm{A}]_0$ 与 $[\mathrm{A}]'_0$ 分别作两次实验，测得相应的半衰期分别为 $t_{1/2}$ 和 $t'_{1/2}$，则

$$\frac{t_{1/2}}{t'_{1/2}} = \left(\frac{[\mathrm{A}]_0}{[\mathrm{A}]'_0}\right)^{1-n}$$

两边取自然对数可得 $1-n=\dfrac{\ln(t_{1/2}/t'_{1/2})}{\ln([\mathrm{A}]_0/[\mathrm{A}]'_0)}$，即 $n=1-\dfrac{\ln(t_{1/2}/t'_{1/2})}{\ln([\mathrm{A}]_0/[\mathrm{A}]'_0)}$。

五、化学反应机理

1. 复杂反应的近似处理方法有稳态近似法和平衡态近似法。

2. 由反应速率方程推测可能的反应机理的方法。

抓住活化络合物，就等于抓住反应机理中的决速步，就可以推测出可能的反应机理。

推测活化络合物的方法是：活化络合物分子中含有的原子种类与数目等于反应速率方程式的数学分式表达式中分子项中的原子数目减去分母项中的原子数目。

习　题

一、选择题

1. 某反应的反应物反应掉 5/9 所需时间是它反应掉 1/3 所需时间的 2 倍，则该反应是(　　)。

(A) 零级反应　　(B) 二级反应　　(C) 一级反应　　(D) $1\frac{1}{2}$ 级反应

2. 在下列反应历程中（P 是最终产物，C 是活性中间物）：

$$\mathrm{A+B}\xrightarrow{k_1}\mathrm{C};\quad \mathrm{C}\xrightarrow{k_2}\mathrm{A+B};\quad \mathrm{C}\xrightarrow{k_3}\mathrm{P}$$

如果 $k_2 \gg k_3$，则产物 P 生成的速率方程 d[P]/dt 是（　　）。

(A) $\frac{k_1}{k_2}$[P]　(B) $\frac{k_1}{k_2 k_3}$[A][B]　(C) $\frac{k_1 k_3}{k_2}$[A][B]　(D) k_2[C]

3. 有一单分子重排反应 A $\longrightarrow$ P，实验测得在 120℃ 时的反应速率常数为 $1.806\times10^{-4}\,s^{-1}$，140℃ 时为 $9.14\times10^{-4}\,s^{-1}$，则其 Arrhenius 活化能为（　　）。

(A) 109.4 $kJ\cdot mol^{-1}$　(B) 109.4 $J\cdot mol^{-1}$

(C) 11.32 $kJ\cdot mol^{-1}$　(D) 11.32 $J\cdot mol^{-1}$

4. 某反应的反应物反应掉 1/2 所需时间是反应掉 1/4 所需时间的 2 倍，则此反应级数是（　　）。

(A) 1　(B) 2　(C) 3　(D) 0

5. 对于复杂反应 $A \underset{k_{-1}}{\overset{k_1}{\rightleftharpoons}} B \xrightarrow{k_2} C$ 可用平衡近似处理时，$K = k_1/k_{-1} = [B]/[A]$。为了不致扰乱快速平衡：①B $\longrightarrow$ C 必为慢步骤；②B $\longrightarrow$ C 必为快步骤；③$k_{-1} = k_1$；④$k_{-1} \gg k_2$；⑤$k_2 \gg k_{-1}$，其中正确的是（　　）。

(A) ①④　(B) ①　(C) ①⑤　(D) ①③

6. 某放射性同位素的半衰期为 5 天，则 15 天后所剩下的同位素是原来的（　　）。

(A) 1/2　(B) 1/4　(C) 1/8　(D) 无法确定

由下面的化学反应位能图回答第 7～10 题。

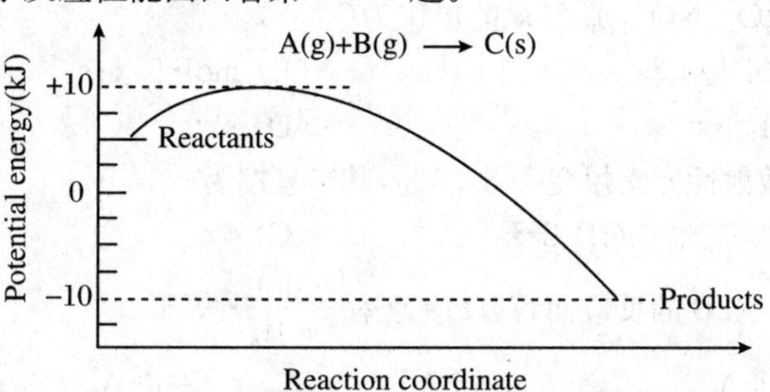

7. 上述反应最可能（　　）。

(A) 高温自发　(B) 低温自发

(C) 所有温度下都自发　(D) 所有温度下非自发

8. 该反应的 $\Delta_r H_m$(kJ) 为（　　）。

(A) −15　(B) +5　(C) −20　(D) −5

9. 其逆反应的活化能 E_a(逆) 为(kJ)（　　）。

(A) −20　(B) +5　(C) +15　(D) +20

10. 该反应的活化能(　　)。

(A) 随温度下降而增大　(B) 随温度升高而增大

(C) 加入正催化剂而减小　(D) 随$[A]$或$[B]$的增加而减小

11. 某反应的速率常数为 0.099 min^{-1},反应物的初始浓度为 0.2 $mol \cdot dm^{-3}$,则该反应的半衰期为(　　)。

(A) 7.00 min　(B) 1.01 min　(C) 4.04 min　(D) 无法计算

12. 反应 $A + 2B + C \longrightarrow D$ 的反应机理如下:

$A + B \rightleftharpoons X$　快平衡

$X + C \longrightarrow Y$　决速步

$Y + B \longrightarrow D$　快反应

其速率定律表达式为(　　)。

(A) rate $= k[C]$　(B) rate $= k[A][B]^2[C]$

(C) rate $= k[D]$　(D) rate $= k[A][B][C]$

13. 催化剂在化学反应中的作用是改变(　　)。

(A) 化学反应热量　(B) 化学反应产物

(C) 化学反应的活化能　(D) 化学反应的平衡常数

14. 已知反应 $Cl_3CCHO + NO \longrightarrow CHCl_3 + NO + CO$ 的速率定律表达式为 rate $= k[Cl_3CCHO][NO]$,那么 k 的单位为(　　)。

(A) $L^2 \cdot mol^{-2} \cdot s^{-1}$　(B) $mol \cdot L^{-1} \cdot s^{-1}$

(C) $L \cdot mol^{-1} \cdot s^{-1}$　(D) s^{-1}

15. 在 9 天中放射性元素蜕变了 87.5%,其半衰期为(　　)。

(A) 1 天　(B) 3 天　(C) 4 天　(D) 12 天

16. 对于 $3A \longrightarrow 2B$ 的反应而言,反应速率 $+\frac{d[B]}{dt}$ 等于(　　)。

(A) $-\frac{3}{2}\frac{d[A]}{dt}$　(B) $-\frac{1}{3}\frac{d[A]}{dt}$　(C) $-\frac{2}{3}\frac{d[A]}{dt}$　(D) $-\frac{2d[A]}{dt}$

17. 在化学动力学中,如下有关 $k = Ae^{-E_a/(RT)}$ 的叙述,正确的是(　　)。

(A) k 是平衡常数　(B) A 是吸附因子

(C) R 是里德堡常数　(D) E_a 是活化能

已知一个化学反应的 $k_{273K} = 7.33 \times 10^{-7}\ s^{-1}$, $k_{338K} = 4.87 \times 10^{-3}\ s^{-1}$, $E_a = 103.9\ kJ \cdot mol^{-1}$,试回答第 18~19 题。

18. 该反应是(　　)。

(A)一级反应　(B) 二级反应

(C) 三级反应　　(D) 不能确定反应级数

19. 在 373K 时,该反应的比速常数 k 为(　　)。

(A) $0.00999\ s^{-1}$　(B) $0.156\ s^{-1}$　(C) $0.0831\ s^{-1}$　(D) $4.18\ s^{-1}$

20. 化合物 J 经历重排后生成化合物 K 和 L。根据右边的位能图,下面叙述中正确的是(　　)。

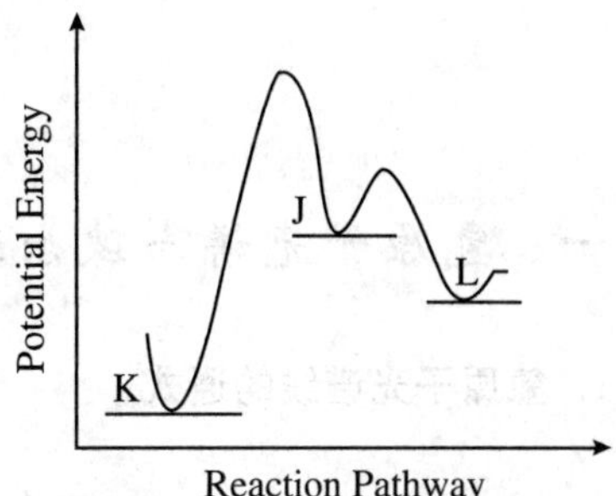

(A) 化合物 K 比化合物 L 形成得更快、更稳定

(B) 化合物 L 比化合物 K 形成得更快、更稳定

(C) 化合物 L 比化合物 K 形成得更快,但不稳定

(D) 化合物 K 比化合物 L 稳定,图中不能反映有关反应速率的信息

二、填空题

1. 通常复杂反应的近似处理方法有__①__,__②__。其中__③__近似处理是有条件的,其条件为__④__。

2. 若反应物 A 发生如下反应(对 A 为一级)

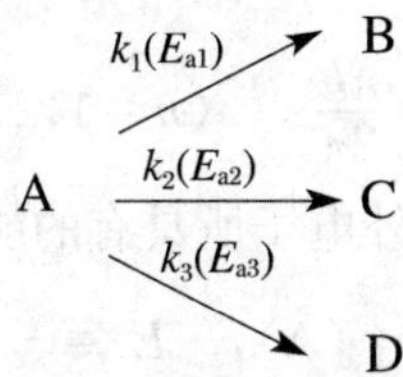

该反应类型为__①__,总反应速率表达式为__②__,当$[B]_0=[C]_0=[D]_0=0$时,$[B]:[C]:[D]=$__③__,若用温度 T 与 E_{a1},E_{a2}来表示$[B]/[C]$的表达式为__④__。

第六章　原子结构与元素周期律

一、氢原子光谱与玻尔理论

1. 氢原子光谱线的通式

$$\tilde{\nu} = \frac{1}{\lambda} = R(\frac{1}{n_1^2} - \frac{1}{n_2^2})$$

式中 R 称为里德堡常数，$n_2 = n_1 + 1, n_1 + 2, n_1 + 3, \cdots$。当 $n_1 = 1$ 时，称为赖曼系，该谱线在紫外区；$n_1 = 2$ 时，称为巴尔末系，该谱线在可见光区；$n_1 = 3,4,5$ 时，依次称为帕邢系、布拉开系和普丰德系，它们都在红外区。

2. 玻尔理论

(1) 玻尔理论中最重要的假设是“并非所有的圆形轨道均为电子所允许的，只有电子的轨道角动量（mvr）等于 $h/(2\pi)$ 的正整数倍，才是电子运动所允许的轨道。”

$$mvr = \frac{nh}{2\pi}, \quad (n = 1,2,3,\cdots)$$

(2) 氢原子的轨道半径与核外电子所具有的能量

$$r_i = 0.53\, n_i^2\ (\text{Å}), \quad E_i = -\frac{13.6}{n_i^2}(\text{eV})$$

(3) 类氢离子的轨道半径与轨道上电子所具有能量

$$r_i = 0.53\,\frac{n_i^2}{Z}\ (\text{Å}), \quad E_i = -\frac{13.6Z^2}{n_i^2}\ (\text{eV})$$

Z 为原子序数，$n_i = 1,2,3,4,\cdots,i$，$n_i = 1$ 时为基态，n_i 为其他正整数时为激发态。

二、原子核外电子运动状态

1. 微观粒子的运动特点

(1) 波粒二象性　$p(mv) = h/\lambda$，式中 m 为微观粒子质量，v 为微观粒子速率，λ 为微观粒子显示波动性的波长。

(2) 不确定原理

a. 叙述 同时准确地确定微观粒子的动量和位置是不可能的。

b. 表达式 $\Delta x \cdot \Delta p \geqslant h/(4\pi)$。

2. 电子运动状态的描述——波函数(Ψ)

(1) 波函数是薛定谔方程(二阶偏微分方程)的解。要使薛定谔方程有解必须确定三个量子化的边界条件——主量子数(n)、角量子数(l)和磁量子数(m_l)。必须掌握这三个量子数的定义、取值和相对应的符号。

(2) 电子波函数是描述波的数学函数式,只有明确的数学意义,无直接的物理意义。波函数在描述核外电子运动状态时,必须满足:连续、单值、有界、平方可积和归一化条件。这是由核外电子是客观存在的这一事实所决定的。

(3) 定态波函数 $\Psi(x,y,z)$的描述

$$\underset{\text{直角坐标}}{\Psi(x,y,z)} \xrightarrow{\text{坐标变换}} \underset{\text{球坐标}}{\Psi(r,\theta,\varphi)} \xrightarrow{\text{分离变量}} R(r)\cdot Y(\theta,\varphi)$$

$R(r)$称为波函数的径向分布,$Y(\theta,\varphi)$称为波函数的角度分布,要掌握 s、p、d 原子轨道的角度分布图。

(4) 电子云的描述

a. 虽然波函数没有直接的物理意义,但是$|\Psi|^2$ 和$|\Psi|^2 d\tau$ 有明确的物理意义。$|\Psi|^2$ 表示电子在空间某点出现的几率密度,$|\Psi|^2 d\tau$ 表示在空间某点(r,θ,φ)附近的一个体积元 $d\tau$ 中电子出现的几率。

b. 在 $|\Psi|^2_{n,l,m} = |R_{n,l}(r)|^2 \cdot |Y_{l,m_l}(\theta,\varphi)|^2$ 中,$|R_{n,l}(r)|^2$ 表示核外电子几率密度的径向分布,$|Y_{l,m_l}(\theta,\varphi)|^2$ 表示核外电子几率密度的角度分布。

三、核外电子排布

1. 在单电子体系中,原子轨道的能量仅取决于主量子数 n,所以对于氢原子体系或类氢离子体系而言,$E_{(ns)} = E_{(np)} = E_{(nd)} = E_{(nf)}$;在多电子体系中,原子轨道的能量不仅取决于主量子数 n,还取于角量数 l,所以 $E_{(ns)} < E_{(np)} < E_{(nd)} < E_{(nf)}$。

2. 电子自身存在两种运动状态,科学家用第四个量子数——自旋量子数(m_s)来描述,取值为$+1/2$和$-1/2$。必须说明的是:“电子自旋”并非真像地球绕轴自旋一样。

3. 核外电子在原子轨道上排布遵循的原理。

(1) 构造原理(aufbau principle)

由于科顿能级图中不同原子的原子轨道的能量递变顺序不一样,导致原子轨道能量递变顺序的普遍规则不存在,因此核外电子排布随着原子序数的递增,每个新增加的核外电子将按鲍林的能级图的顺序陆续填满各组原子轨道。这条经验规则称为构造原理。

(2) 能量最低原理(lowest energy principle)

基态原子的核外电子排布首先占有能量最低的原子轨道(原子轨道能量顺序按鲍林能级图)。

(3) 泡利不相容原理(Pauli exclusion principle)

同一个原子轨道上只能容纳自旋相反的两个电子。换言之,一个原子的核外不存在四个量子数完全相同的两个电子。

(4) 洪特规则(Hund's rule)

规则一　在填充能量相同的各个原子轨道时,电子总以自旋平行的方式单独地占有各个轨道。

规则二　能量相同的轨道组处于半充满或全充满时,体系的能量最低,这两种状态相对比较稳定。

4. 为了准确、快速地排出基态原子的核外电子排布(电子构型),可以利用下面两个通式。

(1) 零族元素的原子序数通式

$$\text{零族元素的原子序数} = 2\times(1^2+2^2+2^2+3^2+3^2+4^2+4^2+\cdots)$$

式中,第一项 2 是指电子的自旋量子数 m_s 可取 $\pm 1/2$ 两个值,括号中每一项值对应于元素周期表中每一周期所容纳的原子轨道数。

(2) 每一周期的电子排布通式

$$ns^2\cdots(n-3)g^{18}(n-2)f^{14}(n-1)d^{10}np^6$$

式中,n 为主量子数,也是周期数。当 $n\geqslant 4$ 时,开始有 3d,4d,…原子轨道;当 $n\geqslant 6$ 时,开始有 4f,5f,…原子轨道;当 $n\geqslant 8$ 时,开始有 5g,6g,…原子轨道,必须说明的是目前还未发现含 g 电子的元素。第一个含有 5g 电子的元素理应是第 121 号元素。

5. 基态原子核外电子排布式的书写。

第一种方式　写出所有的原子轨道并标出原子轨道上的电子数。如

$$_{24}Cr\quad 1s^2 2s^2 2p^6 3s^2 3p^6 3d^5 4s^1$$

第二种方式　[原子实]+价电子。如

$$_{24}Cr\quad [Ar]3d^5 4s^1$$

四、元素的电子构型与元素周期表中位置的对应关系

1. 能级组与周期表中周期数

能级组中最大的主量子数 n 值等于周期数。

2. 价电子构型与周期表中各区、族

(1) s 区　$(n-1)p^6 ns^1$ 为ⅠA，$(n-1)p^6 ns^2$ 为ⅡA。

(2) ds 区　$(n-1)d^{10} ns^1$ 为ⅠB，$(n-1)d^{10} ns^2$ 为ⅡB。

(3) d 区　$(n-1)d^x ns^y$ 为($x<10$，$y=0,1$ 或 2)：

a. 当 x 加上 y 的电子数之和等于 3,4,5,6,7 时，分别为ⅢB，ⅣB，ⅤB，ⅥB 和ⅦB；

b. 当 x 加上 y 的电子数之和等于 8,9,10 时为ⅧB(对于稀有气体属于ⅧA 而言)，也可以是Ⅷ族(对于稀有气体为零类而言)。

(4) p 区　np^z ($z=1,2,3,4,5,6$)，分别对应于ⅢA，ⅣA，ⅤA，ⅥA，ⅦA 和ⅧA(或零类)。

(5) f 区　$4f^x 6s^2$——镧系元素，$5f^x 7s^2$——锕系元素，其中仅有少数元素含有 $(n-1)d^1$ 或 $(n-1)d^2$。

五、元素基本性质的周期性

1. 原子半径

(1) 分类

a. 共价半径　同种元素的两个原子以共价单键连接时其核间距的一半。

b. 金属半径　在金属晶体中，两个最相邻金属原子的核间距的一半。

c. 范德华半径　两个原子之间仅靠分子间的作用力相互接近时其核间距的一半。

(2) 原子半径在同周期和同族中的变化规律

a. 在短周期中，原子半径从左到右逐渐缩小，稀有气体的原子半径突然增大。

b. 在长周期中，同一周期的过渡元素从左到右，原子半径缩小程度不大。

c. 比较短周期和长周期，相邻元素原子半径减小的平均幅度大致为：

非过渡元素(约 10pm)＞过渡元素(约 5pm)＞内过渡元素(＜1pm)

d. 同一族中，原子半径从上到下是增大的，但由于镧系收缩造成ⅣB 的 Zr 和 Hf，ⅤB 的 Nb 和 Ta，ⅥB 的 Mo 和 W 原子半径相似。

2. 电离能(I)

(1) 定义　从基态的气态原子中失去一个结合得最松弛的电子所需要的能量,称为该元素的第一电离能(I_1)。再相继逐个失去结合得松弛的电子所需要的能量,称为第二、第三、……电离能($I_2, I_3, \cdots$)。

(2) 第一电离能(I_1)随原子序数的周期性变化规律

a. 同一周期的元素从左到右,第一电离能在总趋势上依次增大,增大的幅度随周期数的增大而减小。但要注意,$I_{1(B)} < I_{1(Be)}$,$I_{1(O)} < I_{1(N)}$,这取决于特殊的电子构型。

b. 同一主族的元素从上到下,第一电离能依次降低;同一副族的元素从上到下,第一电离能变化幅度减小,且不规则。

3. 电子亲合能(A 或 $-\Delta_A H_m^\ominus$)

(1) 定义　一个气态原子得到一个无穷远的电子,形成基态气态负离子时所产生的能量变化,称为该元素的第一电子亲合能(A_1)。

(2) 元素第一电子亲合能随原子序数的周期性变化规律(为了讨论电子亲合能代数值大小,令 $\Delta_A H_m^\ominus = -A$)是:

a. 同一周期的元素从左到右,第一电子亲合能在总趋势上是增大的。但当中性原子具有稳定的半充满或全充满的电子构型时,该元素的第一电子亲合能明显变小。

b. 同一主族的元素从上到下,电子亲合能一般变小。但原子半径太小时,第一电子亲合能反而减少,例如:$-\Delta_A H_{m(F)}^\ominus < -\Delta_A H_{m(Cl)}^\ominus$,即第一电子亲合能最大的元素为氯元素。同一副族的元素从上到下,电子亲合能大体上是增大的。

4. 电负性(χ)(1932 年美国化学家鲍林提出)

(1) 定义　在共价分子中原子吸引成键电子对到自己这方面来的能力。

(2) 电负性周期性变化的规律

a. 同一周期的元素从左到右,电负性增大。

b. 同一主族的元素从上到下,电负性减小。

综合起来,电负性最大的元素为氟元素。

(3) 电负性的定量标度

a. 鲍林电负性标度

$$|\chi_A - \chi_B| = 0.1023\sqrt{\Delta}$$

$$\Delta = E_{(A-B)} - \frac{E_{(A-A)} + E_{(B-B)}}{2} \quad 或者 \quad \Delta = E_{(A-B)} - \sqrt{E_{(A-A)} \cdot E_{(B-B)}}$$

人为规定 $\chi_F = 4.00$。

b. 密立根电负性标度

$$\chi_M = 0.18(I_1 + \Delta_A H)$$

式中 I_1 和 $\Delta_A H$ 以 eV 为单位。

c. 阿罗德-罗丘电负性标度

$$\chi_{A-R} = 0.359\frac{Z^*}{r^2} + 0.744$$

式中 Z^* 为有效核电荷，r 为原子半径，以 Å 作单位。

习　题

一、选择题

1. 下列各组量子数中，能容纳电子数最多的一组是(　　)。

(A) $n=3, l=0$　　(B) $n=4, l=2$

(C) $l=3, m_l=-2$　　(D) $l=4, m_l=3$

2. 根据元素周期表的特点，推测第十周期最后一个元素的原子序数为(　　)。

(A) 200　　(B) 270　　(C) 290　　(D) 292

3. 从原子序数 $Z=121$ 开始，将是尚待发现的"亚过渡"元素的原子，它们具有 5g 轨道。"亚过渡"金属元素的 g 轨道的电子排布中，具有 5 个未成对电子的所有可能的排布情况是(　　)。

(A) $5g^5$　　(B) $5g^{13}$　　(C) $5g^5$ 或 $5g^{13}$　　(D) $5g^{15}$

4. 下列叙述中，正确的是(　　)。

(A) 原子轨道的角度分布图形中，正号带正电荷，负号带负电荷

(B) 氢原子的核外电子所具有的能量不仅取决于主量子数 n，而且取决于角量子数 l

(C) 钻穿效应与屏蔽效应都是 Pauling 能级交错能级图的有力说明

(D) 氢原子的核外电子在原子轨道上运动时会不断发射出电磁波

5. 当量子数 $n=4, m_l=+1$ 时，存在的原子轨道数目为(　　)。

(A) 1　　(B) 2　　(C) 3　　(D) 4

6. 给出具有下列各组量子数的电子所占有的相应的原子轨道(　　)。

	n	l	m_l	m_s
1)	3	2	2	+1/2
2)	2	1	0	+1/2
3)	4	3	−2	+1/2

(A) 3p,2s,4f　　(B) 3p,2p,4f　　(C) 3p,2s,4d　　(D) 3d,2p,4f

7. 氢原子中 $n=5$ 能级的简并度为(　　)。

(A) 8　　(B) 16　　(C) 4　　(D) 25

8. 下列各核外电子排布中,属于 214 号元素的排布的是(　　)。

(A) [168]$8s^2 8p^2$　　(B) [168]$4g^{18} 5f^{14} 6d^{10} 7s^2 7p^2$

(C) [168]$5g^{18} 6f^{14} 7d^{10} 8s^2 8p^2$　　(D) [168]$6g^{18} 7f^{14} 8d^{10} 9s^2 9p^2$

9. 下列各电子构型中,不能表示氮原子(基态或激发态)的电子排布的是(　　)。

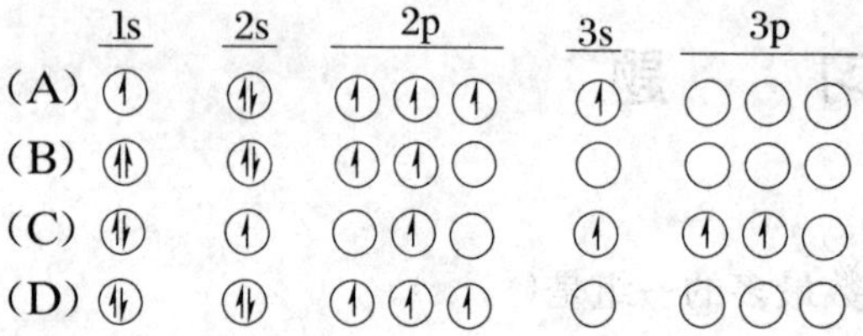

	1s	2s	2p	3s	3p
(A)	↑	↑↓	↑ ↑ ↑	↑	○ ○ ○
(B)	↑↑	↑↓	↑ ↑ ○	○	○ ○ ○
(C)	↑↓	↑	○ ↑ ○	↑	↑ ↑ ○
(D)	↑↓	↑↓	↑ ↑ ↑	○	○ ○ ○

10. 已知第二周期基态原子的各级电离能(eV)为

I_1	I_2	I_3	I_4	I_5	I_6
11	24	48	64	392	490

该元素应为(　　)。

(A) B　　(B) C　　(C) N　　(D) O

11. 若考虑某原子只有两种激发态,则该原子的吸收光光频线有(　　)。

(A) 2 条　　(B) 3 条　　(C) 4 条　　(D) 5 条

12. 下列物种中,第一电离能最大的是(　　)。

(A) F_2　　(B) O_2　　(C) O_2^+　　(D) N_2

13. 下列各图中,波函数有意义的图形是(　　)。

(A) ψ x_0 x

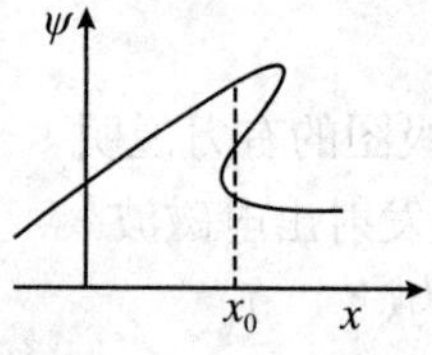

(B) ψ x_0 x

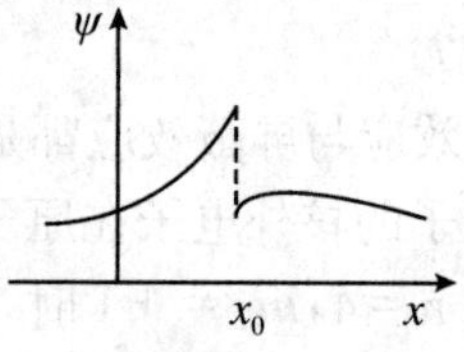

(C) ψ x

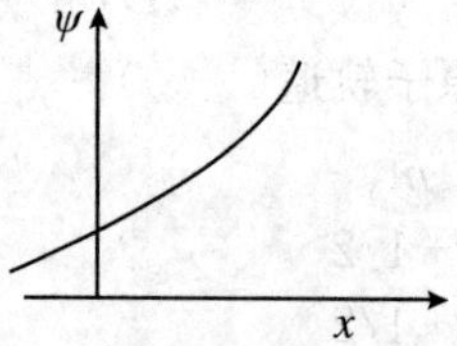

(D) ψ x_0 x

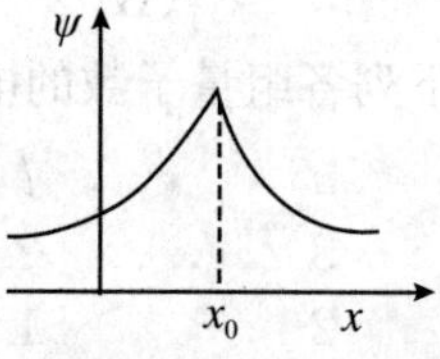

14. 在波尔理论中,最重要的假设的数学表达式为(　　)。

(A) $mv=\dfrac{h}{\lambda}$　(B) $E=mc^2$　(C) $mv=\dfrac{nh}{2\pi}$　(D) $mvr=\dfrac{nh}{2\pi}$

15. 下列元素中,第二电离能最小的是(　　)。

(A) Be　(B) Cs　(C) S　(D) Ba

16. 下列元素的基态原子排布中,单电子数最多的是(　　)。

(A) Fe　(B) In　(C) V　(D) As

17. 从元素 Sc 到 Zn 的基态原子填入电子的量子数表示为(　　)。

(A) $n=3,l=1$　(B) $n=3,l=2$　(C) $n=4,l=1$　(D) $n=4,l=2$

18. 下列电子排布中,表示激发态镁原子的排布是(　　)。

(A) $1s^22s^22p^63s^23p^1$　(B) $1s^22s^22p^6$

(C) $1s^22s^22p^63s^13p^1$　(D) $1s^22s^22p^63s^2$

19. 若在某基态原子中含有如下量子数的两个电子:

$$n=4,l=2,m_1=1,m_s=+1/2 \text{ 和 } n=4,l=2,m_1=1,m_s=+1/2$$

则必定违反(　　)。

(A) Heisenberg's Uncertainty　(B) Hund's Rule

(C) Pauli's Exclusion Principle　(D) Pauling Rule

二、填空题

1. 根据表中的要求,填写表中其他各项。

元素符号	原子序数	核外电子排布	未成对电子数	周期数	族数	区	最高氧化态
①	①	$[Ar]3d^54s^1$	①	①	①	①	①
②	②	②	②	五	②	s	+1
③	46	③	③	③	③	③	/
④	④	④	④	六	④	d	+8
/	118	⑤	⑤	⑤	⑤	⑤	⑤

2. Bohr 为了解释氢原子光谱,推出了不同于经典物理学的假设,该假设的数学表达式为__①__。类氢离子核外电子的能量 $E_i=$__②__eV,半径 $r_i=$__③__Å。电子的 de Broglie 波长计算公式为 $\lambda=$__④__。电子在电场中加速的波长与电场的电压(V)的关系式 $\lambda=$__⑤__。

3. 核外电子填入原子轨道的顺序是按__①__原理,该原理的英文名称为__②__。周期表中零类元素的原子序数的通式为__③__,每一周期核外电子的排布通式为(包括 h 原子轨道)__④__。第 156 元素的核外电子排布式为(原子实 + 价电子）__⑤__，它属于第__⑥__周期，第__⑦__族，有__⑧__个单电子，最高氧化数为__⑨__。假定 m_s 只能取 +1/2，其他量子数和排布规则不变，则第 42 号元素的核外电子排布式为（原子实用数字表示）__⑩__。按照此假设设计出来的元素周期表，该元素应该属于第__⑪__周期，第__⑫__族，其稳定的负氧化态为__⑬__，其稳定的正氧化态为__⑭__。

第七章　化学键和分子、晶体结构

一、经典共价键理论(八隅律)

1. 路易斯结构式表示——点线式

用短线表示原子之间的共享电子对,用小黑点表示每个原子上存在的孤电子。例如 H_2O 的路易斯结构式见右图。

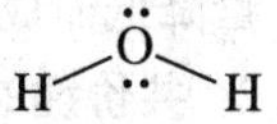

2. 形式电荷(Q_F)——路易斯结构式稳定性的判据

(1) 计算公式

第一个公式　Q_F = 原子的价电子数 - 键数 - 孤电子数

第二个公式　Q_F = 键数 - 特征数*

(2) 稳定的路易斯结构式中,Q_F应尽可能小,尽量避免两个相邻原子之间的Q_F为同号。

(3) 共振结构式

a. 固定共价分子中原子的位置不变,仅移动双键或三键于不同的原子之间,用 Q_F判断后能稳定存在的路易斯结构式,互称为共振结构式。如 NO_3^- 有下面三个共振结构式:

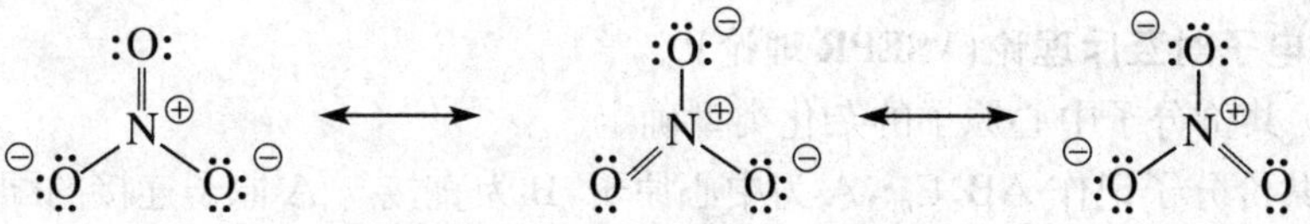

b. 有了共振结构式,可以确定多原子分子中原子之间的键级,进而判断键长的长短。如 N_2O 中 N—O 的键级:

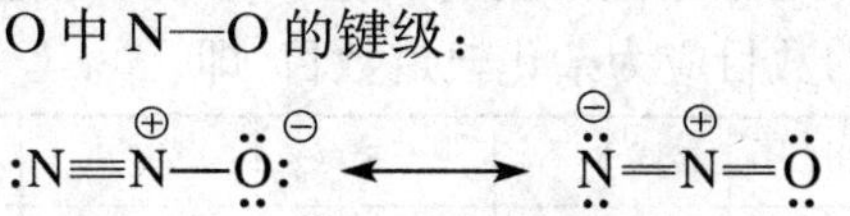

$$:N\equiv\overset{\oplus}{N}-\ddot{O}:^{\ominus} \longleftrightarrow \overset{\ominus}{\ddot{N}}=\overset{\oplus}{N}=\ddot{O} \qquad \frac{1+2}{2}=1\frac{1}{2}$$

* 在正常化合物(服从八隅律)中,特征数等于 8 减去价电子数;在缺电子或富电子化合物中,特征数等于修正数减去价电子数。在 SF_6中,S 原子属于 12 电子构型,其修正数为 12,所以特征数等于 12 - 6 = 6;在 $BeCl_2$ 中,Be 原子属 4 电子构型,其修正数为 4,所以特征数为 4 - 2 = 2。

从上面 NO_3^- 的三个共振结构式中，可以计算出 N—O 的键级：$\frac{2+1+1}{3}=1\frac{1}{3}$。所以 N_2O 中的 N—O 键的键长比 NO_3^- 中的 N—O 键的键长短。

二、近代价键理论

1. 形成共价键的条件

形成共价键的两个原子必须提供自旋相反的单电子，其本质是原子相互接近时轨道重叠，即波叠加，原子之间通过共用自旋相反的电子对结合，导致体系的能量降低而成键。

2. 共价键的类型

共价键的类型有三种：① σ 键；② π 键；③ δ 键。

3. 共价键的特点

(1) 共价键具有饱和性和方向性（但 σ_{s-s}无方向性，这是因为 s 轨道的角度分布属球形分布，两个球之间的最大重叠是无方向性的）。

(2) 鲍林用杂化轨道理论解释了共价键的饱和性和方向性，重要的杂化轨道类型及几何构型如下：

杂化类型	sp	sp^2	sp^3	sp^3d	sp^3d^2	sp^3d^3
杂化轨道几何构型	直线	平面三角形	正四面体	三角双锥	正八面体	五角双锥
杂化轨道夹角	180°	120°	109°28′	90°,120°,180°	90°,180°	72°,90°,180°

4. 价层电子对互斥理论（VSEPR 理论）

(1) 共价分子中心原子的杂化类型确定

把共价分子记作 AB_nE_m，A 为中心原子，B 为直接与 A 原子连接的配位原子，E 为中心原子上的孤对电子对，n，m 为正整数（个数）。例如 $XeOF_2$ 可记作 AB_3E_2。由于所有配位原子与中心原子上的所有孤电子对处于理想的几何构型中才是稳定的结构，所以 $n+m$ 的数目应为杂化轨道数目，即

$n+m$	2	3	4	5	6	7
杂化类型	sp	sp^2	sp^3	sp^3d	sp^3d^2	sp^3d^3

(2) 共价分子的几何构型的判断

a. 对于 AB_n 型共价分子（即 $m=0$，中心原子上不存在孤对电子对），那么共价分子的几何构型等于杂化轨道几何构型。

b. 对于 AB_nE_m 型共价分子，牢记在 sp^3d 杂化情况下，首先把孤电子对放在三角双锥的三角平面内，然后把双键放在三角平面内，若中心原子与配位原子都以单键连接，那么必须把大体积的配位原子放在三角平面内。

(3) 如果 AB_nE_m 中的 E(孤电子对)不参与杂化，而是与配位原子形成 $d-p\pi$ 键或离域 π 键，那么 VSEPR 理论不适用。如 $(SiH_3)_3N$ 中 N 原子的 $2p^2$ 孤电子对占有 Si 原子的 3d 空轨道，形成 $d-p\pi$ 键，所以 N 原子采取了 sp^2 杂化，成为平面三角形。再如 $[C(CN)_3]^-$ 属平面三角形，说明这七个原子垂直于平面的 2p 轨道相互肩并肩形成离域 π 键(Π_7^8)。

5. 分子轨道理论

(1) 同核双原子的原子轨道线性组合(LCAO)成分子轨道(MO)时，有一半的分子轨道是成键分子轨道，另一半的分子轨道是反键分子轨道。

(2) 异核双原子分子中能量相近、对称性一致的原子轨道形成分子轨道。

(3) 分子轨道的两种表示方法有分子轨道能级图和分子轨道表示式。例如：O_2，NO 和 HF 的分子轨道表示式分别表示如下：

O_2：$(\sigma_{1s})^2\ (\sigma_{1s}^*)^2\ (\sigma_{2s})^2\ (\sigma_{2s}^*)^2\ (\sigma_{2p})^2\ (\pi_{2p})^4\ (\pi_{2p}^*)^2$　或者

$KK\ (\sigma_{2s})^2\ (\sigma_{2s}^*)^2\ (\sigma_{2p})^2\ (\pi_{2p})^4 (\pi_{2p}^*)^2$

NO：$(1\sigma)^2\ (2\sigma)^2\ (3\sigma)^2\ (4\sigma)^2\ (1\pi)^4\ (5\sigma)^2\ (2\pi)^1$

HF：$(1\sigma^{non})^2\ (2\sigma^{non})^2\ (3\sigma)^2\ (1\pi^{non})^4$

(4) 分子轨道中共价分子的键级等于成键轨道上的电子数减去反键轨道上的电子数所得差值的二分之一。

三、键参数

1. 键能

(1) 在 298.15 K 和 $p^\ominus$(或 100 kPa)下，1 mol 理想气体分子拆成气态原子所吸收的能量，称为键的离解能(D)。

(2) 对于双原子分子，其离解能就等于该气态分子中共价键的键能(E)。

(3) 一般来说，多原子分子中，最弱键的键能值越大，该分子的热稳定性越高。

(4) 为方便起见，对于多原子分子常用平均离解能来作为键能进行热力学计算。

2. 键长

(1) 分子中两个相邻的原子核之间的平均距离，称为键长。

（2）共价键数越多，键能越大，键长越短。

3. 键角

（1）在分子中，键与键之间的夹角，称为键角。

（2）影响键角的因素：

a. 杂化类型不同，键角不同。

b. 在 a 条件相同时，中心原子上孤电子对越多，键角越小。

c. 在 a 和 b 条件相同时，中心原子上电负性越大，键角越大；而配位原子的电负性越大，键角越小（注意反序情况，如 PH_3 与 PF_3 的键角比较中，∠HPH＜∠FPF）。

d. 双键与单键之间的键角大于单键与单键之间的键角。

4. 键的极性

（1）共价键的极性用形成共价键的两个原子电负性的差值来表示的。电负性差值越大，键的极性越大。

（2）共价键极性的方向是从正点电荷指向负点电荷。

四、分子间作用力

1. 偶极矩($\vec{\mu}$)

偶极矩是表示分子极性的强弱的物理量。它是一个矢量，其大小等于极性分子中正、负点电荷中心之间的距离 d 与偶极电量 q 的乘积，即 $\vec{\mu} = q \cdot \vec{d}$，其方向从正点电荷指向负点电荷，单位为德拜(D)，1 德拜 = 3.336×10^{-30} 库仑·米(C·m)。

2. 分子间作用力

（1）取向力

a. 由永久偶极之间及离子与永久偶极之间产生的作用力，称为取向力。

b. 它存在于极性分子之间及离子与极性分子之间。

（2）诱导力

a. 由诱导偶极产生的分子间作用力，称为诱导力。

b. 它存在于非极性分子与极性分子之间、极性分子之间及离子与极性分子之间。

（3）色散力

a. 由瞬时偶极产生的分子间作用力，称为色散力。

b. 色散力存在于所有分子之间或离子与分子之间。

（4）氢键

a. 常规氢键

（ⅰ）分子中与高电负性原子 X 以共价键相连的 H 原子，和另一个分子中的高电负性原子 Y 之间所形成的一种弱的相互作用（X—H……Y），称为氢键。

（ⅱ）氢键的键长是指 X 原子到 Y 原子之间的距离。

（ⅲ）氢键的强弱顺序为：

F—H……F＞O—H……O＞N—H……F＞N—H……O＞N—H……N

（ⅳ）除了有分子间氢键外，还有分子内氢键。例如： 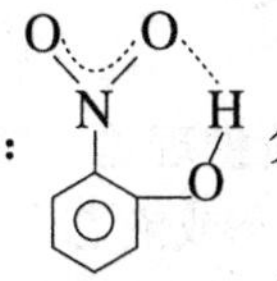　分子间氢键可以提高物质的熔、沸点，分子内氢键降低物质的熔、沸点。

b. 非常规型氢键

（ⅰ）X—H……π 氢键（芳香氢键）　由苯基等芳香环的离域 π 键形成的氢键。如：

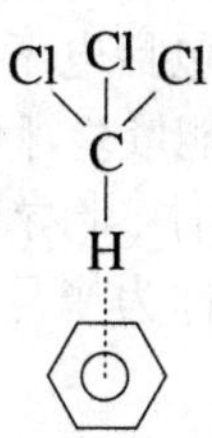

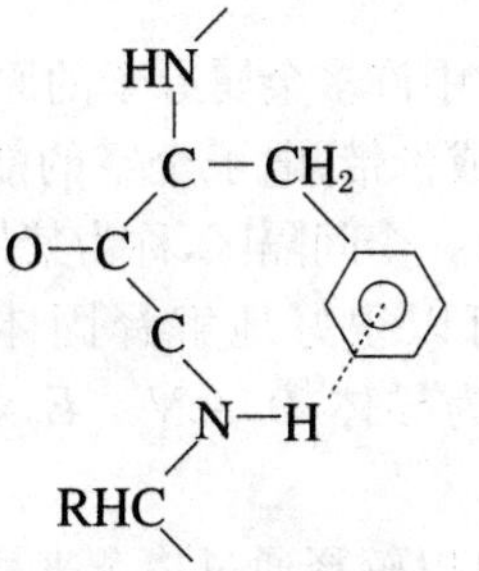

（ⅱ）X—H……M 氢键　在{$(PtCl_4)^{2-}$·*cis*-$[PtCl_2(NH_2Me)_2]^{2-}$}的结构中，由两个平面四方的 Pt(Ⅱ) 的 4 配位配离子通过 N—H……Pt 和 N—H……Cl 两个氢键结合在一起。

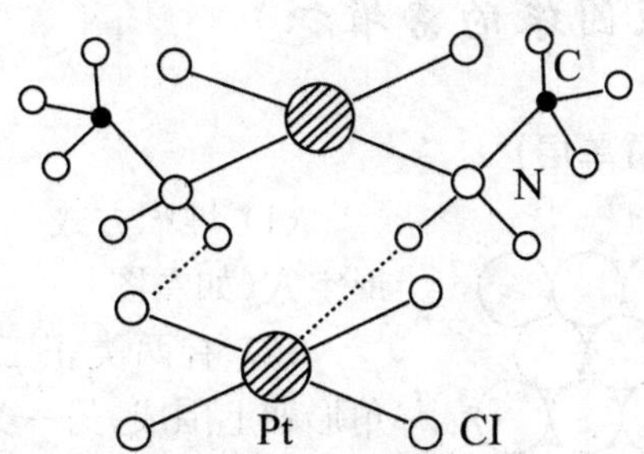

（ⅲ）X—H……H—Y 二氢键　如：

五、金属键

1. 改性的共价键理论

(1) 在固态或液态金属中，金属原子的价电子成为“自由电子”，在金属原子之间自由流动，称为“自由电子气”，金属离子沉浸在“自由电子气”中。这种由自由电子气的不停运动，把金属离子连在一起的结合力，称为金属键。

(2) 该理论可以解释金属晶体的一些特性，例如金属的延展性、金属的光泽和金属电阻随温度升高而增大等。

2. 能带理论

(1) 金属晶体中许多金属原子的原子轨道相互重叠，形成能带。电子全部充满的能带，称为满带或价带；电子全空的能带，称为导带（包括电子只半充满的能带）。价带与导带之间有一个间隔区，称为禁带。它们之间的能量差，称为禁带宽度（E_g）。

(2) 该理论可以很好地解释固体物质可分为导体、半导体和绝缘体：$E_g \leqslant 0.3$eV的物质，称为导体；$0.3\text{eV} < E_g \leqslant 3$eV 的物质，称为半导体；$E_g \geqslant 5$eV 的物质，称为绝缘体。

(3) 该理论可以解释通过掺杂来增加半导体的导电能力。在本征半导体单晶体（如单晶硅或单晶锗）中，掺入ⅢA 族元素，成为“空穴”移动导电的半导体，称为 p 型半导体；掺入ⅤA 族元素，成为电子移动导电的半导体，称为 n 型半导体。

六、金属晶体（等径圆球的密堆积）

1. 二维最紧密堆积（密置单层）

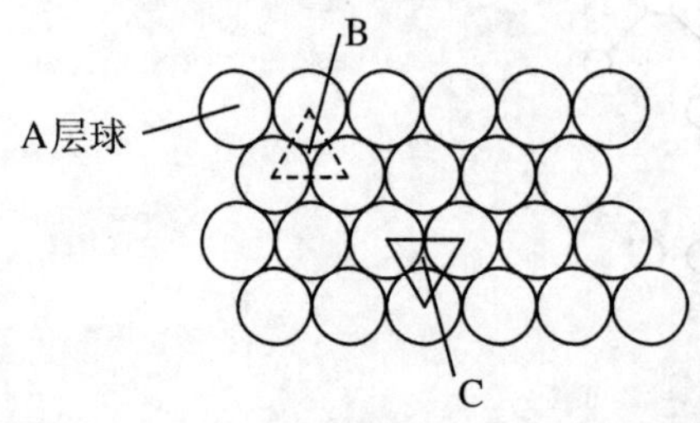

(1) 堆积方式　三个球围成一个正三角形空穴（如左图）。

(2) 有两类正三角形空穴，一类是正三角形朝上围成，另一类是正三角形朝下围成。我们可以称为 A 层球和 B 空穴、C 空穴，也可以称为 B 层球和 A 空穴、C 空穴等。

(3) 在密置单层中,球数∶正三角形空穴=1∶2,或者A层球∶B空穴∶C空穴=1∶1∶1。

2. 三维最紧密堆积

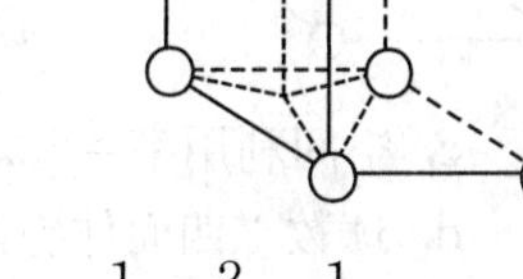

(1) ABABAB……型(透光型,A_3 型),称为hcp堆积。

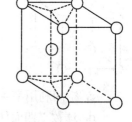

a. 六方最紧密堆积的晶胞(如右图)。

b. 晶胞中的原子数与原子分数坐标:

原子数$=8\times\frac{1}{8}+1=2$;

原子分数坐标为$(0,0,0),(\frac{2}{3},\frac{1}{3},\frac{1}{2})$或者$(0,0,0),(\frac{1}{3},\frac{2}{3},\frac{1}{2})$。

c. 空间利用率=74.05%。

d. 球数∶正四面体空隙∶正八面体空隙=1∶2∶1;晶胞中4个正四面体空隙中心的坐标为$(0,0,\frac{3}{8}),(0,0,\frac{5}{8}),(\frac{2}{3},\frac{1}{3},\frac{1}{8}),(\frac{2}{3},\frac{1}{3},\frac{7}{8})$;晶胞中2个正八面体空隙中心的坐标为$(\frac{1}{3},\frac{2}{3},\frac{1}{4}),(\frac{1}{3},\frac{2}{3},\frac{3}{4})$。

(2) ABCABCABC……型(不透光型,A_1型),称为ccp堆积。

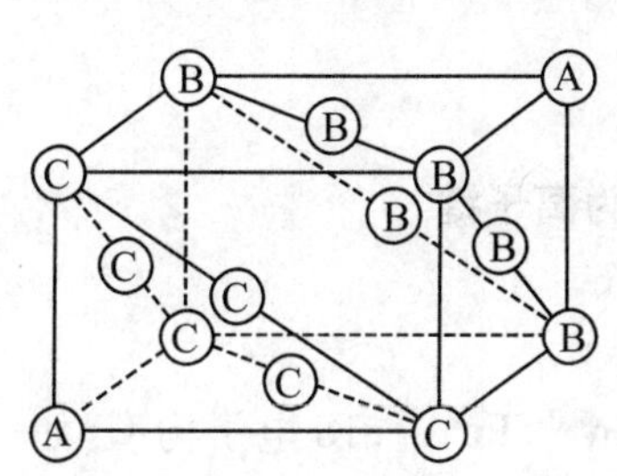

a. 立方最紧密堆积的晶胞(如左图)。

b. 晶胞中的原子数与原子分数坐标:

原子数$=8\times\frac{1}{8}+6\times\frac{1}{2}=1+3=4$;

原子分数坐标为$(0, 0, 0),(\frac{1}{2},\frac{1}{2},0),(\frac{1}{2},0,\frac{1}{2}),(0,\frac{1}{2},\frac{1}{2})$。

c. 球数∶正四面体空隙∶正八面体空隙=1∶2∶1;晶胞中8个正四面体空隙中心的坐标为$(\frac{1}{4},\frac{1}{4},\frac{1}{4}),(\frac{3}{4},\frac{3}{4},\frac{1}{4}),(\frac{3}{4},\frac{1}{4},\frac{3}{4}),(\frac{1}{4},\frac{3}{4},\frac{3}{4}),(\frac{3}{4},\frac{3}{4},\frac{3}{4}),(\frac{1}{4},\frac{1}{4},\frac{3}{4}),(\frac{1}{4},\frac{3}{4},\frac{1}{4}),(\frac{3}{4},\frac{1}{4},\frac{1}{4})$;晶胞中4个正八面体空隙中心的坐标为$(\frac{1}{2},\frac{1}{2},\frac{1}{2}),(\frac{1}{2},0,0),(0,\frac{1}{2},0),(0,0,\frac{1}{2})$。

3. 金属晶体除了 hcp 和 ccp 方式堆积外，还有 bcp 堆积方式(A_2 型)

(1) 体心立方密堆积的晶胞(如左图)。

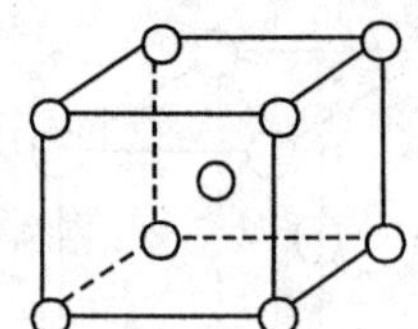

(2) 晶胞中原子数与原子分数坐标：

原子数$=8\times\frac{1}{8}+1=2$；

原子分数坐标(0,0,0)，($\frac{1}{2}$，$\frac{1}{2}$，$\frac{1}{2}$)。

c. 空间利用率=68.02%。

d. 球数：四面体空隙：八面体空隙=1∶6∶3；晶胞中 12 个四面体空隙中心的坐标为($\frac{1}{4}$，$\frac{1}{2}$，0)，($\frac{3}{4}$，$\frac{1}{2}$，0)，($\frac{1}{2}$，$\frac{1}{4}$，0)，($\frac{1}{2}$，$\frac{3}{4}$，0)，($\frac{1}{4}$，0，$\frac{1}{2}$)，($\frac{3}{4}$，0，$\frac{1}{2}$)，($\frac{1}{2}$，0，$\frac{1}{4}$)，($\frac{3}{4}$，0，$\frac{1}{2}$)，(0，$\frac{1}{4}$，$\frac{1}{2}$)，(0，$\frac{3}{4}$，$\frac{1}{2}$)，(0，$\frac{1}{2}$，$\frac{1}{4}$)，(0，$\frac{1}{2}$，$\frac{1}{4}$)；晶胞中 6 个八面体空隙中心的坐标为($\frac{1}{2}$，$\frac{1}{2}$，0)，($\frac{1}{2}$，0，$\frac{1}{2}$)，(0，$\frac{1}{2}$，$\frac{1}{2}$)，($\frac{1}{2}$，0，0)，(0，$\frac{1}{2}$，0，)($\frac{1}{2}$，0，0)。

七、离子键

1. 离子晶体中阳离子与阴离子之间的静电吸引力，称为离子键

2. 离子键既无方向性，又无饱和性

3. 离子的电子构型

8 电子构型(如 Na^+，Cl^-)；9～17 电子构型(如 Mn^{2+}，Fe^{2+})；18 电子构型(如 Cu^+，Zn^{2+})；18+2 电子构型(如 Pb^{2+}，Tl^+)。

4. 离子半径

(1) 假定 r_0 等于阳、阴离子半径之和，则离子半径看作一种接触半径，知道了阳(阴)离子半径，就可以推算出阴(阳)离子半径。

(2) 离子半径的周期性递变规律

a. 同一主族元素的离子半径从上到下递增。

b. 同一周期的离子半径随离子电荷增加而减小。当原子轨道上的电子半满时，离子半径会略微变大。

c. 周期表中某元素与其紧邻的右下角或左上角元素的离子半径相近，导致它们的化学性质相似，称为对角线关系。

d. 由于镧系元素的收缩，导致 Sc^{3+}，Y^{3+} 离子的半径落在镧系离子（Ln^{3+}）中，这十七种元素统称为稀土元素（RE）。

5. 离子键的强度——晶格能（U）

(1) 定义　在 298.15 K 和 $p^{\ominus}$ 条件下，由 1 mol 离子晶体变成相距无穷远的气态阴、阳离子所吸收的能量，称为该离子晶体的晶格能。

(2) 晶格能的热力学计算——玻恩-哈伯循环

(3) 晶格能的理论计算——玻恩-兰德公式

$$U = \frac{138940\ MZ_+\ Z_-}{r_0}\left(1 - \frac{1}{n}\right)$$

式中，M 为马德隆常数，它与离子晶体结构有关，其取值列于下表：

离子的晶体类型	NaCl 型	CsCl 型	CaF_2 型	闪锌矿型	纤维锌矿型
M	1.74756	1.76767	5.03878	1.63805	1.64132

n 为玻恩指数，它与离子的电子构型的关系列于下表：

离子的电子构型	He	Ne	Ar	Kr	Xe
n	5	7	9	10	12

Z_+ 和 Z_- 为阳、阴离子电荷数，r_0 为阳、阴离子之间的核间距，其单位用 pm，所得 U 以 $kJ \cdot mol^{-1}$ 为单位。

6. 离子的极化

(1) 在外电场或另外离子的影响下，离子中的原子核与电子云会发生相对位移而变形的现象，称为极化作用。被异号离子极化而发生电子云变形的能力，称为极化率（或变形性）。负离子变形后也会对正离子产生极化作用，这种极化称为附加极化。

(2) 离子的极化作用可使典型的离子键向典型的共价键过渡。

(3) 掌握影响离子极化与变形性的因素。

(4) 利用离子极化理论可以解释与晶格能相矛盾的离子化合物的性质。

八、离子晶体

1. 离子晶体可看作阴离子以某种形式堆积，阳离子选择性地占有阴离子所围成的各类空隙。

2. 在离子晶体中，阳离子占有阴离子围成的何类空隙中，主要取决于阳、阴离子半径的比值（r_+/r_-）的值。

r_+/r_- 值	1	[0.732,1)	[0.414,0.732)	[0.225,0.414)
占有空隙种类	12	8	6	4
配位数	最紧密堆积	立方体空隙	正八面体空隙	正四面体空隙

3. 掌握一些常见晶型(包括晶胞,晶胞中阴、阳离子的分数坐标,阴、阳离子配位数,空隙占有率和晶体的堆积方式):①岩盐型(NaCl 型);②氯化铯型;③闪锌矿型(立方 ZnS 型);④纤维锌矿型(六方 ZnS 型);⑤萤石型(CaF_2 型);⑥金红石型(TiO_2);⑦钙钛矿型($CaTiO_3$);⑧尖晶石型($ABCO_4$)。

习 题

一、选择题

1. N_2、O_2、F_2 分子的键强度为 $N_2>O_2>F_2$。该顺序的最佳解释为(　　)。
   (A) 分子量增加的顺序为 $N_2<O_2<F_2$
   (B) 电负性增加的顺序为 N<O<F
   (C) 气态原子的摩尔生成焓的增大顺序为 N(g)>O(g)>F(g)
   (D) 成键轨道的电子数的增大顺序为 $N_2>O_2>F_2$
2. XeO_3F_2 分子的几何构型为(　　)。

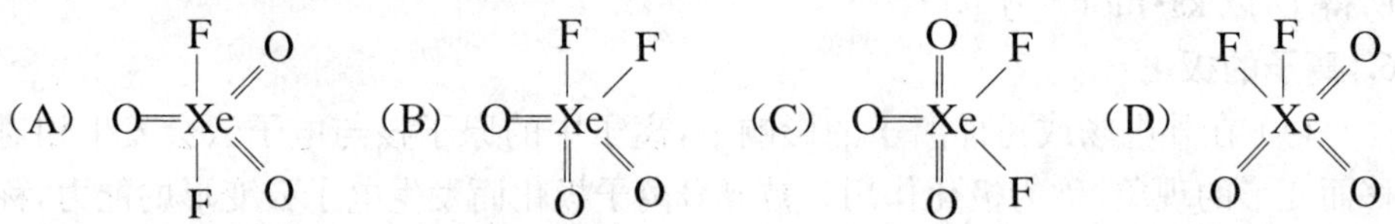

3. 冰晶石 Na_3AlF_6(s)中阴离子 $AlF_6{}^{3-}$ 以 ccp 堆积,则 Na^+ 离子占据阴离子堆积成的(　　)。
   (A) 所有正四面体空隙
   (B) 所有正八面体空隙
   (C) 所有正四面体和正八面体空隙
   (D) 正四面体空隙的一半和正八面体空隙
4. 在 $N_3{}^-$ 离子中,除了 N—Nσ 键外,还存在(　　)。
   (A) N—Nπ 键　　(B) 一个 Π_3^4
   (C) 两个 Π_3^4　　(D) 一个 Π_3^3 和一个 Π_3^5
5. Li_2O 和 Na_2O 是反萤石结构,每个阳离子的配位数是 4,每个阴离子的配位数是(　　)。
   (A) 3　　(B) 4　　(C) 6　　(D) 8

6. 下列物种中,不属于直线型的是(　　)。

(A) CS_2　(B) I_3^-　(C) XeF_2　(D) I_3^+

7. $LiMn_2O_4$ 是尖晶石型晶体,一个 $LiMn_2O_4$ 晶胞中,O^{2-} 离子数目为(　　)。

(A) 2 个　(B) 4 个　(C) 8 个　(D) 32 个

8. 下列各物质中,只存在色散力的是(　　)。

(A) NaCl 晶体　(B) 液态氯化氢　(C) 干冰　(D) 冰

9. 简单立方晶体的空间利用率是六方最紧密堆积的空间利用率的(　　)。

(A) 2 倍　(B) 1/2 倍　(C) $\sqrt{2}$ 倍　(D) $\sqrt{2}/2$ 倍

10. 在立方面心的铜金属晶体中,每个单位晶胞中所含的粒子数为(　　)。

(A) 2　(B) 3　(C) 4　(D) 6

11. 在 H_3SiNCS 分子中,键角∠SiNC 的度数约为(　　)。

(A) 60°　(B) 90°　(C) 120°　(D) 180°

12. 某金属既有 hcp 堆积的晶体,又有 ccp 堆积的晶体。若其 ccp 堆积的晶胞参数为 a,则 hcp 堆积的晶胞参数中 a'为(　　)。

(A) $\sqrt{3}a$　(B) $\sqrt{2}a$　(C) $\frac{\sqrt{2}}{2}a$　(D) $\frac{\sqrt{3}}{2}a$

13. N_2F_2 三种异构体的稳定性顺序为(　　)。

(A) $\mathrm{{}^{F}_{F}{>}N{=}N} > cis\text{-}N_2F_2 > trans\text{-}N_2F_2$

(B) $cis\text{-}N_2F_2 > trans\text{-}N_2F_2 > \mathrm{{}^{F}_{F}{>}N{=}N}$

(C) $trans\text{-}N_2F_2 > cis\text{-}N_2F_2 > \mathrm{{}^{F}_{F}{>}N{=}N}$

(D) $cis\text{-}N_2F_2 > \mathrm{{}^{F}_{F}{>}N{=}N} > trans\text{-}N_2F_2$

14. 一个化学键的键长为 93.1pm,偶极矩为 1.92D,该键离子特征百分数为(1D = 3.336×10^{-30} C·m)(　　)。

(A) 50%　(B) 47%　(C) 43%　(D) 40%

15. 钡在氧气中燃烧时得到一种晶体,其晶胞如右下图所示,有关说法错误的是(　　)。

(A) 该晶体属于离子晶体

(B) 该晶胞中含 4 个化学式

(C) 该晶胞一定为立方晶胞(即右图为正方体)

(D) 与每个 Ba^{2+}(最)邻近的 Ba^{2+} 共有 12 个

16. 某金属氧化物晶体平面投影图如下,该金属氧化物的化学式为(　　)。

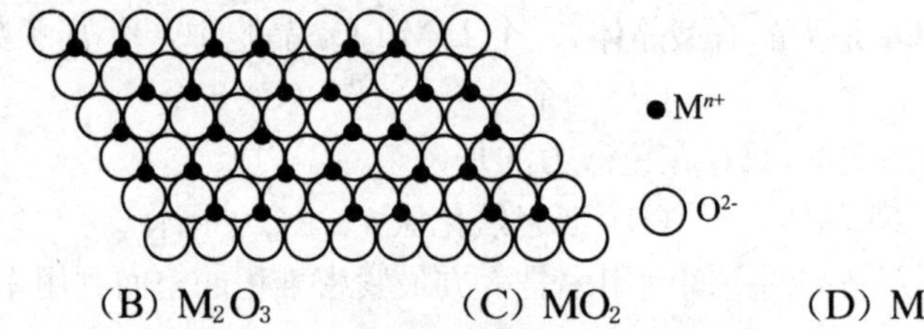

(A) MO　　(B) M_2O_3　　(C) MO_2　　(D) M_2O_5

二、填空题

1. 根据 VSEPR 理论,填写下列表格。

分子或离子	中心原子杂化类型	杂化轨道几何构型	分子或离子几何构型
$POCl_3$	①	①	①
XeF_4	②	②	②
TeCl4	③	③	③
IF_5	④	④	④
NCO^-	⑤	⑤	⑤

2. FeO 属于 NaCl 型,阴离子以 ccp 堆积。已知 $r_{Fe^{2+}}=93$ pm, $r_{O^{2-}}=126$ pm,仅考虑 r^+/r^- 的因素,Fe^{2+} 离子应占有负离子围成的__①__空隙,实际上由于__②__,造成 r^+/r^- 值__③__,Fe^{2+} 离子占有 O^{2-} 离子围成的__④__空隙中,其空隙占有率为__⑤__。

第八章　配位化合物

一、配合物的基本概念

1. 配合物由内界和外界组成，内界由中心体和配体组成。

2. 配体

(1) 配体的分类

a. 根据配体中配位原子个数来分类，可分为单齿配体和多齿配体。单齿配体如 NH_3 和 H_2O 等。多齿配体如乙二胺(en)，草酸根离子(ox^{2-})，甘氨酸根离子(gly^-)，乙二胺四乙酸二氢根离子(H_2Y^{2-})等。

b. 根据配位原子种类分类：卤离子(X^-)，O，N，S 等配位原子配体。

(2) 配体的氧化数

a. 提供偶数个电子的电中性配体的氧化数为零。例如 NH_3，C_2H_4，C_6H_6 等。

b. 自由基配体的氧化数为 -1。例如 CH_3(Met)，C_2H_5(Et)，C_6H_5(ph)，C_5H_5(cp)等。

c. NO 配体：当 NO 与中心体直线型配位时($M \longleftarrow N \equiv O$)，其氧化数为 $+1$；当 NO 与中心体弯曲型配位时($M \longleftarrow N{=}O$，弯曲型)，其氧化数为 -1。

3. 配位数

(1) 在配合物中，中心体所接受的配位原子的数目，称为配位数。

(2) 确定中心体配位数的经验规则——有效原子序数规则(或十八电子规则)：

a. 配合物内中心体的电子数与所有配体原子提供给中心体的电子数之和等于某一稀有气体的原子序数，称为有效原子序数规则(EAN 规则)。这也意味着中心体价轨道上都已充满电子，即 $(n-1)d^{10}ns^2np^6$，所以又称为十八电子规则。

b. 羰基配合物、亚硝酰配合物和 π 配合物基本上服从十八电子规则。由于还有其他因素影响中心体的配位数，所以不符合 EAN 规则的配合物也会存在。

二、配合物的同分异构现象

1. 同分异构现象的分类

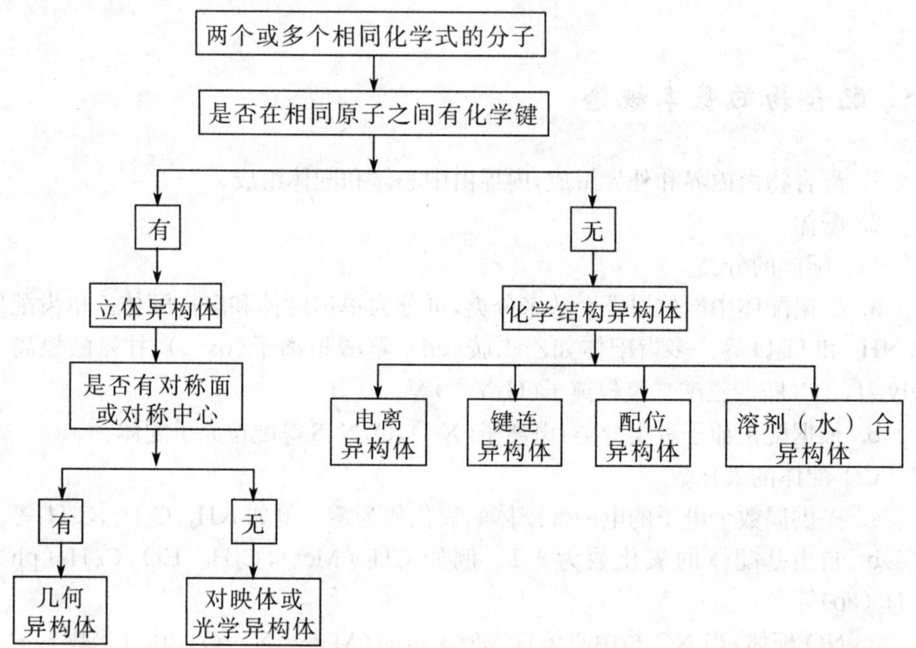

2. 化学结构异构现象

(1) 电离异构

a. 特点　内界的配体阴离子与外界阴离子发生交换。

b. 鉴别　利用外界离子发生不同化学反应来鉴别。

(2) 溶剂(水)合异构

a. 特点　内界中配位的溶剂分子数不同。

b. 鉴别　可以用测溶液电导的方法确定内界溶剂分子数的多少。因为电导越高,外界离子越多,内界溶剂分子数越多。

(3) 键连异构

a. 必要条件　必须存在两可配体,如 M—NO_2(硝基),M—ONO(亚硝酸根)。

b. 特点　内界中的中心体与两可配体中不同的配位原子配位。

c. 鉴别　可以利用 X 射线测定结构或用红外光谱测定化学键的红外光谱伸

缩振动频率。

(4)配位异构

a. 必要条件　配合物必须有阴、阳配离子组成或者存在双核配离子。

b. 特点　阴、阳配离子中的配体发生交换或者双核配离子中两个中心体周围的配体发生交换。

c. 鉴别　结构测定。

3. 立体异构现象

(1) 四配位

a. 正四面体几何构型　无几何异构体，因为四面体的四个顶点处于等同的位置。但四种不相同的配体形成的四面体配合物有光学异构体。

b. 平面四方几何构型　只有几何异构体，无光学异构体。因为平面四方几何构型至少有一个对称面，就是其本身。除非配体本身含有光学异构体带入平面四方配合物中。平面四方各种类型的几何异构体数目如下(小写英文字母代表单齿配体，大写英文字母代表多齿配体中配位原子)：

类型	Ma_4	Ma_2c_2 (Ma_2cd)	Mabcd	M(A⁀A)cd	M(A⁀B)cd
几何异构体数目	1	2 (顺式，反式)	3	1	2

(2) 六配位(仅讨论正八面体几何构型)　其各种类型的立体异构体数目如下(下表括号外数字表示立体异构体数目，括号内数字表示光学异构体数目)：

类型	Ma_6 (Ma_5f)	Ma_4e_2 (Ma_4ef)	Ma_3d_3	Ma_3def	Ma_2cdef
立体异构体数目	1(0)	2(0) (顺式，反式)	2(0) (面式，径式)	5(1)	15(6)
类型	Mabcdef	$Ma_2c_2e_2$	$M(A⁀B)_3$	$M(A⁀B⁀C)_2$	M(A⁀B⁀A)def
立体异构体数目	30(15)	6(1)	4(2) (面式，径式)	11(5)	9(3)

(3) 五配位

a. 五配位配合物的几何构型既有三角双锥，又有四方锥。由于三角双锥和四方锥的结构相似，两者之间的结构互换能非常小，只要键角稍改变，很容易从一种构型变为另一种构型。因此画五配位配合物的异构体时，既要画三角双锥几何构型，又要画四方锥几何构型。

b. 有些多齿配体有利于形成三角双锥的五配位配合物，例如三(乙酸根)胺$[N(CH_3COO)_3]^{3-}$形成三角双锥更稳定；有些多齿配体有利于形成四方锥的五配位配合物，例如：

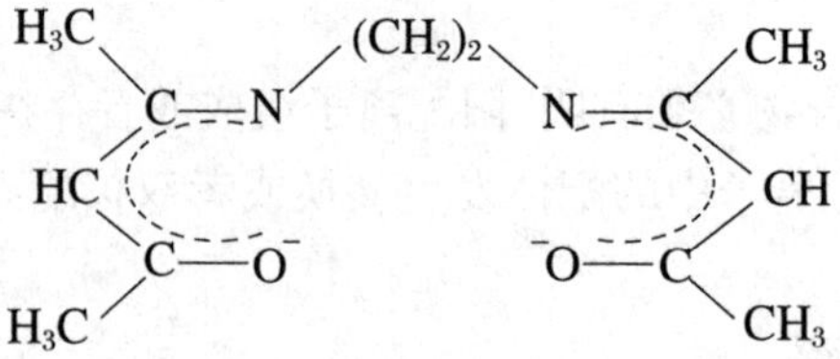

```
H3C              (CH2)2              CH3
    \           /      \            /
     C==N                N==C
    /   ⁚                ⁚   \
  HC    ⁚                ⁚    CH
    \   ⁚                ⁚   /
     C—O⁻              ⁻O—C
    /                        \
H3C                           CH3
```

(4) 随着配合物中配体和配位原子种类增多，配体齿数增大，其立体异构体相应变得复杂。可以用直接图示法来确定立体异构体数目。例如既有多齿配体又有单齿配体的配合物，在确定其几何异构体时，第一步固定多齿的位置，第二步固定多齿配体中配位原子的位置，第三步固定单齿配体的位置，这样就有条理地确定出某配合物的所有几何异构体，然后确定每种几何构型是否存在光学异构体。

三、配合物的化学键理论

1. 价键理论

(1) 把鲍林的杂化轨道理论应用于配合物，称为配合物的价键理论。

(2) 配合物的中心体绝大多数是过渡元素（原子或离子），一般$(n-1)$d轨道上未充满电子，所以中心体既可以用$(n-1)$d，ns，np原子轨道杂化，又可以用ns，np，nd原子杂化轨道，前者称为内轨型杂化，后者称为外轨型杂化。

(3) 对于$(n-1)d^{4\sim8}$电子构型的中心体采取何种类型的杂化方式，可通过测试配合物的磁矩（$\mu=\sqrt{n\cdot(n+2)}$玻尔磁子）决定，式中n为$(n-1)$d轨道上的单电子数。

(4) 中心体的特殊电子构型与其杂化方式的关系

a. $(n-1)d^{10}$电子构型（Cu^+，Ag^+，Zn^{2+}，Hg^{2+}）　中心体采取外轨型杂化：$Cu(CN)_2^-$ sp杂化，$Zn(NH_3)_4^{2+}$ sp^3杂化，HgI_3^- sp^2杂化。

b. $(n-1)d^8$电子构型（Ni^{2+}，Pd^{2+}，Pt^{2+}，Au^{3+}）　特别对$4d^8$、$5d^8$的中心体采取dsp^2杂化，形成四配位的平面四方配合物。对于$3d^8$的中心体，它与弱场配体形成配合物，采取sp^3杂化，形成四面体配合物，如$NiCl_4^{2-}$；它与强场配体形成配合物，采取dsp^2杂化，形成平面四方配合物，如$Ni(CN)_4^{2-}$。

c. $(n-1)d^6$电子构型（Co^{3+}，Pt^{4+}）　中心体一般采取d^2sp^3杂化，形成内轨型的八面体配合物。

(5) 配合物的价键理论应用于解释配合物的稳定性和氧化还原性质。

2. 晶体场理论

(1) 在不同几何构型的配体负电场作用下，中心体$(n-1)$d轨道的分裂组数如下表所示：

配位数	2	3	4		5		6	
配原子构型	直线型	三角型	正四面体	平面四方	三角双锥	四方锥	正八面体	三角棱柱
分裂组数	3	3	2	4	3	4	2	3

(2) 影响中心体$(n-1)$d轨道分裂能(Δ)的因素

① 中心体的影响

a. 中心体的电荷越高，分裂能越大。

b. 中心体$(n-1)$d轨道中的主量子数(n)越大，分裂能越大。

② 配体

a. 分裂能与配体所占的空间几何构型有关：在相同配体条件下，平面四方构型配合物的分裂能大于正八面体配合物的分裂能，正八面体配合物的分裂能大于正四面体配合物的分裂能$(\Delta_{sq}>\Delta_o>\Delta_t)$。

b. 分裂能与配位原子种类有关。

(3) 在正八面体(Oh)场和正四面体(Td)场中，配合物晶体场稳定化能(CFSE)的计算

① 在正八面体场中，$(\text{CFSE})_o=(-4Dq)\times n_{(t_{2g})}+(6Dq)\times n_{(e_g)}$，式中$n_{(t_{2g})}$与$n_{(e_g)}$分别为$t_{2g}$与$e_g$组态上的电子数。

② 在正四面体场中，$(\text{CFSE})_t=(-2.67Dq)\times n_e+(1.78Dq)\times n_{t_2}$，式中$n_e$和$n_{t_2}$分别为e和$t_2$组态上的电子数。

(4) 晶体场理论的应用

① 可以解释$[Cu(NH_3)_4]^{2+}$属于平面四方几何构型，但不能用Cu^{2+}离子采取dsp^2杂化来说明，而是用姜-泰勒效应来解释。

a. 在正八面体场中，如果d电子在t_{2g}与e_g轨道上的排布不属于球形对称，即不属于t_{2g}与e_g轨道中全空、半满或全满电子排布，正八面体的结构会发生畸变，这种效应称为姜-泰勒效应。

b. 如果e_g上电子分布非球形对称时，发生强姜-泰勒效应，即正八面体畸变程度大；如果t_{2g}上电子分布非球形对称时，发生弱姜-泰勒效应，即正八面体畸变程度小。

c. 预期的姜-泰勒效应与d电子排布关系列于下表。

d^n	d^1	d^2	d^3	d^4	d^5	d^6	d^7	d^8	d^9	d^{10}
低自旋	w	w	/	s	/	w	w	/	s	/
高自旋				w	w	/	s			

（w—weak，指弱姜-泰勒效应；s—strong，指强姜-泰勒效应。）

d. $[Cu(NH_3)_4]^{2+}$ 可以看作 $[Cu(NH_3)_4(H_2O)_2]^{2+}$，中心体 Cu^{2+} 在八面体场中的电子组态为 $(t_{2g})^6(e_g)^3$，发生了强姜-泰勒效应，形成拉长八面体（由结构测定得知）。由于 NH_3 的配位能力强于 H_2O 的配位能力，所以 4 个 NH_3 分子占有变形八面体的四个短轴，形成 $[Cu(NH_3)_4]^{2+}$ 的平面四方构型。

② 可以解释第一过渡元素系列 $M(H_2O)_6^{2+}$ 的稳定性与 M^{2+} 中 3d 电子的关系：

$$d^0<d^1<d^2<d^3>d^4>d^5<d^6<d^7<d^8>d^9>d^{10}$$

上面的顺序变化与正八面体场中高自旋 d 电子组态的晶体场稳定化能是一致的。

	d^n	d^0	d^1	d^2	d^3	d^4	d^5	d^6	d^7	d^8	d^9	d^{10}
高自旋	电子组态	$(e_g)^0(t_{2g})^0$	$(e_g)^0(t_{2g})^1$	$(e_g)^0(t_{2g})^2$	$(e_g)^0(t_{2g})^3$	$(e_g)^1(t_{2g})^3$	$(e_g)^2(t_{2g})^3$	$(e_g)^2(t_{2g})^4$	$(e_g)^2(t_{2g})^5$	$(e_g)^2(t_{2g})^6$	$(e_g)^3(t_{2g})^6$	$(e_g)^4(t_{2g})^6$
	$(CFSE)_o$ (Dq)	0	−4	−8	−12	−6	0	−4	−8	−12	−6	0

③ 可以由 $\Delta>P$（电子成对能）或 $\Delta<P$ 来判断高、低自旋配合物。

④ 可以解释配合物的颜色。

由 $\Delta_0=h\nu=hc/\lambda$，推导出 $\lambda=hc/\Delta_0$，即可以求出吸收光的波长，配合物显示的颜色是其吸收光的互补色。

⑤ 可以通过计算尖晶石的总晶体场稳定化能，判断出 M_3O_4 属于常式尖晶石还是反式尖晶石。在 M_3O_4 中有一个 +2 氧化态和两个 +3 氧化态金属离子。若 +2氧化态金属离子占 O^{2-} 离子围成的正四面体空隙，该尖晶石称为常式尖晶石；若 +2 氧化态金属离子占 O^{2-} 离子围成的正八面体空隙，该尖晶石称为反式尖晶石。

四、配合物的稳定性

1. 配合物的平衡常数

(1) 逐级平衡常数

$Cu^{2+}+NH_3 \rightleftharpoons Cu(NH_3)^{2+}$ $\qquad K_1=[Cu(NH_3)^{2+}]/\{[Cu^{2+}][NH_3]\}$

$Cu(NH_3)^{2+} + NH_3 \rightleftharpoons Cu(NH_3)_2^{2+}$　$K_2 = [Cu(NH_3)_2^{2+}]/\{[Cu(NH_3)^{2+}][NH_3]\}$

$Cu(NH_3)_2^{2+} + NH_3 \rightleftharpoons Cu(NH_3)_3^{2+}$　$K_3 = [Cu(NH_3)_3^{2+}]/\{[Cu(NH_3)_2^{2+}][NH_3]\}$

$Cu(NH_3)_3^{2+} + NH_3 \rightleftharpoons Cu(NH_3)_4^{2+}$　$K_4 = [Cu(NH_3)_4^{2+}]/\{[Cu(NH_3)_3^{2+}][NH_3]\}$

(2) 累积平衡常数 β_i(以上面 $Cu(NH_3)_4^{2+}$ 为例)

$$\beta_1 = K_1,\quad \beta_2 = K_1 \cdot K_2,\quad \beta_3 = K_1 \cdot K_2 \cdot K_3,\quad \beta_4 = K_1 \cdot K_2 \cdot K_3 \cdot K_4$$

对于配合物形成的一般式 $M + nL \rightleftharpoons ML_n$(离子电荷省略)而言,累积平衡常数 $\beta_n = K_1 \cdot K_2 \cdot K_3 \cdot \cdots \cdot K_n$,即

$$\beta_n = [ML_n]/\{[M][L]^n\}$$

β_n称为配合物的形成常数或稳定常数,用 K_f表示;其倒数 $1/K_f$,称为配合物的离解常数或不稳定常数,用 K_d表示。

2. 配合物的稳定性

(1) 对于相同类型的配合物,K_f越大,配合物越稳定;对于不同类型的配合物,不能简单地从 K_f来判断稳定性,而要通过计算溶液中存在的游离金属离子浓度来断定稳定性大小。

(2) 形成螯合物比形成简单配合物稳定。

因为从简单配合物变成螯合物是分子数增加的反应,即熵增加的反应,称为熵增原理。但也有例外,比如:$Ag(en)^+$ 不如 $Ag(NH_3)_2^+$ 稳定,$Cu(en)_3^{2+}$ 不如反式-$[Cu(en)_2(H_2O)_2]^{2+}$ 稳定。这是由于螯环中存在着张力,导致其不稳定。

(3) 沉淀剂与 pH 都会影响配合物的稳定性。

(4)软硬酸碱(SHAB)原理。

a. 软硬酸碱的分类是相对的。

对于阳离子而言,电荷高、半径小、8 电子构型的离子为硬酸;电荷低、半径大、不规则电子构型或 18,(18+2)电子构型的离子为软酸。对于阴离子而言,电荷低、半径小、难变形的离子为硬碱;电荷高、半径大、易变形的离子为软碱。

b. 其原理为"硬亲硬","软亲软"。

c. 应用

(ⅰ) 可以解释自然界中的成矿原因。

(ⅱ) 可以判断化合物的稳定性。

(ⅲ) 可以判断化学反应的方向。

(ⅳ) 可以判断中心体选择两可配体中何种配位原子配位。

五、配位催化

1. 在催化反应中涉及下面几类反应

(1) 氧化加成反应

a. 通式 $XY + ML_n \longrightarrow L_nM(X)(Y)$

b. 该反应的必要条件是 ML_n 中的 M 上还应有两个空的配位位置，且 M 氧化数升高 2 的氧化态在生成的配合物中仍然是稳定的。

(2) 还原消去反应

它是氧化加成反应的逆反应，通常发生在氧化加成反应之后。

(3) 插入反应

a. 通式

$$L_nM—X + Y{\equiv}Z \xrightarrow{1,1\text{-插入反应}} L_nM—\overset{\overset{\displaystyle Z}{\|}}{Y}—X$$

$$L_nM—X + Y{\equiv}Z \xrightarrow[1,2\text{-插入反应}]{} L_nM—Y{=}Z—X$$

b. 若产物不需要增加原子(如碳原子)，在催化反应过程中就不需要插入反应步骤。

2. 催化剂配合物的中心体上价电子总数的转变为 $16e^- \longrightarrow 18e^- \longrightarrow 16e^- \longrightarrow 18e^- \longrightarrow \cdots$，相对应地生成一系列化合物，若催化剂属 18 电子构型时，必须首先活化催化剂(成为 16 电子构型)。例如 $RCH = CH_2 + H_2 + CO \xrightarrow{Co_2(CO)_8} RCH_2CH_2CHO$ 反应中的催化剂 $Co(CO)_8$ 属 18 电子构型，首先要活化

$$Co_2(CO)_8 + H_2 \longrightarrow 2HCo(CO)_4$$

$$HCo(CO)_4 \longrightarrow HCo(CO)_3 + CO$$

$HCo(CO)_3$ 就是上面反应的活化催化剂。

六、反位效应——配合物异构体的合成

1. 定义

在具有平面四方或八面体几何构型的配合物中，使其对位的配体与中心体键连松弛，更容易被外来配体取代的效应，称为反位效应。

2. 应用

（1）可以鉴别某些配合物的顺反异构体。例如 1 mol 顺式-[$Pt(NH_3)_2Cl_2$]可以与 4mol 硫脲反应，而 1mol 反式-[$Pt(NH_3)_2Cl_2$]可以与 2 mol 硫脲反应(反位效应顺序：硫脲>Cl^->NH_3)。

（2）可以合成所需要的异构体。例如以 $PtCl_4^{2-}$ 为原料，可以合成顺式-[$Pt(NH_3)_2Cl_2$]；以 $Pt(NH_3)_4^{2+}$ 为原料，可以合成反式-[$Pt(NH_3)_2Cl_2$]。

习　题

一、选择题

1. 配合物 (C₅H₅)M(μ-NO)₂M(C₅H₅) 服从十八电子规则，且键级为 1，则 M 为（　　）。

(A) Ni　(B) Co　(C) Fe　(D) Mn

2. 若[$M(AA)_3$]配合物不能拆分成光学异构体，下列叙述最正确的是(AA = 双基配体)（　　）。

(A) [$M(AA)_3$]可能是正八面体构型　(B) [$M(AA)_3$]一定不是八面体构型

(C) [$M(AA)_3$]一定是三角棱柱　(D) [$M(AA)_3$]一定是平面六边形

3. 化学式为[$Co(NH_3)_3(H_2O)BrCl]^+$ 的立体异构体数目为（　　）。

(A) 8　(B) 6　(C) 5　(D) 4

4. 在直线型场(z 轴)中，中心体的 d 轨道分裂成（　　）。

(A) 两个能级　(B) 三个能级　(C) 四个能级　(D) 五个能级

5. Fe_3O_4 属于（　　）。

(A) 钙钛矿型　(B) 常式尖晶石　(C) 反式尖晶石　(D) 金红石型

6. 反应 $Pt(NH_3)_4{}^{2+} \xrightarrow{Cl^-}$ *trans*-$Pt(NH_3)_2Cl_2$ 的依据是（　　）。

(A) EAN rule　(B) substitution reaction

(C) insertion reaction　(D) trans effect

7. 下列化合物中，存在金属键的是（　　）。

(A) Al_2Cl_6　(B) $(OC)_4Mn(\mu_2\text{-}Cl)_2Mn(CO)_4$

(C) $Cl(CO)_4Mo(\mu_2\text{-}Cl)_2Mo(CO)_4Cl$　(D) $[Pd(CO)(C_5H_5)]_2$

8. $Cu(gly)_2 \cdot 2H_2O$ 的几何构型是（　　）。

(A) 四面体　(B) 反式正八面体

(C) 顺式正八面体　(D) 反式变形八面体

9. CO之所以与零或低氧化态金属原子有很强的配位能力,主要原因是(　)。
(A) 反位效应　(B) 强 Lewis 碱
(C) CO 的极化　(D) 增加了形成反馈 π 键的机会

10. 在$[(\eta^5\text{-}C_5H_5)_3Ni_3(\mu_3\text{-}CO)_2]^z$中,$z$ 值为(Ni 原子和 Ni 原子之间存在单键 Ni—Ni)(　)。
(A) -2　(B) -1　(C) 0　(D) $+1$

11. $[CoF_6]^{3-}$ 是顺磁性的,则中心体的价电子构型为(　)。
(A) $(t_{2g})^6(e_g)^0$　(B) $(t_{2g})^3(e_g)^3$　(C) $(t_{2g})^4(e_g)^2$　(D) $(e)^3(t_2)^3$

12. 下列物种中,ν_{N-O}最小的是(　)。
(A) $[Cr(CN)_5(NO)]^{4-}$　(B) $[Mn(CN)_5(NO)]^{3-}$
(C) $[Fe(CN)_5(NO)]^{2-}$　(D) $[Co(CN)_5(NO)]^{-}$

13. 在$[Cu(NH_3)_x(H_2O)_{6-x}]^{2+}$中 x 应为(　)。
(A) 2　(B) 3　(C) 4　(D) 5

14. $PtCl_4^{2-}+Cl_2 \longrightarrow PtCl_6^{2-}$的反应类型属于(　)。
(A) substitution reaction　(B) oxidation addition reaction
(C) reduction elimination reaction　(D) insertion reaction

15. 下列双核配合物中,金属原子之间的金属键个数依次为(　)。
①$[(\eta^5\text{-}C_5H_5)Re(CO)_3]_2$　②$Fe_2(CO)_9$　③$[(\eta^5\text{-}C_5H_5)Mo(CO)_2]_2$
④$[(\eta^5\text{-}C_5H_5)Cr(NO)_2]_2$(NO 直线配位)
(A) 0,1,3,1　(B) 1,1,2,1　(C) 1,1,3,1　(D) 0,1,3,0

16. ML_5配合物的几何构型既有三角双锥,又有四方锥,在两种几何构型中,中心体的$(n-1)$d 轨道分裂的能级数分别为(　)。
(A) 2,3　(B) 3,4　(C) 3,2　(D) 4,3

17. 在$[Fe_4S_3(NO)_7]^-$阴离子中,Fe 的平均氧化数为(　)。
(A) $+3$　(B) $+2$　(C) $-7/4$　(D) $-1/2$

18. 下列 Ni 的配合物中,发生 d-d 电子跃迁所需能量最大的离子是(　)。
(A) $NiBr_4^{2-}$　(B) $NiCl_4^{2-}$　(C) $Ni(NH_3)_6^{2+}$　(D) $Ni(CN)_4^{2-}$

19. 在$[Pt(CO)Cl_3]^-$与 NH_3 的反应中,反应的产物是(　)。
(A) *cis*-$[Pt(CO)(NH_3)Cl_2]$　(B) *trans*-$[Pt(CO)(NH_3)Cl_2]$
(C) $[Pt(NH_3)Cl_3]^-$(平面四方)　(D) $[Pt(NH_3)Cl_3]^-$(四面体)

20. 下列配合物中,不符合十八电子规则的是(　)。
(A) $(\eta^6\text{-}C_6H_6)_2Mo$　(B) cp_2ZrCl_2

(C) $cpCr(NO)_2Me$　　(D) $[cpRu(CO)_2]_2$

21. 下列金属中,能形成稳定的 $(\eta^3\text{-}CH_2C(CH_3)CH_2)\text{—M—}(C_6H_6)$ 配合物的是(　　)。

(A) Cr　　(B) Mn　　(C) Fe　　(D) Co

22. 由 $PtCl_4^{2-} + 2NH_3 \longrightarrow cis\text{-}[Pt(NH_3)_2Cl_2]$的依据是(　　)。

(A) EAN rule　　(B) Jahn-Teller effect

(C) trans effect　　(D) CFSE

23. 用软硬酸碱理论预测下列反应平衡常数大于 1 的是(　　)。

(A) $Me_3PBBr_3 + Me_3NBF_3 \rightleftharpoons Me_3PBF_3 + Me_3NBBr_3$

(B) $CH_3HgI + HCl \rightleftharpoons CH_3HgCl + HI$

(C) $CaO + ZnS \rightleftharpoons CaS + ZnO$

(D) $HgCl_4^{2-} + 4I^- \rightleftharpoons HgI_4^{2-} + 4Cl^-$

二、填空题

1. 第一个 π 配合物的化学式是__①__,它称为__②__(英文名称)盐。该配合物的中心原子采取__③__杂化,中心原子的__④__轨道与有机配体的__⑤__轨道形成 σ 配键,中心体的轨道__⑥__与有机配体的__⑦__轨道形成__⑧__键。该配合物的阴离子可以双聚成中性配合物,其配阴离子命名为__⑨__。该中性配合物的结构为__⑩__。
2. 配离子$[Mn(NCS)_4]^{2-}$和$[Mn(NCS)_6]^{4-}$都有相同的室温摩尔磁化率(molar magnetic susceptibility)。在$[Mn(NCS)_4]^{2-}$中 Mn^{2+} 采取__①__杂化,中心离子的价电子构型是__②__,配离子的几何构型是__③__。在$[Mn(NCS)_6]^{4-}$中 Mn^{2+} 采取__④__杂化,中心离子的价电子构型是__⑤__,配离子的几何构型为__⑥__。它们的理论磁矩 μ 为__⑦__波尔磁子(B. M.)。$[Mn(NCS)_4]^{2-}$应存在__⑧__异构体。
3. 在反磁性配合物 $Mo_2[O_2P(OC_6H_5)_2]_4$ 中,Mo 与 Mo 之间的金属键数是__①__,其金属之间键型有__②__,Mo 的氧化数为__③__,$[O_2P(OC_6H_5)_2]^z$是__④__齿配体。

第九章　主族元素(Ⅰ)

一、碱金属

1. Li 与其他碱金属化学性质上的差异

(1) 与氧气反应

$$4Li + O_2 = 2Li_2O$$

$$2Na + O_2 = Na_2O_2$$

$$K + O_2 = KO_2$$

(2) 与 N_2 反应

$6Li + N_2 = 2Li_3N$ （其他碱金属不与 N_2 直接反应）

(3) 氢氧化物、碳酸盐受热

$$2LiOH \xlongequal[\triangle]{} Li_2O + H_2O \quad NaOH(s) \xlongequal[\triangle]{} NaOH(l)$$

$$Li_2CO_3 \xlongequal[\triangle]{} Li_2O + CO_2 \quad Na_2CO_3(s) \xlongequal[\triangle]{} Na_2CO_3(l)$$

(4) 盐的溶解性

从 LiF $\longrightarrow$ CsF，溶解性增大，从 $LiClO_4 \longrightarrow CsClO_4$，溶解性减小。这是因为当 r_+ 与 r_- 相近时，晶格能对盐的溶解性起主导作用；当 $r_+ \ll r_-$ 时，正离子的水合能对盐的溶解性起主导作用。

(5) 虽然 $\varphi^{\ominus}_{Li^+(aq)/Li(s)}$ 与 $\varphi^{\ominus}_{Cs^+(aq)/Cs}$ 很接近，但是从 $\varphi^{\ominus}_{Li^+(l)/Li(s)}$ 到 $\varphi^{\ominus}_{Cs^+(l)/Cs}$，其代数值逐渐减小，仍然能说明碱金属的金属活泼性从上到下依次增大。之所以 $\varphi^{\ominus}_{Li^+(aq)/Li} \approx \varphi^{\ominus}_{Cs^+(aq)/Cs}$，是由于 Li^+ 离子半径小，其水合能特别大造成的。

2. 碱金属在非水体系中的性质

(1) 常温下，Na 与液氨反应，生成 $NaNH_2$ 并放出氢气。但在低温下，Na 可以溶于液氨，生成 Na 的液氨溶液。

$$Na(s) + (x+y)NH_3(l) = Na^+(NH_3)_x + e^-(NH_3)_y$$

该溶液呈蓝色，这是由于氨合电子吸收蓝色光的互补色，成为激发态氨合电子所致。钠的液氨溶液的密度小于纯液氨的密度。这也是由于氨合电子的生成，使液氨体积的增加超过溶入金属钠引起密度增大的结果。该溶液显顺磁性，但顺磁性随着钠量在液氨中的增加而减小，这是因为越来越多的单电子会配对成氨合电子对，导致单电子数减少，顺磁性降低。

$$2e^-(NH_3)_y \longrightarrow e_2^{2-}(NH_3)_z + (2y-z)NH_3$$

该溶液还有强还原性，随着温度的升高，会发生下面的反应：

$$e^-(NH_3)_y \longrightarrow \frac{1}{2}H_2 + NH_2^- + (y-1)NH_3$$

（2）在活性醚（如四氢呋喃）中，钠与萘发生如下反应：

Na + （萘）══（H、Na^+ 负离子自由基）　或者　（H、Na^+ 负离子自由基）

该溶液显绿色，有顺磁性和强还原性，这些性质都与产物中有单电子有关。例如产物可以与 CO_2 发生氧化还原反应：

2（H、Na^+ 负离子自由基）$+ 2CO_2$ ══（H、COONa；H、COONa 二氢萘）+（萘）

（3）在乙二胺（en）与甲胺（CH_3NH_2）溶液中金属 Na 或 KNa 合金可以电离，生成的溶液有导电性。

$$2Na \xrightarrow{en + CH_3NH_2} Na^+ + Na^-,\qquad KNa \xrightarrow{en + CH_3NH_2} K^+ + Na^-$$

3. 碱金属与冠醚、穴醚的配位

（1）形成这类配合物的驱动力为离子（M^+）与偶极（O 原子或 N 原子上带有负点电荷）的相互作用。

（2）碱金属离子与冠醚形成配合物的必要条件是冠醚空腔的大小与碱金属离子的大小相匹配。例如：

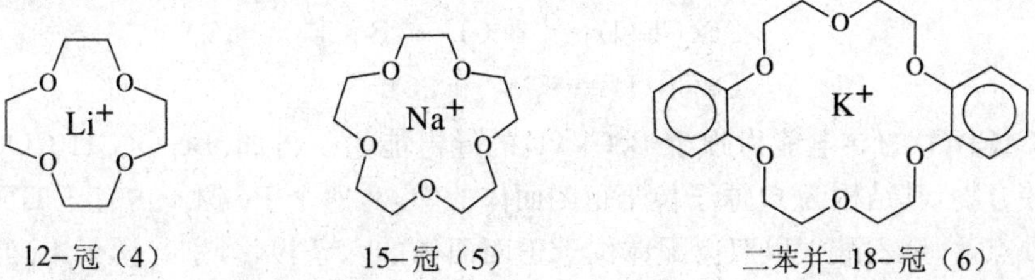

12-冠（4）　　15-冠（5）　　二苯并-18-冠（6）

(3) 穴醚(2,2,2)与金属钠既可发生 1∶1(摩尔比)的反应,也可发生 1∶2(摩尔比)的反应:

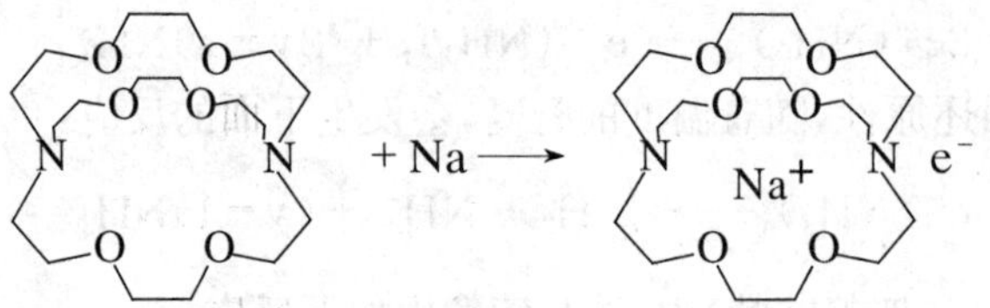

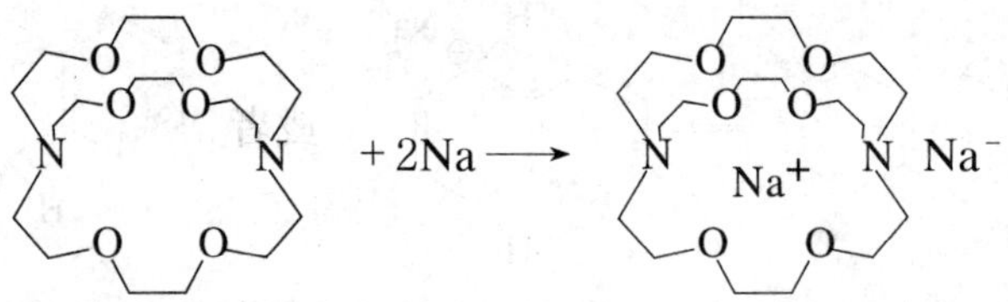

由于从 Li^+ 到 Cs^+ 的离子半径增大,所以从 Li^+ 到 Cs^+ 的离子极化能力减小,导致 Li 盐的共价性成分是碱金属盐中最大的。

二、碱土金属

1. Be 与其他碱土金属化学性质上的差异

(1) Be(包括氧化物,硫化物)有两性,其他碱土金属仅呈碱性。

$$Be + 2H_3O^+ + 2H_2O \longrightarrow Be(H_2O)_4^{2+} + H_2$$

$$Be + 2OH^- + 2H_2O \longrightarrow Be(OH)_4^{2-} + H_2$$

(2) Be 盐的共价性强于其他碱土金属,例如 $BeCl_2$(s)是纤维状结构。

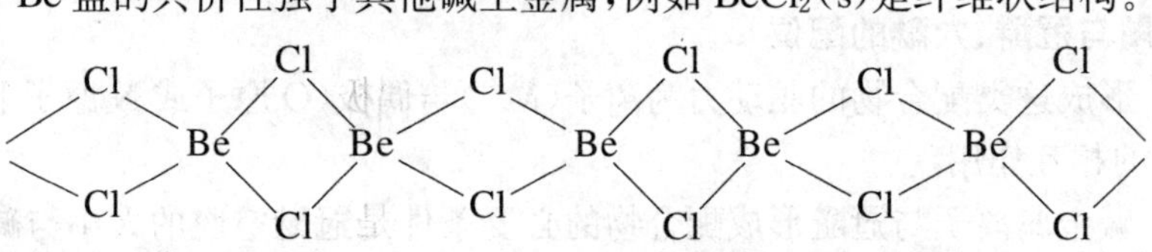

(3) Be^{2+} 离子的配位能力强于其他碱土金属离子的能力,例如:

$$2BeCl_2(l) \longrightarrow BeCl^+ + BeCl_3^-$$

$$CaCl_2(l) \longrightarrow Ca^{2+} + 2Cl^-$$

所以 $CaCl_2$(l)的导电能力强于 $BeCl_2$(l)的导电能力。再如:$Be_4O(CH_3COO)_6$ 是原子簇合物,其结构为 O 原子位于正四面体的中心,四个 Be 原子占有正四面体的四个顶点,六个乙酸根以双齿配体位于正四面体的六条棱,分别与两个 Li 原子桥基配位。

2. 碱土金属与空气反应

Mg 条在空气中燃烧,生在 MgO 和 Mg_3N_2。钙分族单质在空气中覆盖上一层淡黄色膜。

3. 碱土金属的碳酸盐

(1) 由于离子的极化作用,导致从 $BeCO_3 \longrightarrow BaCO_3$ 的热稳定性增加。

(2) 碱土金属的碳酸盐都难溶于水。由于 $Mg(OH)_2$ 的溶解度也很小,所以 Mg^{2+} 与 CO_3^{2-} 反应时会有 $Mg(OH)_2$ 沉淀析出。它们的碳酸氢盐都溶于水。碳酸氢盐的热稳定性比相应的碳酸盐小。

4. 一些重要的特性

(1) $MgCl_2 \cdot 6H_2O$ 加热会发生水解,生成碱式氯化镁。

$$MgCl_2 \cdot 6H_2O \xlongequal{\triangle} Mg(OH)Cl + HCl + 5H_2O$$

要想获得无水 $MgCl_2$,可以在氯化氢气氛中加热,或者加入脱水剂(如氯化亚砜 $SOCl_2$)与 $MgCl_2 \cdot 6H_2O$ 一起加热。因为氯化亚砜首先与水反应,生成 SO_2 气体和氯化氢气体,防止 $MgCl_2$ 的水解。

(2) 钙在电炉中与焦炭反应,生成 CaC_2,CaC_2 与 N_2 反应,生成氨基氰化钙。

$$CaC_2 + N_2 \xlongequal{} CaCN_2 + C$$

氨基氢化钙与水发生下面两类反应:

完全水解:$CaCN_2 + 3H_2O \xlongequal{} CaCO_3 + 2NH_3$

与水等摩尔反应:$2CaCN_2 + 2H_2O \xlongequal{} Ca(HNCN)_2 + Ca(OH)_2$

(3) 金属铍与溶于液氨的 KNH_2 作用:$Be + 2KNH_2 \xlongequal{} Be(NH)_2 + 2K$。该反应之所以向右进行,是由于 $Be(NH)_2$ 在液氨中以沉淀析出。

三、硼族元素

1. B 元素及其化合物的性质

(1) 硼烷、碳硼烷及其阴离子的结构式

a. *styx* 规则　对于通式为 $(BH)_nH_m$ 的硼烷而言(n 中 H 原子称为端基 H 原子,m 中的 H 原子称为切向 H 原子),有:

$$\begin{cases} \text{氢原子守恒(除了端基 H)} & s + x = m \\ \text{硼原子的价轨道守恒} & 2s + 3t + 2y + x = 3n \\ \text{硼原子的价电子守恒} & s + 2t + 2y + x = 2n \end{cases}$$

式中,s 为氢桥键 B⌒(H)⌒B (3 中心 2 电子键),t 为硼桥键 B⌒(B)⌒B　B–(B)–B (3 中

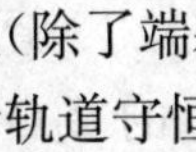

心 2 电子键)，y 为正常的硼硼键 B—B(2 中心 2 电子键)，x 为切向氢原子与硼原子键 B—H(2 中心 2 电子键)。

b. 韦德规则　对于通式为$[(CH)_a(BH)_pH_q]^{d-}$的碳硼烷阴离子而言，其结构骨架上的价电子总数 $M=3a+2p+q+d$，则骨架上的成键数 $b=\frac{M}{2}=\frac{3a}{2}+p+\frac{q}{2}+\frac{d}{2}=n+\frac{1}{2}(a+q+d)$，式中 $n=a+p$，即 n 为骨架上的顶点数。当 $b=n+1$，为封闭式结构；当 $b=n+2$，为巢式结构；当 $b=n+3$，为网式结构。

硼烷(或阴离子)的衍生物中还有 S,P 等其他元素。它们提供给骨干的电子数等于其价电子数减去 2，即这些元素的原子保留一对指向骨架外面的孤电子对，其他价电子提供给骨架，所以 S 原子给骨架提供 4 个价电子，P 原子给骨架提供 3 个价电子。

(2) 乙硼烷的制备与性质

a. 制备

用单质氢(H_2)进行氢化反应：

$$2BCl_3+6H_2 = B_2H_6+6HCl$$

通过质子迁移作用或电解，从 BH_4^- 离子中脱去 H^-：

$$2KBH_4+2H^+ \xrightarrow{\text{无水酸}} B_2H_6+2K^++H_2$$

$$2LiBH_4 \xlongequal{\text{电解}} 2Li+B_2H_6+H_2$$

b. 性质

(ⅰ) 与 Lewis 碱反应：

$$2NH_3+B_2H_6 \xlongequal{\text{均裂}} 2H_3NBH_3$$

$$2NH_3+B_2H_6 \xlongequal{\text{异裂}} [(H_3N)_2BH_2]^+[BH_4]^-$$

$$3B_2H_6+6NH_3 = 2B_3N_3H_6(\text{无机苯})+12H_2$$

(ⅱ) 发生水解、醇解反应：

$$B_2H_6+6H_2O = 2H_3BO_3+6H_2$$

$$B_2H_6+2CH_3OH = 2H_3B(OCH_3)+H_2$$

(3) B_2O_3，H_3BO_3 与硼酸盐

a. B_2O_3 是吸水剂，与 H_2O 反应，生成 H_3BO_3。熔融的 B_2O_3 可熔解金属氧化物，得到特征颜色，称为硼珠实验。如 $Cu(BO_2)_2$ 呈蓝色，$Ni(BO_2)_2$ 呈绿色。

b. H_3BO_3 是一元弱酸。在硼酸中加入多元醇，会成为强酸，可用于酸碱的中和滴定。

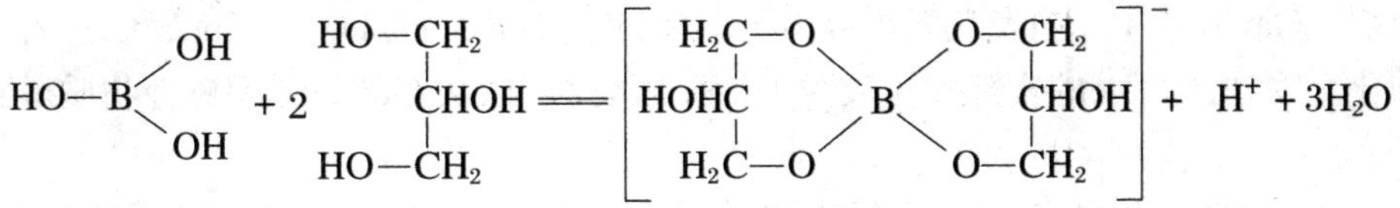

$$\text{HO—B(OH)}_2 + 2\ \begin{matrix}\text{HO—CH}_2\\ |\\ \text{CHOH}\\ |\\ \text{HO—CH}_2\end{matrix} = \left[\begin{matrix}\text{H}_2\text{C—O} & & \text{O—CH}_2\\ | & & |\\ \text{HOHC} & \text{B} & \text{CHOH}\\ | & & |\\ \text{H}_2\text{C—O} & & \text{O—CH}_2\end{matrix}\right]^- + H^+ + 3H_2O$$

c. 硼酸盐

在自然界中存在各种硼酸盐。在硼酸盐的晶体结构中，构成硼酸根阴离子的基本结构单元是平面三角形的 BO_3 单元（B 原子采取 sp^2 杂化）和四面体的 BO_4 单元（B 原子采取 sp^3 杂化）。在多硼酸盐的晶体结构中，B_3O_3 六元环成为一个基本结构单元。例如 $B_5O_6(OH)_4^-$ 和 $B_6O_7(OH)_6^{2-}$ 的结构式如下：

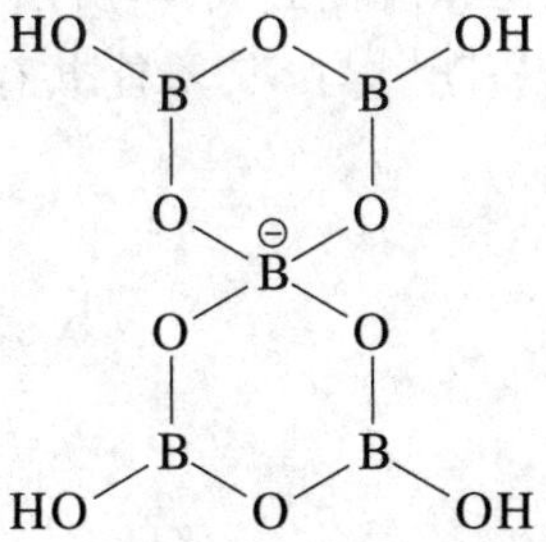

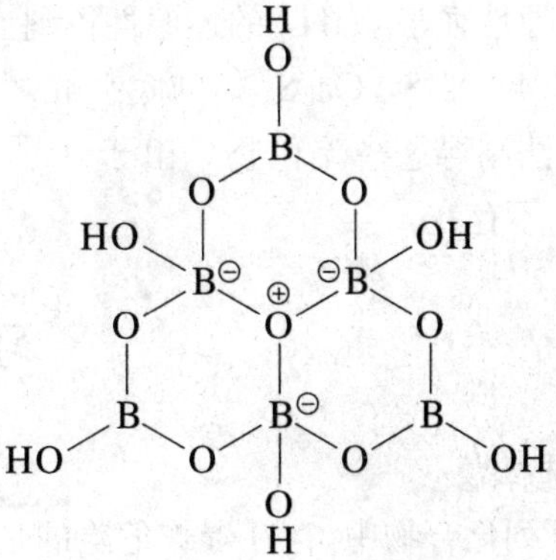

在某些偏硼酸盐结构中，有环—$(B_3O_6)^{3-}$ 和长链的 $(BO_2)_n^{n-}$，其结构式（仅存在 BO_3 单元）分别如下：

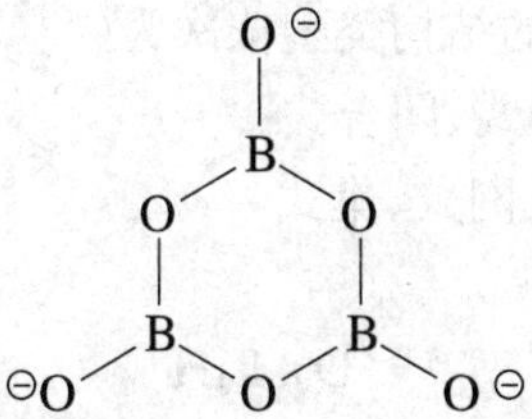

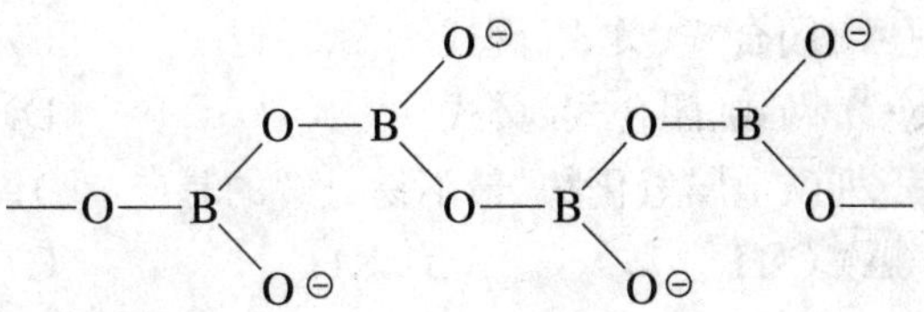

硼砂（$Na_2B_4O_7 \cdot 10H_2O$）也可以作硼珠试验：

$$Na_2B_4O_7 + CoO = 2NaBO_2 \cdot Co(BO_2)_2 \quad \text{（蓝色）}$$

$$3Na_2B_4O_7 + Cr_2O_3 = 6NaBO_2 \cdot 2Cr(BO_2)_3 \quad \text{（绿色）}$$

2. Al，Ga，In，Tl 及其化合物

（1）Al，Ga，In 都以 +3 氧化态为稳定的氧化态，Tl 的 +1 氧化态稳定，其 +3 氧化态有强氧化性，因为它易失去 $6s^2$ 惰性电子对。TlF_3 与 TlI_3 中，前者 Tl 为 +3 氧化态，而后者 Tl 为 +1 氧化态。+1 氧化态的 Ga 和 In 不稳定，会发生歧化，又是强还原剂。$GaCl_2$ 中 Ga 的表观氧化数为 +2,实际上 $GaCl_2$ 是 $Ga^{(Ⅰ)}[Ga^{(Ⅲ)}Cl_4]$离子型化合物,所以 Ga 的实际氧化数为 +1 和 +3,这可以从 $GaCl_2$ 是反磁性物质得到证实。

(2) 由于该族共价化合物属于缺电子化合物,所以它们可以通过桥键双聚。例如 $2GaCl_3 \longrightarrow Ga_2Cl_6$,$2Al(CH_3)_3 \longrightarrow Al_2(CH_3)_6$。前者分子中存在有三中心四电子的氯桥键($\mu_2$-Cl),后者分子中存在有三中心二电子的甲基桥键(μ_2-CH_3)。

(3) 从 Ga 到 Tl,其氧化物和氢氧化物的稳定性减弱,氧化性增强,碱性增强。但是 $Ga(OH)_3$ 的酸性强于 $Al(OH)_3$ 的酸性,因为 $Ga(OH)_3$ 能溶于氨水,$Al(OH)_3$不能溶于氨水。这意味着 Al 的金属性比 Ga 的金属性强,这也从 AlH_4^- 的还原性强于 GaH_4^- 的还原性得到证实。

(4) Al_2S_3,Ga_2S_3 能彻底水解,生成相应的氢氧化物和硫化氢气体,所以不能用湿法制得这些硫化物。由于 $Tl^{(Ⅲ)}$ 有强还原性,所以 $Tl^{(Ⅲ)}$ 与 S^{2-} 不能共存,即 Tl_2S_3不存在。

习　　题

一、选择题

1. 下列化合物中,存在爆炸危险的是(　　)。
   (A) NH_4ClO_4　　(B) $Mg(ClO_4)_2$
   (C) $NaClO_4$　　(D) $[Fe(H_2O)_6][ClO_4]_2$
2. 根据 Wade 规则,$C_2B_7H_{13}$,$B_{10}CPH_{11}$和$[C_2B_9H_{11}]^{2-}$的结构类型依次为(　　)。
   (A) 闭合式、巢式、网式　　(B) 巢式、网式、闭合式
   (C) 网式、闭合式、巢式　　(D) 闭合式、网式、巢式
3. 下列碱金属氢化物,最不易分解的是(　　)。
   (A) CsH　　(B) KH　　(C) NaH　　(D) LiH
4. 在 $BeCl_2$(s)纤维状结构 —Cl—Be—Cl—Be—Cl—Be— (Be 原子之间以两个 Cl 桥连) 中,Be 原子的杂化类型是(　　)。
   (A) sp　　(B) sp^2　　(C) sp^3　　(D) 不能确定
5. 在 $BeCl_2$(s)纤维状结构中,Be—Cl—Be 键称为(　　)。
   (A) 2c－2e　　(B) 3c－2e　　(C) 3c－3e　　(D) 3c－4e

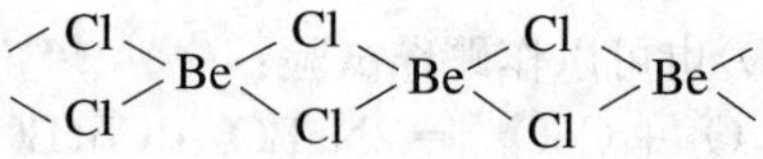

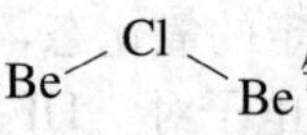

6. 下列化合物中,最稳定的是(　　)。
(A) LiI_3　(B) NaI_3　(C) KI_3　(D) CsI_3

7. 下列气相物种的稳定性顺序为(　　)。
(A) $BeH > BeH^+ > BeH^-$　(B) $BeH^+ > BeH > BeH^-$
(C) $BeH^- > BeH > BeH^+$　(D) $BeH^+ > BeH^- > BeH$

8. 下列碳化物中,与水反应放出的气体不同于其他三种碳化物的是(　　)。
(A) BeC_2　(B) Mg_2C　(C) Be_2C　(D) Al_4C_3

9. 金属铍与溶于液氨中的 KNH_2 作用,反应式为 $Be + 2KNH_2 \longrightarrow Be(NH_2)_2 + 2K$。该反应之所以能向右进行,是因为(　　)。
(A) 在液氨中 Be 比 K 活泼
(B) 在液氨中 $Be(NH_2)_2$ 的溶解度小于 KNH_2 的溶解度
(C) Be 的沸点高于 K 的沸点
(D) 以上三点都正确

二、填空题

1. 对于通式为$(BH)_nH_m$的硼烷结构而言,化学键类型有:s __①__,t __②__,y __③__,x __④__。用三个守恒方程式(除了端基 H 原子外),解得 s,t,y,x:氢原子守恒__⑤__,硼原子的价轨道守恒__⑥__,硼原子的价电子守恒__⑦__。更高级(B 原子数目大于 5)的硼烷及硼烷衍生物(或阴离子)的结构式可以用 Wade 规则来确定。试指出下面物种的结构类型:$[B_{12}H_{12}S]^{2-}$ __⑧__,$C_2B_8H_{12}$ __⑨__,CB_5H_7 __⑩__。Wade 规则也可应用于金属原子簇(cluster)合物的结构类型判断。此结构中每个金属原子上都有一对孤电子对指向骨架外面。下面金属原子簇的结构式名称为 $Sn_9{}^{4-}$ __⑪__,$Pb_5{}^{2-}$ __⑫__。

2. 低温下,金属钠的液氨稀溶液呈蓝色,这是由于液氨溶液中存在__①__。该溶液在化学性质上表现为__②__,在电学性质上表现为__③__,在磁学性质上表现为__④__性。随着金属钠在液氨溶液浓度的增加,在磁性质上表现出__⑤__,其原因是__⑥__。钠的液氨溶液的密度比纯液氨的密度__⑦__,其原因是__⑧__。钠、钾、铷溶于液氨形成溶液的颜色是__⑨__(相同,不同)的,其原因是__⑩__。

第十章　主族元素(Ⅱ)

一、零族元素

1. 目前发现的零族元素单质在通常状态下都是单原子气体，称为稀有气体。稀有气体原子之间只有色散力，它们的熔沸点低，随着原子序数的增加，原子的变形性增加，原子之间色散力增大，熔沸点升高。氦是沸点最低的元素，液态氦有无黏度流动性。

2. 稀有气体在许多领域有广泛应用。氦－氧用作潜水呼吸气，氦填充入气球和飞船以提高安全性；氖用于霓虹灯、激光器和低温冷却剂；氩在化学反应中作为保护气，在无水、无氧手套箱和大型色谱仪中作载气；氪和氙用作照明、激光物质；氙在医学中是性能极好的麻醉气体。

3. 氙的氟化物

(1) 用不同比例的 Xe 和 F_2，在不同的温度、压强条件下，可以生成 XeF_2，XeF_4 和 XeF_6。

(2) 氙的氟化物是强氧化剂和温和的氟化剂。

(3) 由于 XeO_3 溶于水，且稳定，所以 XeF_2，XeF_4 和 XeF_6与水反应，表现出不同的行为。

a. XeF_2 氧化水：

$$2XeF_2 + 2H_2O = 2Xe + O_2 + 4HF$$

b. XeF_4 等摩尔地参与歧化反应和与氧化水的反应：

$$6XeF_4 + 12H_2O = 2XeO_3 + 4Xe + 3O_2 + 24HF$$

c. XeF_6在水中发生部分水解和彻底水解：

$$XeF_6 + H_2O = XeOF_4 + 2HF$$

$$XeOF_4 + 2H_2O = XeO_3 + 4HF$$

XeF_6在碱性条件下，发生歧化和氧化水的反应：

$$2XeF_6 + 4Na^+ + 16OH^- = Na_4XeO_6 + Xe + O_2 + 12F^- + 8H_2O$$

(4) 氙的氟化物与共价氟化物的配位能力顺序为：$XeF_6 > XeF_2 > XeF_4$

$$XeF_2 + 2SbF_5 = [XeF]^+[Sb_2F_{11}]^-$$

$$2XeF_2 + AsF_5 = [Xe_2F_3]^+[AsF_6]^-$$

4. 氙的 +6、+8 氧化态的氧化物和含氧酸盐都是强氧化剂

(1) XeO_3(l)溶于水,以分子存在于水中。但在 pH>10.5 时以 $HXeO_4^-$ 形式存在,稳定性差,除了发生歧化反应外,还能氧化水。

$$2HXeO_4^- + 2OH^- = XeO_6^{4-} + Xe + O_2 + 2H_2O$$

(2) XeO_4 是一种热稳定性极差、易爆炸的无色液体,其氧化性强于 XeO_3,会缓慢分解为 XeO_3 和 O_2。高氙酸盐(通式为 $M_4^{(I)}XeO_6$)是最强的氧化剂之一。

$$5XeO_6^{4-} + 2Mn^{2+} + 14H^+ = 5XeO_3 + 2MnO_4^- + 7H_2O$$

5. 掌握用 VSEPR 理论判断氙的化合物的立体结构。XeF_6(不服从 VSEPR 理论)属于变形八面体,因为 Xe 的一对孤电子对不参与杂化,而是指向八面体的面心或棱心。

二、卤族元素

1. 卤素是典型的非金属元素,从 F_2 到 At_2,卤素单质分子之间的色散力增加,在常温下,由气态变到固态。由于卤素分子吸收可见光,引起价层电子构型从 $(\pi_{np}^*)^4(\sigma_{np}^*)^0$ 变到 $(\pi_{np}^*)^3(\sigma_{np}^*)^1$。随着主量子数 n 的增加,这种跃迁需要的能量越来越小,吸收可见光的波长越来越长,本身显示吸收光的互补色,导致颜色越深。

2. F_2,Cl_2 与 H_2O 反应,前者氧化水,后者发生歧化,也能溶于水,成为氯水。但 Br_2 与 I_2 在水中溶解度小,在四氯化碳与氯仿等有机溶剂中溶解度大,所以 Br_2 与 I_2 可以萃取到有机相中。碘水中加入 KI,可以增加溶解度,这是由于 $KI + I_2 \longrightarrow KI_3$,生成了 I_3^- 的缘故。

随着原子序数的增加,卤素单质的氧化性减弱,卤离子的还原性增强。在非水体系中,Br_2 和 I_2 与 $AgNO_3$ 发生歧化反应:

$$Br_2 + AgNO_3 = AgBr + BrNO_3, \quad I_2 + AgNO_3 = AgI + INO_3$$

3. 除了氟主要以 -1 氧化态存在外,其他卤族元素都存在 -1, +1, +3, +5, +7 氧化态的化合物。在 ClO_2 中氯的氧化态为 +4,但在 Cl_2O_4 中氯的实际氧化态为 +1 和 +7,而在 Cl_2O_6(不存在 ClO_3 单体)中氯的实际氧化态为 +5 和 +7,这是因为它们的结构式分别为 Cl—O—ClO_3 和 O_2Cl—O—ClO_3。

4. 从 ClO^- 到 ClO_4^-,成键能力增强,对称性加强,导致氧化性减弱,稳定性增

加。ClO_4^- 变形性最小,路易斯碱性最弱。在配合物制备中,常作为外界,用于抵消内界电荷,形成溶解度非常小的盐而从溶液中析出。

5. 卤素互化物具有 XX'_n 通式,式中 $r_X > r_{X'}$,n 为奇数。n 值取决于 $r_X / r_{X'}$ 的比值以及它们的电负性的差值($\chi_X - \chi_{X'}$)。这两个值越大,n 就可以越大。常见的卤素互化物有 IF_3,IF_5,BrF_5,ClF_3 等等。它们有强氧化性、配位性、在水中能水解并歧化等性质。

6. 拟卤素和拟卤化物

(1) 在自由状态时,其性质与卤素单质相似的分子称为拟卤素(或假卤素),例如$(CN)_2$,$(SCN)_2$,$(SeCN)_2$,$(SCSN_3)_2$,等等。

(2) 拟卤素与拟卤离子(−1)与卤素的相似性质表现为:

a. 游离状态是双聚体,易挥发。

b. 与许多金属反应生成盐,其 Ag(Ⅰ),Hg(Ⅰ)和 Pb(Ⅱ)盐难溶于水。

c. 与氢气反应生成 HX。除了 HCN 为弱酸外,其余的酸(如 HSCN)都是强酸。

d. 在水中或碱中能发生歧化。

$$(CN)_2 + 2OH^- = CN^- + OCN^- + H_2O$$

$$(SCSN_3)_2 + 2OH^- = SCSN_3^- + OSCSN_3^- + H_2O$$

e. 拟卤离子可以被氧化成双聚体($\varphi^\ominus_{Br_2/Br^-} > \varphi^\ominus_{(SCN)_2/SCN^-} > \varphi^\ominus_{I_2/I^-} > \varphi^\ominus_{(SCSN_3)_2/SCSN_3^-}$),并具有配位性。

三、氧族元素

1. 氧单质及其化合物

(1) O_2 与 O_3 是同素异构体。

a. 氧分子中有 σ 键和 2 个叁电子 π 键,有顺磁性,掌握 O_2^-,O_2^{2-},O_2^+,O_2^{2+} 物种的共价键类型、键级和顺反磁性。O_3 属极性分子,有极性,除了 O 和 O 之间的 σ 键外,分子中还有离域 Π_3^4 键。

b. O_3 的氧化性比 O_2 的氧化性强。

$$O_3 + XeO_3 + 2H_2O = H_4XeO_6 + O_2$$

$$5O_3 + 2CN^- + H_2O = 2HCO_3^- + N_2 + 5O_2$$

(2) 氧的化合物中,最重要的是 H_2O 和 H_2O_2。H_2O 是最普遍使用的廉价溶剂。H_2O_2 是化学反应中常用的氧化剂或还原剂,其还原产物为 H_2O,氧化产物为

O_2,所以 H_2O_2 在反应中不会造成二次污染。H_2O_2 还可以作取代剂,也可以作酸或碱。这与其自偶电离有关,它受热、见光分解,重金属离子可以催化 H_2O_2 分解。

$$2H_2O_2 \rightleftharpoons H_3O^+ + HO_2^- \quad 2H_2O_2 \xlongequal{\triangle 或 h\nu} 2H_2O + O_2$$

(3) 掌握 H_2O_2 的制备方法。

2. 硫单质及其化合物

(1) 硫的单质

a. 硫的同素异形体之间的相互转化如下:

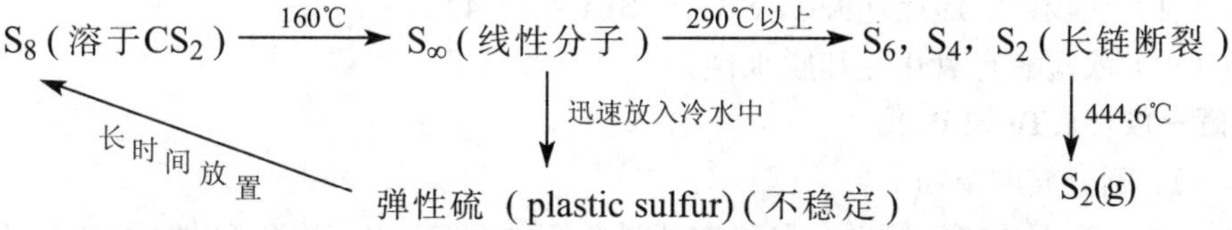

S_8(溶于CS_2) —160℃→ S_∞(线性分子) —290℃以上→ S_6, S_4, S_2(长链断裂)

S_∞ —迅速放入冷水中→ 弹性硫 (plastic sulfur)(不稳定) —长时间放置→ S_8

S_6, S_4, S_2 —444.6℃→ $S_2(g)$

其中 S_2 是顺磁性的,而 S_4,S_6,S_8,…都是反磁性的。

b. 除了金、铂外,硫几乎与所有金属直接(加热或研磨)反应。

c. 硫既能与碱反应,也能与酸反应。

$$3S(s) + 6NaOH \xlongequal[\triangle]{沸腾} 2Na_2S + Na_2SO_3 + 3H_2O$$

$$S + 2HNO_3(浓) = H_2SO_4 + 2NO$$

(2) 硫的化合物

a. 硫能形成氧化态为 $-2(S^{2-})$, $-2/n(S_n^{2-})$, $+1(S_2O)$, $+2(S_2O_4^{2-})$, $+3(S_4N_4)$, $+4(SO_2)$, $+6(SO_3)$的化合物。相对稳定的氧化态为-2, $+4$, $+6$。

b. 许多金属硫化物有颜色且难溶于水,可用于分离、鉴别金属离子。

c. 多硫化物有氧化性,在酸性溶液中很不稳定,易歧化。

$$(NH_4)_2S_2 + SnS = (NH_4)_2SnS_3$$

$$S_n^{2-} + 2H^+ = H_2S + (n-1)S$$

d. $+3$ 氧化态的物种有 S_4N_4 和 $S_2O_4^{2-}$ 等。它们在碱性溶液中发生歧化反应:

$$S_4N_4 + 6OH^- + 3H_3O = S_2O_3^{2-} + 2SO_3^{2-} + 4NH_3$$

$$2S_2O_4^{2-} + 2OH^- = S_2O_3^{2-} + 2SO_3^{2-} + H_2O$$

$S_2O_4^{2-}$ 在碱性介质中还是强还原剂,$\varphi^\ominus_{SO_3^{2-}/S_2O_4^{2-}} = -1.12V$。

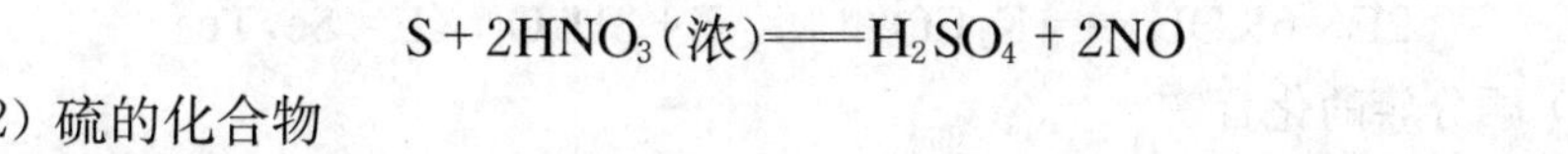

$$3S_2O_4^{2-} + C_6H_5NO_2 + 6OH^- = C_6H_5NH_2 + 6SO_3^{2-} + 2H_2O$$

e. $+4$ 氧化态的化合物有 SO_2,H_2SO_3 和 $M^{(II)}SO_3$ 等。该氧化态可以作氧化剂和还原剂(氧化产物一定是 S^{VI} 物种,因为 S^{V} 是不稳定氧化态)。SO_2 有漂白作用。亚硫酸盐不稳定，不能从水溶液中分离出来，酸化时放出 SO_2。

f. +6 氧化态有 SO_3，H_2SO_4，$M^{(I)}HSO_4$ 和 $M^{(II)}SO_4$ 等。

（ⅰ）SO_3 可以聚合成环-$(SO_3)_3$ 和链-$(SO_3)_n$，结构中的基本单元为正四面体。

（ⅱ）硫酸脱水只能二聚成焦硫酸 $H_2S_2O_7$，但 SO_3 可以溶于浓硫酸中，形成发烟硫酸($H_2SO_4 \cdot nSO_3$)。发烟硫酸是混合物，是 SO_3 以不同摩尔数与 H_2SO_4 缔合的产物，如 $H_2S_3O_{10}$，$H_2S_4O_{13}$，等等。

（ⅲ）硫酸可以形成连酸 $H_2S_2O_6 \cdot xS$($x = 1 \sim 4$)。

（ⅳ）浓硫酸有氧化性和脱水性。

3. 硒分族(Se，Te 和 Po)

(1) 硒分族的单质

a. Se，Te 有同素异形体，最稳定的是灰硒与灰碲。Se 原子可以嵌入 S_8 环中形成 Se_nS_{8-n}，而 Te 原子不能嵌入 S_8 环中，因为碲原子与硫原子的半径相差太大了。

b. Se，Te 和 Po 都能被硝酸氧化，但由于 H_2SeO_4 的氧化性比硝酸强，所以 Se 与硝酸反应，只能生成 H_2SeO_3。

c. Se，Te 在碱中煮沸都发生歧化反应：

$$2E + 6KOH = K_2EO_3 + 2K_2E + 3H_2O \quad (E = Se, Te)$$

(2) 硒分族的化合物

a. −2 氧化态　与 S^{2-} 的性质相似。氢化物的酸性顺序为 $H_2Te > H_2Se > H_2S$，其还原性顺序为 $H_2Te > H_2Se > H_2S$，其稳定性为 $H_2S > H_2Se > H_2Te$。

b. +2 氧化态　$SeCl_2$ 和 $TeCl_2$ 不稳定，更易歧化：

$$2TeCl_2 = TeCl_4 + Te$$

$$2SeCl_2 + 3H_2O = H_2SeO_3 + Se + 4HCl$$

c. +4 氧化态　SeO_2 易挥发，溶于水生成二元弱酸 H_2SeO_3，TeO_2 微溶于水，是两性氢氧化物。$Se^{(IV)}$ 和 $Te^{(IV)}$ 既可以作氧化剂，又可以作还原剂，$Se^{(IV)}$ 只有遇到强氧化剂才显还原性。

d. +6 氧化态

（ⅰ）硒酸为二元强酸，其分子式为 H_2SeO_4，而碲酸为弱酸，其分子式为 $Te(OH)_6$。

（ⅱ）H_2SeO_4 和 $Te(OH)_6$ 都是强氧化剂，其标准电极电位为 $\varphi^{\ominus}_{SeO_4^{2-}/H_2SeO_3} = +1.15V$，$\varphi^{\ominus}_{Te(OH)_6/TeO_2} = +1.02V$。$H_2SeO_4$ 和 HCl 的混合酸可溶解金和铂。

四、氮族元素

1. 氮及其化合物

(1) 单质　N_2 的键级为 3,N_2 分子显得格外稳定,在通常条件下呈化学惰性,所以固定空气中的氮气实属不易。

(2) 氮的化合物

a. 负氧化态

(ⅰ) -3 氧化态的 NH_3 作还原剂,既可以作碱,也可以作酸。掌握液氨中能增加 NH_4^+ 离子的物质为酸,能增加 NH_2^- 离子的物质为碱,利用水溶液中的化学知识解决液氨中的化学反应。掌握铵盐热分解的化学反应。

(ⅱ) -2 氧化态的 N_2H_4 与 -1 氧化态的 NH_2OH,常用作还原剂,其氧化产物为 N_2,脱离体系,不需要后处理。

(ⅲ) -1/3 氧化态的 HN_3 的实际氧化数为 -1(与 H 原子连接的 N 原子),0,0。其氧化能力相当于硝酸。它与盐酸的混合物也可以溶解金和铂。叠氮酸及其盐可以分解成单质,可以用作汽车安全袋中的填充物,还可提纯金属。

b. 正氧化态

(ⅰ) N_2O 和 $(HON)_2$; NO; N_2O_3, HNO_2, $M^{(I)}NO_2$; NO_2 和 N_2O_4; N_2O_5, HNO_3, H_3NO_4 和 $M^{(I)}NO_3$ 是从 +1 到 +5 氧化态的化合物。

(ⅱ) 掌握它们的共振结构式和共轭结构式。例如 N_2O 的共振结构式为

$$:N\equiv\overset{\oplus}{N}-\ddot{\underset{..}{O}}:^{\ominus} \longleftrightarrow {}^{\ominus}\ddot{\underset{..}{N}}=\overset{\oplus}{N}=\ddot{\underset{..}{O}}$$

,共轭结构式为 $:N—N—O:$(上下方框内分别标有电子点)。

(ⅲ) 掌握它们的氧化还原性和热稳定性,例如硝酸盐的分解。

金属活泼性在金属 Mg 之前的硝酸盐的热分解:

$$2M^{(I)}NO_3 \xlongequal{\triangle} 2M^{(I)}NO_2 + O_2$$

金属活泼性在金属 Mg 与金属 Cu 之间的硝酸盐的热分解:

$$2M^{(II)}(NO_3)_2 \xlongequal{\triangle} 2M^{(II)}O + 4NO_2 + O_2$$

金属活泼性在金属 Cu 之后的硝酸盐的热分解:

$$M^{(II)}(NO_3)_2 \xlongequal{\triangle} M + 2NO_2 + O_2$$

正离子具有还原性的硝酸盐的热分解:

$$2Mn(NO_3)_2 \xlongequal{\triangle} 2MnO_2 + 4NO_2$$

$$NH_4NO_3 \xlongequal[\triangle]{} N_2O + 2H_2O$$

含有结晶水的硝酸盐的热分解：

$$Mg(NO_3)_2 \cdot 6H_2O \xlongequal[\triangle]{} Mg(OH)(NO_3) + HNO_3 + 5H_2O$$

2. 磷及其化合物

(1) 单质磷

①单质磷有多种同素异形体，常见的有白磷、红磷和黑磷。它们之间的相互转化关系如下：

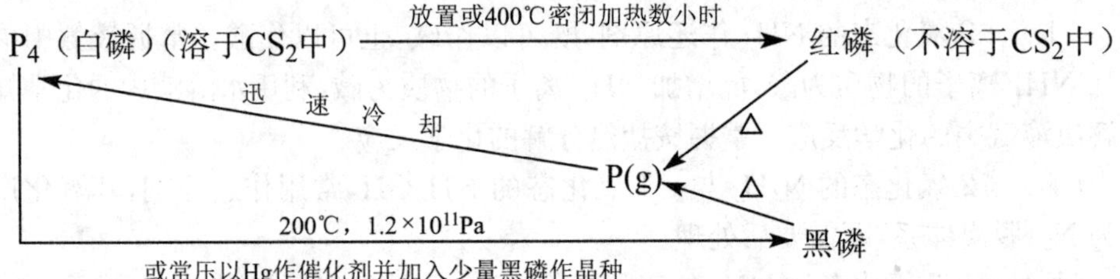

②白磷是由 P_4 组成的分子晶体。由于 P_4 分子正四面体几何构型中的三元环中存在张力，所以其化学性质特别活泼。

a. P_4 作还原剂：

$$P_4 + 10HNO_3 + H_2O = 4H_3PO_4 + 5NO + 5NO_2$$

b. 在热碱液中发生歧化：

$$P_4 + 3OH^- + 3H_2O = PH_3 + 3H_2PO_2^-$$

c. P_4 是 $CuSO_4$ 的解毒剂：

$$P_4 + 10CuSO_4 + 16H_2O = 10Cu + 4H_3PO_4 + 10H_2SO_4$$

$$11P_4 + 60CuSO_4 + 96H_2O = 20Cu_3P + 24H_3PO_4 + 60H_2SO_4$$

(2) 磷的化合物

a. 负氧化态

(ⅰ) 磷只有 −3 氧化态稳定，其 −2 氧化态的 P_2H_4(联磷)不稳定，易自燃。

(ⅱ) PH_3 是弱的 Lewis 碱，只有强的质子酸 $HClO_4$ 和 HI 与之反应。由于水比 PH_3 的 Lewis 碱性更强，所以 PH_4^+ 在水溶液中不存在。PH_3 是强还原剂，特别是在碱性条件下还原性更强。

b. 正氧化态

(ⅰ) 磷稳定的正氧化态只有 +1，+3，+5 氧化态，+4 氧化态在连磷酸及其盐中。

(ⅱ) H_3PO_4,H_3PO_3 和 H_3PO_2 的 $pK_{a1}\approx 2$,它们的结构式中都只含一个 $P\rightleftarrows O$键。

(ⅲ) H_3PO_4 可以聚合成链—$H_{n+2}P_nO_{3n+1}$ 和环—$(HPO_3)_n$ 等多酸。链—$H_{n+2}P_nO_{3n+1}$结构中有两个滴定终点,第一滴定终点是侧链—OH 上的氢,第二滴定终点是端基—OH 上的氢。缩合酸的酸性一般强于 H_3PO_4。

3. 砷分族

(1) 砷分族的化合物中 As,Sb 和 Bi 主要呈现 +3 和 +5 氧化态,也有 AsH_3,SbH_3 和 BiH_3,但它们都不稳定,是更弱的 Lewis 碱。

(2) As_2O_3 属两性偏酸性,Sb_2O_3 属两性偏碱性,Bi_2O_3 属碱性。As_2S_3(黄色)呈酸性,Sb_2S_3(橙色)呈两性和 Bi_2S_3(黑色)呈碱性。+3 氧化态的卤化物都发生水解。

(3) +5 氧化态的 As_2S_5 和 Sb_2S_5 存在,而 Bi_2S_5 不存在,因为 $Bi^{(V)}$ 呈强氧化性,$NaBiO_3$ 可以氧化 Mn^{2+} 成 MnO_4^-。As_2S_5 和 Sb_2S_5 可以溶于 Na_2S 和 NaOH 溶液中。

(4) As,Sb 和 Bi 的鉴别方法

a. As 可以用砷镜反应来鉴别 $2AsH_3 = 2As + 3H_2$,也可以用钼砷酸铵黄色沉淀来鉴别。

$$AsO_4^{3-} + 3NH_4^+ + 12MoO_4^{2-} + 24H^+ = (NH_4)_3AsO_4\cdot 12MoO_3\cdot 6H_2O\downarrow + 6H_2O$$

b. $Sb^{(Ⅲ)}$,$Bi^{(Ⅲ)}$的鉴别 在碱性溶液中用 $Sn^{(Ⅱ)}$ 还原 $Sb^{(Ⅲ)}$,$Bi^{(Ⅲ)}$,成为 Sb(锑镜)和 Bi(铋镜)。

$$2M^{3+} + 3Sn(OH)_3^- + 9OH^- = 2M + 3Sn(OH)_6^{2-}$$

五、碳族元素

1. 碳及其化合物

(1) 单质碳有许多同素异形体:金刚石、石墨、富勒烯(巴基球)和碳纤维,等等。

a. 石墨与碱金属反应,生成石墨插层化合物 KC_8,KC_{12},KC_{24},KC_{36},KC_{48},KC_{60}。KC_8是顺磁性物质,属于 Lewis 碱,与纯水发生如下反应:

$$C_8K + H_2O = C_8H + KOH$$

$$2C_8K(s) + 2H_2O = 16C(石墨) + H_2 + 2KOH$$

b. C_{60}分子由 12 个正五边形和 20 个正六边形构成,其固体属于 ccp 堆积的分

子晶体。若该晶体中 C_{60} 分子围成的所有正八面体和正四面体空隙中都填入 Cs 原子，具有超导性，其化学式为 Cs_3C_{60}。在 C_{60} 分子中 C 原子采取 $sp^2 \sim sp^3$ 杂化，$109°28' < \angle CCC < 120°$，剩余的未参与杂化的 p 轨道在 C_{60} 球壳的外围和内腔形成球面的离域 π 键，从而具有芳香性。只有 12 个正五边形构成的富勒烯为 C_{20}，每增加 2 个碳原子，会增加 1 个正六边形。由于富勒烯是一系列由碳原子构成的高对称性的球形笼状分子或封闭的多面体纯碳原子簇，所以并不是大于 20 的所有偶数个碳原子分子都存在。例如 C_{22} 就不是富勒烯。

(2) 碳的化合物

a. 碳化物　Be_2C 和 Al_4C_3 中含 C^{4-}，CaC_2，BeC_2 和 Li_2C_2 中含有 C_2^{2-}，它们与 H_2O 反应分别生成 CH_4 和 C_2H_2 而放出。

b. +2 氧化态的 CO 是强场配体和强还原剂。

c. +4 氧化态的化合物为 CO_2，CS_2，CX_4，$M^{(I)}HCO_3$ 和 $M^{(II)}CO_3$ 等。掌握它们的结构和反应性。

2. 硅及其化合物

(1) 单质硅

a. 分无定形和晶态两种同素异形体，晶态硅又分为多晶硅和单晶硅。超高纯硅是通过区域熔融的方法来提纯。

b. 在通常情况下，硅非常惰性，在加热时，与许多金属和非金属反应。

c. 硅遇到氧化性的酸发生钝化，可溶于 HF 和 HNO_3 的混合酸中。

(2) 硅的化合物(主要形成 +4 氧化态化合物)

a. SiH_4 是强还原剂

$$SiH_4 + 8AgNO_3 + 2H_2O = 8Ag + SiO_2 + 8HNO_3$$

$$SiH_4 + 2KOH + H_2O = K_2SiO_3 + 4H_2$$

b. 硅酸及硅酸盐

(ⅰ) 硅酸是二元弱酸，在水中的溶解度小。

(ⅱ) 硅酸盐结构中的基本单元为硅氧四面体的 SiO_4^{4-}，掌握其多聚结构的通式。

3. 锗分族

(1) 单质

a. 锡的同素异形体的转化关系如下：

$$灰锡(\alpha 锡) \xrightleftharpoons{13.6℃} 白锡(\beta 锡) \xrightleftharpoons{161℃} 脆锡$$

β 锡转变为 α 锡(粉末状)，称为锡瘟。

b. Ge,Sn 和 Pb 都有两性,Ge 只有在 H_2O_2 存在的情况下,才溶于碱。

c. Ge,Sn 和 Pb 都能与硝酸反应。在有氧存在的条件下,铅可溶于醋酸,生成可溶性的共价化合物醋酸铅。

(2) 化合物

a. 卤化物

(ⅰ) $SnCl_2$ 具有还原性,易水解,易被氧化。在配制 $SnCl_2$ 溶液时,首先用盐酸酸化蒸馏水,再加入晶状 $SnCl_2$ 固体,使之溶解,最后加入 Sn 粒,防止 $Sn^{(II)}$ 被空气氧化成 $Sn^{(IV)}$。

(ⅱ) $GeCl_4$, $SnCl_4$ 也会发生强烈的水解,在盐酸中它们形成配合物(H_2SnCl_6, H_2GeCl_6)。

(ⅲ) $PbCl_2$ 在冷水中溶解度小,在热水溶解度大,在盐酸中形成配合物(H_2PbCl_4)。$PbCl_4$ 在低温下稳定,在常温下分解($PbCl_4 = PbCl_2 + Cl_2$)。

b. 硫化物

(ⅰ) SnS 呈碱性,能溶于酸,但不能溶于碱或碱金属硫化物溶液中,可溶于多硫化物中形成 $Sn^{(IV)}S_3^{2-}$ 离子。SnS_2 呈酸性,可溶于碱或碱金属硫化溶液。

(ⅱ) SnS,SnS_2 都能溶于氧化性的酸中,PbS 可溶于浓盐酸,稀硝酸和 H_2O_2 溶液中,但不溶于 Na_2S 和无氧化性的稀酸。

c. 铅的氧化物有 PbO(黄色,俗称密陀僧),Pb_2O_3($PbO\cdot PbO_2$,黄色),Pb_3O_4($2PbO\cdot PbO_2$,红色,俗称铅丹)和 PbO_2(黑色)。Pb_2O_3,Pb_3O_4 和 PbO_2 都具有强氧化性。

习 题

一、选择题

1. O_2 分子通入液氨溶液中,首先会生成( )。

(A) O^{2-} (B) $O_2{}^{2-}$ (C) $O_2{}^{-}$ (D) $O_3{}^{-}$

2. 下列氢氧化物中,酸性最强的是( )。

(A) NaOH (B) $Al(OH)_3$ (C) $Ga(OH)_3$ (D) $In(OH)_3$

3. 用石墨来制备单壁碳纳米管,制得的碳纳米管的稳定性( )。

(A) 随碳纳米管的管径减小而增强 (B) 随碳纳米管的管径增大而增强

(C) 与碳纳米管的管径无关 (D) 随碳纳米管的长度增大而减弱

4. 在$(NH_4)_3[B_{15}O_{20}(OH)_8]$中,阴离子的结构式内 sp^3 杂化的硼原子数为( )。

(A) 1个 (B) 2个 (C) 3个 (D) 4个

5. 下列氢化物中,最弱的 Lewis 碱是(　　)。

(A) NH_3 (B) PH_3 (C) AsH_3 (D) SbH_3

6. 对于反应 $BX_3 + N(CH_3)_3 \longrightarrow X_3B \longleftarrow N(CH_3)_3$,生成的稳定性顺序为(　　)。

(A) $BF_3 > BCl_3 > BBr_3$ (B) $BF_3 < BCl_3 < BBr_3$

(C) $BF_3 > BCl_3 < BBr_3$ (D) $BF_3 < BCl_3 > BBr_3$

7. 在化合物 $Na_2B_4O_7 \cdot 4H_2O$ 中,B 元素的氧化数为(　　)。

(A) 0 (B) +1 (C) +3 (D) +5

8. 含 *N*,*N*-二甲基肼与 N_2O_4(均为液态)完全燃烧,得到产物只有 N_2,CO_2 和 H_2O(均为气态),则 1 mol$(CH_3)_2NNH_2$ 完全反应得到的气体摩尔数为(　　)。

(A) 8 (B) 9 (C) 10 (D) 11

9. 下面两条无限长链组成的硅酸盐的通式为(　　)。

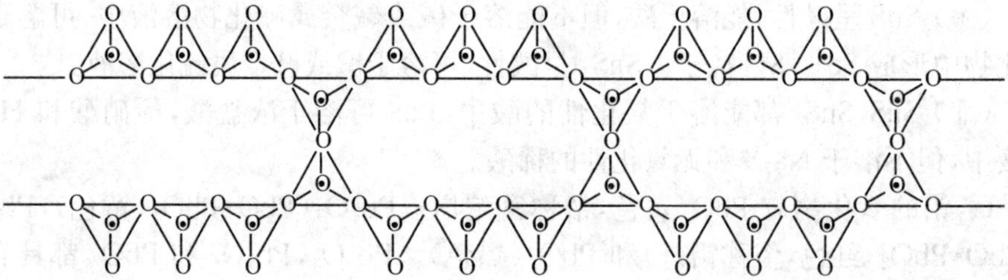

(A) $[SiO_3]_n^{2n-}$ (B) $[Si_6O_{17}]_n^{10n-}$ (C) $[Si_8O_{23}]_n^{14n-}$ (D) $[Si_2O_5]_n^{2n-}$

10. 下列铅的氧化物中,在硝酸介质中不能与 Mn^{2+}(aq)反应的是(　　)。

(A) PbO (B) Pb_2O_3 (C) Pb_3O_4 (D) PbO_2

11. 下列含氧酸中,属于一元酸的是(　　)。

(A) $P(OH)_3$ (B) $B(OH)_3$ (C) $Si(OH)_4$ (D) $Te(OH)_6$

12. 下列硫化物中,不能溶于 Na_2S 溶液的是(　　)。

(A) SnS_2 (B) As_2S_3 (C) Sb_2S_3 (D) Bi_2S_3

13. 下列酸根离子中,聚合程度最小的酸根离子是(　　)。

(A) ClO_4^- (B) SO_4^{2-} (C) PO_4^{3-} (D) SiO_4^{4-}

14. 为了测定多磷酸中的链长,用 NaOH 溶液滴定该多磷酸溶液,两个终点消耗的 NaOH 溶液的体积分别为 32 mL 和 8 mL,则该多磷酸的每个链中磷原子个数为(　　)。

(A) 4 (B) 6 (C) 8 (D) 12

15. 下列物质中，与 H_2O 反应制备 XeO_3 的最佳物质是(　　)。

(A) XeF_6　(B) XeF_4　(C) XeF_2　(D) Xe

16. 下列硫的单质中，有顺磁性的是(　　)。

(A) S_2　(B) S_4　(C) S_6　(D) S_8

17. 下列分子中，由 12 个正五边形和 10 个正六边形组成的富勒烯分子式为(　　)。

(A) C_{20}　(B) C_{40}　(C) C_{60}　(D) C_{80}

18. 卤素单质的颜色随着原子序数的增加而加深，根据分子轨道理论，电子跃迁的能量随原子序数的增加而减少，则电子跃迁的形式应为(　　)。

(A) $\sigma \longrightarrow \sigma^*$　(B) $\pi \longrightarrow \pi^*$　(C) $\pi^* \longrightarrow \sigma^*$　(D) $\sigma \longrightarrow \pi$

19. 近日来，沈城巨能钙事件沸沸扬扬，原因在于部分巨能钙被检出含有双氧水，而双氧水有致癌性，可加速人体衰老。下列有关说法错误的是(　　)。

(A) H_2O_2、Na_2O_2 都存在非极性共价键

(B) 双氧水是绿色氧化剂，可作医疗消毒剂

(C) H_2O_2 在乙醚中与 $Cr_2O_7{}^{2-}$ 反应生成 CrO_5，是表现 H_2O_2 的氧化性

(D) H_2O_2 作漂白剂是利用其氧化性，漂白原理与 HClO 类似，与 SO_2 不同

20. 宇航员在升空、返回或遇到紧急情况时必须穿上 10 kg 重的舱内航天服，其主要成分是由碳化硅、陶瓷和碳纤维复合而成。下列叙述中错误的是(　　)。

(A) 它耐高温，抗氧化　(B) 它比钢铁轻、硬，但质地较脆

(C) 它没有固定熔点　(D) 它是一种新型无机非金属材料

21. 硫—钠原电池具有输出功率较高，循环寿命长等优点。其工作原理可以表示为：$2Na + xS \underset{充电}{\overset{放电}{\rightleftharpoons}} Na_2S_x$。但工作温度过高是这种高性能电池的缺陷，科学家研究发现，采用多硫化合物 N—N S S S n 作为电极反应材料，可有效地降低电池的工作温度，且原材料价廉、低毒，具有生物降解性。下列叙述中正确的是(　　)。

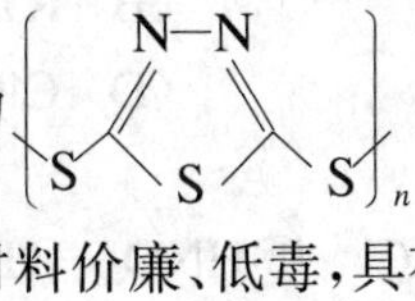

(A) 该多硫化物中硫的形式电荷为 −1

(B) 原电池的负极反应将是单体 N—N HS S SH 转化为 N—N S S S n 的过程

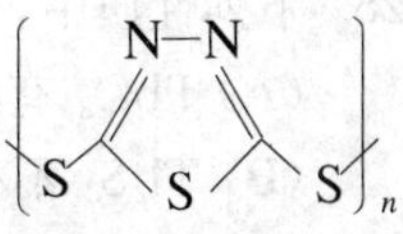

(C) 该单体是富电子化合物

(D) 当电路中转移 0.02 mol 电子时,将消耗原电池的正极反应材料 1.48 g

22. 下列物质中,不存在的是( )。

(A) $CsFI_2$ (B) CsI_3 (C) $CsICl_2$ (D) $CsIBr_2$

23. 同位素示踪法可以用于反应机理的研究,下列反应或转化中同位素示踪表示正确的是( )。

(A) $^{35}S + {}^{32}SO_3{}^{2-} \xlongequal{沸腾} {}^{35}S^{32}SO_3{}^{2-}$

(B) $2KMnO_4 + 5H_2{}^{18}O_2 + 3H_2SO_4 \xlongequal{} K_2SO_4 + 2MnSO_4 + 5{}^{18}O_2 \uparrow + 8H_2{}^{18}O$

(C) $NH_4Cl + {}^2H_2O \rightleftharpoons NH_3 \cdot {}^2H_2O + HCl$

(D) $K^{37}ClO_3 + 6HCl \xlongequal{} K^{37}Cl + 3Cl_2 \uparrow + 3H_2O$

24. 运用元素周期律知识分析下面的推断,其中不正确的是( )。

(A) $Ga(OH)_3$ 的酸性略强于 $Al(OH)_3$

(B) 砹(At)为有色固体,HAt 不稳定,AgAt 感光性很强,但溶于水也溶于稀酸

(C) 碳酸锶($SrCO_3$)是难溶于水的白色固体,其热稳定性强于 $CaCO_3$

(D) 硒化氢(H_2Se)无色、有毒,还原性强于 H_2S

25. 硫酸铜溶液是一种白磷解毒剂,下列关于该反应的说法,正确的是( )。

(A) 白磷为还原剂,$CuSO_4$ 为氧化剂

(B) 生成 1 mol H_3PO_4 时,有 5 mol 电子转移

(C) 有 8/11 的白磷发生了歧化反应

(D) 氧化产物和还原产物的物质的量之比为 5∶6

26. ⅦA 族最高氧化态含氧酸根离子的氧化性的强弱顺序为( )。

(A) $ClO_4^- > BrO_4^- > IO_4^-$ (B) $IO_4^- > BrO_4^- > ClO_4^-$

(C) $BrO_4^- < ClO_4^- > IO_4^-$ (D) $ClO_4^- < BrO_4^- > IO_4^-$

27. 下列混合酸中,能溶解金的是( )。

①HN_3—HCl ②$HClO_3$—HCl ③HNO_3—HCl ④H_2SO_4—HCl ⑤H_2SeO_4—HCl

(A) ①②③ (B) ①③ (C) ①②③④ (D) ①②③⑤

28. 下列性质中,与“$6s^2$ 惰性电子对”效应无关的是( )。

(A) PbO_2 有强氧化性

(B) Tl_2S_3 不存在

(C) $SnCl_2$ 易水解且易被氧化

(D) 硝酸亚汞溶液的电离方程式为 $Hg_2(NO_3)_2 \xlongequal{} Hg_2^{2+} + 2NO_3^-$

29. 下列化合物中,沸点最高的是(　　)。

(A) H_2Se　(B) H_2S　(C) H_2O　(D) D_2O

30. S_8 的等电子体 Se_3S_5 的几何异构体数目为(　　)。

(A) 4　(B) 5　(C) 6　(D) 8

二、填空题

1. ClO_2 由氯酸盐溶液与草酸溶液制备而成,其反应的离子方程式为__①__。用 VSEPR 理论,ClO_2 中 Cl 原子理应采取__②__杂化,其键角为__③__。实际上 ClO_2 中 Cl 原子采取__④__杂化,因为分子的键角为__⑤__,所以在 ClO_2 分子中除了 σ 键外,还存在__⑥__键,其键型表示为__⑦__。ClO_2 与苛性碱反应,其离子方程式为__⑧__。Cl_2O_4 表面上看作 ClO_2 双聚体,其实 Cl_2O_4 中 Cl 的实际氧化数为__⑨__,ClO_2 不能双聚的原因是__⑩__。

2. H_2O_2 属__①__(极性或非极性)分子,分子中存在对称元素是__②__。H_2O_2 被称为绿色试剂的原因是__③__。在制备 H_2O_2 诸多方法中,理论上的原子利用率达 100%的制备方法的方程式为__④__。H_2O_2 与羟氨反应的方程式为__⑤__,H_2O_2 与重铬酸盐溶液在乙醚中反应的离子方程式为__⑥__。H_2O_2 可以修复变黑的古代油画,其化学原理的反应方程式为__⑦__。铜与人体中某器官内存在的盐酸与氧气反应,生成白色难溶物的化学式为__⑧__和酸的化学式为__⑨__(属自由基酸)。酸的名称为__⑩__,酸的结构式为__⑪__。该酸的 $pK_a = 4.8$,则在 pH = 6.8 时,该酸的存在形式为__⑫__。

3. 白磷具有__①__几何构型,其化学性质之所以活泼,是因为__②__。白磷比 $P_2(g)$ 分子稳定,从键能角度来看,是因为__③__。白磷在苛性碱中加热,发生反应的离子方程式为__④__。红磷是白磷的__⑤__。它在 NaOH(aq)中与次氯酸钠溶液反应,生成连二磷酸二钠,其反应方程式为__⑥__。该产物转变成纯连二磷酸的方法是__⑦__。连二磷酸异构体的结构式为__⑧__,它与水反应的方程式是__⑨__。磷酸发生多聚,生成链-多磷酸的通式是__⑩__。

第十一章　过渡元素(Ⅰ)

一、铜锌分族

1. 铜分族(Cu,Ag,Au)

(1) 铜分族的第一电离能大,化学惰性。第一电离能的变化顺序为 $I_{1(Au)}>I_{1(Cu)}>I_{1(Ag)}$。其主要氧化态为+1,+2,+3。由于+2,+3 氧化态的价电子构型为$(n-1)d^9$和$(n-1)d^8$,所以铜分族可以归类于过渡元素。

(2) Cu,Ag,Au 形成共价倾向大,是由于两个原子之间除了 ns^1 与 ns^1 形成的 σ 键以外,还形成$(n-1)$d 轨道上的电子对与 np 空轨道形成的附加 π 键所致。

(3) 铜分族单质

a. Cu 在常温下不与干燥的空气反应,加热时生成黑色的 CuO,在更高温度时生成 Cu_2O。铜久置于 CO_2 的潮湿空气中,表面会慢慢生成一层灰绿色碱式碳酸铜(俗称铜绿)。

b. 与酸的反应

(ⅰ) 当有空气存在时,铜、银可缓慢溶于氢卤酸:

$$2Cu + O_2 + 4HCl \longrightarrow 2CuCl_2 + 2H_2O$$

$$4Ag + O_2 + 4HCl \longrightarrow 4AgCl_2 + 2H_2O$$

(ⅱ) Cu 和 Ag 溶于浓硫酸和硝酸中,Au 溶于饱和了氯气的盐酸中或王水中。

$$Au + 4HCl + HNO_3 \longrightarrow HAuCl_4 + NO + 2H_2O$$

(ⅲ) 银与含有 H_2S 的空气反应:

$$4Ag + O_2 + 2H_2S \longrightarrow 2Ag_2S + 2H_2O$$

c. 与碱金属氰化物溶液的反应:

$$4Au + O_2 + 8NaCN + 2H_2O \longrightarrow 4Na[Au(CN)_2] + 4NaOH$$

d. 掌握铜分族单质的冶炼方法。

(4) 铜分族化合物

a. +1 氧化态　Ag 的+1 氧化态最稳定,因其电子构型为$[Kr]4d^{10}$,属封闭电子构型,铜、金的+1 氧化态物种只能以沉淀或配离子形式存在,它们的自由水合离子会发生歧化:

$$2Cu^{+} = Cu + Cu^{2+},\quad 3Au^{+} = 2Au + Au^{3+}$$

b. +2 氧化态　Cu 的 +2 氧化态物种最稳定，其八面体配合物发生强姜-泰勒畸变，获得额外的稳定化能。在 AgO 中银有表观的 +2 氧化态，而其实际氧化态为 +1 和 +3，属反磁性物质。

c. +3 氧化态　铜族元素都有 +3 氧化态，以 Au 的 +3 氧化态最稳定。由于 $Au^{(Ⅲ)}$ 的价电子构型为 $5d^8$，$Au^{(Ⅲ)}$ 采取 dsp^2 杂化，形成四配位的平面四方配合物。$Au^{(Ⅲ)}$ 的卤化物、氧化物和氢氧化物都呈两性。

2. 锌分族

(1) 本族元素中，锌和镉的化学性质相似，与 Hg 的性质差别大。

(2) 锌分族单质

a. 锌分族之间、锌分族与其他金属之间容易形成合金。如汞可溶解许多金属形成汞齐，汞的含量多，汞齐呈液态；反之，成固态。汞不与锰、铁和镍等金属形成汞齐。

b. 锌是活泼的两性金属，镉是活泼的碱性金属，汞是惰性金属。锌、镉溶于盐酸中，而汞只能溶于氧化性的酸中。汞与硫研磨，生成 HgS。

(3) 锌分族化合物

a. +1 氧化态

(ⅰ) 锌与镉的 +1 氧化态非常不稳定，在水中立即歧化，汞的 +1 氧化态稳定，一般以双聚体(Hg_2^{2+})物种存在，$Hg^{(Ⅰ)}$ 与 $Hg^{(Ⅰ)}$ 之间的形成金属键，保持 $6s^2$ 惰性电子对。

(ⅱ) Hg_2^{2+} 遇到 OH^-，CN^-，I^- 和 H_2S 等物种，会发生歧化反应。

(ⅲ) Hg_2Cl_2(俗称甘汞)，常用作甘汞电极。它由 Hg_2Cl_2 与 Hg 反应制得。$Hg_2(NO_3)_2$ 由 $Hg(NO_3)_2$ 与金属汞一起振荡生成，溶于水，易水解，易歧化，不稳定，受热分解。

$$Hg_2(NO_3)_2 \xlongequal{\triangle} 2HgO + 2NO_2$$

b. (+2)氧化态

锌分族 +2 氧化态的化合物从锌到汞溶解度逐渐减小，颜色逐渐加深，这与从锌到汞离子的极化作用与变形性增加有关。

(ⅰ) 氧化物和氢氧化物 ZnO 有两性，CdO 显碱性，有极弱的酸性，但 HgO 呈碱性。

(ⅱ) 硫化物 ZnS 可溶于 $0.3mol \cdot dm^{-3}$ 的盐酸。往中性的锌盐溶液中通入 $H_2S(g)$，Zn^{2+} 沉淀不完全。$ZnS \cdot BaSO_4$(锌钡白)可作白色颜料。CdS 溶于浓盐

酸，所以控制溶液酸度，可分离 Zn^{2+} 和 Cd^{2+} 离子。HgS 只能溶于王水或硫化物溶液中。

（ⅲ）卤化物 $ZnCl_2$ 是固体盐中溶解度最大的（283K，333g $ZnCl_2$/100g H_2O）。$HgCl_2$（升汞）有剧毒，稍溶于水，但电离度小。其熔点低（276℃），但加热会升华，利用此性质可以将 $HgCl_2$ 从反应混合物升华出来。$HgCl_2$ 能发生水解（hydrolysis）和氨解（ammonolysis），$HgCl_2$ 作氧化剂，可氧化 $SnCl_2$。HgI_2 红色沉淀加入过量的 I^-，生成无色的 $HgI_4{}^{2-}$。

$$Hg^{2+}(aq) \xrightarrow{I^-} HgI_2(s)(\text{红色}) \xrightarrow{I^-} [HgI_4]^{2-}(aq)$$

$K_2[HgI_4]$和 KOH 的混合试剂，称为奈斯勒试剂，可用来鉴别 NH_4^+ 离子：

$$NH_4Cl(aq)+2K_2[HgI_4](aq)+4KOH(aq) = [O\begin{matrix}Hg\\ \\Hg\end{matrix}NH_2]I(s)+KCl(aq)+7KI(aq)+3H_2O(l)$$

水解 ← → 氨解

二、钛分族(Ti,Zr,Hf)

从 Ti 到 Zr，原子半径增大，在化合物中，Ti 的配位数为 4 和 6，Zr 的配位数高达 7 和 8。由于镧系收缩，导致 Zr 和 Hf 的原子半径和离子半径相近，化学性质极其相似，分离非常困难，常常采取离子交换或溶剂萃取的方法来分离。

由于过渡元素每一副族从上到下，金属晶体的原子化能大，第一过渡元素的 Ti 除了最高氧化态 +4 外，还有 +2，+3 氧化态，而 Zr 和 Hf 只有 +4 氧化态稳定，低氧化态不稳定。

1. 钛分族单质

（1）由于钛在常温下表面易生成致密、钝化、能自行修补裂缝的氧化膜，所以钛具有优良的抗腐蚀性。

（2）在升温条件下，钛分族可与大多数非金属直接反应。

（3）钛能与骨骼肌肉生长在一起，用于接骨和人工关节，可称为“生物金属”。钛合金有记忆功能、超导功能和储氢功能。

2. 钛分族化合物

（1）+4 氧化态

a. TiO_2（金红石）是雪白的粉末，稳定性好，黏附性强、无毒，俗称钛白，用于高级白色颜料、白色橡胶、高级纸张等的填充剂以及合成纤维的消光剂。掌握 TiO_2 的干法和湿法制备方法。

b. 钛分族卤化物(MX_4)　$TiCl_4$ 是分子晶体,在常温下是液态,极易水解,可作气相反应的跟踪剂和军事上的烟幕弹。$ZrCl_4$ 为白色高温粉末,遇水剧烈水解,所得水合氯化锆酰可用作纺织品的防水剂、防汗剂和除臭剂。

$$ZrCl_4 + 9H_2O \xlongequal{} ZrOCl_2 \cdot 8H_2O + 2HCl$$

c. 钛分族碳化物　TiC 有高熔沸点和高硬度,可溶于 HNO_3 和 HF 的混合酸或王水中,也可溶于具有氧化性的碱性熔盐中。ZrC 也是一种优良的金属陶瓷材料。

d. $Ti^{(IV)}$的配合物　$Ti^{(IV)}$在水中以$[Ti(OH)_2(H_2O)_4]^{2+}$形式存在,简写成 TiO^{2+}。在 $Ti^{(IV)}$中加入 H_2O_2,当 $pH<1$ 时,得到$[Ti(O_2)(OH)(H_2O)_4]^+$,呈红色;当 $pH=1\sim3$ 时,得到 $Ti_2O_5^{2+}$,呈橙黄色。这些配离子之所以有颜色是由于 O_2^{2-} 离子变形性较大,发生 O_2^{2-} 离子上的负电荷向 $Ti^{(IV)}$上的电荷跃迁所致。

(2) +2, +3 氧化态(主要化合物有 $TiCl_2$ 和 $TiCl_3$)

a. $TiCl_3$ 有较强的还原性,极易被空气氧化,因此 $TiCl_3$ 必须储存在 CO_2 等惰性气体中。

b. $TiCl_2$ 和 $TiCl_3$ 受热发生歧化:

$$2TiCl_3 \xlongequal[\triangle]{} TiCl_2 + TiCl_4, \quad 2TiCl_2 \xlongequal{} Ti + TiCl_4$$

c. Ti^{3+}的还原性常用于钛含量的测定,其方法为:将含钛试样溶解于强酸溶液中,加入铝片,将 TiO^{2+} 还原为 Ti^{3+},然后以 NH_4SCN 作指示剂,用 $FeCl_3$ 标准溶液滴定。

$$3TiO^{2+} + Al + 6H^+ \xlongequal{} 3Ti^{3+} + Al^{3+} + 3H_2O$$
$$Ti^{3+} + Fe^{3+} + H_2O \xlongequal{} TiO^{2+} + Fe^{2+} + 2H^+$$

三、钒分族(V,Nb,Ta,共通性类似钛分族)

1. 钒分族单质

(1) 钒分族元素有较低的标准电极电势,但在常温下钒分族金属表面有致密的氧化膜,所以在室温下它们有极高的化学稳定性。在高温下,钒分族金属与大多数非金属反应。

(2) 在常温下,块状钒不与空气、海水、苛性碱、硫酸和盐酸反应,但溶于氢氟酸、浓硫酸、硝酸和王水;铌溶于氢氟酸和 HF—HNO_3 的混合酸,钽能溶于 HF—HNO_3 和 HF—H_2SO_4 等混合酸中,也可溶于 40%HF 和 15%H_2O_2 的混合液中。

2. 钒分族化合物

(1) +5 氧化态

a. 氧化物(M_2O_5) V_2O_5 为两性氧化物,以酸性为主,微溶于水;Nb_2O_5 和 Ta_2O_5是酸性氧化物,难溶于水;V_2O_5是强氧化剂。

b. 含氧酸盐及多酸盐

(ⅰ) 钒分族的含氧酸盐有偏酸盐(MO_3^-)和正酸盐(MO_4^{3-})。

(ⅱ) 向正钒酸盐溶液中加入酸,会形成不同聚合度的多钒酸盐。其聚合度不仅取决于 pH,还取决于 VO_4^{3-} 的浓度。

$$VO_4^{3-} \xrightarrow{H^+} V_2O_7^{4-} \xrightarrow{H^+} V_3O_9^{3-} \xrightarrow{H^+} V_{10}O_{28}^{6-} \xrightarrow{H^+} H_2V_{10}O_{28}^{4-} \xrightarrow{H^+} VO_2^+$$

钒氧比　1∶4　1∶3.5　1∶3　1∶2.8　1∶2.8　1∶2

铌酸盐和钽酸盐溶液中也存在同多酸根离子$[M_6O_{19}]^{8-}$。

(ⅲ) VO_4^{3-} 中的O^{2-}可以被O_2^{2-} 和 S^{2-} 等阴离子取代,钒酸盐与 H_2O_2 的反应可以用于鉴别钒和 H_2O_2 的比色分析测定。

(2) +4 氧化态

a. VO_2 有两性,难溶于水。在酸中呈蓝色的 VO^{2+} 离子,其 V-O 键接近于双键。大多数钒(Ⅳ)的配合物都是 VO^{2+} 的衍生物,如$[VO(bpy)_2Cl]^+$,$VO(acac)_2$等。

b. VCl_4 易水解:$VCl_4 + H_2O \rightleftharpoons VOCl_2 + 2HCl$。

(3) +2,+3 氧化态

a. 钒的+2,+3低氧化态化合物有 VO,V_2O_3 和 VCl_3 等,VO 和 V_2O_3 不溶于水,但与稀酸反应,生成$[V(H_2O)_6]^{2+}$(紫色)和$[V(H_2O)_6]^{3+}$(绿色)。

b. VCl_3 不稳定,会发生歧化和自分解反应:

$$2VCl_3 = VCl_2 + VCl_4$$

$$2VCl_3 = 2VCl_2 + Cl_2$$

(4) 更低氧化态

有些羰基或 π 配合物中,V 呈现+1,0 或 -1 氧化态。如$[(\eta^5\text{-}C_5H_5)V(CO)_4]$,$V(CO)_6$,$Na[V(CO)_5]$和 $V(NO)(CO)_5$等。符合十八电子规则的 $V_2(CO)_{12}$不如$V(CO)_6$稳定,因为前者的空间位阻太大。

四、铬分族(Cr,Mo,W)

1. 铬分族单质

(1) 铬分族金属在构成金属键时,可以提供6个价电子,从而形成较强的金属键,因此它们的熔沸点是同周期中最高的一族,钨是所有金属中熔沸点最高的。铬分族的硬度也很大,铬的硬度是所有金属中最大的。

(2) 与酸反应

a. 铬能溶于稀酸,但难溶于浓硝酸和王水,因其表面容易形成致密氧化层而呈钝态。铬与盐酸反应,先生成$[Cr(H_2O)_6]^{2+}$(蓝色),然后被空气氧化成$[Cr(H_2O)_6]^{3+}$(绿色)。

b. 钼和钨表面易形成一层钝态的氧化膜,在常温下稳定。钼与浓硝酸、热的浓硫酸和王水作用;钨缓慢溶于王水或HF—HNO_3混合酸中,也溶于浓磷酸中,形成杂多酸$H_3[P(W_3O_{10})_4]$(磷钨酸)。

(3) 与碱反应

金属铬是两性金属,与碱反应,放出氢气。钼与钨不与强碱液或熔融的碱反应,但可熔于含有氧化剂的熔融碱中:

$$2Cr+2OH^-+6H_2O = 2Cr(OH)_4^-+3H_2$$

$$M+3NaNO_3+2NaOH \xlongequal{熔融} Na_2MO_4+3NaNO_2+H_2O(M=Mo,W)$$

(4) 掌握铬分族单质的制备方法。

2. 铬分族化合物

(1) +6氧化态

a. $Cr^{(Ⅵ)}$不存在单独的Cr^{6+}离子,而是以CrO_3,CrO_2Cl_2,CrO_4^{2-},$Cr_2O_7^{2-}$和CrO_2^{2+}等形式存在。在H^+条件下,以$Cr_2O_7^{2-}$存在;在OH^-条件下,以CrO_4^{2-}存在。可以通过沉淀剂,使$Cr_2O_7^{2-}$盐转化为CrO_4^{2-}盐。

$$Cr_2O_7^{2-}+2Ba^{2+}+H_2O = 2BaCrO_4+2H^+$$

b. CrO_3与$Cr_2O_7^{2-}$是强氧化剂,CrO_4^{2-}的氧化性大大减弱。

c. CrO_4^{2-}只能双聚,MoO_4^{2-}和WO_4^{2-}可聚合成多酸根离子,前者结构中的基本单元为正四面体(MO_4),后两者结构中的基本单元为正八面体(MO_6)。

(2) +3氧化态

a. Cr_2O_3与$Cr(OH)_3$是两性物质,但灼烧过的Cr_2O_3既不溶于酸,也不溶于碱。

b. $[M^{(Ⅰ)}Cr(SO_4)_2\cdot 12H_2O]$与明矾属类质同晶体。它们同时从溶液中结晶出来,形成混晶。

c. 铬分族+3氧化态可形成双核卤阴离子$Cr_2Cl_9^{3-}$和$W_2Cl_9^{3-}$,前者是顺磁性,后者是反磁性的,所以后者的W—W距离短,有金属键。

(3) +2氧化态

a. $[Cr(H_2O)_6]^{2+}$是高自旋配离子,其电子排布为$(t_{2g})^3(e_g)^1$。e_g轨道上的一

个电子处于高能态,易失去,所以 Cr^{2+} 有较强还原性,易被空气氧化。

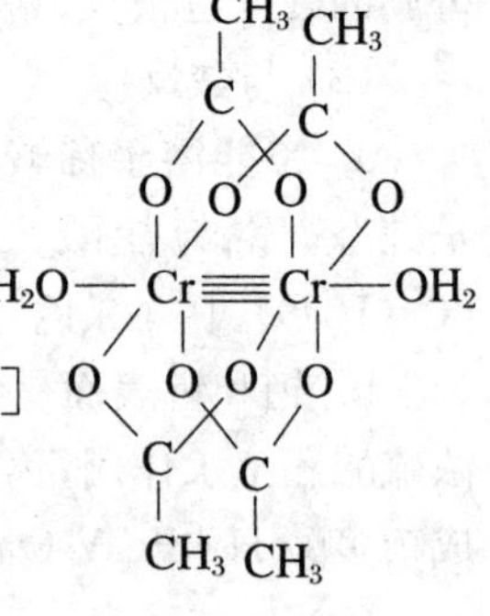

b. 水合乙酸铬(Ⅱ)的二聚体$[Cr(CH_3COO)_2 \cdot H_2O]_2$由下面的反应合成:

$$4Zn + Cr_2O_7^{2-} + 14H^+ = 2Cr^{2+} + 4Zn^{2+} + 7H_2O$$

$$2Cr^{2+} + 4CH_3COO^- + 2H_2O = [Cr_2(CH_3COO)_4(H_2O)_2]$$

该化合物的反磁性表明 Cr 与 Cr 之间的化学键型为$(\sigma)^2(\pi)^4(\delta)^2$。其结构式如右图。

c. $Mo^{(Ⅱ)}$、$W^{(Ⅱ)}$的卤化物以原子簇合物的形式存在。$[Mo_6Cl_8]Cl_4$ 和$[Mo_6X_{12}]$的结构分别如下:

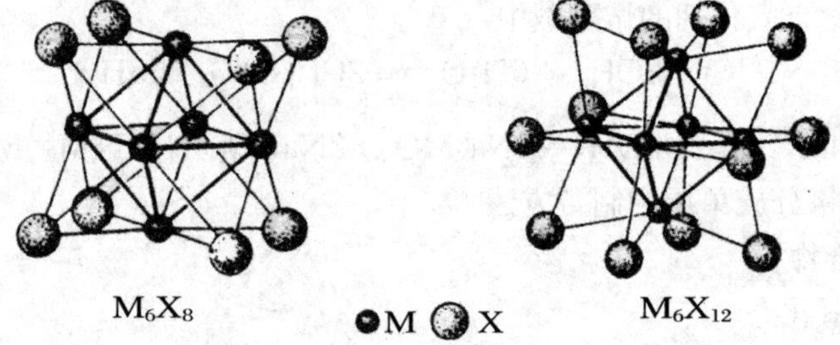

(4) 铬分族的更低氧化态出现在它们的羰基化合物或 π 配合物中,如$Cr(CO)_6$,$Cr(NO)_4$,(Cr)等。

五、锰分族(Mn,Tc,Re)

1. 锰分族单质

(1) 锰是一种较活泼的金属,在空气中锰表面覆盖了一层褐色氧化膜,呈化学惰性。锝和铼的块状金属在空气中较稳定,海绵状或粉状金属则比较活泼。Mn 与 O_2 反应分别生成 Mn_3O_4,Tc 和 Re 与 O_2 反应生成 Tc_2O_7和 Re_2O_7。

(2) Mn 与 H_2O 和 HCl 反应放出氢气,也与氧化性的酸反应。Tc 和 Re 不与盐酸反应,但溶于氧化性的酸,生成相应的 $HTcO_4$ 和 $HReO_4$。

(3) 在有氧化剂存在的条件下,金属锰和铼同熔融的碱反应,生成锰酸盐和高铼酸盐。

$$2Mn + 4KOH + 3O_2 \xlongequal{熔融} 2K_2MnO_4 + 2H_2O$$

$$2Re + 7Na_2O_2 \xlongequal{熔融} 2NaReO_4 + 6Na_2O$$

2. 锰分族化合物

(1) +7 氧化态

a. Mn 的 +7 氧化态物种有 Mn_2O_7，MnO_3^+ 和 MnO_4^-。它们都是强氧化剂。在酸性、中性和碱性条件下，$KMnO_4$ 分别被还原到 Mn^{2+}，MnO_2 和 MnO_4^{2-}。

b. MnO_4^- 与 Mn^{2+} 可以反应，所以用 $KMnO_4$ 作氧化还原滴定时，首先滴入一滴 $KMnO_4$ 溶液，待紫色褪色后才能继续滴定。

c. $KMnO_4$ 会发生分解，所以 $KMnO_4$ 溶液使用前要用玻璃砂漏斗过滤，然后用基准物标定。

$$2KMnO_4 = K_2MnO_4 + MnO_2 + O_2$$

d. 高锰酸钾的最佳制备方法是电解锰酸钾溶液：

$$阳极\quad MnO_4^{2-} - e \longrightarrow MnO_4^-$$

(2) +6 氧化态

a. 锰分族 +6 氧化态在强碱性溶液中较稳定，但在酸性、中性及弱碱性溶液中立即歧化：

$$3MO_4^{2-} + 4H^+ = 2MO_4^- + MO_2 + 2H_2O \quad (M = Mn, Tc, Re)$$

$$3MO_4^{2-} + 2H_2O = 2MO_4^- + MO_2 + 4OH^-$$

b. $TcCl_6$ 和 $ReCl_6$ 在碱性条件下也发生歧化：

$$3ReCl_6 + 20KOH = 2KReO_4 + ReO_2 + 18KCl + 10H_2O$$

c. 在碱性条件下，锰分族的 MO_4^{2-} 被氧化剂氧化到 MO_4^-。

(3) +4 氧化态

MnO_2 是 $Mn^{(IV)}$ 的重要化合物。在酸性介质中，MnO_2 主要显强氧化性，MnO_2 遇强氧化剂时，显还原性。在溶液中不存在 Mn^{4+} 水合离子。

(4) +3 氧化态

a. 锰的 +3 氧化态不太稳定，在水溶液中易发生歧化，本身也有水解性。合适的配位剂可以稳定 $Mn^{(III)}$ 在相应的配合物中。

b. 铼的 +3 氧化态易形成 Re—Re 键的二聚或多聚簇合物，如 Re_3X_9。$Re_2Cl_8^{2-}$ 是反磁性的，说明 Re 和 Re 之间存在着四重键，即 $\sigma^2\pi^4\delta^2$。

(5) +2 氧化态

a. Mn^{2+} 价电子构型为 $3d^5$，属于半充满 3d 电子构型，是锰的稳定氧化态。但 $Mn(OH)_2$ 易被氧化成棕色的 $MnO(OH)$。

b. Mn^{2+} 在酸性条件下被 $Na_2S_2O_8$，PbO_2，$NaBiO_3$ 等强氧化剂氧化成 MnO_4^-，在碱性条件下被氧化成 MnO_2 或 K_2MnO_4。

c. $Mn^{(II)}$可以形成复盐，其化学式为 $M^{(I)}Cl \cdot MnCl_2 \cdot nH_2O$ 和 $M_2^{(I)}SO_4 \cdot MnSO_4 \cdot nH_2O$。$[Mn(H_2O)_6]^{2+}$ 呈浅粉红色，这是由于"自旋禁阻"跃迁的结果。

(6) 锰分族更低氧化态出现在它们的羰基化合物或 π 配合物中，如 $Mn_2(CO)_{10}$，$Na[Mn(CO)_5]$，$Re_2(CO)_{10}$，(Mn)等。

习 题

一、选择题

1. 下列各对元素中，性质相似的是(　　)。
(A) Mn 和 W　(B) Nb 和 Ta　(C) Nb 和 Tc　(D) V 和 Nb

2. 在 M(I)2M 中，M 和 M 之间无金属键，M 为第三过渡系列元素，则 M 的元素符号为(　　)。
(A) Hf　(B) Ta　(C) W　(D) Re

3. 下列钒的物种中，在水溶液中不能存在的是(　　)。
(A) $V_{10}O_{28}{}^{6-}$　(B) V^{5+}　(C) $VO_2{}^+$　(D) VO^{2+}

4. 在工业上用干法与湿法制 TiO_2 的比较中，下列叙述中不正确的是(　　)。
(A) 干法所用的设备要求高　(B) 湿法对环境造成的污染大
(C) 干法所需的原料便宜　(D) 湿法纯化成本高

5. 工业上制备高锰酸钾的最好方法是(　　)。
(A) 锰酸钾溶液中通 CO_2　(B) 锰酸钾电解
(C) MnO_2 与 PbO_2 共热　(D) Mn^{2+}(aq)与$(NH_4)_2S_2O_8$反应

6. $H_f{}^{4+}$ 与 Zr^{4+} 的离子半径相近是由于(　　)。
(A) inert pair effect　(B) Lanthanide contraction
(C) chelate effect　(D) Jahn-Teller effect

7. 在冰铜熔炼法冶炼铜的过程中，铜的生成是由于(　　)。
(A) $2Cu_2O + Cu_2S = 6Cu + SO_2$　(B) $Cu_2S \xlongequal{\triangle} 2Cu + S$

（C）$Fe + Cu_2O = 2Cu + FeO$　　（D）$2Cu_2O = 4Cu + O_2$

8. 金属钛与热的盐酸反应，生成的产物之一为（　　）。
   （A）$[Ti(H_2O)_6]^{2+}$　　（B）$[Ti(H_2O)_6]^{3+}$
   （C）$[Ti(H_2O)_6]^{4+}$　　（D）TiO^{2+}
9. 在酸性溶液中，可以使 Cr^{3+} 离子转化为 $Cr_2O_7^{2-}$ 的试剂是（　　）。
   （A）H_2O_2　（B）MnO_2　（C）$KMnO_4$　（D）$Fe_2(SO_4)_3$
10. 下列试剂中，可将 Hg_2Cl_2、CuCl 和 AgCl 区别开的是（　　）。
   （A）Na_2S　（B）$NH_3·H_2O$　（C）Na_2SO_4　（D）KNO_3
11. 与银反应能置换出氢气的稀酸是（　　）。
   （A）硫酸　（B）盐酸　（C）硝酸　（D）氢碘酸

二、填空题

1. Cu^{2+} 与 Cu 在浓盐酸中煮沸，生成墨绿色 A 溶液，A 的化学式为__①__，其离子方程式为__②__，A 加水稀释，生成白色沉淀 B，其化学式为__③__。在第一步制备过程中加入一定量 NaCl(aq) 的作用是__④__。上述制备 B 的过程分成两步，之所以不能一步法制备 B 是因为__⑤__。
2. $[W_xO_y]^z$ 的结构如右图所示，该化学式是__①__，其基本单元为__②__，它属于__③__类离子。

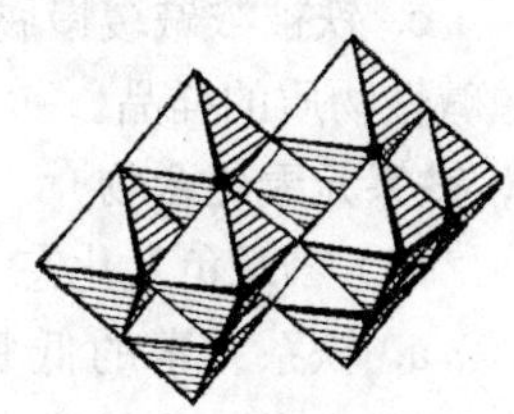

3. 非金属纳米矿物开采后，需经选矿、化学提纯才能应用。当矿物中含有 CuS、ZnS 杂质时，将适量浓硫酸与矿粉反应，可将这些杂质分离除去。其反应方程式为__①__、__②__，加水的目的是__③__。

第十二章　过渡元素(Ⅱ)

一、铁系元素

1. 铁系元素单质

(1) 铁系元素单质的熔沸点随原子序数的增加而降低,这可能是由于 3d 轨道中成单电子数依次减少,金属晶体中自由电子数减少,金属键减弱的缘故。

(2) 铁系元素单质属于中等活泼的金属。

a. 在通常条件下,无水存在时,铁系元素单质与非金属反应不显著,但在高温下,与 O_2,S,Cl_2 等非金属激烈反应,生成相应的化合物。

b. 铁系元素单质与稀酸反应,放出 H_2。但在浓硫酸、浓硝酸中发生钝化,所以铁容器可以盛放浓硫酸。

c. 铁被浓碱缓慢腐蚀,而钴和镍在浓碱中比较稳定,所以可以用镍坩埚来熔融碱性物质的样品。

2. 铁系元素化合物

(1) 零及负氧化态

a. 铁系元素的低氧化态化合物主要是羰基化合物及其相应的阴离子,如 $Fe(CO)_5$,$Co_2(CO)_8$,$Ni(CO)_4$,$Na_2[Fe(CO)_4]$,$H[Co(CO)_4]$等。掌握这些羰基化合物的几何构型及其铁系元素中心原子的杂化类型。

b. 铁系元素为零氧化态的羰基化合物既可作氧化剂,又可作还原剂。

(2) +2 氧化态

a. 铁系元素的 +2 氧化态是最常见的氧化态,掌握铁系元素 +2 氧化态的氧化物与氢氧化物的颜色、酸碱性和还原性。

b. 粉红色的 $CoCl_2·6H_2O$ 加热,生成蓝色的 $Co[CoCl_4]$,而 Fe^{2+} 盐和 Ni^{2+} 盐的水合物加热会发生水解。

(3) +3 氧化态

a. 铁系元素的 +3 氧化态的氧化物为 Fe_2O_3,Co_2O_3 和 Ni_2O_3。Fe_2O_3 是中等强度的氧化剂,Co_2O_3 和 Ni_2O_3 是强氧化剂。

b. $FeCl_3$ 易水解,在 pH = 2～3 溶液中彻底水解。Fe^{3+} 能把 I^-,Sn^{2+},H_2S 和

SO_2 氧化。

(4) 更高氧化态

a. Co 和 Ni 的最高氧化态是 +4,其氧化物为 CoO_2 和 NiO_2;但 Fe 有 +6 氧化态,在浓碱中,用 NaClO 与 Fe_3O_4,$Fe(OH)_3$ 反应,可以得到紫红色的 FeO_4^{2-}。铁系元素的高氧化态物种都是强氧化剂。

b. 高铁酸盐是一种优良的水处理剂,它具有氧化杀菌性质,其还原产物 $Fe(OH)_3$ 有吸附作用,起到净化水的作用。

(5)铁系元素的重要配合物

a. 氨配合物

(ⅰ) 只有无水的 $FeCl_2$ 或 $FeCl_3$ 与氨气反应,才能得到氨的配合物。

(ⅱ) Co^{2+} 离子与过量氨水反应,生成土黄色的 $[Co(NH_3)_6]^{2+}$,然后被空气缓慢氧化,生成红褐色的 $[Co(NH_3)_6]^{3+}$。

(ⅲ) 向 Ni^{2+} 离子的溶液中加入过量的氨水,生成稳定的蓝色配离子 $[Ni(NH_3)_6]^{2+}$。

b. 氰根配合物

(ⅰ) 向 Fe^{2+} 的溶液中加入 KCN 溶液,先生成 $Fe(CN)_2$ 白色沉淀,再加入过量的 KCN 后,$Fe(CN)_2$ 溶解,生成 $K_4[Fe(CN)_6]$(俗称黄血盐)。用 Cl_2 或 H_2O_2 氧化黄血盐,得到 $K_3[Fe(CN)_6]$(俗称赤血盐)。它们分别可以鉴别 Fe^{3+} 和 Fe^{2+},共同生成 $KFe^{(II)}Fe^{(III)}(CN)_6$ 难溶的蓝色沉淀。

(ⅱ) Co^{2+} 与 KCN 溶液反应,先生成 $Co(CN)_2$ 红色沉淀,再加入过量的 KCN 溶液,形成紫红色的 $K_4[Co(CN)_6]$ 溶液。由于 $Co(CN)_6^{3-}$ 比 $Co(CN)_6^{4-}$ 更稳定,所以 $[Co(CN)_4]^{4-}$ 是相当强的还原剂。稍稍加热 $[Co(CN)_6]^{4-}$ 溶液,会被水氧化,放出 H_2:

$$2[Co(CN)_6]^{4-} + 2H_2O \xlongequal[\triangle]{} 2[Co(CN)_6]^{3-} + H_2 + 2OH^-$$

(ⅲ) 向镍盐溶液中加入过量的 KCN 溶液,可以形成稳定的配离子 $Ni(CN)_4^{2-}$。在此配离子中,Ni^{2+} 离子采取 dsp^2 杂化,形成平面四方几何构型。由于 Ni^{2+} 中 $3d^8$ 电子与 CN^- 之间的强烈排斥作用,使用 Ni^{2+} 稍微离开平面四方中心,形成变形平面四方几何构型。

c. 硫氰酸根配合物

(ⅰ) 向 Fe^{3+} 离子的溶液中加入硫氰酸钾(或硫氰酸铵)溶液,立即呈现血红色,生成 $[Fe(SCN)_n]^{(3-n)+}$ 配离子($n = 1 \sim 6$)。这是鉴定 Fe^{3+} 离子的灵敏反应。

(ⅱ) Co^{2+} 离子能与 SCN^- 离子发生反应,生成蓝色的 $[Co(SCN)_4]^{2-}$。它稳

定存在于丙酮或戊醇等有机溶剂中，可鉴别 Co^{2+} 离子。

（ⅲ）Ni^{2+} 离子能与异硫氰酸根（NCS）离子配位，生成无色的不稳定的配离子 $[Ni(NCS)_4]^{2-}$。

d. 其他重要配合物

（ⅰ）二（环戊二烯基）合铁（Ⅱ），俗称二茂铁。其化学式为 $Fe(C_5H_5)_2$，分成交错式 (Fe) 和遮蔽式 (Fe) 两种结构，它符合 18 电子规则，所以比较稳定。而二茂镍（Ⅱ）$Ni(C_5H_5)_2$ 就具有还原性。

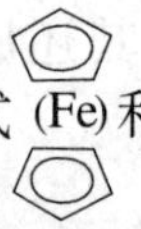

（ⅱ）六硝基合钴（Ⅲ）酸钾是黄色难溶物，其化学式为 $K_3[Co(NO)_6]$，由下面反应制得，该反应可用于鉴别 K^+ 离子或 Co^{2+} 离子。

$$Co^{2+} + 7NO_2^- + 3K^+ + 2H^+ = K_3[Co(NO_2)_6] + NO + H_2O$$

（ⅲ）二（丁二酮肟）合镍（Ⅱ）是一种鲜红色沉淀，用于鉴别 Ni^{2+} 离子。

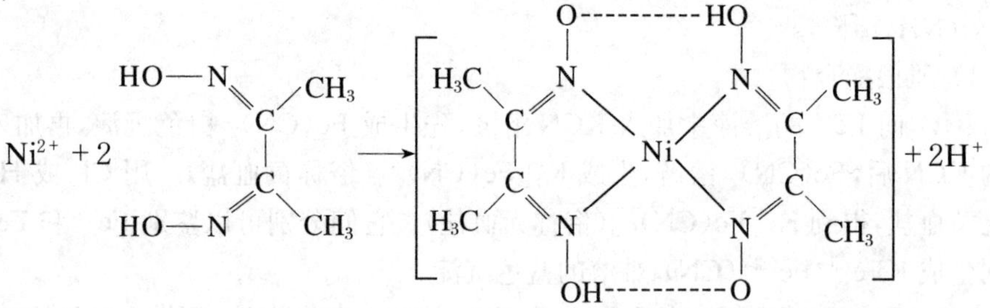

$Ni^{2+} + 2$ HO—N=C(CH_3)—C(CH_3)=N—OH $\longrightarrow$ [Ni(丁二酮肟)$_2$，O----HO，OH----O 氢键] $+ 2H^+$

（ⅳ）Fe^{2+} 离子的重要螯合物是血红蛋白，Co^{2+} 的重要螯合物是维生素 B_{12}。

二、铂系元素

铂系元素加上银、金元素，被称为贵金属元素。

1. 铂系元素单质

(1) 铂系元素单质特别稳定，有较高的标准还原电位。这是由于铂系元素的原子化能特别大的缘故。

(2) 只有在高温下，铂系元素单质才与活泼的非金属反应。只有粉状锇在室温下的空气中缓慢被氧化到 OsO_4。

(3) Ru，Rh，Os 和 Ir 对酸的化学稳定性特别高，在常温下都不溶于王水；Pd 和 Pt 能溶于王水，Pd 还能溶于浓硝酸和热的浓硫酸，Pt 也能溶于 HCl—H_2O_2，HCl—$HClO_4$ 混合液中。

$$3Pt+4HNO_3+18HCl = 3H_2[PtCl_6]+4NO+8H_2O$$

(4) 在有氧化剂存在时,所有铂系金属与碱一起熔融,生成可溶性化合物,所以铂(白金)坩埚不能用于 $NaOH—Na_2O_2$ 或者 $Na_2CO_3—S$ 等试剂的加热使用。

(5) 铂系元素催化活性高。大多数铂系金属能吸收气体,Pd 吸收氢气最多,Pt 吸附氧气的能力强。

2. 铂系元素化合物

(1) +8 氧化态

a. Os 和 Ru 有 +8 氧化态化合物,如 OsO_4 和 RuO_4,前者比后者稳定,因为 OsO_4 中 Os—O 键的键长相对较长,配位的 4 个 O 原子之间距离相对较远,导致 O 原子的非键电子对之间排斥力较小。

b. +8 氧化态化合物都有强氧化性。

c. 除了 OsO_4 外,$Os^{(Ⅷ)}$ 还有两类化合物,$M^{(Ⅰ)}[OsO_3N]$(氮基锇酸盐)和 $M_2^{(Ⅰ)}[OsO_4X_2]$(X = OH,F)。$K[OsO_3N]$不稳定,分解放出 N_2。

$$2K[OsO_3N] = K_2OsO_4+OsO_2+N_2$$

(2) +6 氧化态

a. $Os^{(Ⅵ)}$ 也是锇的一种主要的氧化态,主要类型有$[OsO_4]^{2-}$,$[OsO_3X_2]^{2-}$,$[OsO_2(NH_3)_4]^{2+}$ 和$[OsNX_4]^-$ 等。

b. Ru 与 $KClO_3$,KOH 共熔,生成黑色的 K_2RuO_4,它在碱性溶液中稳定。

c. Pt 的 +6 氧化态化合物为 PtF_6,是最强的氧化剂之一。PtF_6 可以氧化 O_2 和 Xe,生成 $O_2^+[PtF_6]^-$ 和 $Xe^+[PtF_6]^-$。

(3) +4 氧化态

a. Pd 和 Pt 溶于王水,生成 H_2PdCl_6(红色)和 H_2PtCl_6(橙红色)。它们与离子半径大的阳离子的氢氧化物反应,生成在水中溶解度小的相应盐,从溶液中结晶出来。

b. $(NH_4)_2PtCl_6$的热分解

$$(NH_4)_2[PtCl_6] \xlongequal[\triangle]{} Pt+2NH_4Cl+2Cl_2$$

$$3(NH_4)_2[PtCl_6] \xlongequal[\triangle]{} 3Pt+2N_2+2NH_4Cl+16HCl$$

c. $[PtX_6]^{2-}$ 的稳定性顺序是$[PtCl_6]^{2-}<[PtBr_6]^{2-}<[PtI_6]^{2-}$,这是因为 $Pt^{(Ⅳ)}$ 是软酸的缘故。

(4) +2 氧化态

a. $Pd^{(Ⅱ)}$ 和 $Pt^{(Ⅱ)}$ 与配体形成稳定的反磁性的平面四方配合物,这些中心体采取 dsp^2 杂化。

b. 第一个 π 配合物为 $K[Pt(C_2H_4)Cl_3]\cdot H_2O$，称为蔡斯（Zeise）盐。它由 K_2PtCl_4 与 C_2H_4 反应制得：

$$[PtCl_4]^{2-}+C_2H_4 = [Pt(C_2H_4)Cl_3]^{-}+Cl^{-}$$

该阴离子双聚成中性分子 $[Pt(C_2H_4)Cl_2]_2$，其结构式如下：

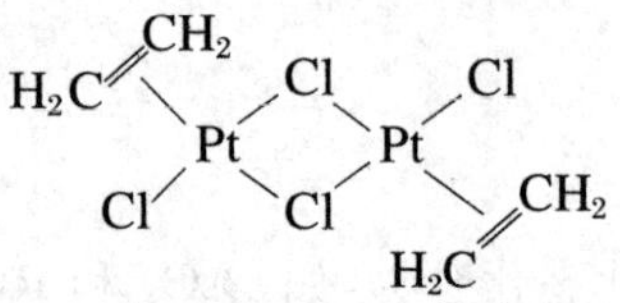

```
     CH2
H2C //    Cl       Cl
      \  /  \     /
       Pt     Pt
      /  \  /    \\ CH2
    Cl    Cl      
               H2C
```

c. 二氯·二氨合铂(Ⅱ)有顺反异构体，可以用硫脲来鉴别。顺式-$[Pt(NH_3)_2Cl_2]$（俗称顺铂）具有抗癌性能。

d. $PdCl_2$ 由 Pd 与 Cl_2 反应制得。温度大于 823K 时，生成具有扁平链状结构的 α-$PdCl_2$；温度小于 823K 时，生成 Pd_6Cl_{12} 的原子簇合物（β-$PdCl_2$）。

习　题

一、选择题

1. $FeCl_3$(aq)加入氨水中，肯定不可能存在的产物是（　　）。
   (A) $Fe(NH_3)_6{}^{3+}$　(B) $Fe(OH)_3$　(C) FeOCl　(D) $Fe(OH)Cl_2$
2. 假定下列物种都存在，最稳定的物种应该是（　　）。
   (A) FeO_4　(B) PtO_4　(C) RuO_4　(D) OsO_4
3. 下列物种中，最稳定的是（　　）。
   (A) $FeO_4{}^{2-}$　(B) $CoO_4{}^{2-}$　(C) $NiO_4{}^{2-}$　(D) FeO_4
4. 下列化合物中，Pt 与王水反应的产物为（　　）。
   (A) $PtCl_2$　(B) H_2PtCl_4　(C) H_2PtCl_6　(D) $PtCl_4$
5. 下列水合物中，加热不发生水解的是（　　）。
   (A) $FeCl_2\cdot 6H_2O$　(B) $CoCl_2\cdot 6H_2O$
   (C) $NiCl_2\cdot 6H_2O$　(D) $MgCl_2\cdot 6H_2O$
6. 下列化合物中，与浓盐酸作用不产生氯气的是（　　）。
   (A) Pb_2O_3　(B) Fe_2O_3　(C) Co_2O_3　(D) Ni_2O_3
7. 下列各组物质中，可以共存的是（　　）。
   (A) $[Fe(CN)_6]^{4-}$ 和 I_2　(B) $Fe(OH)_3$ 和 ClO^-、OH^-
   (C) $PdCl_2$ 和 CO、H_2O　(D) Fe^{3+} 和 Co^{2+}
8. 下列试剂参与的化学反应，若在铂制容器皿中进行可以容许的试剂是（　　）。

(A) 王水　(B) 氢氟酸　(C) $HCl + HClO_4$　(D) $S + Na_2CO_3$

9. 在①$Ni(NH_3)_4^{2+}$；②$Ni(CN)_4^{2-}$；③$Ni(CO)_4$；④$Ni(CN)_4^{4-}$ 四种镍的配合物或配离子中，几何构型为正四面体的是(　　)。

(A) ①③　(B) ③　(C) ①③④　(D) ①②③④

10. $KFeFe(CN)_6$晶体之所以有颜色，是(　　)。

(A) Fe(Ⅱ)在 CN^- 离子的 Oh 场中发生 d－d 电子跃迁造成的

(B) Fe(Ⅲ)在 CN^- 离子的 Oh 场中发生 d－d 电子跃迁造成的

(C) 离子的极化造成的

(D) Fe(Ⅱ)的电子通过 CN^- 桥基转递到 Fe(Ⅲ)所造成的

11. 下列物种中，具有较强还原性的是(　　)。

(A) cp_2Fe　(B) cp_2Co^+　(C) cp_2Co　(D) cp_2Fe^+

二、填空题

1. 对于Ⅷ族过渡元素，同一族从上到下，高氧化态的稳定性__①__(填增大或减弱)；同一周期从左到右，高氧化态的稳定性__②__(填增大或减弱)。在这九种元素中其最稳定、最高氧化态的氧化物分子式为__③__，该氧化物的几何构型为__④__，它属于__⑤__晶体。

2. $[Fe(CO)_4]^{2-}$，$[Co(CO)_4]^-$，$Ni(CO)_4$ 的 C—O 键的红外光谱伸缩振动频率从大到小的顺序：__①__，其理由为__②__。

第十三章　镧系元素和锕系元素

一、镧系元素(Ln)

1. 镧系元素的符号与名称

La(镧)、Ce(铈)、Pr(镨)、Nd(钕)、Pm(钷)、Sm(钐)、Eu(铕)、Gd(钆)、Tb(铽)、Dy(镝)、Ho(钬)、Er(铒)、Tm(铥)、Yb(镱)和 Lu(镥)

2. 镧系元素的通性

(1) 镧系元素基态原子的电子构型及氧化态

a. 镧系元素基态原子的电子构型为$[Xe]4f^x5d^{0或1}6s^2$。

b. 镧系元素的氧化态　镧系元素属ⅢB 族元素，+3 氧化态是所有镧系元素在固态化合物和水溶液中的特征氧化态。由于$4f^0$,$4f^7$和$4f^{14}$电子构型属于稳定的电子构型，所以铈、镨、铽等元素可形成+4 氧化态化合物，钐、铕和镱等元素可以形成+2 氧化态化合物。

(2) 镧系元素的原子半径与离子半径

a. 镧系收缩

(ⅰ) 从 La 到 Lu 的原子半径和离子半径在总的趋势上都随原子序数的增加而缩小。

(ⅱ) 镧系收缩有两个特点：第一，相邻元素原子半径仅相差 1pm；第二，从 La 到 Lu，原子半径减少了约 14pm。

(ⅲ) 镧系收缩造成镧系之后的第五、六周期同族上、下元素的原子半径和离子半径极为接近，性质相似，在自然界常常共生，化学分离困难；还造成钪、钇的原子半径与离子半径落在镧系元素的原子半径与离子半径中，这 17 种元素通常称为稀土元素(RE)。

b. 双峰效应

(ⅰ) 在原子半径总的收缩趋势中，铕和镱反常，它们的原子半径比相邻的元素的原子半径大很多。这是因为在铕和镱的电子层结构中分别有半满的$4f^7$和全满的$4f^{14}$。

(ⅱ) 铕和镱只提供 6s 原子轨道的 2 个电子参与形成金属键，而其他镧系元素的原子则提供 3 个价电子形成金属键,使 Eu 和 Yb 的金属键比较弱,导致它们的密度较小、熔点偏低,这种现象称为镧系元素性质递变的双峰效应。

c. 钆断效应

由于 Gd^{3+} 的电子构型为 $4f^7$,对原子核有较大的屏蔽效应,使原子核的有效核电荷减少,导致 Gd^{3+} 离子的离子半径减少的程度不大,这种效应称为钆断效应。

(3) 离子的颜色

a. 一些 +3 氧化态的镧系元素离子有不同颜色,这些颜色通常与未成对电子数有关:当 Ln^{3+} 具有 $4f^x$ 和 $4f^{14-x}$ 个电子时,它们的颜色相同或相近;具有 $4f^0$,$4f^7$ 和 $4f^{14}$ 电子构型的离子是无色的。

b. 镧系元素离子的显色通常用 f - f,f - d 电子跃迁和荷移跃迁来说明。

(4) 离子的磁性

由于外层 $5s^2$,$5p^6$ 电子的屏蔽作用,镧系元素的内层 4f 电子受晶体场的影响较小,因此在计算磁矩时,不仅要考虑电子自旋运动对磁矩的贡献,还要考虑轨道运动对磁矩的贡献。因此镧系元素可以作为很好的磁性材料。

3. 镧系元素单质

(1) 镧系元素具有顺磁性(除了镱以外),随着原子序数的增加,其密度与熔点增大(除了铕与镱以外)。

(2) 镧系金属都具有强化学活性,一般应保存在煤油中。它们与稀酸反应,放出氢气,在氢氟酸和磷酸中不易溶解,这是由于生成难溶的氟化物和磷酸盐膜,阻碍固液反应的进行所致。铕与镱能溶于液氨,生成深蓝色溶液。

4. 镧系元素的重要化合物

(1) 氧化物与氢氧化物

a. 镧系金属与氧气反应一般都生成 Ln_2O_3 型氧化物。Ce,Pr 和 Tb 与氧气反应,分别得到淡黄色的 CeO_2,墨绿色的 Pr_6O_{11}(相当于 $Pr_2O_3 \cdot 4PrO_2$)和暗棕色的 Tb_4O_7(相当于 $Tb_2O_3 \cdot 2TbO_2$)。

b. 镧系元素的氢氧化物 $Ln(OH)_3$ 的溶度积从 $La(OH)_3$ 到 $Lu(OH)_3$ 逐渐减小。

(2) 镧系元素的可溶盐

a. 氯化物($LnCl_3 \cdot nH_2O$)易溶于水,易潮解,加热会发生水解,一般加入过量的 NH_4Cl 进行脱水,生成无水的盐。

b. 硝酸盐易溶于水、无水胺、乙醇等极性溶剂中。受热分解的反应方程式如下:

$$2Ln(NO_3)_3 \xlongequal{\triangle} 2LnONO_3 + 4NO_2 + O_2$$

$$4LnONO_3 \xlongequal{\triangle} 2Ln_2O_3 + 4NO_2 + O_2$$

$Ln(NO_3)_3$ 和可溶性硝酸盐形成复盐，如 $3Mg(NO_3)_2 \cdot 2Ln(NO_3)_3 \cdot nH_2O$。其溶解度随原子序数的增大而增大。

c. 硫酸盐　将镧系元素的氧化物、氢氧化物或碳酸盐溶于硫酸，从溶液中结晶出 $Ln_2(SO_4)_3 \cdot nH_2O$。无水硫酸盐在 428～533K 时形成。镧系元素的硫酸盐也能形成复盐，根据硫酸复盐溶解度大小，可将镧系元素分成铈组、铽组和铒组，从而达到分离的目的。

(3) 镧系元素的难溶盐有草酸盐、碳酸盐、磷酸盐和氟化物等。

(4) 镧系元素的 +4，+2 氧化态

a. 镧系元素中 Ce，Pr，Tb 和 Dy 都能形成 +4 氧化态化合物，其中以 +4 氧化态的铈化合物最重要。常见的 $Ce^{(IV)}$ 化合物有 CeO_2，$Ce(SO_4)_2 \cdot 2H_2O$，CeF_4 和 $(NH_4)_2[Ce(NO_3)_6]$。

(ⅰ) 在酸性溶液中，$Ce^{(IV)}$ 有相当强的氧化能力，而在弱酸性或碱性溶液中，Ce^{3+} 都易氧化为 $Ce^{(IV)}$。$\varphi^{\ominus}_{Ce^{(IV)}/Ce^{(III)}}$ 的值在不同酸中的标准电极电位不同，这主要是 $Ce^{(IV)}$ 与酸根的配位能力不同所致。

(ⅱ) 灼烧后的 CeO_2 既难溶于酸，又难溶于碱。

b. Sm，Eu 和 Yb 能形成 +2 氧化态化合物

(ⅰ) Sm^{2+}，Eu^{2+} 和 Yb^{2+} 具有不同程度的还原性，在工业上常利用它们的还原性与其他镧系元素分离。

(ⅱ) 铕(Ⅱ)盐的结构类似于 Ba^{2+}，Sr^{2+} 相应的化合物，如 $EuSO_4$ 与 $BaSO_4$ 结构相同，难溶于水。

(5) 镧系元素的配合物

a. 镧系元素离子 Ln^{3+} 与配体之间相互作用是以静电作用为主，这相似于碱土金属的离子与配体的相互作用。

b. 由于 Ln^{3+} 离子的离子半径较大，配位数最高可达 12。

c. 从金属离子的硬、软度来看，Ln^{3+} 属于硬酸，易与属于硬碱的配位原子（电负性大的 O，N，F 等）进行配位，与属于软碱的配位原子（如 S，P，C 等）的配位能力较弱。Ln^{3+} 与 CO，CN^-，PR_3 等难以生成稳定的配合物，这与 Ln^{3+} 没有 d 电子、不能与这些配体形成反馈 π 键有关。

二、锕系元素(又称为第二内过渡元素)

1. 锕系元素的通性

(1) 锕系元素都具有放射性,其中铀以后的 11 种元素又称为超铀元素,都是 1940 年以后人工合成的。

(2) 价电子构型　$5f^x7s^2$ 或 $5f^{x-1}6d^17s^2$。

(3) 氧化态　锕系元素本身具有稳定的 +3 氧化态,钍在水溶液中有 +4 氧化态,镤有 +5 氧化态,铀有 +6 氧化态。轻锕系元素的高氧化态和重锕系元素的低氧化态比其相应的镧系元素显得更稳定。

(4)离子半径　锕系元素的离子半径变化规则类似于镧系收缩,也存在锕系收缩。

(5)离子颜色　锕系元素除少数离子为无色外,其余离子都是显色的。锕系元素的不同氧化态离子具有不同的颜色,这与 f^x 电子构型有关。

2. 钍和铀及其重要化合物

(1) 钍及其重要化合物

a. 钍是银白色的活泼金属。在加热条件下,钍与水、氧气和氮气反应。钍与稀盐酸、稀硝酸、稀硫酸或浓磷酸反应缓慢,浓硝酸使钍钝化。

b. 氧化钍和氢氧化钍

在钍盐溶液中加碱或氨,生成白色凝胶状二氧化钍水的沉淀。它溶于酸,不溶于碱,但溶于碱金属的碳酸盐,生成可溶性配合物。加热脱水时,在 530～620K 生成 $Th(OH)_4$。

c. 硝酸钍易溶于水、醇、酮和酯中。在硝酸钍溶液中,加入不同试剂可析出不同沉淀。

(2) 铀及其重要化合物

a. 铀是银白色的活泼金属,在空气中很快被氧化;先变成黄色、进而变成黑色氧化膜,但此膜不致密,不能保护金属。铀易溶于盐酸和硝酸,但在硫酸、磷酸和氢氟酸中溶解较慢。铀不与碱反应。

b. 氧化物

铀的主要氧化物有 UO_2(暗棕色),U_3O_8(暗绿色)和 UO_3(橙黄色)。UO_3 具有两性,溶于酸生成 UO_2^{2+} 盐,溶于碱生成 $U_2O_7^{2-}$。

c. 硝酸铀(Ⅵ)酰

$UO_2(NO_3)_2$ 易溶于水、醇和醚中,与碱金属硝酸盐可形成复盐,化学式为

$M^{(I)}NO_3 \cdot UO_2(NO_3)_2$。

d. 铀酸盐

在硝酸铀酰溶液中加碱，可析出黄色的重铀酸盐。黄色的重铀酸钠($Na_2U_2O_7 \cdot 6H_2O$)加热脱水，生成无水盐，称为“铀黄”。

e. 六氟化铀

铀的氟化物有 UF_3，UF_4，UF_5 和 UF_6，其中最重要的是 UF_6。六氟化铀具有挥发性，遇水蒸气立即水解：

$$UF_6(s) + 2H_2O \rightleftharpoons UO_2F_2 + 4HF$$

利用 $^{238}UF_6$ 和 $^{235}UF_6$ 蒸汽扩散速率的差别，可分离 ^{235}U 和 ^{238}U，达到富集核燃料 ^{235}U 的目的。

习　题

一、选择题

1. 在下列何种 1 mol·dm^{-3} 酸中，$\varphi^{\ominus}_{Ce^{4+}/Ce^{3+}}$ 的值最大(　　)。

(A) $HClO_4$　(B) H_2SO_4　(C) HCl　(D) HNO_3

2. 下列各组元素中，全部都是稀土元素的是(　　)。

(A) Y、Nb、Pr、Pm　(B) Pt、Pm、Y、Nd

(C) Pr、Po、Y、Nd　(D) Ce、Y、Nd、Sm

3. 下列镧系元素中，能形成稳定的 +4 氧化态的元素为(　　)。

(A) Ce　(B) Eu　(C) Sm　(D) Er

4. 下列物种中，未成对电子数最多的是(　　)。

(A) Ce^{2+}　(B) Sn^{2+}　(C) Eu^{2+}　(D) Yb^{2+}

5. 在 $UO_2(NO_3)_2 \cdot 2H_2O$ 中，铀(Ⅵ)中心体的配位数为(　　)。

(A) 4　(B) 6　(C) 8　(D) 10

6. 三氧化铀(UO_3)溶于碱，形成物种为(　　)。

(A) $UO_3(aq)$　(B) $UO_2{}^{2+}$　(C) $UO_4{}^{2-}$　(D) $U_2O_7{}^{2-}$

7. CeO_2 溶于硫酸中，最不可能的产物为(　　)。

(A) H_2　(B) O_2　(C) $Ce(SO_4)_3$　(D) $Ce(SO_4)_2$

8. 下列离子对中，显示相同的颜色的是(　　)。

(A) La^{3+}，Dy^{3+}　(B) Sm^{3+}，Dy^{3+}　(C) Eu^{3+}，Dy^{3+}　(D) Dy^{3+}，Ho^{3+}

9. 分离稀土元素的最高效的方法是(　　)。

(A) 多级溶剂萃取法　(B) 离子交换法

(C) 分步沉淀法　　(D) 氧化还原法

10. 在$\{Eu[N(SiMe_3)_2]_3(Pph_3O)\}$配合物中,Eu 的氧化态为(　　)。

(A) 0　　(B) +1　　(C) +2　　(D) +3

二、填空题

1. 15 种镧系元素的元素符号是(按照原子序数依次填写)__①__。镧系元素的正常氧化态是__②__,此外,铈元素可以得到稳定的__③__氧化态,该氧化态的电子构型为__④__,铕元素可以得到稳定的__⑤__氧化态,该氧化态的电子构型为__⑥__。

参考答案

第一章 气体、液体和溶液的性质

一、选择题

1.（D） 2.（B） 3.（B） 4.（D） 5.（C） 6.（B） 7.（D） 8.（B） 9.（A） 10.（D） 11.（D） 12.（B） 13.（C） 14.（D） 15.（A） 16.（C） 17.（D） 18.（C） 19.（A） 20.（D）

二、填空题

1.（1）①气—固两相共存 ②气—液两相共存 ③液相 ④液—固两相共存 ⑤固相 （2）固→液→气

2. ①半透膜两边的溶液存在浓度差 ②溶剂分子的净移动 ③浓 ④能 ⑤在海水一边施加压一个大于海水渗透压的压力，实现海水中的 H_2O 通过半透膜向净水方向移动。

第二章 化学热力学基础与化学平衡

一、选择题

1.（C） 2.（C） 3.（A） 4.（D） 5.（C） 6.（B） 7.（A） 8.（D） 9.（B） 10.（C） 11.（D） 12.（C） 13.（C） 14.（A） 15.（C） 16.（D） 17.（D） 18.（C） 19.（B） 20.（A） 21.（C） 22.（C）

二、填空题

1. ① $\dfrac{16p_x^4(2-p_x)}{(1-4p_x)^4(1-p_x)}$ ②(RT) ③$(2-p_x)$或(p_T) ④温度 ⑤温度 ⑥总压 ⑦$\Delta n_{(g)}=1$

2. ①$1.84\times10^{30}$ ②$3.73\times10^{28}$

3. ①不从外界吸取任何形式的能量，能够永远做功的装置 ②不能 ③热力学第一定律 ④不从外界吸取能量，则 $Q=0$；机械要永远做功，必须满足每一次循环回到原来位置，才能维持同一水平上做功。由于 U 是状态函数，当起点与终点重合时，$\Delta U=0$；根据热力学第一定律 $\Delta U=Q+W$，可知 $W=0$，故不从外界获得任何形式的能量，永远做功的装置是不可能的

第三章　酸碱理论与溶液中均、异相平衡

一、选择题

1.（C）　2.（B）　3.（B）　4.（A）　5.（C）　6.（B）　7.（A）　8.（C）　9.（D）
10.（B）　11.（C）　12.（A）　13.（C）　14.（A）　15.（D）　16.（C）　17.（B）
18.（A）　19.（D）　20.（C）

二、填空题

1. ①superacid　②$HSO_3F \sim SbF_5$　③CH_3^+　④$CH_3CH_2^+$（③和④可以互换）
2. ①$BiN + 3NH_4Cl = BiCl_3 + 4NH_3$
   ②$ClNO + FeCl_3 = [NO]^+[FeCl_4]^-$
   ③$SOCl_2 + Fe = FeCl_2 + SO(2SO = S + SO_2)$
   ④$N_2O_4 + 3H_2SO_4 = NO^+ + NO_2^+ + H_3O^+ + 3HSO_4^-$
3. ①共轭碱　② $\bar{K}_b = \dfrac{K_w}{K_a}$　③$pH = 7 + \dfrac{1}{2}pK_a - \dfrac{1}{2}pK_b$　④6.06
4. ①$2KBrF_4 + (BrF_2)_2SnF_6 = K_2SnF_6 + 4BrF_3$　②溶剂碱　③溶剂酸

第四章　氧化还原反应与电化学

一、选择题

1.（D）　2.（B）　3.（A）　4.（B）　5.（D）　6.（C）　7.（A）　8.（B）　9.（B）
10.（C）　11.（C）　12.（B）　13.（B）　14.（A）　15.（C）　16.（D）　17.（A）
18.（C）　19.（A）　20.（C）

二、填空题

1. (1) ①$Al + 4OH^- - 3e \longrightarrow H_2AlO_3^- + H_2O$
   ②$H_2BO_3^- + 5H_2O + 8e \longrightarrow BH_4^- + 8OH^-$
   ③$3H_2BO_3^- + 8Al + 7H_2O + 8OH^- \longrightarrow 3BH_4^- + 8H_2AlO_3^-$
   (2) ④$Mn^{2+} + 4H_2O - 5e \longrightarrow MnO_4^- + 8H^+$
   ⑤$XeO_6^{4-} + 12H^+ + 8e \longrightarrow Xe + 6H_2O$
   ⑥$5XeO_6^{4-} + 8Mn^{2+} + 2H_2O = 5Xe + 8MnO_4^- + 4H^+$

2. ①$CH_3OH + 3O^{2-} - 6e \longrightarrow CO_2 + 2H_2O$

②$\frac{3}{2}O_2 + 6e \longrightarrow 3O^{2-}$

③$LiMn_2O_4 - xe \longrightarrow Li_{1-x}Mn_2O_4 + xLi^+$

④$C_n + xLi^+ + xe \longrightarrow C_nLi_x$

第五章 化学动力学基础

一、选择题

1.(C) 2.(C) 3.(A) 4.(A) 5.(A) 6.(C) 7.(B) 8.(A) 9.(D) 10.(C) 11.(A) 12.(D) 13.(C) 14.(C) 15.(B) 16.(C) 17.(D) 18.(A) 19.(B) 20.(C)

二、填空题

1. ①稳态近似法 ②平衡态近似法 ③平衡态 ④在多步基元反应,有一步是速控步,其他各步都是快平衡

2. ①平行反应 ②$r = -d[A]/dt = k_1[A] + k_2[A] + k_3[A]$ ③$k_1 : k_2 : k_3$ ④$-\exp[(E_{a2} - E_{a1})/RT]$

第六章 原子结构与元素周期律

一、选择题

1.(B) 2.(C) 3.(C) 4.(C) 5.(C) 6.(D) 7.(D) 8.(D) 9.(B) 10.(B) 11.(B) 12.(C) 13.(D) 14.(D) 15.(D) 16.(A) 17.(D) 18.(C) 19.(C)

二、填空题

1. ①Cr 24 6 四 ⅥB d +6

②Rb 37 $[Kr]5s^1$ 1 ⅠA

③Pd $[Kr]4d^{10}5S^0$ 0 五 Ⅷ(B) d

④Os 76 $[Xe]4f^{14}5d^6 6s^2$ 4 Ⅷ(B)

⑤$[Rn]5f^{14}6d^{10}7s^2 7p^6$ 0 七 零Ⅷ(A) p +8

2. ① $mvr = \frac{nh}{2\pi}$ ② $-13.6\frac{Z^2}{n_i^2}$ ③ $0.53 \cdot \frac{n_i^2}{Z}$ ④ $\frac{h}{mv}$ ⑤ $\frac{h}{\sqrt{2meV}}$

3. ①构造 ②aufbau principle ③ $\frac{1}{2} \times (1^2 + 2^2 + 2^2 + 3^2 + 3^2 + 4^2 + 4^2 + 5^2 + 5^2 + \cdots)$

④$ns^2\cdots(n-4)h^{22}(n-3)g^{18}(n-2)f^{14}(n-1)d^{10}np^6$　⑤$[118]8s^25g^{18}6f^{14}7d^4$ 或者$[118]5g^{18}6f^{14}7d^58s^1$　⑥八　⑦ⅥB　⑧4 或 6　⑨+6　⑩$[27]6s^14f^75d^56p^2$　⑪六　⑫ⅢA　⑬−1　⑭+2，+3

第七章　化学键和分子、晶体结构

一、选择题

1.（C）　2.（A）　3.（C）　4.（C）　5.（D）　6.（D）　7.（D）　8.（C）　9.（D）　10.（C）　11.（D）　12.（C）　13.（C）　14.（C）　15.（C）　16.（B）

二、填空题

1. ①sp^3　正四面体　四面体　②sp^3d^2　正八面体　平面四方　③sp^3d　三角双锥　变形四面体　④sp^3d^2　正八面体　四方锥　⑤sp　直线　直线
2. ①立方体　②离子极化作用　③小于 0.732　④正八面体　⑤100%

第八章　配位化合物

一、选择题

1.（B）　2.（B）　3.（C）　4.（B）　5.（C）　6.（D）　7.（D）　8.（D）　9.（D）　10.（D）　11.（C）　12.（A）　13.（C）　14.（B）　15.（A）　16.（B）　17.（D）　18.（D）　19.（A）　20.（B）　21.（D）　22.（C）　23.（D）

二、填空题

1. ①$K[Pt(C_2H_4)Cl_3]$　②Zeise　③dsp^2　④dsp^2 杂化的一个　⑤π 成键　⑥5d 占有电子的　⑦π^* 反键空　⑧反馈 π 键　⑨三氯(乙烯)合铂(Ⅱ)酸钾
   ⑩
   H_2C　Cl　Cl
   H_2C　Pt　Pt　CH_2
   Cl　Cl　CH_2
2. ①sp^3　②$(e)^2(t_2)^3$　③正四面体　④sp^3d^2　⑤$(t_{2g})^3(e_g)^2$　⑥正八面体　⑦$\sqrt{35}$　⑧键连
3. ①4　②$(\sigma)^2(\pi)^4(\delta)^2$　③+2　④双齿

第九章　主族元素（Ⅰ）

一、选择题

1.（A）　2.（C）　3.（D）　4.（C）　5.（D）　6.（D）　7.（B）　8.（A）　9.（B）

二、填空题

1. ①B—H—B（氢桥）氢桥键数　②B—B—B（开放式）或 B(B)(B)B（闭合式）硼桥键数　③B—B 键数　④B—H（外向氢）键数　⑤$s+x=m$　⑥$2s+3t+2y+x=3n$　⑦$s+2t+2y+x=2n$　⑧巢式　⑨巢式　⑩闭合式　⑪带帽四方反棱柱　⑫三角双锥

2. ①氨合电子　②强还原性　③导电性　④顺磁性　⑤顺磁性减小　⑥成单的氨合电子变成氨合电子对，减少了单电子数目，所以顺磁性减少　⑦小　⑧生成的氨合电子使溶液的体积大于液氨的体积　⑨相同　⑩这些溶液中都共同存在氨合电子，而氨合电子吸收相同的可见光波长，故它们的互补色相同

第十章　主族元素（Ⅱ）

一、选择题

1.（C）　2.（C）　3.（B）　4.（C）　5.（D）　6.（B）　7.（C）　8.（B）　9.（C）　10.（A）　11.（B）　12.（D）　13.（A）　14.（C）　15.（A）　16.（A）　17.（B）　18.（C）　19.（C）　20.（B）　21.（D）　22.（A）　23.（A）　24.（B）　25.（D）　26.（D）　27.（D）　28.（C）　29.（D）　30.（B）

二、填空题

1. ①$2ClO_3^- + H_2C_2O_4 + 2H^+ = 2ClO_2 + 2CO_2 + 2H_2O$　②sp^3　③小于 $109°28'$　④sp^2　⑤≈120°　⑥离域 π 键　⑦ Π_3^5　⑧$2ClO_2 + 2OH^- = ClO_3^- + ClO_2^- + H_2O$　⑨+1，+7　⑩ClO_2 分子中的单电子在 π 分子轨道上，属于 π 电子，当两个 Cl 原子“肩并肩”重叠时，氧原子的空间位置阻太大，导致 ClO_2 分子不能双聚

2. ①极性　②C_2　③H_2O_2 作为反应试剂不会引起二次污染

④ 2-乙基蒽醌（O, O, C_2H_5） $\xrightarrow[H_2]{Pd}$ 2-乙基蒽氢醌（OH, OH, C_2H_5） $\xrightarrow{O_2}$ 2-乙基蒽醌（O, O, C_2H_5）

$+H_2O_2$

⑤$H_2O_2+2NH_2OH═N_2+4H_2O$ ⑥$4H_2O_2+Cr_2O_7^{2-}+2H^+═2Cr_2O_5+5H_2O$ ⑦$4H_2O_2+PbS═PbSO_4+4H_2O$ ⑧CuCl ⑨HO_2 ⑩超氧酸

⑪H—Ö—Ö· 或 H—Ö—Ö: ⑫O_2^-

3. ①正四面体 ②三个 P 原子形成的环中存在张力 ③6 个 P—P 单键的键能大于 2 个 P≡P 三键的键能 ④$P_4+3OH^-+3H_2O═PH_3+3H_2PO_2^-$ ⑤同素异形体⑥$2P+4NaClO+4NaOH═Na_4P_2O_6+2H_2O+4NaCl$ ⑦利用 H 型阳离子交换树脂把 Na^+ 离子交换成 H 离子 ⑧ HO—P(=O)(OH)—O—P(=O)(OH)—H

⑨$H_4P_2O_6+H_2O═H_3PO_3+H_3PO_4$ ⑩$H_{n+2}P_nO_{3n+1}$

第十一章 过渡元素(Ⅰ)

一、选择题

1.(B) 2.(B) 3.(B) 4.(C) 5.(B) 6.(B) 7.(A)
8.(B) 9.(C) 10.(B) 11.(D)

二、填空题

1. ①$HCuCl_2$ ②$Cu^{2+}+Cu+2H^++4Cl^-═2H^++2CuCl_2^-$ ③CuCl ④增加 Cl^- 离子浓度,即增加 Cl^- 离子浓度的配位能力,有利于 $HCuCl_2$ 配合物的生成 ⑤在水溶液中 Cu^+ 离子会发生歧化,若 Cu 与氯气的固相反应,只能生成 $CuCl_2$,得不到 CuCl,所以制备 CuCl 必须分成两步
2. ①$[W_{10}O_{32}]^{4-}$ ②WO_6^{6-} ③同多酸根
3. ①$CuS+2H_2SO_4═CuSO_4+S+SO_2+2H_2O$
   ②$ZnS+2H_2SO_4═ZnSO_4+S+SO_2+2H_2O$
   ③除掉非金属纳米矿中的可溶性杂质

第十二章 过渡元素(Ⅱ)

一、选择题

1.(A) 2.(D) 3.(A) 4.(C) 5.(B) 6.(B) 7.(D) 8.(B) 9.(C)

10．(D)　11．(C)

二、填空题

1．①增大　②减弱　③OsO_4　④正四面体　⑤分子晶体

2．①[$Ni(CO)_4$]>[$Co(CO)_4$]$^-$>[$Fe(CO)_4$]$^{2-}$　②中心体与 CO 形成反馈 π 键的能力是 Fe^{2-}>Co^->$Ni^{(0)}$，所以 CO 的键级减少的顺序为[$Fe(CO)_4$]$^{2-}$>[$Co(CO)_4$]$^-$>[$Ni(CO)_4$]，而 C—O 键的红外光谱伸缩振动频率与键级恰好相反，故得此顺序

第十三章　镧系元素和锕系元素

一、选择题

1．(A)　2．(D)　3．(A)　4．(C)　5．(C)　6．(D)　7．(A)　8．(B)　9．(A)　10．(D)

二、填空题

1．①La，Ce，Pr，Nd，Pm，Sm，Eu，Gd，Tb，Dy，Ho，Er，Tm，Yb，Lu　②+3　③+4　④[Xe]$4f^0 5d^0 6s^0$或者[Kr]$4d^{10} 5s^2 sp^6$　⑤+2　⑥[Xe]$4f^7$

分析化学篇

第一章　分析化学概论

一、分析化学基本概念

1. 分析化学的任务和作用

分析化学是化学学科的一个重要分支，是发展和应用各种方法、仪器和策略以获得有关物质在空间和时间方面的组成和性质的信息的科学。它的任务是通过对分析对象的全面考察，综合所有测试和分析数据，获得分析对象在化学组成、组成成分的含量、空间结构和表面性质等方面的全方位信息。

2. 分析方法的分类

按照分析任务、分析对象、分析原理等的不同，分析方法可以划分为多种门类。如依据分析任务可分为定性分析、定量分析、结构分析和表面分析；依据分析对象的化学属性可分为无机分析和有机分析；依据分析原理可分为化学分析和仪器分析；依据试样量可分为常量分析、微量分析和超微量分析等。

3. 分析化学史和分析化学的发展

分析化学经历了不同的发展阶段，在化学乃至整个科学的发展中起到了重要的作用。大致可以划分为以元素发现为特征的早期分析技术阶段、以化学分析为主的经典分析化学阶段、以物理分析方法为主的近代分析化学阶段和以分析方法结合数据解析获得综合信息的现代分析科学阶段。电子计算机的应用和仪器智能化使分析化学上升到崭新的发展阶段。

二、定量分析概论

1. 定量分析过程

定量分析一般由取样、试样分解、测定、数据和分析结果等几部分组成，在定量分析中，重要的是选择合适的分析方法进行测定。

2. 滴定分析基本概念

(1) 基本术语

滴定是指将已知准确浓度的标准溶液滴加到待测溶液中的过程。当加入的标准溶液与被测物质按照化学方程式定量反应完全时，称为达到了“化学计量点(stoichiometric point，sp)”。化学计量点一般无法通过肉眼观测出来，而要选择适当的指示剂，借助其颜色变化来确定。指示剂恰好发生颜色变化的转变点称为滴定终点(end point，ep)。滴定终点与化学计量点一般不能完全一致，由此造成的分析结果误差称为终点误差或滴定误差。

(2) 滴定分析对化学反应的要求

化学反应必须具备以下条件才能适用于滴定分析：①反应必须按化学方程式定量完成；②反应必须迅速完成；③有确定化学计量点的适当方法。

(3) 基准物质和标准溶液配制

①基准物质应具备的条件：可用于直接配制标准溶液或用来标定溶液浓度的物质称为基准物质。基准物质必须满足以下条件：试剂的组成与化学式相符；试剂的纯度足够高(不小于 99.9%)；试剂在通常条件下有足够的稳定性；试剂参与反应时，应按方程式定量进行；此外，为减小称量误差，试剂应具有较大的摩尔质量。

②标准溶液配制：对于基准物质，可直接称量一定量的物质，溶解后准确配制成一定体积的溶液。由物质的质量和溶液的体积，计算出标准溶液的浓度。

对不符合基准物质条件的试剂，先配制大致浓度，然后利用该物质与基准物质(或另一种标准溶液)的反应来确定其准确浓度，这一过程称之为标定。

(4) 滴定分析的方式

滴定分析通过以下四种方式实现滴定分析：直接滴定法，返滴定法，置换滴定法和间接滴定法。

3. 分析结果计算

在定量分析中，最后需要给出待测组分在样品中的相对含量。因此，无论是重量分析、滴定分析还是光度分析，都需要根据分析过程进行一系列的计算，得到最终的分析结果。同时，在分析过程中，如试样称量质量的估计、滴定误差估算等等方面也涉及一系列的计算过程。

在分析结果的计算中，最主要的是确定反应物之间的物质的量的关系，这一关系在正确写出反应方程式后，可由物质的量规则或换算因数法求出。定量分析中常用的基本计算关系如下：

物质的量：

$$n_B = \frac{m_B}{M_B} \tag{1-1}$$

式中，n_B为物质的量，单位是 mol；m_B为物质的质量，单位为 g；M_B为物质的式量，单位是 $g \cdot mol^{-1}$。

物质的量的浓度：

$$c_B = \frac{n_B}{V_B} = \frac{m_B}{M_B V_B} \tag{1-2}$$

式中，c_B的单位是 $mol \cdot L^{-1}$。

质量百分数：

对待测物质 B，若样品质量为 m_s，测得 B 的质量为 m_B，则

$$质量百分数\ B\% = \frac{m_B}{m_s} \times 100 \tag{1-3}$$

对滴定反应 $tT + bB \rightarrow pP + qQ$，T 为已知准确浓度和滴定体积的滴定剂，B 为待测组分，则 B 的质量百分数计算式为：

$$B\% = \frac{\frac{b}{t} c_T \cdot V_T \cdot M_B}{m_s \times 1000} \times 100 \tag{1-4}$$

式中，m_s为样品的质量，单位为 g。

三、化学分析法和仪器分析法

1. 化学分析法

化学分析法是以物质的化学反应为基础的分析方法，主要包括重量分析法和滴定分析法，适用于常量组分的测定。在定量分析中，化学分析方法受到化学反应、指示剂、分析时间等因素制约，其应用范围有限。

2. 仪器分析法

以物质的物理性质或物理化学性质为基础的分析方法称为仪器分析法，主要包括光学分析法、电化学分析法、色谱分析法和能谱分析法等几大类。

(1) 光学分析法

光学分析法是以物质发射、吸收电磁辐射或物质与电磁辐射的相互作用来进行定性定量分析的一类重要仪器分析方法。根据辐射能量传递的方式，可以分为发射光谱分析、吸收光谱分析、荧光光谱分析等。

a. 原子发射光谱(Atomic Emission Spectrometry)分析

物质原子受到外界能量作用时，原子中的外层电子受激发从基态跃迁到激发态。激发态的原子很不稳定，在极短时间内由激发态跃迁回基态或较低能级，同时以电磁波的形式辐射出多余的能量。原子辐射出的谱线的波长取决于跃迁前后的能级差。因此，对特定元素的原子，其发射光谱具有一系列不同波长的特征谱线。原子发射光谱分析就是根据原子所发射的光谱来测定物质化学组分的方法。由元

素的特征光谱可以鉴别元素的存在(定性分析),而由光谱线的强度可以测定元素的相对含量(定量分析)。

原子发射光谱分析的仪器组件主要由光源(蒸发和激发)、分光系统(光谱次序排列)和检测系统(测谱读谱)等组成。

b. 原子吸收光谱(Atomic Absorption Spectrometry)分析

利用物质的原子蒸汽对特定谱线(通常是待测元素的特征谱线)所产生的强烈吸收作用进行物质成分分析的方法,称为原子吸收光谱分析法。原子蒸汽对特征谱线的吸收符合光吸收定律,因此原子吸收光谱分析法是重要的定量分析方法。该方法的仪器组件包括光源(元素空心阴极灯)、原子化系统(产生原子蒸汽)和检测系统等。

c. 紫外可见吸收光谱(Ultraviolet Spectrophotometry)分析

物质分子电子能级跃迁所产生的吸收光谱主要处于紫外可见光区,利用此光谱进行定性定量的方法,称为紫外可见分光光度法。

(2) 电化学分析法

利用物质的电学和电化学性质进行分析的方法,称为电化学分析法。电化学分析法通过测定电化学过程中电信号的变化进行分析,因此不仅易于实现自动分析和连续分析,而且是重要的过程分析手段。常用的电分析化学法包括电位分析法、伏安分析法和库仑分析法等。

a. 电位(Potentiometry)分析法　指通过零电流条件下对两电极间电位差的测定或控制进行分析测定的方法,包括电位测定法和电位滴定法。电位分析测试系统中最重要的是指示电极和参比电极的选择。

b. 伏安(Voltammetry)分析法　指通过测定电解过程中电流-电压曲线(伏安曲线)进行分析测定的方法。伏安分析由电极扩散电流-浓度关系和半波电位可分别进行定量定性分析,其工作电极表面特性决定了分析结果的优劣。

c. 库仑(Coulometry)分析法　指通过测量电解反应时通过的电量,再由法拉第定律得到反应物质量的方法,包括控制电位库仑分析法和恒电流库仑滴定分析法。对电量的准确测量和控制是本方法的关键。

(3) 色谱分析法

色谱法是一种主要依据分子作用力进行分离分析的技术,具有分离效率高、分析时间快和检测方便的优点。常用的色谱方法有薄层色谱法、气相色谱法、液相色谱法和离子色谱法等。

a. 气相色谱法(Gas Chromatography)

气相色谱法采用不与被测物质作用的惰性气体作为流动相,携带试样通过色谱柱中的固定相。试样中的各组分在固定相上分离后分别进入检测器,完成分离、检测过程。气相色谱仪器一般包括五部分:载气系统、进样系统、色谱柱、检测系统和记录系统。定性分析主要依据组分的保留值,定量分析根据浓度与响应信号的线性关系进行。

b. 高效液相色谱法(High Performance Liquid Chromatography)

高效液相色谱法以高速液相作为流动相,试样通过色谱柱中的固定相得以分离,以高灵敏度检测器进行检测分析,分析速度快、分离效率高。主要仪器组件包括高压泵系统、梯度洗提、进样系统、色谱柱和检测器等。适合多种试样分离测定,特别是高沸点、热稳定性差、相对分子质量较大的有机物和生物活性物质。

(4) 能谱分析法

电子能谱学是多种技术的总称。基于分析各种冲击粒子(电子、离子、原子等)和光子、原子、分子等碰撞后产生的电子能量来分析物质成分和结构,是表面分析最有效的手段。主要包括 X 射线光电子能谱法、紫外光电子能谱法和俄歇电子能谱法等。

以 X 射线照射样品时,能将样品原子内部电子击出,这类光电子与试样组成等因素有关,对其进行收集分析获得样品的成分结构信息即为 X 射线光电子能谱分析。原子能级的电子结合能是特征值,此为电子能谱的定性基础;其能量信号强度与数量有关,可以进行定量分析。主要仪器组件包括超高真空系统、激发光源、电子能量分析器和检测系统等。

习　题

一、选择题

1. 用 $Na_2B_4O_7 \cdot 10H_2O$ 作基准物标定 HCl 时,如硼砂失去少量结晶水,则会使标出的 HCl 浓度(　　)。

(A) 偏高　　(B) 偏低
(C) 视使用的指示剂而定　　(D) 无影响

2. 利用$(NH_4)_2S_2O_8$进行预先氧化后,除去过量氧化剂的方法是(　　)。

(A) 过滤除去　　(B) 冲稀冷却　　(C) 煮沸分解　　(D) 加入 H_2O_2

3. 采用 EDTA 返滴定测定明矾中铝的含量时,标定 EDTA 应使用的基准物质是(　　)。

(A) 邻苯二甲酸氢钾　　(B) 硼砂
(C) 碳酸钙　　(D) 硝酸铅

4. 实验室干燥用变色硅胶可以正常使用的颜色是(　　)。
(A) 无色　(B) 红色　(C) 蓝色　(D) 黄色

5. 实验室中浓 $KMnO_4$ 溶液应储存在(　　)。
(A) 棕色瓶中　(B) 无色瓶中
(C) 黑色瓶中　(D) 聚四氟乙烯瓶中

6. 常用于标定 $AgNO_3$ 的基准物质是(　　)。
(A) KCl　(B) K_2CO_3　(C) $KBrO_3$　(D) $CaCO_3$

7. $H_2C_2O_4 \cdot 2H_2O$ 作为基准物质时,应置于(　　)。
(A) 硅胶干燥器　(B) 饱和蔗糖水密闭容器
(C) 室温空气干燥器　(D) 室温纯 N_2 干燥器

8. 直接用于标定 $KMnO_4$ 溶液的浓度,应选择的物质是(　　)。
(A) $Na_2B_4O_7$　(B) As_2O_3　(C) $KHC_8H_4O_4$　(D) $Na_2S_2O_3$

9. 在下列滴定中,当滴定剂和被滴定物质的浓度均增大 10 倍时,突跃范围增大最多的是(　　)。
(A) NaOH 滴定 HCl　(B) EDTA 滴定 Zn^{2+}
(C) $K_2Cr_2O_7$滴定 Fe^{2+}　(D) $AgNO_3$ 滴定 Cl^-

10. 欲量取 50 mL 溶液进行滴定,要求测定结果的相对误差≤0.1%,在下列量器中应该选用(　　)。
(A) 50 mL 量筒　(B) 50 mL 移液管
(C) 50 mL 滴定管　(D) 50 mL 容量瓶

11. 采用 EDTA 滴定 Al^{3+},Zn^{2+},Pb^{2+} 混合液中的 Al^{3+},应采用(　　)。
(A) 直接滴定法　(B) 返滴定法　(C) 置换滴定法　(D) 间接滴定法

12. 已知某样品中镍的含量约为 0.2%,为保证分析结果的准确性,应选择的测定方法是(　　)。
(A) 滴定分析法　(B) 重量分析法　(C) 发射光谱法　(D) 分光光度法

13. 拉瓦锡(A. Lavoisier)是十八世纪法国科学家,下列科学发现和他有关的是(　　)。
(A) 燃烧本质　(B) 元素周期律　(C) 定比定律　(D) 原子论

14. 波义耳(R. Boyle)是现代科学的奠基人之一,(　　)是由他首先发现的。
(A) 分子热运动说　(B) 元素周期律　(C) 酸碱指示剂　(D) 湿法定性分析

15. 配制含锰 0.1000 $mg \cdot mL^{-1}$的 $KMnO_4$ 溶液 100.0 mL,需量取 0.018000 $mol \cdot L^{-1}$ 的 $KMnO_4$ 溶液(在酸性溶液中作氧化剂)的体积为($M_r(KMnO_4)=158.03$, $A_r(Mn)=54.94$)(　　)。

(A) 14.15 mL (B) 8.09 mL (C) 10.11 mL (D) 6.07 mL

16. 1∶2 的 H_2SO_4 溶液的物质的量浓度约为( )。

(A) 6 mol·L^{-1} (B) 12 mol·L^{-1} (C) 24 mol·L^{-1} (D) 18 mol·L^{-1}

17. 由 $FeCl_3$ 和 $FeCl_2$ 盐混合再加入 NaOH 可以得到 Fe_3O_4 沉淀。在 100 mL 溶液中要得到 4.6 g 的 Fe_3O_4 沉淀，应加入 5 mol·L^{-1} 的 NaOH 的体积是($M_r(Fe_3O_4) = 231.55$)( )。

(A) 6 mL (B) 12 mL (C) 24 mL (D) 32 mL

18. 测定大气中各种污染物质的含量，应采用的分析方法是( )。

(A) 色谱-质谱联用法 (B) 毛细管电泳法

(C) 滴定分析法 (D) 分光光度法

19. 工厂实验室需要快速测定铸件中 C,Mn,Si,P 等元素的含量，应选用的方法是( )。

(A) 色谱-质谱联用法 (B) 分光光度法

(C) 滴定分析法 (D) 发射光谱法

20. 工业上测定硼酸含量时，一般在硼酸中加入甘露醇等生成配合酸，再以酚酞为指示剂，用 NaOH 标准溶液滴定。不使用 NaOH 直接滴定硼酸的原因是( )。

(A) 滴定误差大 (B) 生成物剧毒 (C) 存在副反应 (D) 反应速度慢

21. 在气相色谱中，有效塔板数越大，则色谱柱的柱效能( )。

(A) 越大 (B) 越小

(C) 不能确定大小，与扩散速率有关 (D) 与柱温成反比

22. 气相色谱的死时间表示( )。

(A) 色谱柱使用最大时间

(B) 检测器使用最大时间

(C) 不与固定相作用组分出现最大浓度时间

(D) 被测组分出现最大浓度时间

23. 离子色谱是阴离子有效的分离测试方法，一般检测洗脱液中( )。

(A) 紫外光强度变化 (B) 荧光强度变化

(C) 电量值变化 (D) 电导值变化

24. 使用玻璃电极测定 Na_2CO_3 溶液的 pH 值时，溶液中的钠离子对测定结果的影响是( )。

(A) 无影响 (B) 使 pH 值偏小

(C) 使 pH 值偏大 (D) 无法确定

25. 在极谱分析中，浓差极化是指( )。

(A) 电极表面与溶液本体浓度的差异
(B) 电极表面与电极内部浓度的差异
(C) 电极表面电解与电沉积时浓度的差异
(D) 不同电极之间表面浓度的差异

26. 原子发射光谱进行定性分析时,有时元素第一共振线不是最灵敏线,其原因是(　　)。
(A) 第一共振线不符合光谱选律　(B) 自吸收效应
(C) 激发电位不足　(D) 激发光源激发能力弱

27. 原子吸收光谱分析采用的光源是(　　)。
(A) 电弧　(B) 电火花　(C) 空心阴极灯　(D) X射线

28. X射线光电子能谱可以进行价态分析,是由于(　　)。
(A) 核外电子屏蔽的变化导致粒子内层电子结合能变化
(B) 失去电子后粒子更难释放出光电子
(C) 价态变化增大了粒子之间的排斥作用
(D) 价态变化使粒子之间静电作用增强

29. 光电子能谱主要是一种表面而不是体相分析技术,其原因是(　　)。
(A) 表面电子能谱增强作用　(B) 光电子逸出深度有限
(C) 只有固体物质能产生光电子能谱　(D) X射线无法穿透表面层

30. 分析巢湖水体的化学耗氧量,其报告的指标是(　　)。
(A) COD_{Mn}　(B) COD_{Cr}　(C) TOD　(D) BOD

31. 清洗试剂瓶盛 $AgNO_3$ 溶液产生的棕黑色污垢,应选用(　　)。
(A) HCl　(B) HNO_3　(C) H_2SO_4　(D) NaOH

32. 微孔玻璃坩埚内有棕色 MnO_2 沉淀物,宜选用的洗涤液是(　　)。
(A) HNO_3　(B) NaOH　(C) HCl　(D) 氨水

33. 含有 Ca^{2+},Zn^{2+},Fe^{2+} 混合离子的弱酸性试液,以 $Fe(OH)_3$ 形式分离 Fe^{3+} 时,应选择的试剂是(　　)。
(A) 浓 NH_3 水　(B) 稀 NH_3 水
(C) NH_4Cl+NH_3　(D) NaOH

34. 除去烧杯煮水后产生的水垢应选用(　　)。
(A) 浓 NaOH　(B) 稀氨水　(C) 浓 H_2SO_4　(D) 稀 HCl

35. 用 EDTA 滴定 Bi^{3+} 时,消除 Fe^{3+} 干扰宜采用(　　)。
(A) NaOH　(B) 抗坏血酸　(C) 三乙醇胺　(D) 氰化钾

36. 分析华北某地区地下水的硬度,应采用的分析方法是(　　)。
(A) 重量分析法　(B) 配位滴定法　(C) 萃取光度法　(D) 离子交换法

37. 原子吸收分析中光源的作用是(　　)。
(A) 供试样蒸发和激发所需的能量　(B) 产生紫外光
(C) 发射待测元素的特征谱线　(D) 产生具有足够浓度的散射光
38. 在液相色谱中,范氏方程中哪一项对柱效能的影响可以忽略不计(　　)。
(A) 分子扩散项　(B) 涡流扩散项
(C) 固定相传质阻力项　(D) 流动相中的传质阻力
39. 原子发射光谱的产生是由于(　　)。
(A) 原子外层电子在不同能态间的跃迁
(B) 原子次外层电子在不同能态间的跃迁
(C) 原子外层电子的振动和转动
(D) 原子核的振动
40. 俄歇电子能谱主要用于(　　)。
(A) 蛋白质分离分析　(B) 表面分析
(C) 阴离子分析　(D) 热敏感组分分析

二、填空题

1. 铬酸洗液常用于清洗玻璃仪器油污,其组成是________。
2. 按照试样用量,称取样品质量高于__①__为常量分析;小于__②__为超微量分析。
3. 使用 $KMnO_4$ 法测定软锰矿中 MnO_2 的含量时,应采用的是滴定方式是________。
4. 在定量分析中获得标准溶液的方法有__①__和__②__。
5. 已知天平的称量误差为0.1 mg,应用减量法称取约0.5 g样品时,引起测定结果的相对误差为________。
6. 用EDTA滴定 Mg^{2+},采用铬黑T为指示剂,少量 Fe^{3+} 的存在将导致终点颜色变化________。
7. 下列数据的有效数字位数是:体积0.02500 L__①__;质量1.2538 g__②__;pH = 10.25__③__;Ni% = 10.36__④__。
8. 原子吸收光度法定量测定时,浓度与吸光度的关系式为________。
9. 容量分析中对基准物质的主要要求是__①__、__②__、__③__、__④__。
10. 分析硅酸盐中MgO含量时,为使称量形式 $Mg_2P_2O_7$ 的质量乘以100即为试样中MgO的质量分数,则应称取试样________g。(M_r(MgO) = 40.30, $M_r(Mg_2P_2O_7)$ = 222.6)
11. 在 H_2SO_4 介质中,用 $KMnO_4$ 滴定0.2010 g $Na_2C_2O_4$ 基准物质,终点时耗去30.00 mL,此 $KMnO_4$ 标准溶液浓度为________。($M_r(Na_2C_2O_4)$ = 134.00)
12. 在pH = 13的NaOH介质中,选择钙指示剂用EDTA滴定法测定 Ca^{2+},Mg^{2+}

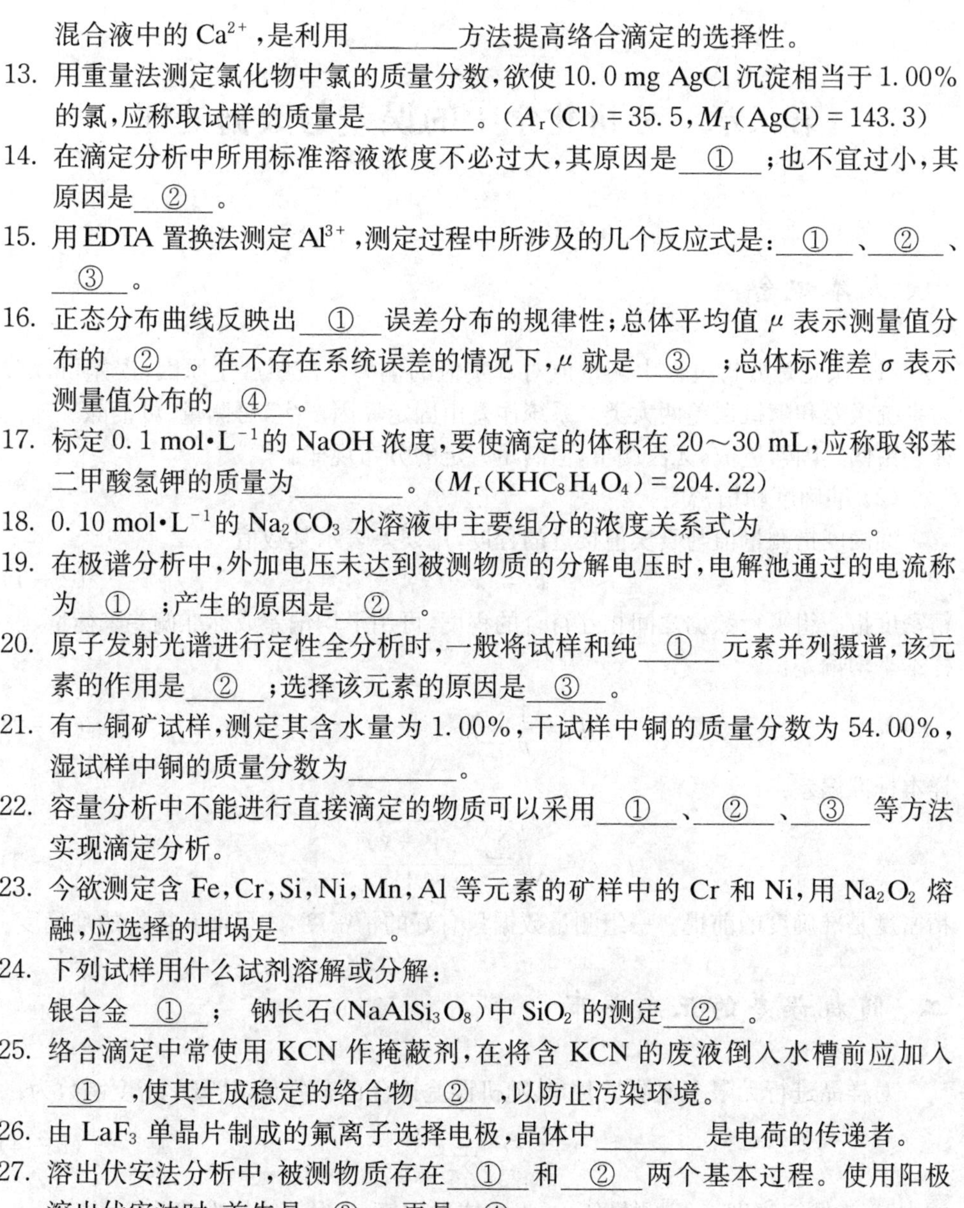

混合液中的Ca^{2+}，是利用________方法提高络合滴定的选择性。

13. 用重量法测定氯化物中氯的质量分数，欲使10.0 mg AgCl沉淀相当于1.00%的氯，应称取试样的质量是________。(A_r(Cl) = 35.5，M_r(AgCl) = 143.3)
14. 在滴定分析中所用标准溶液浓度不必过大，其原因是 ① ；也不宜过小，其原因是 ② 。
15. 用EDTA置换法测定Al^{3+}，测定过程中所涉及的几个反应式是： ① 、 ② 、 ③ 。
16. 正态分布曲线反映出 ① 误差分布的规律性；总体平均值μ表示测量值分布的 ② 。在不存在系统误差的情况下，μ就是 ③ ；总体标准差σ表示测量值分布的 ④ 。
17. 标定0.1 mol·L^{-1}的NaOH浓度，要使滴定的体积在20～30 mL，应称取邻苯二甲酸氢钾的质量为________。(M_r($KHC_8H_4O_4$) = 204.22)
18. 0.10 mol·L^{-1}的Na_2CO_3水溶液中主要组分的浓度关系式为________。
19. 在极谱分析中，外加电压未达到被测物质的分解电压时，电解池通过的电流称为 ① ；产生的原因是 ② 。
20. 原子发射光谱进行定性全分析时，一般将试样和纯 ① 元素并列摄谱，该元素的作用是 ② ；选择该元素的原因是 ③ 。
21. 有一铜矿试样，测定其含水量为1.00%，干试样中铜的质量分数为54.00%，湿试样中铜的质量分数为________。
22. 容量分析中不能进行直接滴定的物质可以采用 ① 、 ② 、 ③ 等方法实现滴定分析。
23. 今欲测定含Fe，Cr，Si，Ni，Mn，Al等元素的矿样中的Cr和Ni，用Na_2O_2熔融，应选择的坩埚是________。
24. 下列试样用什么试剂溶解或分解：
    银合金 ① ；　钠长石($NaAlSi_3O_8$)中SiO_2的测定 ② 。
25. 络合滴定中常使用KCN作掩蔽剂，在将含KCN的废液倒入水槽前应加入 ① ，使其生成稳定的络合物 ② ，以防止污染环境。
26. 由LaF_3单晶片制成的氟离子选择电极，晶体中________是电荷的传递者。
27. 溶出伏安法分析中，被测物质存在 ① 和 ② 两个基本过程。使用阳极溶出伏安法时，首先是 ③ ，再是 ④ 。
28. 原子发射光谱定性分析时，摄谱仪狭缝宜 ① ，原因是 ② ；而定量分析时，狭缝宜 ③ ，原因是 ④ 。

第二章　分析化学中的误差与数据处理

一、基本概念

(1) 误差是分析过程中测量值对真实值的偏离。按照产生原因,误差可以分为系统误差和随机误差两大类。系统误差由固定原因产生,可测量、可消除。随机误差由偶然因素造成,无法测量,但满足一定的分布规律。

(2) 准确度和精密度

准确度指测量值与真实值接近的程度,用误差表示其数值:

$$E = x - x_T \tag{2-1}$$

精密度指一组平行数据之间相互符合的程度,可用平均偏差或标准偏差来衡量。样本平均偏差:

$$\bar{d} = \frac{1}{n}\sum_{i=1}^{n} |x_i - \bar{x}| \tag{2-2}$$

样本标准偏差:

$$s = \sqrt{\frac{\sum (x_i - \bar{x})^2}{n-1}} \tag{2-3}$$

精密度是准确度的前提。一组测量数据只有好的精密度,才可能获得好的准确度。

二、随机误差的正态分布

对样品进行无限多次测量时,其随机误差符合正态分布,其概率密度函数为:

$$y = \frac{1}{\sigma\sqrt{2\pi}}e^{-\frac{(x-\mu)^2}{2\sigma^2}} \tag{2-4}$$

式中,y 为概率密度,x 为测量值,μ 为总体平均值,σ 为总体标准偏差。

令 $u = \frac{x-\mu}{\sigma}$,对上式变换可得到标准正态分布概率密度函数:

$$y = \frac{1}{\sqrt{2\pi}}e^{-\frac{u^2}{2}} \tag{2-5}$$

对应 u 值下标准正态分布曲线所包含的面积就是误差出现在某个区间的概率：

$$P(u) = \frac{1}{\sqrt{2\pi}}\int_{-u}^{u} e^{-\frac{u^2}{2}}\mathrm{d}u \tag{2-6}$$

三、少量实验数据的统计处理

1. t 分布曲线

对少量实验数据进行统计处理时，用样本标准偏差 s 替代总体标准偏差σ。以统计量 t 表示误差的分布：

$$t = \frac{\bar{x} - \mu}{s}\sqrt{n} \tag{2-7}$$

与正态分布曲线类似，t 分布曲线下一定范围内的面积，就是该范围内测定值出现的概率。对正态分布曲线，只要 u 值一定，相应的概率是一定值；而对 t 分布曲线，当 t 值一定时，对不同的 f 值，其概率也不相同。

2. 平均值的置信区间

以样本平均值来估计总体平均值的范围，可根据 t 分布处理。

$$\mu = \bar{x} \pm t_{\alpha,f}\frac{s}{\sqrt{n}} \tag{2-8}$$

在一定置信度下，以测定结果平均值为中心包括总体平均值在内的可靠性范围，称为平均值的置信区间。在分析化学中，通常采用95%或90%的置信度。

3. 显著性检验

(1) 平均值与标准值比较——t 检验法

为评价测定值的可靠性，将分析数据的平均值与标准值进行比较，检验它们之间是否存在显著性差异，这种检验方法称为t检验法。

$$t = \frac{|\bar{x} - \mu|}{s}\sqrt{n} \tag{2-9}$$

在一定置信度下，如果 $t > t_{\alpha,f}$ 则存在显著性差异，有系统误差存在；若 $t \leqslant t_{\alpha,f}$ 则不存在显著性差异，无系统误差存在。

(2) 两组数据精密度比较——F 检验法

检验两组数据精密度是否存在显著性差异，用 F 检验法。

$$F = \frac{s_{大}^2}{s_{小}^2} \tag{2-10}$$

以两组数据中标准偏差较大的 $s_{大}^2$ 为分子，较小的方差 $s_{小}^2$ 为分母，计算得到的 F 值与表值比较，若 $F > F_{表}$，则两组数据的精密度存在显著性差异。若 $F \leqslant F_{表}$，不存在显著性差异。当两组数据的精密度存在显著性差异时,不必再进行 t 检验。

(3) 两组数据平均值比较—— t 检验法

若两组平均值的精密度不存在显著性差异,则可进行 t 检验。

$$t = \frac{|\bar{x}_1 - \bar{x}_2|}{s}\sqrt{\frac{n_1 n_2}{n_1 + n_2}} \tag{2-11}$$

式中,s 为合并标准差,$s = \sqrt{\frac{(n_1 - 1)s_1^2 + (n_2 - 1)s_2^2}{n_1 + n_2 - 2}}$。

同理,若 $t > t_{\alpha,f}$,则存在显著性差异,有系统误差存在;若 $t \leqslant t_{\alpha,f}$ 则不存在显著性差异,无系统误差存在。

4. 异常值的取舍

在实验中进行平行测定时,所得到的一组数据中往往有个别数据与其他数据相差较远,这一数据称为异常值或离群值。对于异常值不应随意处置,而应按一定的统计学方法进行检验处理。常用的检验方法主要有 Grubbs 法、Q 检验法、$4\bar{d}$ 法等。

(1) Grubbs 法(T 检验法)

将一组数据从小到大排列为 $x_1, x_2, \cdots, x_n$,首先计算出该组数据的平均值 $\bar{x}$ 及标准偏差 s,再计算出统计量 T 进行判断。如果 x_1 为异常值,$T = \frac{|\bar{x} - x_1|}{s}$;如果 x_n 为异常值,则 $T = \frac{|x_n - \bar{x}|}{s}$。若 $T \geqslant T_{\alpha,n}$,则异常值应舍去,否则应保留。$T_{\alpha,n}$ 为一定置信度和测定次数下的表值。

(2) Q 检验法

将一组数据从小到大排列为 $x_1, x_2, \cdots, x_n$,计算统计量 Q 值商进行判断。若 x_1 为异常值,$Q = \frac{x_2 - x_1}{x_n - x_1}$;若 x_n 为异常值,则 $Q = \frac{x_n - x_{n-1}}{x_n - x_1}$。当 $Q > Q_{表}$,则舍去,否则保留。$Q_{表}$ 为一定置信度和测定次数下的表值。

在测量次数为 3～10 的测量中出现异常值时,Q 值法是一种较为合理的方法。

(3) $4\bar{d}$ 法

在一组数据 $x_1, x_2, \cdots, x_n$ 除去异常值,计算剩余数据的平均值 $\bar{x}$ 和平均偏差 $\bar{d}$,将异常值 x_D 与平均值的差值与 $4\bar{d}$ 比较,若 $|x_D - \bar{x}| > 4\bar{d}$,则 x_D 舍弃,否则保留。

四、分析质量保证和控制

1. 系统误差检验

可以利用对照试验，如标准试样对照、标准方法对照和加入回收法对测定结果进行统计检验，以判断是否存在系统误差。

2. 系统误差消除

对存在系统误差的测定过程，可以根据误差的来源加以消除。主要方法有：空白试验、校准仪器、校正分析结果等。所谓空白试验，就是在不加试样的情况下，按照试样分析同样的操作方法和条件进行试验。试验所得的结果称为空白值。从试样分析结果中扣除空白值后，就得到比较可靠的分析结果。但若空白值较大，不宜使用该法，此时需提纯或更换试剂。

3. 减小测量误差和随机误差

各测量值的误差均会影响分析结果的准确度，因此对测量值，应尽量提高测量准确度，减小相对误差。

增加测量次数可以提高测定平均值的精密度，因此分析结果应该是几次测定的平均值。

习　　题

一、选择题

1. 在下列有关随机误差的论述中，正确的是(　　)。

①产生随机误差的原因一般难以确定　②随机误差在分析中不可避免

③随机误差具有单向性　④随机误差由偶然因素造成

(A) ①②③④　(B) ①②③　(C) ①③④　(D) ①②④

2. 下列表述中错误的是(　　)。

(A) 置信水平越高，测定的可靠性越高

(B) 置信区间的大小和测定次数有关

(C) 置信水平越高，置信区间越宽

(D) 置信区间的位置取决于测定的平均值

3. 某组分的百分含量按下式计算而得：$x\% = \dfrac{c \cdot V \cdot M}{m \times 10}$；若 $c = 0.1020 \pm 0.0001$，$V = 30.02 \pm 0.02$，$M = 50.00 \pm 0.01$，$m = 0.2020 \pm 0.0001$。则对 $x\%$ 的误差来

说(　　)。

(A) 由“V”项引入的误差最大　(B) 由“c”项引入的误差最大

(C) 由“M”项引入的误差最大　(D) 由“m”项引入的误差最大

4. 以下情况产生的误差属于系统误差的是(　　)。

(A) 指示剂变色点与计量点不一致　(B) 滴定管读数最后一位估计不准

(C) 称样时砝码数值记错　(D) 称量过程中天平的零点稍有变动

5. 检验新的分析方法是否存在系统误差,应该采用的是(　　)。

(A) 对照试验　(B) 空白试验

(C) 增加测定次数　(D) 校正分析结果

6. 下列有关误差的论述中,正确的选项是(　　)。

①精密度好,误差不一定小　②两组测量数据的比较可以消除系统误差

③增加测定次数可以减小随机误差　④测量值不准确是引起误差的主要原因

(A) ①③④　(B) ①②③　(C) ①③　(D) ②③

7. 终点误差是指下列哪种因素所引起的分析结果的误差(　　)。

(A) 化学计量点与终点不一致

(B) 有副反应发生

(C) 滴定管最后读数不准确

(D) 标准溶液与被测物质不是1∶1反应

8. 下列有关一元线性回归错误的说法是(　　)。

(A) 任何回归线都有相关系数 γ

(B) 回归线是使各数据点误差最小的直线

(C) 回归线总是通过零点

(D) 回归线只在一定区间表示变量的相关性

9. 在少量数据的误差处理中,使用 t 分布代替正态分布是由于(　　)。

(A) 数据处理系统无法匹配　(B) 总体标准差 σ 无法知道

(C) 少量数据不符合统计规律　(D) 总体平均值 μ 无法知道

10. 测定某合金的Ni%,计算出置信度95%时平均值的置信区间为10.45±0.09(%),对此区间的正确理解是(　　)。

(A) 在已测定数据中有95%的数据在此区间内

(B) 总体平均值 μ 在此区间的可能性为95%

(C) 此区间包含总体平均值 μ 的可能性为95%

(D) 进行再次测定时,数据 x 落入此区间的可能性为95%

11. 当所测样品的组成未知时,欲检验分析结果是否存在系统误差,应采用的方法

是(　　)。

(A) 用标准试样对照　　(B) 用人工合成样对照

(C) 空白试验　　(D) 加入回收法

12. 在定量分析中采用“平行测定,取平均值”的方法进行试样测定,其目的是(　　)。

(A) 消除系统误差　　(B) 消除随机误差

(C) 减小随机误差　　(D) 增加分析熟练程度

13. 检验一组数据是否存在异常值,应采用(　　)。

(A) t 检验法　　(B) Grubbs 法　　(C) F 检验法　　(D) 配对分析

14. 已知 $\mu \pm 3\sigma = 99.74\%$,若 $\mu = 48.10\%$,$\sigma = 0.10\%$,则小于 47.80% 的测量值出现的概率为(　　)。

(A) 0.13%　　(B) 0.26%　　(C) 0.52%　　(D) 49.87%

15. 下列有关误差的表述中,正确的是(　　)。

①精密度好是准确度高的前提　②增加测定次数可以减小随机误差　③精密度可以用来衡量测定数据的准确度　④两组测量数据的比较可以消除系统误差

(A) ①②④　　(B) ①②③　　(C) ①②　　(D) ①④

二、填充题

1. 常量分析与半微量分析的划分界限是:被测物的百分含量高于__①__为常量分析;称取样品质量高于__②__为常量分析。

2. 某人对试样中某组分测定了 5 次,求得各次测定值与平均值的偏差(d)分别为:+0.04,−0.02,+0.01,−0.01,+0.06。此人的计算正确与否__①__,根据是__②__。

3. 根据随机误差的正态分布曲线,某测定值出现在 $u = \pm 1.0$ 之间的概率为 68.3%,则此测定值出现在 $u > 1.0$ 之外的概率为______。

4. 准确度表示分析结果与__①__接近的程度,可用__②__来衡量;而__③__可以表示一组数据相互接近的程度,可用__④__来衡量。

5. 实验中使用的 50 mL 滴定管,其读数误差为 ±0.01 mL,若要求测定结果的相对误差小于 ±0.1%,则滴定剂体积应控制在__①__以上。在实际工作中一般可通过__②__或__③__来达到此要求。

6. 实验室为检查某一新方法是否存在系统误差,通常可采用__①__、__②__或__③__等进行对照试验。

7. 确定下列结果的有效数字位数:

台秤称出 5.0 g ___①___；

电光天平称出 0.1100 g ___②___；

读数误差 0.01mL ___③___；

pH = 9.00 ___④___；

$\lg K$ = 10.30 ___⑤___；

0.1000(25.00 − 24.80)/1.0000 ___⑥___。

8. 确定一组测量数据中异常值是否舍弃，可以采用的方法有：___①___、___②___和___③___。

9. 下列情况引起什么类型的误差？如果是系统误差，如何消除？

称量试样时，试样吸收少量水分___①___；重量法测定 SiO_2 含量，沉淀不完全___②___；分析天平最后一位读数不准___③___。

10. 检验新的分析方法是否存在系统误差，应采用________检验法。

11. 在分析化学中，通常只涉及少量数据的处理，这时有关数据应根据________分布处理；对于以样本平均值表示的置信区间的计算式为________。

12. 滴定分析存在终点误差的原因是________。

第三章　酸碱滴定法

一、重要概念和知识点

(1) 当处理溶液中的化学平衡的有关计算时,因考虑到溶液的浓度较小,一般忽略离子强度的影响,常以各组分的浓度代替活度。这种处理能满足一般的工作要求。

(2) 酸碱的强度与酸碱的性质和溶剂的性质有关。

(3) 在酸碱反应中,质子转移的平衡关系称为质子条件。可直接通过质子得失关系写出;当然,也可通过其他方式写出。

(4) 缓冲溶液通常由弱酸和它的共轭碱或碱和它的共轭酸组成;若要控制pH≤2或pH≥12,则选择浓度较大的强酸或强碱作为缓冲溶液。

(5) 对一元弱酸(HA)或弱碱(B)被准确滴定的条件是:

$$K_a c_{HA}^{sp} \geqslant 10^{-8} \quad 或 \quad K_b c_B^{sp} \geqslant 10^{-8}$$

对多元酸或碱,以 H_2A 为例,要想准确滴定必须满足:

$$K_{a1} c_{H_2A}^{sp} \geqslant 10^{-8}, \quad \frac{K_{a1}}{K_{a2}} \geqslant 10^6$$

要想准确分步滴定必须满足:

$$K_{a1} c_{H_2A}^{sp} \geqslant 10^{-8}, \quad K_{a2} c_{H_2A}^{sp} \geqslant 10^{-8}, \quad \frac{K_{a1}}{K_{a2}} \geqslant 10^6$$

考虑到实际工作需要(如对多元酸碱体系或复杂酸碱体系),有时对 $\frac{K_{a1}}{K_{a2}}$ 比值有所放宽,如 $\frac{K_{a1}}{K_{a2}} \geqslant 10^5$,这时 TE%在 ±0.3 范围之内(注意:这里认为目测终点有0.2pH 单位的不确定性)。

二、酸碱溶液中 pH 的计算

在处理酸碱平衡(包括络合平衡、氧化还原平衡和沉淀平衡)中,为了简化计算,一般以 5%为限,因不是通过计算得到结果而是为实验设计提供参考。

以一元弱酸(弱碱)溶液为例,计算 $c\ \text{mol}\cdot\text{L}^{-1}$ HA 溶液的 pH,质子条件为 $[H^+]=[A^-]+[OH^-]=\dfrac{K_a}{[H^+]+K_a}c+\dfrac{K_w}{[H^+]}$。

(1) 当$[H^+]\geqslant 20K_a$时,即$[H^+]=\sqrt{K_ac}\geqslant 20K_a$时,也即 $\dfrac{c}{K_a}\geqslant 400$ 时,

① $K_ac\geqslant 20K_w$时,$[H^+]=\sqrt{K_ac}$(最简式);

② $K_ac\leqslant 20K_w$时,$[H^+]=\sqrt{K_ac+K_w}$(简式)。

(2) 当 $\dfrac{c}{K_a}\leqslant 400$,$K_ac\geqslant 20K_w$时,$[H^+]=\dfrac{-K_a+\sqrt{K_a^2+4K_ac}}{2}$(简式)。

同理,对一元弱碱,仅需将 H^+ 换成 OH^-;K_a换成 K_b即可。

其他体系的 pH 计算可按类似方法处理。

三、酸碱缓冲溶液

1. 缓冲溶液 pH 计算

对 HA-NaA 缓冲体系,设 HA 的浓度为 c_{HA},NaA 的浓度为 c_A,根据前述的处理酸碱平衡的方法,对可知质子条件为

$$[HA]=c_{HA}-[H^+]+[OH^-] \quad \text{或} \quad [A^-]=c_A-[OH^-]+[H^+]$$

$$[H^+]=K_a\frac{c_{HA}}{c_A}\ (\text{最简式})$$

一般情况,首先按最简式计算,再判断。若满足假设条件,则计算正确。否则代入精确式进行简化后再计算。

2. 缓冲指数和缓冲范围

缓冲指数可以作为衡量缓冲能力大小的尺度。其定义可用下面数学式表达:

$$\beta=\left|\frac{db}{dpH}\right|$$

b 表示强酸或强碱的量。对 HA-A^- 体系,有:

$$\beta=\left|\frac{db}{dpH}\right|=2.30[H^+]+2.30[OH^-]+2.30\frac{cK_a[H^+]}{([H^+]+K_a)^2}$$

$$\approx 2.30\frac{cK_a[H^+]}{([H^+]+K_a)^2}$$

可见 β 是c 和$[H^+]$的函数。

当$[H^+]=K_a$时,也即$[HA]=[A^-]=c/2$ 时,$\beta_{max}=0.575c$。

由上式可知,溶液的缓冲能力与缓冲组分的浓度比有关,当浓度比超过某个范

围时,就会失去缓冲作用。因此,任何缓冲溶液的缓冲作用都是一个有效的缓冲范围,$pH = pK_a \pm 1$。

四、滴定误差

计算误差,首先要确定终点时的产物,据此写出质子条件,然后根据误差的定义,列出误差公式。下面以多元碱的滴定为例,介绍误差公式的推导。

以 $0.1000\ mol \cdot L^{-1}$ 的 NaOH 滴定 20.00 mL $0.1000\ mol \cdot L^{-1}$ 的 H_3PO_4 为例。对 H_3PO_4,有:

$$K_{a1}c = 7.5 \times 10^{-3} \times 0.10 > 10^{-8}$$

$$K_{a2}c = 6.3 \times 10^{-8} \times 0.10 < 10^{-8}$$

$$\frac{K_{a1}}{K_{a2}} = \frac{7.5 \times 10^{-3}}{6.3 \times 10^{-8}} > 10^5$$

故可以准确滴定到第一终点。

第一化学计量点时,产物为 $H_2PO_4^-$,$c_{H_3PO_4}^{sp1} = 0.05000\ (mol \cdot L^{-1})$

$$[H^+]_{sp1} = \sqrt{\frac{K_{a1}K_{a2}c}{K_{a1} + c}} = \sqrt{\frac{7.5 \times 10^{-3} \times 6.3 \times 10^{-8} \times 0.050}{7.5 \times 10^{-3} + 0.050}}$$

$$= 2.0 \times 10^{-5} (mol \cdot L^{-1})$$

$$pH_{sp1} = 4.70$$

第一化学计量点的质子条件为:

$$[H^+] + [H_3PO_4] = [HPO_4^{2-}] + 2[PO_4^{3-}] + [OH^-]$$

因 $pH_{sp1} = 4.70$,为弱酸性,故 $[PO_4^{3-}]$ 和 $[OH^-]$ 可忽略。

$$[H^+] + [H_3PO_4] \approx [HPO_4^{2-}]$$

设终点时,$pH_{ep1} = 4.40$,不足的 NaOH 的浓度为 Δc_{ep},则

$$\Delta c_{ep} \approx [H^+]_{ep} + [H_3PO_4]_{ep} - [HPO_4^{2-}]_{ep}$$

$$TE\% \approx -\frac{[H^+]_{ep} + [H_3PO_4]_{ep} - [HPO_4^{2-}]_{ep}}{c_{H_3PO_4}^{sp}} \times 100$$

$$= \left(\frac{K_{a2}}{[H^+]_{ep} + K_{a2}} - \frac{[H^+]_{ep}}{c_{H_3PO_4}} - \frac{[H^+]_{ep}}{[H^+]_{ep} + K_{a1}}\right) \times 100 = -0.45$$

五、酸碱滴定法的应用

1. 酸碱标准溶液

酸标准溶液常用的是盐酸。用于标定酸的基准物质有无水碳酸钠和硼砂等。碱标准溶液常用的是氢氧化钠。用于标定碱的基准物质有邻苯二甲酸氢钾和草酸等。

2. 碱滴定法的应用

(1) 烧碱和纯碱中相关成分含量测定

双指示剂法:一份溶液,两种指示剂,得到两个终点,根据各终点时所消耗的酸标液,计算各成分的含量。组成为 NaOH 和 Na_2CO_3 时,$V_1 > V_2 > 0$,组成为 $NaHCO_3$ 和 Na_2CO_3 时,$V_2 > V_1 > 0$。

氯化钡法:两份溶液,两种指示剂,得到两个终点,其中钡盐沉淀 Na_2CO_3,测定 NaOH。

(2) 铵盐中氮的测定

a. 蒸馏法

试样用浓度 H_2SO_4 分解,生成 $(NH_4)_2SO_4$,再加浓 NaOH 加热蒸馏出来,用硼酸吸收,再用标准盐酸溶液滴定,用甲基红和溴甲酚绿混合指示剂指示终点。

b. 甲醛法

$$4\,NH_4^+ + 6HCHO = (CH_2)_6N_4H^+ + 3H^+ + 6H_2O$$

然后用酚酞作指示剂,用 NaOH 滴定。

(3) 硅氟酸钾法测定硅

试样用 KOH 熔融,用水浸取,加氟化氢使之生成硅氟酸钾沉淀,用碱除去过量的氟化氢,然后煮沸使之分解,再用 NaOH 滴定分解产生的 HF,可计算出 SiO_2 的量。

(4) 酸碱滴定法测定磷

$$PO_4{}^{3-} + 12MoO_4{}^{2-} + 2NH_4{}^+ + 25H^+ = (NH_4)_2H[PMo_{12}O_{40}]\cdot H_2O\downarrow + 11H_2O$$

用水洗涤后,沉淀再用氢氧化钠溶解。

$$(NH_4)_2H[PMo_{12}O_{40}]\cdot H_2O\downarrow + 27OH^- = PO_4{}^{3-} + 12MoO_4{}^{2-} + 2NH_3 + 16H_2O$$

再用硝酸滴定。

$$P\% = \frac{1}{24}\,\frac{(c_{NaOH}V_{NaOH} - c_{HNO_3}V_{HNO_3})M_P}{10m_s}$$

习 题

一、选择题

1. OH^- 的共轭酸是( )。
   (A) H^+ (B) H_2O (C) H_3O^+ (D) O^{2-}
2. 已知某酸的浓度为 0.1 mol·L^{-1},而其氢离子浓度大于 0.1 mol·L^{-1},则这种酸为( )。
   (A) H_2SO_4 (B) HNO_3 (C) HCl (D) H_3PO_4
3. 在下列各组酸碱组分中,不属于共轭酸碱对的是( )。
   (A) HAc－NaAc (B) $H_3PO_4-H_2PO_4^-$
   (C) $^+NH_3CH_2COOH-NH_2CH_2COO^-$ (D) $H_2CO_3-HCO_3^-$
4. 等体积的 pH＝1.00 和 pH＝13.00 的强电解质混合溶液的 pH 值是( )。
   (A) 1.00 (B) 7.00 (C) 6.00 (D) 13.00
5. 与大气平衡的纯水的 pH 值是( )。
   (A) 大于 7.00 (B) 等于 7.00 (C) 小于 7.0 (D) 不能确定
6. 相同浓度的 CO_3^{2-},S^{2-},$C_2O_4^{2-}$ 三种碱性物质水溶液,其碱性强弱(由大至小)的顺序是(已知 H_2CO_3:$pK_{a1}=6.38$,$pK_{a2}=10.25$;H_2S:$pK_{a1}=6.88$,$pK_{a2}=14.15$;$H_2C_2O_4$:$pK_{a1}=1.22$,$pK_{a2}=4.19$)( )。
   (A) $CO_3^{2-}>S^{2-}>C_2O_4^{2-}$ (B) $S^{2-}>C_2O_4^{2-}>CO_3^{2-}$
   (C) $S^{2-}>CO_3^{2-}>C_2O_4^{2-}$ (D) $C_2O_4^{2-}>S^{2-}>CO_3^{2-}$
7. H_2A 酸的 $pK_{a1}=2.0$,$pK_{a2}=5.0$。若使溶液中的$[H_2A]=[A^{2-}]$,应控制溶液的 pH 为( )。
   (A) 2.0 (B) 2.5 (C) 3.5 (D) 5.0
8. 浓度为 c mol·L^{-1}的 H_2SO_4 溶液的质子条件是( )。
   (A) $[H^+]=[HSO_4^-]+2[SO_4^{2-}]$
   (B) $[H^+]=[OH^-]+[SO_4^{2-}]$
   (C) $[H^+]=[OH^-]+[HSO_4^-]+[SO_4^{2-}]$
   (D) $[H^+]=[OH^-]+[SO_4^{2-}]+c$
9. 今有(a) NaH_2PO_4,(b) KH_2PO_4 和(c) $NH_4H_2PO_4$ 三种溶液,其浓度分别为 $c(NaH_2PO_4)=c(KH_2PO_4)=c(NH_4H_2PO_4)=0.10$ mol·L^{-1},则三种溶液的 pH 的关系是(已知 H_3PO_4 的 $pK_{a1}\sim pK_{a3}$ 分别是 2.12,7.20,12.36;

$pK_a(NH_4^+)=9.26$)(   )。

(A) a = b = c (B) a<b<c (C) a = b>c (D) a = b<c

10. 用 NaOH 溶液滴定 H_3PO_4 溶液至 pH = 4.7 时，溶液的简化质子条件为(H_3PO_4的 pK_{a1}～pK_{a3}分别是 2.12,7.20,12.36)(   )。

(A) $[H_3PO_4]=[H_2PO_4^-]$ (B) $[H_2PO_4^-]=[HPO_4^{2-}]$

(C) $[H_3PO_4]=[HPO_4^{2-}]$ (D) $[H_3PO_4]=2[PO_4^{3-}]$

11. 已知 H_3PO_4 的 pK_{a1}～pK_{a3}分别为 2.12,7.20,12.36,则在 pH = 5.0 时，下面各种型体浓度之间的关系为(   )

(A) $[H_3PO_4]>[H_2PO_4^-]$ (B) $[H_2PO_4^-]>[HPO_4^{2-}]$

(C) $[H_3PO_4]<[PO_4^{3-}]$ (D) $[HPO_4^{2-}]<[PO_4^{3-}]$

12. 某溶液中含有 HAc,NaAc 和 $Na_2C_2O_4$，其浓度分别为 0.80×10^{-4} mol·L^{-1}，0.29×10^{-4} mol·L^{-1}和 1.0×10^{-4} mol·L^{-1}。则此溶液中 $C_2O_4^{2-}$ 的平衡浓度为(   )。

(A) 2.0×10^{-5} mol·L^{-1} (B) 5.6×10^{-5} mol·L^{-1}

(C) 5.0×10^{-9} mol·L^{-1} (D) 1.9×10^{-9} mol·L^{-1}

13. 在磷酸盐溶液中，$H_2PO_4^-$浓度最大时的 pH 是(已知 H_3PO_4 的解离常数 $pK_{a1}=2.12$，$pK_{a2}=7.20$，$pK_{a3}=12.36$)(   )。

(A) 4.66 (B) 7.20 (C) 9.78 (D) 12.36

14. 下列阴离子的水溶液，若浓度(单位:mol·L^{-1})相同，则碱性最强的是(   )。

(A) CN^-(HCN $pK_a=9.21$) (B) S^{2-}(H_2S $pK_{a1}=6.88$,$pK_{a2}=14.15$)

(C) F^-(HF $pK_a=3.18$) (D) CH_3COO^-(HAc $pK_a=4.74$)

15. 30.0 mL 0.150 mol·L^{-1}的 HCl 溶液和 20.0 mL 0.150 mol·L^{-1}的 $Ba(OH)_2$ 溶液相混合，所得溶液的 pH 为(   )。

(A) pH>7 (B) pH = 7 (C) pH<7 (D) 不能确定

16. 0.010 mol·L^{-1}氨基乙酸溶液等电点为(   )。

(A) pH = 5.98 (B) pH = 6.15 (C) pH = 7 (D) 不能确定

17. 50 mL0.10 mol·L^{-1}的 H_3PO_4 和 25 mL0.10 mol·L^{-1}的 NaOH 混合，溶液的 pH 为(   )。

(A) pH = 11.88 (B) pH = 11.71 (C) pH = 2.29 (D) pH = 2.12

18. 以下溶液稀释 10 倍时 pH 改变最大的是(   )。

(A) 0.1 mol·L^{-1}的 NaAc 与 0.1 mol·L^{-1}的 HAc 的混合溶液

(B) 0.1 mol·L^{-1}的 NH_4Ac 与 0.1 mol·L^{-1}的 HAc 的混合溶液

(C) 0.1 mol·L^{-1}的NH_4Ac溶液

(D) 0.1 mol·L^{-1}的 NaAc 溶液

19. 已知 $pK_a(HF)=3.18$,$pK_b(NH_3)=4.74$。则 1.0 mol·L^{-1}的NH_4HF_2溶液的 pH 是(　　)。

(A) 1.59　　(B) 3.18　　(C) 6.22　　(D) 9.26

20. 今欲用H_3PO_4与Na_2HPO_4来配制 pH = 7.2 的缓冲溶液,则H_3PO_4与Na_2HPO_4物质的量之比 $n(H_3PO_4):n(Na_2HPO_4)$应当是(H_3PO_4的pK_{a1}～pK_{a3}分别是 2.12,7.20,12.36)(　　)。

(A) 1∶1　　(B) 1∶2　　(C) 1∶3　　(D) 3∶1

21. 二乙三氨五乙酸(DTPA,用H_5L表示)的五个pK_a值分别为 1.94,2.87,4.37,8.69 和 10.56,溶液中的H_3L^{2-}组分浓度最大时的 pH 值是(　　)。

(A) 2.66　　(B) 3.62　　(C) 4.60　　(D) 6.60

22. NaOH 标准溶液吸收了空气中CO_2后,用来滴定弱酸,则测定结果会(　　)。

(A) 偏高　　(B) 偏低　　(C) 不变　　(D) 无法判定

23. 如果乙酸的离解常数为 1.75×10^{-5},则得到 pH = 6.2 的缓冲溶液,乙酸和乙酸钠的浓度比为(　　)。

(A) 6.3/17.5　　(B) 6.3/1.75　　(C) 6.3/35　　(D) 6.3/175

24. 欲配制 pH = 5.00 缓冲溶液 500 mL,已用去 6 mol·L^{-1}的 HAc 34.0 mL,则需加 NaAc·$3H_2O$(HAc 的 $pK_a=4.74$)(　　)。

(A) 20 g　　(B) 50 g　　(C) 30 g　　(D) 40 g

25. 甲基橙的变色范围为 pH = 3.1～4.4($pK_a=3.4$),若用 0.1 mol·L^{-1}的 NaOH 滴定 0.1 mol·L^{-1}的 HCl,则刚看到混合色时,[In]/[HIn]的比值为(　　)。

(A) 1.0　　(B) 2.0　　(C) 0.5　　(D) 10.0

26. 用某浓度为 c mol·L^{-1}的 NaOH 滴定等浓度的 HCl,若滴定突跃范围的差值为 5.4pH 单位,则 c 为(　　)。

(A) 0.01000 mol·L^{-1}　　(B) 0.05000 mol·L^{-1}

(C) 0.1000 mol·L^{-1}　　(D) 0.2000 mol·L^{-1}

27. 用浓度为 0.1 mol·L^{-1}的 NaOH 分别滴定等浓度的某弱酸 HA 和 HB,若 HA 与 HB 的突跃范围的差值为 + 1.0pH 单位,则 HA 和 HB 的离解常数的比值 K_a^{HA}/K_a^{HB}为(　　)。

(A) 10　　(B) 100　　(C) 0.1　　(D) 0.010

28. 浓度为 0.10 mol·L^{-1}的某弱酸弱碱盐NH_4A溶液的 pH = 7.00,则 HA 的pK_a为(　　)。

(A) 9.26　　(B) 4.74　　(C) 7.00　　(D) 10.00

29. 用0.10 mol·L^{-1}的 NaOH 滴定 0.10 mol·L^{-1}的 HAc($pK_a=4.7$)时,pH 突跃范围为 7.7～9.7,由此可推,用 0.10 mol·L^{-1} NaOH 滴定 $pK_a=3.7$ 的 0.10 mol·L^{-1}的某一元酸的 pH 突跃范围为(　　)。

(A) 6.7～8.7　　(B) 6.7～9.7　　(C) 6.7～10.7　　(D) 7.7～10.7

30. 用吸收了少量 CO_2 的 NaOH 标准溶液来标定 HCl 浓度,用酚酞作指示剂,则标出的 HCl 浓度将(　　)。

(A) 偏高　　(B) 偏低　　(C) 无影响　　(D) 不能确定

31. 用邻苯二甲酸氢钾标定氢氧化钠溶液浓度时,会造成系统误差的是(　　)。

(A) 每份滴加的指示剂量不同　　(B) 每份邻苯二甲酸氢钾称样量不同

(C) NaOH 溶液吸收了空气中的 CO_2　　(D) 用甲基橙作指示剂

32. 用吸收了 CO_2 的 NaOH 标准溶液滴定 H_3PO_4 至第二计量点时,测定结果(　　)。

(A) 偏高　　(B) 偏低　　(C) 没影响　　(D) 不能确定

33. 铵盐中氮的测定通常采用的方法是(　　)。

(A) 酸碱滴定法　　(B) 络合滴定法

(C) 氧化还原滴定法　　(D) 沉淀滴定法

34. 今欲测定 pH≈9 的溶液的 pH 值,下列溶液中适宜校正 pH 计的是(　　)。

(A) 0.050 mol·L^{-1}的邻苯二甲酸氢钾溶液

(B) 0.025 mol·L^{-1}的 KH_2PO_4 与 0.025 mol·L^{-1}的 Na_2HPO_4 的混合溶液

(C) 0.010 mol·L^{-1}的硼砂溶液

(D) 0.10 mol·L^{-1}的 NH_3 与 0.10 mol·L^{-1}的 NH_4Cl 的混合溶液

35. 若以甲基橙为指示剂,用 NaOH 标准溶液滴定 $FeCl_3$ 溶液中的 HCl 时,Fe^{3+} 将产生干扰。为消除 Fe^{3+} 的干扰,直接测定 HCl,应加入的试剂是(　　)。

(A) KCN

(B) 三乙醇胺

(C) EDTA 二钠盐(预先调节 pH=4.0)

(D) Zn^{2+}—EDTA(预先调节 pH=4.0)

36. 称取分析纯 $CaCO_3$ 0.1750 g 溶于过量的 40.00 mL HCl 溶液中,反应完全后滴定过量的 HCl 消耗 3.05 mL NaOH 溶液。已知 20.00 mL 该 NaOH 溶液相当于 22.06 mL HCl 溶液,则 HCl(c_1)溶液和 NaOH(c_2)溶液浓度之间的关系为(　　)。

(A) $c_1>c_2$　　(B) $c_1=c_2$　　(C) $c_1<c_2$　　(D) 不能确定

37. 用克氏定氮法测定试样含氮量时，用过量的 100 mL 0.3 $mol\cdot L^{-1}$的 HCl 吸收氨，然后用 0.2 $mol\cdot L^{-1}$的 NaOH 标准溶液返滴。若吸收液中氨的总浓度为 0.2 $mol\cdot L^{-1}$，则返滴到 pH = 4.0 时的终点误差 E_4 及 pH = 7.0 时的终点误差 E_7的关系为(　　)。

(A) E_4 为正误差，E_7为正误差　　(B) E_4 为正误差，E_7为负误差

(C) E_4 为负误差，E_7为负误差　　(D) E_7为正误差，E_4 为负误差

38. 有一混合碱液，若用盐酸标准溶液滴定到酚酞终点时，用去酸 V_1 mL，继续以甲基橙为指示剂滴定至终点，又用去酸 V_2 mL，且 $V_1 > V_2$，则此混合碱的组成为(　　)。

(A) NaOH 和 Na_2CO_3　　(B) NaOH 和 $NaHCO_3$

(C) Na_2CO_3 和 $NaHCO_3$　　(D) Na_2CO_3

39. 铵盐中氮的测定，常用浓 H_2SO_4 分解试样，再加浓 NaOH 将 NH_3 蒸馏出来，用一定量过量 HCl 来吸收，剩余 HCl 再用 NaOH 标液滴定，则化学计量点的 pH 范围是(　　)。

(A) 强酸性　　(B) 弱酸性　　(C) 强碱性　　(D) 弱碱性

40. 氯化钡法测烧碱中的 NaOH 和 Na_2CO_3 时，在加入 $BaCl_2$ 后用 HCl 滴定，通常采用的指示剂是(　　)。

(A) 酚酞　　(B) 甲基橙

(C) 甲基红　　(D) 甲基橙 + 靛兰磺酸钠

二、填空题

1. 常见的用于标定 NaOH 的基准物质有__①__和__②__。

2. c_1 $mol\cdot L^{-1}$ NH_3 + c_2 $mol\cdot L^{-1}$ NH_4Cl 的质子条件是________。

3. pH 为 7.20 的磷酸盐溶液(H_3PO_4 的 $pK_{a1} = 2.12$，$pK_{a2} = 7.20$，$pK_{a3} = 12.36$)，磷酸盐存在的主要形式为__①__；其浓度比为__②__。

4. 0.10 $mol\cdot L^{-1}$的 $NaHSO_4$(H_2SO_4 的 $pK_{a2} = 2.00$)溶液的 pH 值计算式是______。

5. 草酸($H_2C_2O_4$)的 pK_{a1} 和 pK_{a2}分别是 1.2 和 4.2。请填写以下情况的 pH 或 pH 范围。

$C_2O_4^{2-}$ 为主	$[HC_2O_4^-]$为最大值	$[HC_2O_4^-] = [C_2O_4^{2-}]$	$[H_2C_2O_4] = [C_2O_4^{2-}]$
①	②	③	④

6. 写出 0.10 $mol\cdot L^{-1}$的 $NH_4H_2PO_4$ 的质子条件__①__，其 pH__②__为。

7. 含 0.10 $mol\cdot L^{-1}$的 HCl 和 0.20 $mol\cdot L^{-1}$的 H_2SO_4 的混合溶液的质子条件式为________。

8. 请填写下列溶液[H^+]或[OH^-]的计算公式。
   (1) 0.10 mol·L^{-1}的 NH_4Cl 溶液 (pK_a=9.26)__①__;
   (2) 1.0×10^{-4} mol·L^{-1}的 H_3BO_3 溶液 (pK_a=9.24)__②__;
   (3) 0.10 mol·L^{-1}的氨基乙酸盐酸盐溶液__③__;
   (4) 0.1000 mol·L^{-1}的 HCl 滴定 0.1000 mol·L^{-1}的 Na_2CO_3 至第一化学计量点__④__;
   (5) 0.1000 mol·L^{-1}的 NaOH 滴定 0.1000 mol·L^{-1}的 H_3PO_4 至第二化学计量点__⑤__;
   (6) 0.1 mol·L^{-1}的 $HCOONH_4$ 溶液⑥;
   (7) 0.10 mol·L^{-1}的 NaAc 溶液(pK_a=4.74)__⑦__;
   (8) 0.10 mol·L^{-1}的 Na_3PO_4 溶液__⑧__。
9. 0.20 mol·L^{-1}的 $C_6H_5NH_2$·HCl 溶液,已知 $C_6H_5NH_2$ 的 pK_b=9.34,应采用相近浓度的__①__标准溶液进行滴定,化学计量点的产物为__②__。
10. 在等浓度的强酸滴定强碱中,若浓度增大 10 倍,则化学计量点前后突跃范围增大__①__个 pH 单位。在等浓度的强碱滴定强酸中,若浓度减小 10 倍,则突跃范围减小__②__个 pH 单位。
11. 对某些 $K_a c_{HA}^{sp}<10^{-8}$或 $K_b c_B^{sp}<10^{-8}$的弱酸或弱碱,可以通过哪些方法来达到准确测定的目的:__①__;__②__;__③__。
12. 用 HCl 标准溶液滴定 NH_3,分别以甲基橙和酚酞作指示剂,耗用的 HCl 体积分别以 V(甲基橙)与 V(酚酞)表示,则 V(甲基橙)与 V(酚酞)的关系是:__①__;若是用 NaOH 标准溶液滴定 HCl 时则是__②__。(填"$<$","$>$"或"$\approx$")
13. 用酸碱滴定法测定 $Na_2B_4O_7·10H_2O$,B,B_2O_3 和 $NaBO_2·4H_2O$ 四种物质,它们均按反应式 $B_4O_7^{2-}+2H^++5H_2O=4H_3BO_3$ 进行反应,被测物与 H^+ 的物质的量之比分别是__①__、__②__、__③__、__④__。
14. 已知甲基橙的 pK_a=3.4,当溶液 pH=3.1 时,[In^-]/[HIn]的比值为__①__;溶液 pH=4.4 时,[In^-]/[HIn]的比值为__②__。
15. 以硼砂为基准物质标定 HCl 溶液,反应为:
    $Na_2B_4O_7+5H_2O=2NaH_2BO_3+2H_3BO_3$, $NaH_2BO_3+HCl=NaCl+H_3BO_3$
    $Na_2B_4O_7$与 HCl 反应的物质的量之比为______。
16. 为配制 pH 为 7.20 的磷酸盐缓冲溶液(总浓度为 1 mol·L^{-1})500 mL,应分别取 1.0 mol·L^{-1}的 H_3PO_4__①__mL 和 1.0 mol·L^{-1}的 Na_2HPO_4 溶液__②__mL。

（H_3PO_4 的 pK_{a1}～pK_{a3}分别为 2.12，7.20，12.36）

17. 准确称取硫酸铵试样 0.1355 g 于锥形瓶中，加蒸馏水溶解，再加 40%的中性甲醛溶液，加 2 滴酚酞指示剂，待反应完全后，用 0.1000 $mol·L^{-1}$的氢氧化钠标准溶液滴定至终点，消耗氢氧化钠标准溶液 13.55 mL，则原铵盐样品中氮的含量是________。

18. 用 0.10 $mol·L^{-1}$ 的 HCl 滴定 0.10 $mol·L^{-1}$ 的某碱 $N(OH)_3$（已知 $pK_{b1}=3.00$，$pK_{b2}=4.80$，$pK_{b3}=8.20$），有__①__个突跃，滴定产物是__②__，化学计量点时的 pH_{sp}为__③__。

19. 测定蛋白质中含 N 量时，通常采用蒸馏法，产生的 NH_3 用__①__吸收，过量的__②__用__③__标准溶液回滴。

20. 在 400 mL 水中加入 6.2 g NH_4Cl（忽略其体积变化）和 45 mL 1.0 $mol·L^{-1}$的 NaOH 溶液，此混合溶液的 pH 是__①__；缓冲指数为__②__。（$M_r(NH_4Cl)=53.5$，NH_3 的 $pK_b=4.74$）

21. 10 g $(CH_2)_6N_4$ 加入到 4.0 mL 12 $mol·L^{-1}$的 HCl 溶液中，稀释至 100 mL 后，其 pH 值为________。（$M_r[(CH_2)_6N_4]=140.0$，$pK_b[(CH_2)_6N_4]=8.85$）

22. 用 0.20 $mol·L^{-1}$的 NaOH 滴定 0.20 $mol·L^{-1}$的 HCl（其中含有 0.10 $mol·L^{-1}$的 NH_4Cl）。若滴定至 pH = 7.0，问终点时 NH_4^+ 变为 NH_3 的质量百分数为________%。

23. 用 NaOH 溶液滴定某弱酸 HA，若两者浓度相同，当滴定至 50%时溶液 pH = 5.00；当滴定至 100%时溶液 pH = 8.00；当滴定至 200%时溶液 pH = 12.00，则该酸 pK_a值是________。

24. 下列浓度均为 0.10 $mol·L^{-1}$的溶液能否用酸碱滴定法测定，用什么滴定剂和指示剂，滴定终点的产物是什么？

溶液	pK_a	能否用酸碱滴定法测定	滴定剂	指示剂	终点产物
NaHS	7.05 12.92	①	②	③	④
NaOH + $(CH_2)_6N_4$	5.13	⑤	⑥	⑦	⑧

25. 磷以 $MgNH_4PO_4·6H_2O$ 形式沉淀，经过滤、洗涤后用适量 HCl 标准溶液溶解，而后以标准 NaOH 溶液返滴定，选甲基橙为指示剂，这时磷与 HCl 的物质量之比为________。

26. 酸碱滴定中使用混合指示剂是因为__①__或__②__。

第四章　配位滴定法

一、重要概念和知识点

(1) 在配位滴定法中，应用最多的滴定剂是乙二胺四乙酸二钠盐（简称EDTA），这是因为它的配合物稳定性高；除个别高价金属离子外，都是1∶1的配合物；EDTA和无色的金属离子生成无色的配合物，但和有色的金属离子生成颜色更深的配合物。

(2) 若控制误差TE在±0.1%，则只有当$\lg K'_{MY}c_M^{sp}\geqslant 6$时，才能准确滴定。注意这里并没有考虑指示剂的影响。

(3) 选择金属指示剂的依据：

若M^{n+}没有副反应，$pc_M^{sp}+3\leqslant pM_t\leqslant \lg K'_{MY}-3$；

若M^{n+}有副反应，$pc_M^{sp}+3+\lg\alpha_M\leqslant pM_t\leqslant \lg K'_{MY}-3+\lg\alpha_M$。

(4) 选择络合滴定中的掩蔽剂时，可根据软硬酸碱规则来考虑，但同时也考虑到掩蔽剂的适用范围。如KCN是弱碱，可掩蔽低价金属离子如Cu^{2+}，Ni^{2+}，Zn^{2+}，Cd^{2+}，Ag^+等，但pH必控制在8以上。而同是N配基的邻二氮菲，适用的pH则为5～6。

二、配位平衡

1. 配合物的有关常数及溶液中配合物的分布

对配合物ML_n，设溶液中金属离子M的总浓度为c_M，配位体L的总浓度为c_L，M与L发生逐级配位反应，到达平衡时的浓度分别为[M]和[L]。则

$$\delta_M=\frac{[M]}{c_M}=\frac{1}{1+\sum_{i=1}^{n}\beta_i[L]^i},\cdots,\delta_{ML_n}=\frac{[ML_n]}{c_M}=\frac{\beta_n[L]^n}{1+\sum_{i=1}^{n}\beta_i[L]^i}。$$

无机配合物大多难以用于滴定，如Cu^{2+}和NH_3的配合物，通过计算可发现NH_3在可存在的范围内，都不可能和铜形成有确定计量关系的配合物，而Hg^{2+}和Cl^-则可。这表明Hg^{2+}和Cl^-的反应可作为滴定反应（汞量法），而Cu^{2+}和

NH_3 不可。

2. 副反应系数和条件稳定常数

EDTA(Y)和金属离子(M)虽然生成的是1∶1配合物,但溶液中其他成分或多或少也会和EDTA及M反应,这些反应都是不利于生成MY的副反应。若按常规的方法来处理配位平衡,副反应越多,平衡越复杂,作定量计算就越困难。因而,在分析化学中引入了副反应系数的概念,无论面对多么复杂的配位反应,都可按照统一的方法来处理。

(1) 副反应系数

对配位体,有:

$$\alpha_Y = \alpha_{Y(H)} + \alpha_{Y(N)} - 1$$

式中,$\alpha_{Y(H)}$,$\alpha_{Y(N)}$ 分别表示酸效应和共存离子效应,$\alpha_{Y(H)}$ 可查表,若不是Y,可用下式计算:

$$\alpha_{L(H)} = 1 + \frac{[H^+]}{K_{an}} + \cdots + \frac{[H^+]^n}{K_{an}\cdots K_{a1}}$$

$\alpha_{Y(N)} = 1 + K_{NY}[N]$,若存在 m 个共存离子,则

$$\alpha_{Y(N)} = 1 + K_{N_1Y}[N_1] + \cdots + K_{N_mY}[N_m]$$

对金属离子,有:

$$\alpha_M = \alpha_{M(L)} + \alpha_{M(OH)} - 1$$

若存在多个配位体,则:

$$\alpha_M = \alpha_{M(L_1)} + \alpha_{M(L_2)} + \cdots + \alpha_{M(L_n)} + \alpha_{M(OH)} - (n-1)$$

$$\alpha_{M(L)} = 1 + \beta_1[L] + \cdots + \beta_n[L]^n$$

对 $\alpha_{M(OH)}$ 可按类似方法求出。

(2) 条件稳定常数

$$\lg K'_{MY} = \lg K_{MY} - \lg\alpha_M - \lg\alpha_Y$$

三、配位滴定的条件和滴定误差

1. 滴定误差

按照误差定义,我们可写出配位滴定的误差为:

$$误差 = \frac{滴定剂的不足量或过量}{金属离子的量} \times 100$$

即

$$TE\% = \frac{c_Y^{ep} - c_M^{ep}}{c_M^{ep}} \times 100 = \frac{[Y']_{ep} - [M']_{ep}}{c_M^{ep}} \times 100$$

$$= \frac{10^{\Delta pM'} - 10^{-\Delta pM'}}{\sqrt{K'_{MY} c_M^{sp}}} \times 100 \qquad (林邦误差公式)$$

2. 准确滴定的条件

从上面的林邦误差公式，我们不难发现对某金属离子来说，只有当 $\lg K'_{MY} c_M^{sp} \geqslant 6$ 时，才能被准确滴定（这里指 $TE\% \leqslant \pm 0.1$）。

3. 滴定 pH 的确定

(1) 适宜酸度范围

根据 EDTA 的酸效应和金属离子的水解效应确定出来的 pH 范围就是滴定的适宜酸度范围，并没有考虑指示剂的影响。

如用 0.02000 mol·L^{-1}的 EDTA 滴定 0.02000 mol·L^{-1}的 Zn^{2+}，适宜酸度范围是 pH 为 4.0～6.4。

(2) 实际酸度范围

通常是根据适宜酸度范围，在考虑到指示剂的影响就可以了。现以 0.02000 mol·L^{-1}的 EDTA 滴定 0.02000 mol·L^{-1}的 Zn^{2+} 为例，假定用二甲酚橙（XO）为指示剂，根据滴定误差的要求，同时考虑指示剂自身的使用范围，故实际的酸度范围是 pH 为 5.1～6.0。

4. 指示剂的选择

根据平衡原理，在终点时，金属离子的浓度为：

$$pM'_{ep} = \lg K'_{MIn} - \lg \frac{[MIn']}{[In']}$$

当 $[MIn'] = [In']$ 时，$pM'_{ep} = \lg K'_{MIn}$ 确认为金属指示剂的理论变色点。

$$pM'_{ep} = \lg K'_{MIn} = \lg K_{MIn} - \lg \alpha_{In} - \lg \alpha_M$$

在通常情况下，应为 $pM'_{ep} = \lg K'_{MIn} = \lg K_{MIn} - \lg \alpha_{In(H)}$。可见 pM'_{ep} 与溶液 pH 有关。

滴定反应和显色反应均与 pH 有关，因此选择指示剂和选择实际 pH 范围应同时进行（见实际酸度范围），但这种方法太麻烦。现介绍一种较为简单的办法。

无论选择什么样的实验条件，最终目的是将误差控制在允许的范围内。现假定这个误差为 ±0.1%，对于等浓度的配位滴定，则

当 $TE\% = -0.10$ 时，$pM' = pc_M^{sp} + 3$；同理，当 $TE\% = +0.10$ 时，$pM' = \lg K'_{MY} - 3$。

设 $pM_t = \lg K_{MIn} - \lg \alpha_{In(H)}$（$pM_t$有表可查），

若 M^{n+} 没有副反应，$pM'_{ep} = pM_t$，

$$pc_M^{sp} + 3 \leqslant pM_t \leqslant \lg K'_{MY} - 3$$

若 M^{n+} 有副反应，$pM'_{ep} = pM_t - \lg\alpha_M$，

$$pc_M^{sp} + 3 + \lg\alpha_M \leqslant pM_t \leqslant \lg K'_{MY} - 3 + \lg\alpha_M$$

在实际工作中，只要以上式为依据就可选定所需的指示剂和 pH 范围。当然，指示剂本身的使用范围也必须考虑。

四、提高配位滴定选择性的方法

1. 利用控制酸度

利用控制溶液的酸度是消除干扰最简单的方法，但前提是被测离子和共存离子之间必须满足 $\lg c_M^{sp}K'_{MY} = \lg c_M^{sp}K_{MY} - \lg c_N^{sp}K_{NY} \geqslant 6$，否则就要采用其他的手段。

2. 利用掩蔽

如利用酸度的办法尚不能消除干扰的话，常利用掩蔽剂来掩蔽干扰离子，使它们不与 EDTA 配位，或者说，使它们的 EDTA 配合物的表观稳定常数降至不干扰的地步。常用的掩蔽方法有配位、沉淀和氧化还原。

3. 利用选择性解蔽

(1) 利用置换反应

如 Al^{3+} 和 Ti^{4+} 或 Al^{3+} 和 Sn^{4+} 等离子共存时，可利用苦杏仁酸可解蔽 TiY 或 SnY 配合物，即可求出各组分的量。

(2) 将掩蔽剂变为不反应的型体

如测定铜合金中的铅、锌时，用 KCN 来掩蔽；再加入甲醛，只要条件控制适当，则 $Zn(CN)_4{}^{2-}$ 被解蔽，$Cu(CN)_2{}^-$ 不被解蔽。这样就可以测定铜合金中的铅、锌。

(3) 通过控制 pH 值

如在吡啶缓冲溶液中，以氟硼酸铵隐蔽 Ca^{2+} 和 Mg^{2+}（因生成 $Ca(BF_4)_2$ 和 $Mg(BF_4)_2$ 沉淀），可用 EDTA 滴定 Mn^{2+}。滴定后，加浓氨水，释放出 Ca^{2+} 和 Mg^{2+}，再用 EDTA 滴定之。这样就可分别测出 Mn^{2+}，Ca^{2+} 和 Mg^{2+}。

(4) 改变金属离子的价态

如测定铜合金中的铜的测定，先加一定量过量的 EDTA 于样品溶液中，使铜与 EDTA 生成配合物，剩余的 EDTA 用铅滴定掉；再将溶液调至 pH 等于 1 左右，加抗坏血酸和硫脲，此时被还原成一价的铜离子与硫脲形成配合物，同时释放出等量的 EDTA，再用铅标准溶液滴定，即可求出铜的含量。

4. 利用选择性高的滴定剂

如采用乙二醇二乙醚二胺四乙酸（EGTA），可选择性地测定 Ca^{2+}，而 Mg^{2+} 的干扰很小；用乙二胺四丙酸可在 Zn^{2+}，Cd^{2+}，Mn^{2+} 和 Mg^{2+} 存在时滴定 Cu^{2+}；有

Mn^{2+}时，用三乙撑四胺测定Pb^{2+}或Ni^{2+}均有较高的选择性。

5. 利用其他方法

利用表面活性剂和CCl_4覆盖某些干扰金属离子所形成的硫化物微溶沉淀，不经分离即可消除干扰。如采用硫代乙酰胺与Co^{2+}形成CoS沉淀，用十二烷基磺酸钠(SDS)覆盖CoS可有效地消除Co^{2+}在水硬度测定中对指示剂的封闭。同理也可消除Ni^{2+}和Fe^{2+}的影响。又如，用SDS—CCl_4覆盖$BiPO_4$沉淀，以EDTA滴定过量的Bi^{3+}，而成功地测定P等。

习 题

一、选择题

1. 乙酰丙酮(L)与Fe^{3+}络合物的$\lg\beta_1 \sim \lg\beta_3$分别为11.4，22.1，26.7。若使$[Fe^{3+}]=[FeL]$，则pL应该控制在( )。
   (A) 11.4 (B) 10.7 (C) 4.6 (D) 22.1
2. Zn^{2+}与EDTA形成的络合物比它与三乙醇胺(TEA)形成的络合物稳定，这是因为( )。
   (A) EDTA含有两个不同的配位原子
   (B) EDTA分子量比TEA分子量大
   (C) Zn^{2+}与EDTA形成的络合物环数多
   (D) TEA的碱性比EDTA强
3. $0.025\ mol\cdot L^{-1}$的Cu^{2+}溶液10.00 mL与$0.30\ mol\cdot L^{-1}$的$NH_3\cdot H_2O$ 10.00 mL混合，达到平衡后，溶液中$[NH_3]$浓度为(已知Cu^{2+}—NH_3的$\lg\beta_1 \sim \lg\beta_5$分别为3.7，6.0，11.0，12.7，11.1)( )。
   (A) 0.30 (B) 0.20 (C) 0.15 (D) 0.10
4. 乙酰丙酮(L)与Al^{3+}形成络合物的$\lg\beta_1 \sim \lg\beta_3$分别为8.6，15.5和21.3，当pL为6.9时，铝络合物的主要存在形式是( )。
   (A) AlL和AlL_2 (B) Al^{3+}和AlL (C) AlL_2 (D) AlL_3
5. 已知乙二胺(L)与Ag^+形成络合物的$\lg\beta_1$和$\lg\beta_2$分别为4.7与7.7，当AgL络合物为主要存在形式时，溶液中游离L的浓度范围是( )。
   (A) $10^{-4.7}>[L]>10^{-7.7}$ (B) $10^{-3.0}>[L]>10^{-7.7}$
   (C) $10^{-3.0}>[L]>10^{-4.7}$ (D) $[L]=10^{-4.7}$
6. 在pH为10.0的氨性缓冲溶液中，以$2\times10^{-2}\ mol\cdot L^{-1}$的EDTA滴定同浓度的

Pb^{2+}溶液。若滴定开始时酒石酸(L)的分析浓度为 0.2 mol·L^{-1},则酒石酸铅络合物的浓度 pPbL 是(酒石酸铅络合物的 lg$K$ 为 3.8)(　　)。

(A) 11.3　　(B) 8.2　　(C) 8.5　　(D) 14.4

7. 15 mL 0.020 mol·L^{-1}的 EDTA 与 10 mL 0.020 mol·L^{-1}的 Zn^{2+}溶液相混合,若欲控制[Zn^{2+}]小于 $10^{-7.6}$ mol·L^{-1},问溶液 pH 应控制在(　　)。

(A) 5　　(B) ≥4　　(C) ≤4　　(D) 3

8. 在 pH=9.26 的氨性缓冲液中,除氨络合物外的缓冲剂总浓度为 0.20 mol·L^{-1},游离 $C_2O_4{}^{2-}$ 浓度为 0.10 mol·L^{-1}。则 Cu^{2+} 的 α_{Cu} 为(已知 Cu^{2+}—$C_2O_4{}^{2-}$ 络合物的 lg β_1 = 4.5,lg β_2 = 8.9;Cu^{2+}—OH^- 络合物的 lg β_1 = 6.0)(　　)

(A) $10^{9.36}$　　(B) $10^{8.9}$　　(C) $10^{13.4}$　　(D) $10^{14.9}$

9. 螯合剂二乙三氨五乙酸(EDPA,用 H_5L 表示)的五个 pK_a值分别为 1.94,2.87,4.37,8.69 和 10.56,溶液中组分 HL^{4-} 的浓度最大时,溶液的 pH 值为(　　)。

(A) 1.94　　(B) 2.87　　(C) 5.00　　(D) 9.62

10. 0.010 mol·L^{-1}的 M^{2+}与 0.010 mol·L^{-1}的 Na_2H_2Y 反应后,溶液 pH 值约为($K_{MY}=1.0\times10^{20}$)(　　)。

(A) 2.00　　(B) 1.70　　(C) 1.82　　(D) 1.40

11. 在 pH = 5 的乙酸缓冲溶液中,用 0.002 mol·L^{-1}的 EDTA 滴定同浓度的 Pb^{2+}。已知 lgK_{PbY}=18.0,lg$\alpha_{Y(H)}$=6.6,lg$\alpha_{Pb(Ac)}$=2.0,在化学计量点时,溶液中 pPb′值应为(　　)。

(A) 9.4　　(B) 3.2　　(C) 13.4　　(D) 6.2

12. 用EDTA 滴定含 NH_3 的 Cu^{2+} 溶液,随 NH_3 的浓度增大,pCu 突跃范围(　　)。

(A) 增大　　(B) 减小　　(C) 不变　　(D) 不能确定

13. EDTA 的酸效应曲线正确的是(　　)。

(A) $\alpha_{Y(H)}$～pH 曲线　　(B) lg$\alpha_{Y(H)}$～pH 曲线

(C) lgK'_{MY}～pH 曲线　　(D) pM～pH 曲线

14. 在 pH=5.0 的六亚甲基四胺缓冲溶液中,用 0.02 mol·L^{-1}的 EDTA 滴定同浓度的 Pb^{2+},化学计量点时,pY 值是(lgK_{PbY} = 18.0,pH = 5.0 时,lg$\alpha_{Y(H)}$ = 6.4)(　　)。

(A) 6.8　　(B) 7.3　　(C) 10.0　　(D) 13.2

15. 在 pH=4.5 的 AlY^- 溶液中,含有 0.2 mol·L^{-1}的游离 F^-。以下叙述正确的是(　　)。

(A) [Al]=[Y′]　　(B) [Al]=[Y]

(C) $[Al']=[Y']$ (D) $[Al']=[Al]+[AlY]$

16. 在络合滴定中,用返滴法测定 Al^{3+} 时,若在 pH=5~6 时以某金属离子标准溶液返滴过量的 EDTA,金属离子标准溶液应选(　　)。

(A) Ca^{2+} (B) Fe^{3+} (C) Cu^{2+} (D) Pb^{2+}

17. 今有 A、B 浓度相同的 Zn^{2+}—EDTA 溶液两份:A 为 pH=10.0 的 NaOH 溶液;B 为 pH=10.0 的氨性缓冲溶液。则 Zn^{2+}—EDTA 在 A、B 溶液中的稳定性(用 A 和 B 表示)大小是(　　)。

(A) A=B (B) A>B (C) A<B (D) 无法确定

18. 今欲配制 pH=5.0,pCa=3.8 的溶液,所需 EDTA 与 Ca^{2+} 物质的量之比,即 n(EDTA)∶n(Ca)为(　　)。

(A) 3∶2 (B) 2∶3 (C) 1∶2 (D) 2∶1

19. 在一定条件下,用 0.010 mol·L^{-1}的 EDTA 滴定 20.00 mL 同浓度金属离子 M。已知该条件下反应是完全的,在加入 19.98~20.02 mL EDTA 时 pM 值改变 1 单位,则 pK'(MY)为(　　)。

(A) 11.3 (B) 9.3 (C) 8.5 (D) 12.6

20. 若配置 EDTA 溶液的水中含有 Ca^{2+},现以 $CaCO_3$ 为基准物质标定 EDTA,用以滴定试液中的 Zn^{2+},XO 为指示剂,则滴定结果(　　)。

(A) 偏高 (B) 偏低 (C) 无影响 (D) 不能确定

21. 若配置 EDTA 溶液的水中含有 Ca^{2+},现以金属锌为基准物质,铬黑 T 为指示剂标定 EDTA,用以测定试液中 Ca^{2+} 的含量,则滴定结果(　　)。

(A) 偏高 (B) 偏低 (C) 无影响 (D) 不能确定

22. 今有一混合溶液含有 Fe^{2+} 和 Zn^{2+},现若测定其中的 Fe^{2+},你认为选用下列方法较为简单的是(　　)。

(A) 氧化还原滴定 (B) 络合滴定 (C) 酸碱滴定 (D) 沉淀滴定

23. 今有一个含有 Al^{3+} 和 Zn^{2+} 的混合溶液,为了准确滴定 Zn^{2+},需选用的掩蔽剂是(　　)。

(A) KCN (B) NaF (C) 邻二氮菲 (D) 硫脲

24. 在 pH=5.0 的醋酸缓冲液中用 0.02 mol·L^{-1}的 EDTA 滴定同浓度的 Pb^{2+}。已知 $\lg K_{PbY}=18.0$,$\lg_{Y(H)}=6.6$,$\lg_{Pb(Ac)}=2.0$,化学计量点时溶液中 pY′应为(　　)。

(A) 10 (B) 9.0 (C) 6.7 (D) 5.7

25. EDTA 滴定金属离子时,若仅浓度均增大 10 倍,pM 突跃改变(　　)。

(A) 1 个单位 (B) 2 个单位 (C) 10 个单位 (D) 不变化

26. 铬黑 T(EBT)是一种有机弱酸，它的酸形成常数为 $\lg K_1=11.6$，$\lg K_2=6.3$，Mg—EBT 的 $\lg K_{MgIn}=7.0$，计算在 pH=10.0 时的 $\lg K'_{MgIn}$ 为(　　)。
(A) 7.0　(B) 6.3　(C) 5.4　(D) 4.3

27. 0.020 mol·L^{-1}的 Zn^{2+} 溶液滴定 0.020 mol·L^{-1}的 EDTA 溶液。已知 $\lg K_{ZnY}=16.5$，$\lg\alpha_{Zn}=1.5$，$\lg\alpha_{Y}=5.0$，终点时 pZn=8.5，则终点误差为(　　)。
(A) +0.1%　(B) −0.1%　(C) +3%　(D) −3%

28. 在 pH=5.0 的醋酸缓冲液中用 0.002000 mol·L^{-1}的 EDTA 滴定同浓度的 Pb^{2+}。已知 $\lg K_{PbY}=18.0$，$\lg\alpha_{Y(H)}=6.6$，$\lg\alpha_{Pb(Ac)}=2.0$。则 $\lg K'_{PbY}$ 的值应为(　　)。
(A) 8.2　(B) 9.4　(C) 10.6　(D) 12.2

29. EDTA 滴定 Al^{3+}，Zn^{2+}，Pb^{2+} 混合液中的 Al^{3+}，应采用(　　)。
(A) 直接滴定　(B) 返滴定　(C) 置换滴定　(D) 间接滴定

30. 在 pH=5 时，用 0.02000 mol·L^{-1}的 EDTA 滴定 20.00 mL 0.020 mol·L^{-1}的 Zn^{2+}，则其滴定的突跃范围为(已知 $\lg K_{ZnY}=16.50$；pH=5，$\lg\alpha_{Y(H)}=6.50$)(　　)。
(A) 5.00～7.00　(B) 5.30～7.00　(C) 5.30～6.0　(D) 5.00～6.0

31. 用 EDTA 滴定 Cu^{2+}，Fe^{2+} 等离子，可用下列何种指示剂(　　)。
(A) PAN　(B) EBT　(C) XO　(D) MO

32. 欲要求 $E_t \leqslant \pm 0.2\%$，实验检测终点时，$\Delta pM=0.38$，用 0.020 mol·L^{-1}的 EDTA滴定等浓度的 Bi^{3+}，最低允许的 pH 为(　　)。
(A) 0.64　(B) 0.90　(C) 1.20　(D) 1.0

33. EDTA 连续滴定 Fe^{3+}，Al^{3+} 时，可以采用的实验条件是(　　)。
(A) pH=2 滴定 Al^{3+}，pH=4 滴定 Fe^{3+}
(B) pH=1 滴定 Fe^{3+}，pH=4 滴定 Al^{3+}
(C) pH=2 滴定 Fe^{3+}，pH=4 返滴定 Al^{3+}
(D) pH=2 滴定 Fe^{3+}，pH=4 间接法测 Al^{3+}

34. 假如以 0.0200 mol·L^{-1}的 EDTA 滴定 0.020 mol·L^{-1}的 Zn^{2+}，用 NH_3—NH_4Cl 缓冲溶液控制溶液 pH 值为 10.0，若$[NH_3]=0.10$ mol·L^{-1}，试求未与 EDTA 络合的$[Zn^{2+}]$浓度为(已知 $\lg K_{ZnY}=16.50$，pH=10.0 时，$\lg\alpha_{Y(H)}=0.45$，$\lg\alpha_{ZnA}=5.1$，A 表示 NH_3)(　　)。
(A) 1.0×10^{-5} mol·L^{-1}　(B) 3.4×10^{-7} mol·L^{-1}
(C) 5.6×10^{-10} mol·L^{-1}　(D) 2.7×10^{-12} mol·L^{-1}

35. 若用 EDTA 测定 Zn^{2+} 时，Cr^{3+} 干扰，为消除 Cr^{3+} 影响，应采用的方法是

(　　)。

(A) 控制酸度　　(B) 络合掩蔽　　(C) 沉淀掩蔽　　(D) 氧化还原掩蔽

36. 某溶液含 Mg^{2+} 和 Zn^{2+} 浓度均为 0.02000 mol·L^{-1}，在 pH = 10 的氨性缓冲溶液中用 KCN 掩蔽 Zn^{2+}，用 EDTA 滴定 Mg^{2+}，若 ΔpH = ±0.20，TE% ≤ ±0.10，问至少需加 KCN 的质量为(设溶液最初体积为 25 mL)(　　)。

(A) 1.0 g　　(B) 1.5 g　　(C) 2.0 g　　(D) 2.6g

二、填空题

1. 移取 25.00 mL pH 为 1.0 的 Bi^{3+} 和 Pb^{2+} 试液，用 0.02000 mol·L^{-1} 的 EDTA 滴定 Bi^{3+} 计耗去 15.00 mL EDTA。今欲在此溶液中继续滴定 Pb^{2+}，需加入________g 六亚甲基四胺，才能将 pH 调到 5.0。

2. 用 EDTA 滴定金属离子 M，若浓度均增加 10 倍，则在化学计量点前 0.1% pM __①__；在化学计量点时，pM __②__；在化学计量点后 0.1%，pM __③__（指增大或减小多少单位）。

3. 已知乙酰丙酮(L)与 Al^{3+} 络合物的累积常数 $\lg\beta_1 \sim \lg\beta_3$ 分别为 8.6，15.5 和 21.3，AlL_3 为主要型体时的 pL 范围是__①__，[AlL]与[AlL_2]相等时的 pL 为__②__，pL 为 10.0 时铝的主要型体又是__③__。

4. 在 pH = 13 时，用 EDTA 滴定 Ca^{2+}。请根据表中数据，完成填空：

c(mol·L^{-1})	pCa		
	−0.1%	sp	+0.1%
0.01	5.3	6.4	①
0.1	②	③	7.5

5. 在[H^+]一定时，EDTA 酸效应系数的计算公式为________。

6. 在含有 Ni^{2+}—NH_3 络合物的溶液中，若 $Ni(NH_3)_4{}^{2+}$ 的浓度 10 倍于 $Ni(NH_3)_3{}^{2+}$ 的浓度，问此体系中游离氨的浓度[NH_3]等于________mol·L^{-1}。

7. 请填写：

欲以 EDTA 法测定的离子	Mg^{2+}	Ag^+	Na^+	Al^{3+}
宜选用的络合滴定方式	①	②	③	④

8. 在 0.010 mol·L^{-1} 的 Al^{3+} 溶液中，加氟化铵至溶液中游离 F^- 的浓度为 0.10 mol·L^{-1}，问溶液中铝的主要型体是________。

9. 用 EDTA 标准溶液滴定试样中的 Ca^{2+}，Mg^{2+}，Zn^{2+} 时的最小 pH 值分别是__①__，__②__，__③__。

10. 当 Ca^{2+} 的初始浓度小于________时，可用 0.02000 mol·L^{-1} 的 EDTA 选择滴定 0.020 mol·L^{-1} 的 Zn^{2+} 。

11. 今由 100 mL 0.010 mol·L^{-1} 的 Zn^{2+} 溶液，欲使其中 Zn^{2+} 浓度降至 10^{-9} mol·L^{-1}，问需向溶液中加入固体 KCN ____g。已知 Zn^{2+}—CN^- 络合物的累积形成常数 $\beta_4 = 10^{16.7}$，M_r(KCN) = 65.12。

12. 若将 0.020 mol·L^{-1} 的 EDTA 与 0.010 mol·L^{-1} 的 $Mg(NO_3)_2$（两者体积相等）混合，问在 pH = 9.0 时溶液中游离 Mg^{2+} 的浓度是________mol·L^{-1}。

13. 已标定好的 EDTA 溶液若长期贮存于软玻璃容器中会溶解 Ca^{2+}，若用它去滴定铋，则测得铋含量________。（偏高、偏低或无影响）

14. 铬蓝黑 R 的酸离解常数 $K_{a1} = 10^{-7.3}$，$K_{a2} = 10^{-13.5}$，它与镁的络合物稳定常数 $K(MgIn) = 10^{7.6}$。则 pH = 10.0 时 $(pMg)_t$ 值为__①__；若以它为指示剂，在 pH = 10.0 时以 2×10^{-2} mol·L^{-1} 的 EDTA 滴定同浓度的 Mg^{2+}，则终点误差为__②__。

15. 以 2×10^{-2} mol·L^{-1} 的 EDTA 滴定浓度均为 2×10^{-2} mol·L^{-1} 的 Cu^{2+}，Ca^{2+} 混合液中的 Cu^{2+}。如溶液 pH 为 5.0，以 PAN 为指示剂，则化学计量点时，Cu^{2+} 的平衡浓度为__①__和终点时，CaY 的平衡浓度为__②__。

16. 用控制酸度的方法分步滴定浓度均为 2×10^{-2} mol·L^{-1} 的 Th^{4+} 和 La^{3+}。若 EDTA 浓度也为 2×10^{-2} mol·L^{-1}，则以二甲酚橙为指示剂滴定 Th^{4+} 的最佳 pH 值为__①__；若以二甲酚橙为指示剂在 pH = 5.5 继续滴定 La^{3+}，终点误差为__②__。

17. 在 pH = 5.5 的醋酸缓冲液中，用 0.020 mol·L^{-1} 的 EDTA 滴定同浓度的 Zn^{2+}，已知 $\lg K_{ZnY} = 16.5$，$\lg_{Y(H)} = 5.5$。则化学计量点时，pZn = __①__，pZnY = __②__，pY′ = __③__，pY = __④__，pc(Y) = __⑤__。

18. 在 pH = 10 的氨性缓冲溶液中，以铬黑 T 为指示剂，用 EDTA 溶液滴定 Ca^{2+} 时，终点变色不敏锐，此时可加入少量__①__作为间接金属指示剂，在终点前溶液呈现__②__，终点时溶液呈现__③__。

19. Ca^{2+} 与 PAN 不显色，但在 pH = 10～12 时，加入适量的________，却可以用 PAN 作为滴定 Ca^{2+} 的指示剂。

20. 今假定某溶液中含 Bi^{3+}，Zn^{2+}，Mg^{2+} 三种离子，为了提高络合滴定的选择性，宜采用的最简单方法是________。

21. 用 EDTA 滴定等浓度的 Ca^{2+} 时，当浓度增大 10 倍时，滴定突跃范围增大________个 pH 单位。

22. 用 EDTA 滴定法测定 Bi^{3+} 时，若有 Fe^{3+} 存在则干扰测定，应采用________的

方法消除 Fe^{3+} 的干扰。

23. 在 pH = 5.0 的醋酸缓冲溶液中用 0.020 mol·L⁻¹ 的 EDTA 滴定同浓度的 Pb^{2+}，今知 $\lg K_{PbY}=18.0$，$\lg_{Y(H)}=6.5$，$\lg_{Pb(Ac)}=2.0$。则化学计量点时 pPb′ = ___①___，pPb = ___②___，pY′ = ___③___，pY = ___④___，pPbY = ___⑤___。

24. 用 0.0200 mol·L⁻¹ 的 EDTA 滴定 pH = 10.0、每升含有 0.020 mol 游离氨的溶液中的 Cu^{2+}（$c_{Cu^{2+}}=0.020\ mol\cdot L^{-1}$），则滴定至化学计量点前后 0.1%时的 pCu′分别为___①___，___②___。

25. 用 0.02000 mol·L⁻¹ EDTA 滴定浓度均为 0.02000 mol·L⁻¹ 的 Pb^{2+}，Ca^{2+} 混合液中的 Pb^{2+}，溶液 pH 为 5.0。则化学计量点时的[Pb^{2+}]，[CaY]值分别为___①___，___②___ mol·L⁻¹；若以二甲酚橙为指示剂，此时[CaY]是___③___ mol·L⁻¹。已知 pH = 5.0 时 $\lg_{Y(H)}=6.6$，$pPb_{终}=7.0$（二甲酚橙）；$\lg K_{PbY}=18.0$，$\lg K_{CaY}=10.7$。

26. 用 EDTA 滴定某金属离子 M 时，滴定突跃范围是 5.30～7.50，若被滴定金属离子增大 10 倍，则突跃范围是________。

27. 配位滴定中有时会使用 KCN 作掩蔽剂，在将含 KCN 的废液倒入水槽前应加入 Fe^{2+}，使其生成稳定的配合物________以防止污染环境。

28. 移取含 Bi^{3+}，Pb^{2+}，Cd^{2+} 的试液 25.00 mL，以二甲酚橙为指示剂，在 pH = 1 时用 0.02015 mol·L⁻¹ 的 EDTA 滴定，用去 20.28 mL；调 pH 至 5.5，用 EDTA 滴定又用去 30.16 mL；再加入邻二氮菲，用 0.02002 mol·L⁻¹ 的 Pb^{2+} 标准溶液滴定，又用去 10.15 mL。则溶液中 Bi^{3+}，Pb^{2+}，Cd^{2+} 的浓度分别为___①___，___②___，___③___（mol·L⁻¹）。

第五章　氧化还原滴定法

一、重要概念和知识点

(1) 氧化还原反应涉及价态的变化,因此它和其他滴定方法有所区别,一是反应速度往往较慢,滴定时需要考虑反应速度的影响;二是反应的化学计量关系比较复杂,在计算分析结果时,需搞清楚被测物和滴定剂之间的化学计量关系。

(2) 和其他滴定方法不同,氧化还原滴定曲线反映的是电极电位和滴定体积的关系,它是通过电极电位来判断氧化还原反应进行的方向和反应的程度;而且,没有统一的判别式,随化学计量关系的变化而改变。

(3) 条件电位是反映客观条件下的电位,但它不易得到。在氧化还原滴定法的计算中,尽可能采用条件电位或反应条件接近的条件电位。

(4) 要注意对称电对和不对称电对、可逆电对和不可逆电对的区别;条件电位和标准电极电位的区别。

二、氧化还原平衡

1. 能斯特公式

能斯特方程是处理有关氧化还原平衡的基本公式,在25℃时,有:

$$E = E^0 + \frac{0.059}{n}\lg\frac{a_0}{a_R}$$

能斯特公式只适应于能在氧化还原反应任一瞬间建立平衡的可逆电对,但对不可逆电对,一般也用能斯特公式进行判断。

2. 条件电位

条件电位就是考虑各种影响因素并将其与标准电极电位合并得到的常数,是特定条件下氧化态和还原态分析浓度均为1 mol·L^{-1}时的实际电位值。条件电位与溶液条件(氢离子浓度、离子强度等)和电极的副反应有关。

如在盐酸介质中,反应 $Fe^{3+} + e = Fe^{2+}$,有:

$$E^{0'} = E^0 + 0.059\lg \frac{\gamma_{Fe^{3+}}\ \alpha_{Fe^{2+}}}{\gamma_{Fe^{2+}}\ \alpha_{Fe^{3+}}}$$

影响电对电极电位的因素主要有以下几个方面:①氧化态和还原态浓度;②氧化态和还原态存在沉淀、配位等反应;③溶液氢离子浓度。

3. 氧化还原平衡常数及化学计量点电位

在氧化还原滴定中,反应的平衡常数可以按照下式由有关电对的标准电极电位或条件电位计算:

$$\lg K = \frac{(E_1^0 - E_2^0)}{0.059}n \quad 或 \quad \lg K' = \frac{(E_1^{0'} - E_2^{0'})}{0.059}n$$

其中 n 为两电对转移电子的最小公倍数。

当氧化还原反应按照方程式进行完全即达到化学计量点时,体系的电位值与参与反应的电对的对称性有关。若参与反应的电对均为对称电对(反应前后系数不变),则:

$$E_{sp} = \frac{n_1E_1^0 + n_2E_2^0}{n_1 + n_2}$$

使用条件电位时,有:

$$E_{sp} = \frac{n_1E_1^{0'} + n_2E_2^{0'}}{n_1 + n_2}$$

式中,n_1,n_2 分别为两电对转移的电子数。

当有不对称电对及氢离子参与反应时

$$n'_2O_1 + n'_1R_2 + bH^+ = n'_1O_2 + n'_2aR_1 + cH_2O$$

$$E_{sp} = \frac{n_1E_1^0 + n_2E_2^0}{n_1 + n_2} + \frac{0.059}{n_1 + n_2}\lg\frac{1}{a[R_1]_{sp}^{a-1}} + \frac{0.059}{n_1 + n_2}\lg[H^+]^b$$

或

$$E_{sp} = \frac{n_1E_1^{0'} + n_2E_2^{0'}}{n_1 + n_2} + \frac{0.059}{n_1 + n_2}\lg\frac{1}{a[R_1]_{sp}^{a-1}}$$

由标准电极电位或条件电位可以计算出化学计量点电位和平衡常数,进一步可以判断反应进行的程度,以及反应达到平衡时某种参与反应物质的浓度。

三、氧化还原反应速度

氧化还原反应一般经历多个中间步骤,机理较为复杂,有时热力学上平衡常数很大的反应实际无法进行,显然反应速度起了决定性作用。影响反应速度的主要因素为:浓度、温度、催化剂和诱导体。

四、氧化还原滴定法原理

1. 氧化还原滴定曲线

在一定浓度范围内，氧化还原滴定(对称电对)的滴定曲线只与滴定剂电对和被测物电对的标准电位有关，而与初始浓度无关。因此，影响滴定突跃范围的因素是两电对的标准电极电位或条件电位及电子得失数。

对对称电对，突跃范围是：

$$E_2^{0'} + \frac{0.059}{n_2} \times 3 \sim E_1^{0'} - \frac{0.059}{n_1} \times 3$$

当 $\Delta E \geqslant 0.20\text{V}$ 时，才有明显的突跃；当 $\Delta E \geqslant 0.20\text{V}$ 时，电位法可指示终点；当 $\Delta E \geqslant 0.40\text{V}$ 时，电位法和指示剂法均可指示终点。

2. 氧化还原反应进行的程度

滴定反应的必要的条件就是能定量反应完全。在氧化还原滴定中，反应进行的程度可由氧化形和还原形浓度的比值来表示，该比值根据平衡常数求得。也可由两个半反应的电位差来表示。

$$\lg K' = \frac{n(E_1^{0'} - E_2^{0'})}{0.059} = \lg \frac{c_{R_1}^{n_2} \times c_{O_2}^{n_1}}{c_{O_1}^{n_2} \times c_{R_2}^{n_1}} = 3(n_1 + n_2)$$

对于如下反应：

$$n_2 O_1 + n_1 R_2 = n_1 O_2 + n_2 R_1$$

当 $n_1 = n_2 = 1$ 时，

$$\lg K' \geqslant 3(n_1 + n_2) = 6$$

$$\Delta E = E_1^{0'} - E_2^{0'} \geqslant 0.36(\text{V})$$

当 $n_1 = 1, n_2 = 2$ 时，

$$\lg K' \geqslant 3(n_1 + n_2) = 9$$

或 $n_1 = 2, n_2 = 1$ 时，

$$\Delta E = E_1^{0'} - E_2^{0'} \geqslant 0.27(\text{V})$$

3. 氧化还原滴定指示剂

在氧化还原滴定中，使用的指示剂有三种类型：自身指示剂(如 $KMnO_4$)、显色指示剂(如淀粉)和氧化还原指示剂。

氧化还原指示剂是由于体系电位的变化引起指示剂本身发生氧化还原变化的从而指示滴定终点的一类指示剂。

$$\text{In(O)} + ne = \text{In(Red)}$$

$$E = + \frac{0.059}{n}\lg \frac{[In_{(O)}]}{[In_{(Red)}]}$$

其理论变色点就是终点：$E_{ep} = E^0$ 或 $E_{ep} = E^{0'}$；理论变色范围是 $E^{0'} \pm \frac{0.059}{n}$。

4. 终点误差

氧化还原滴定的终点误差是由指示剂变色点电位与化学计量点电位不一致引起的误差。设用 $c_T mol \cdot L^{-1}$ 的氧化剂 O_T 作为滴定剂滴定 V_0 mL 浓度为 $c_X mol \cdot L^{-1}$ 的还原剂 R_X，滴定产物为 R_T 及 O_X，反应为：

$$n'_X O_T + n'_T R_X = n'_T O_X + n'_X R_T$$

式中，$n'_X = n/n_T$，$n'_T = n/n'_X$，n 为 n'_X 和 n'_T 的最小公倍数，则：

$$TE = \frac{n'_T[O_T]_{ep} - n'_X[R_X]_{ep}}{n'_X c_X^{ep}} \times 100\%$$

由终点电位可计算出上式中的有关浓度，再计算出终点误差。

五、常用氧化还原滴定法

1. 氧化还原预处理

(1) 对预处理剂的要求

对预处理剂的要求有：①反应快速；②必须将欲测组分定量地氧化或还原；③氧化还原反应具有一定选择性；④过量的预处理剂易除去，除去的方法包括加热分解、过滤以及利用化学反应等。

(2) 常见的预氧化剂和预还原剂

①预氧化剂有：$(NH_4)_2S_2O_8$，$KMnO_4$，$HClO_4$，$NaBiO_3$，H_2O_2 等。

②预还原剂有：$TiCl_3$，$SnCl_2$，SO_2，H_2S，Al，Zn，Ag 等。

(3) 预氧化剂和预还原剂的选择

①定量反应，产物的组成确定；

②选择性好，例如：

Fe^{3+}，Ti^{4+} $\longrightarrow$ Fe^{2+}，Ti^{3+}（用 Zn 还原）$\longrightarrow$ 测 Fe^{3+}，Ti^{4+}（用 $K_2Cr_2O_7$）

Fe^{3+}，Ti^{4+} $\longrightarrow$ Fe^{2+}，Ti^{4+}（用 $SnCl_2$ 还原）$\longrightarrow$ 测 Fe^{3+}（用 $K_2Cr_2O_7$）

2. 高锰酸钾法

在全部酸度范围内均是一种氧化剂，但只有在强酸性溶液中才是强氧化剂，可直接法测定还原性物质，间接法测定 Ca^{2+}，Th^{4+} 和稀土元素，返滴定法测定 MnO_2 和有机物，返滴定法测定地表水和生活污水中 COD（高锰酸盐指数），一般不需要另加指示剂。

3. 重铬酸钾法

$K_2Cr_2O_7$是基准物质，只有在酸性溶液中才能作为氧化剂使用，滴定时一般需加入氧化还原指示剂指示滴定终点。可直接滴定法测铁；利用 $K_2Cr_2O_7$与 Fe^{2+} 的反应，间接测量氧化剂、还原剂和非氧化还原性物质。

4. 碘量法

利用 I_2 的氧化性和 I^- 的还原性进行测定的方法，一般利用淀粉与 I_2 所形成的蓝色物质（出现或消失）指示滴定终点。

碘量法的反应较为温和，能被碘直接氧化的有机物，一般均可以用直接碘量法或间接法测定。但要注意 I^- 被氧化和 I_2 的挥发。

5. 其他氧化还原滴定法

主要有铈量法和溴酸钾法等。

习　题

一、选择题

1. 当 pH = 3.0、c(EDTA) = 0.01 mol·L^{-1} 时，Fe^{3+}/Fe^{2+} 电对的条件电位是（　　）。

(A) 0.77 V　　(B) 0.68 V　　(C) 0.36 V　　(D) 0.13 V

2. 在$[Cr_2O_7{}^{2-}]$为 10^{-2} mol·L^{-1}、$[Cr^{3+}]$为 10^{-3} mol·L^{-1}、pH = 2 的溶液中，该电对的电极电位为（　　）。

(A) 1.09V　　(B) 0.85V　　(C) 1.27V　　(D) 1.49V

3. 用同一浓度的 $KMnO_4$ 标准溶液，分别滴定体积相等的 $FeSO_4$ 和 $H_2C_2O_4$ 溶液，已知滴定消耗 $KMnO_4$ 的体积相等，则两溶液浓度的关系是（　　）。

(A) $c_{FeSO_4} = c_{H_2C_2O_4}$　　(B) $2c_{FeSO_4} = c_{H_2C_2O_4}$

(C) $c_{FeSO_4} = 2c_{H_2C_2O_4}$　　(D) $5c_{FeSO_4} = 2c_{H_2C_2O_4}$

4. $MnO_4{}^-/Mn^{2+}$ 电对的条件电位与 pH 的关系是（　　）。

(A) $E^{0'}_{MnO_4^-/Mn^{2+}} = E^{0}_{MnO_4^-/Mn^{2+}} - 0.047pH$

(B) $E^{0'}_{MnO_4^-/Mn^{2+}} = E^{0}_{MnO_4^-/Mn^{2+}} - 0.094pH$

(C) $E^{0'}_{MnO_4^-/Mn^{2+}} = E^{0}_{MnO_4^-/Mn^{2+}} - 0.12pH$

(D) $E^{0'}_{MnO_4^-/Mn^{2+}} = E^{0}_{MnO_4^-/Mn^{2+}} + 0.47pH$

5. 在 1 mol·L^{-1} 的 HCl 溶液中，当 0.1000 mol·L^{-1} 的 Ce^{4+} 有 50%被还原成 Ce^{3+}

时,该电对的电极电位为($E^{0'}_{Ce^{4+}/Ce^{3+}}=1.28\ V$)(　　)。

(A) 1.22V　　(B) 1.28V　　(C) 0.90V　　(D) 1.46V

6. 在氧化还原滴定中,为使反应进行完全(反应程度>99.9%),其必要条件为 $E^{0'}_1 - E^{0'}_2 \geqslant$(　　)。

(A) $\frac{2(n_1+n_2)0.059}{n_1 n_2}$　　(B) $\frac{3(n_1+n_2)0.059}{n_1 n_2}$

(C) $\frac{3(n_1+n_2)0.059}{n_1+n_2}$　　(D) $\frac{4(n_1+n_2)0.059}{n_1+n_2}$

7. 已知在 1 mol·L^{-1} 的 H_2SO_4 溶液中,$E^{0'}_{MnO_4^-/Mn^{2+}}=1.45V$,$E^{0'}_{Fe^{3+}/Fe^{2+}}=0.68V$。在此条件下用 $KMnO_4$ 标准溶液滴定 Fe^{2+},其化学计量点的电位为(　　)。

(A) 0.38 V　　(B) 0.73 V　　(C) 0.89 V　　(D) 1.32 V

8. 用 $Na_2C_2O_4$ 标定 $KMnO_4$ 溶液浓度时,若溶液酸度过低,这会导致结果(　　)。

(A) 偏高　　(B) 偏低　　(C) 不影响　　(D) 无法判断

9. 用一定体积(mL)的 $KMnO_4$ 溶液恰能氧化一定质量的 $KHC_2O_4 \cdot H_2C_2O_4 \cdot 2H_2O$;如用 0.2000 mol·$L^{-1}$ 的 NaOH 和同样质量的 $KHC_2O_4 \cdot H_2C_2O_4 \cdot 2H_2O$,所需 NaOH 的体积恰为 $KMnO_4$ 的一半。则 $KMnO_4$ 溶液的浓度(mol·L^{-1})为(　　)。

(A) 0.04000　　(B) 0.02667　　(C) 0.02000　　(D) 0.01000

10. ①用 0.02 mol·L^{-1}的 $KMnO_4$ 溶液滴定 0.1 mol·L^{-1}的 Fe^{2+} 溶液;
②用 0.002 mol·L^{-1}的 $KMnO_4$ 溶液滴定 0.01 mol·L^{-1}的 Fe^{2+} 溶液;
上述两种情况下其滴定突跃将是(　　)。

(A) 一样大　　(B) ①>②

(C) ②>①　　(D)缺电位值,无法判断

11. 用 $KMnO_4$ 法测定某样品中 MnO_2 的含量时,一般采用的滴定方式是(　　)。

(A) 直接滴定　　(B) 返滴定　　(C) 置换滴定　　(D) 间接滴定

12. 为测定试样中的 K^+,可将其沉淀为 $K_2NaCo(NO_2)_6$,溶解后用 $KMnO_4$ 滴定($NO_2^- \longrightarrow NO_3^-$),则 K^+ 与 MnO_4^- 的物质的量之比,即 $n(K):n(KMnO_4)$ 为(　　)。

(A) 1∶1.1　　(B) 1∶1.2　　(C) 1∶1.3　　(D) 1∶1.4

13. 用 $K_2Cr_2O_7$ 作基准物,标定 $Na_2S_2O_3$ 溶液时,用 $Na_2S_2O_3$ 溶液滴定前,最好用水稀释,其目的是(　　)。

(A) 只是为了降低酸度,减少 I^- 被空气氧化

(B) 只是为了降低 Cr^{3+} 浓度,便于终点观察

(C) 为了 $K_2Cr_2O_7$ 与 I^- 的反应定量完成

(D) 一是降低酸度，减少 I^- 被空气氧化；二是为了降低 Cr^{3+} 浓度，便于终点观察

14. 碘量法中，用 $K_2Cr_2O_7$ 作基准物，标定 $Na_2S_2O_3$ 溶液，用淀粉作指示剂，终点颜色为(　　)。

(A) 绿色　(B) 棕色　(C) 蓝色　(D) 蓝绿色

15. 用 $K_2Cr_2O_7$ 作基准物，标定 $Na_2S_2O_3$ 溶液时，若淀粉指示剂过早加入产生的后果是(　　)。

(A) $K_2Cr_2O_7$ 体积消耗过多　(B) 终点提前

(C) 终点推迟　(D) 无影响

16. 在 1 mol·L^{-1} 的 HCl 溶液中，当 0.1000 mol·L^{-1} 的 Ce^{4+} 有 99.9% 被还原成 Ce^{3+} 时，该电对的电极电位是($E^{0'}_{Ce^{4+}/Ce^{3+}}$ = 1.28 V)(　　)。

(A) 1.28 V　(B) 1.10 V　(C) 1.46 V　(D) 1.19 V

17. $KMnO_4$ 与 Fe^{2+} 的反应可以使 Cl^- 还原 $KMnO_4$ 的反应加速，Fe^{2+} 称之为(　　)。

(A) 催化剂　(B) 诱导体　(C) 受诱体　(D) 加速剂

18. 使用 Fe^{3+} 标准溶液滴定 Sn^{2+} 时，可以使用 KSCN 作指示剂，是因为(　　)。

(A) Fe^{3+} 与 KSCN 生成有色物质　(B) Fe^{3+} 将 KSCN 氧化成有色物质

(C) Sn^{4+} 与 KSCN 生成有色物质　(D) Fe^{2+} 与 KSCN 有色物质褪色

19. 可用于氧化还原滴定的两电对电位差必须是(　　)。

(A) 大于 0.8V　(B) 大于 0.4V　(C) 小于 0.8V　(D) 小于 0.4V

20. 使用重铬酸钾法测铁时，滴定前先要在铁盐溶液中滴加适量的 Sn^{2+} 溶液，其目的是(　　)。

(A) 防止 Fe^{2+} 被氧化　(B) 作为指示剂

(C) 还原 Fe^{3+}　(D) 作为催化剂

21. 在氧化还原滴定中，配制 Fe^{2+} 标准溶液时，为防止 Fe^{2+} 被氧化，应加入(　　)。

(A) HCl　(B) H_3PO_4　(C) HF　(D) 金属铁

22. 使用 $Na_2C_2O_4$ 标定 $KMnO_4$ 溶液浓度时，温度不能过高是因为(　　)。

(A) 防止反应太快

(B) 防止 $H_2C_2O_4$ 分解

(C) 防止盐酸挥发减弱 $KMnO_4$ 氧化能力

(D) 防止生成 MnO_2

23. 标定 $Na_2S_2O_3$ 溶液浓度时，不直接用 $K_2Cr_2O_7$ 滴定的原因是(　　)。

(A) 反应没有确定的计量关系　　(B) 没有合适的指示剂

(C) 反应速度过慢　　(D) $K_2Cr_2O_7$氧化能力不足

24. 某铁矿石中含有40%左右的铁，要求测定的相对误差为0.2%，可选用的测定方法是(　　)。

(A) 邻菲罗啉比色法　　(B) 重铬酸钾滴定法

(C) 氨水沉淀法　　(D) 磺基水杨酸比色法

25. 在0.5 mol·L^{-1}的 H_2SO_4 溶液中，使用0.1000 mol·L^{-1}的 Ce^{4+} 滴定同浓度 Fe^{2+} 至指示剂变色($E_{ep}=1.25$ V)时，其终点误差为($E^{0'}_{Ce^{4+}/Ce^{3+}}=1.28$ V，$E^{0'}_{Fe^{3+}/Fe^{2+}}=0.68$ V)(　　)。

(A) 0.06%　　(B) −0.06%　　(C) 0.2%　　(D) −0.2%

26. 用铈量法测定铁时，滴定至50%时的电位是(已知 $E^{0'}_{Ce^{4+}/Ce^{3+}}=1.44$ V，$E^{0'}_{Fe^{3+}/Fe^{2+}}=0.68$ V)(　　)。

(A) 0.68 V　　(B) 0.86 V　　(C) 1.06 V　　(D) 1.44 V

27. 溴酸盐法测定苯酚的反应如下：

$$BrO_3^- + 5Br^- + 6H^+ \longrightarrow 3Br_2 + 3H_2O$$

$$C_6H_5OH + 3Br_2 \longrightarrow C_6H_2Br_3OH\ (2,4,6\text{-}) + 3HBr$$

$$Br_2 + 2I^- \longrightarrow 2Br^- + I_2$$

$$I_2 + 2S_2O_3^{2-} \longrightarrow 2I^- + S_4O_6^{2-}$$

在此测定中，苯酚与 $Na_2S_2O_3$ 的物质的量之比为(　　)。

(A) 1∶6　　(B) 1∶4　　(C) 1∶3　　(D) 1∶2

28. 称取含有苯酚的试样0.5000克。溶解后加入0.1000 mol·L^{-1}的 $KBrO_3$ 溶液(其中含有过量KBr)25.00 mL，并加HCl酸化，放置。待反应完全后，加入KI。滴定析出的 I_2 消耗了0.1003 mol·L^{-1}的 $Na_2S_2O_3$ 溶液29.91 mL。则试样中苯酚的质量分数为(　　)。

(A) 37.64　　(B) 37.6　　(C) 18.82　　(D) 18.8

29. 移取乙二醇试液25.00 mL，加入0.02610 mol·L^{-1}的 $KMnO_4$ 的碱性溶液30.00 mL(反应式为 $HOCH_2CH_2OH + 10MnO_4^- + 14OH^- = 10MnO_4^{2-} + 2CO_3^{2-} + 10H_2O$)；反应完全后，酸化溶液，加入0.05421 mol·L^{-1}的 $Na_2C_2O_4$ 溶液10.00 mL。此时所有的高价锰钾还原至 Mn^{2+}，以0.02610 mol·L^{-1}的 $KMnO_4$ 溶

液滴定过量 $Na_2C_2O_4$，消耗 2.30 mL。则试液中乙二醇的浓度（$mol\cdot L^{-1}$）为（　　）。

（A）0.01522　（B）0.01252　（C）0.0152　（D）0.0125

30. 取巴黎绿（一种含 As 的杀虫剂）试样 0.4191 g，用 HCl 及还原剂处理；将 $AsCl_3$ 蒸馏至带水接受器中。加过量固体 $NaHCO_3$ 中和一起蒸过来的 HCl，然后用 0.04489 $mol\cdot L^{-1}$的 I_2 滴定，消耗 37.06 mL，则试样中 As_2O_3 的质量分数为（$M_r(As_2O_3)=197.84$）（　　）。

（A）39.3%　（B）39.27%　（C）78.6%　（D）78.54%

二、填空题

1. 对于反应 $BrO_3^- + 6I^- + 6H^+ \longrightarrow Br^- + 3I_2 + 3H_2O$，已知 $E^{0'}_{BrO_3^-/Br^-}=1.44$ V，$E^{0'}_{I_2/I^-}=0.55$ V，则此反应平衡常数（25℃）的对数 lg$K$ = ________。
2. $K_2Cr_2O_7$标定 $Na_2S_2O_3$ 溶液时，可采取加快反应速率的办法是__①__、__②__。
3. $Na_2S_2O_3$ 在放置过程中吸收了 CO_2，而发生分解作用，其反应式为__①__；若用此 $Na_2S_2O_3$ 滴定 I_2，使测得结果__②__，加入__③__可防止以上反应的发生。
4. 已知在 1 $mol\cdot L^{-1}$的 HCl 中，$E^{0'}_{Fe^{3+}/Fe^{2+}}=0.68$V，$E^{0'}_{Sn^{4+}/Sn^{2+}}=0.14$V，以 Fe^{3+} 滴定 Sn^{2+} 至 99.9%时的电位为__①__、100%时的电位为__②__、100.1%时的电位为__③__。
5. 用 Fe^{3+} 滴定 Sn^{2+}，若浓度均增大 10 倍，则在化学计量点前 0.1%时 E__①__，化学计量点时__②__，在化学计量点后 E__③__（指增加、减少或不变）。
6. 在 1 $mol\cdot L^{-1}$的 H_2SO_4 介质中用 Ce^{4+} 滴定 Fe^{2+}，滴定突跃范围是__①__，化学计量点时的电位 E_{sp} = __②__，二苯胺磺酸钠__③__（合适或不合适）作指示剂。（已知 $E^{0'}_{In}=0.85$V，$E^{0'}_{Fe^{3+}/Fe^{2+}}=0.68$V，$E^{0'}_{Ce^{4+}/Ce^{3+}}=1.44$V）
7. 对于 $n_1=n_2=1$ 的氧化还原反应类型，当 K = ________就可以满足滴定分析允许误差 0.1%的要求。
8. 酒石酸（$H_2C_4H_4O_6$）与甲酸（HCOOH）混合液 10.00 mL，用 0.1000 $mol\cdot L^{-1}$的 NaOH 滴定至 $C_4H_4O_6^{2-}$ 与 $HCOO^-$，耗去 15.00 mL。另取 10.00 mL 混合液，加入 0.2000 $mol\cdot L^{-1}$的 Ce(Ⅳ)溶液 30.00 mL，在强酸性条件下，酒石酸和甲酸全部被氧化成 CO_2，剩余的 Ce(Ⅳ)用 0.1000 $mol\cdot L^{-1}$的 Fe(Ⅱ)回滴，耗去 10.00 mL。则混合液中酒石酸和甲酸的浓度分别为__①__和__②__（$mol\cdot L^{-1}$）。
9. 银还原器（金属银浸于 1 $mol\cdot L^{-1}$的 HCl 溶液中）只能还原 Fe^{3+} 而不能还原 Ti(Ⅳ)，其理由是________。
10. 高锰酸钾法测定硫酸亚铁含量时，由于生成 Fe^{3+} 呈黄色，影响终点观察，滴定前在溶液中应加入________混合液。

11. 下列现象各是什么反应？（填 A、B、C、D）

①MnO_4^- 滴定 Fe^{2+} 时，Cl^- 的氧化被加快(　　)；

②MnO_4^- 滴定 $C_2O_4^{2-}$ 时，速度由慢到快(　　)；

③Ag^+ 存在时，Mn^{2+} 氧化成 MnO_4^-(　　)；

④$PbSO_4$ 沉淀随 H_2SO_4 浓度增大溶解度增加(　　)。

(A) 催化反应　(B) 自动催化反应　(C) 副反应　(D) 诱导反应

12. 在碘量法测定铜的过程中，加入 KI 的作用是__①__；__②__；__③__；加入 NH_4HF_2 的作用是__④__；__⑤__；加入 KSCN 的作用是__⑥__。

13. 重铬酸钾法测定化学耗氧量时，需要在酸性介质中加入过量 $K_2Cr_2O_7$ 并回流，然后再用还原剂回滴。不采用 $K_2Cr_2O_7$ 直接滴定的原因是________。

14. 已知 $E^{0'}_{Fe^{3+}/Fe^{2+}} = 0.68V$，$E^{0'}_{Ce^{4+}/Ce^{3+}} = 1.44V$，用 $0.1000\ mol\cdot L^{-1}$ 的 Ce^{4+} 滴定 0.1000 的 Fe^{2+} 至指示剂变色($E_{In} = 0.89V$)，终点误差为________。

15. 已知 $E^{0'}_{Ag^+/Ag} = 0.80V$，Ag_2S 的 $K_{sp} = 2\times10^{-49}$，则 $E^{0'}_{Ag_2S/Ag}$ = ________。

16. 根据下表所给数据，判断以下滴定中化学计量点前后的 E 值：

滴定体系	E(V)		
	化学计量点前 0.1%	化学计量点	化学计量点后 0.1%
Ce^{4+} 滴定 Fe^{2+}	0.86	1.06	①
Fe^{3+} 滴定 Sn^{2+}	②	0.32	0.50

17. 依据如下反应测定 Ni：

$[C_4H_6(NO)_2]_2Ni + 3H_2SO_4 + 4H_2O = NiSO_4 + 2C_4H_6O_2 + 2(NH_2OH)_2\cdot H_2SO_4$，$(NH_2OH)_2\cdot H_2SO_4 + 4Fe^{3+} = 4Fe^{2+} + N_2O + H_2SO_4 + 4H^+ + H_2O$

用 $K_2Cr_2O_7$ 标准溶液滴定生成的 Fe^{2+}，则 $n(Ni):n(K_2Cr_2O_7)$ = ________。

18. $0.050\ mol\cdot L^{-1}$ 的 $SnCl_2$ 溶液 10 mL 与 $0.10\ mol\cdot L^{-1}$ 的 $FeCl_3$ 溶液 20 mL 相混合，平衡时体系的电位是________V。(已知 $E^{0'}_{Fe^{3+}/Fe^{2+}} = 0.68V$，$E^{0'}_{Sn^{4+}/Sn^{2+}} = 0.14\ V$)

19. 在中性或碱性溶液中，高锰酸钾与还原剂作用生成褐色________沉淀(写分子式)。

20. 称取含有 KI 的试样 0.5000 g，溶于水后先用 Cl_2 水氧化 I^- 为 IO_3^-，煮沸除去过量 Cl_2；再加入过量 KI 试剂，滴定 I_2 时消耗了 $0.02082\ mol\cdot L^{-1}$ 的 $Na_2S_2O_3$ 21.30 mL。则试样中 KI 的质分数为________。

21. 今有一 PbO—PbO_2 混合物。现称取试样 1.234 g，加入 20.00 mL

0.2500 mol·L^{-1}的草酸溶液将 PbO_2 还原为 Pb^{2+}；然后用氨中和，这时 Pb^{2+} 以 PbC_2O_4 形式沉淀；过滤，滤液酸化后用 $KMnO_4$ 滴定，消耗 0.0400 mol·L^{-1}的 $KMnO_4$ 溶液 10.00 mL；沉淀溶解于酸中，滴定时消耗 0.0400 mol·L^{-1}的 $KMnO_4$ 溶液 30.00 mL。则试样中 PbO 和 PbO_2 的质量分数分别为__①__和__②__。

22. 称取含 Mn_3O_4（即 2MnO + MnO_2）试样 0.4052 g，用 H_2SO_4—H_2O_2 溶解，此时锰以 Mn^{2+} 形式存在；煮沸分解 H_2O_2 后，加入焦磷酸，用 $KMnO_4$ 滴定 Mn^{2+} 至 Mn(Ⅲ)。计消耗 0.02012 mol·L^{-1}的 $KMnO_4$ 24.50 mL，则试样中 Mn_3O_4 的质量分数为________。

23. 称取含 $NaIO_3$ 和 $NaIO_4$ 的混合试样 1.000 g，溶解后定容于 250 mL 容量瓶中；准确移取试液 50.00 mL，调至弱碱性，加入过量 KI，此时 IO_4^- 被还原为 IO_3^-（IO_3^-不氧化 I^-）；释放出的 I_2 用 0.04000 mol·L^{-1}的 $Na_2S_2O_3$ 溶液滴定至终点时，消耗 10.00 mL。另移取试液 20.00 mL，用 HCl 调节溶液至酸性，加入过量的 KI；释放出的 I_2 用 0.04000 mol·L^{-1}的 $Na_2S_2O_3$ 溶液滴定，消耗 30.00 mL。则混合试样中 $w(NaIO_3)$和 $w(NaIO_4)$分别为__①__和__②__。

24. 某铁矿试样含铁约 70%左右，现以 0.01667 mol·L^{-1}的 $K_2Cr_2O_7$ 溶液滴定，欲使滴定时，标准溶液消耗的体积在 20 mL 至 30 mL，应称取试样的质量范围是________。(A_r(Fe) = 55.847)

25. 在用间接碘量法测定铜时，所用标准溶液在标定后，有部分 $Na_2S_2O_3$ 变成了 Na_2SO_3（$Na_2S_2O_3 = Na_2SO_3 + S\downarrow$），用此 $Na_2S_2O_3$ 标准溶液测铜将产生__①__误差，其原因是__②__。

26. 以 0.050 mol·L^{-1}的 $Na_2S_2O_3$ 标液用碘量法测铜，应称取含 20% 的铜合金________ g。(A_r(Cu) = 63.55)

第六章　沉淀滴定法

一、重要概念和知识点

(1) 能用于沉淀滴定法且有实用价值的反应主要是形成难溶性银盐的反应，且沉淀的吸附现象不影响滴定终点的确定。

(2) 这种利用生成难溶银盐反应进行沉淀滴定的方法称为银量法(argentimetry)，银量法主要用于测定 Cl^-，Br^-，I^-，Ag^+，CN^-，SCN^- 等离子及含卤素的有机化合物。

(3) 除银量法外，沉淀滴定法中还有利用其他沉淀反应的方法，例如：$K_4[Fe(CN)_6]$与 Zn^{2+}、四苯硼酸钠与 K^+ 形成沉淀的反应，都可用于沉淀滴定法。

(4) 沉淀滴定曲线和酸碱、配位滴定曲线类似；滴定突跃的大小既与溶液的浓度有关，更取决于生成沉淀的溶解度。

二、确定终点的方法

1. 莫尔(Mohr)法

(1) 指示剂

用 K_2CrO_4 作为指示剂的银量法，影响终点的主要因素是指示剂的浓度和溶液的酸度。

(2) 测定对象

氯化物和溴化物。

(3) 干扰离子

与 Ag^+ 离子生成沉淀的阴离子(如各种酸根)，与 CrO_4^{2-} 生成沉淀的阳离子(如 Pb^{2+}，Ba^{2+})，易水解的离子(如 Fe^{3+}，Al^{3+}，S^{2-})等。

2. 佛尔哈德(Volhard)法

(1) 指示剂

用铁铵钒($NH_4Fe(SO_4)_2$)作为滴定指示剂，主要影响因素是 AgSCN 的吸附和 AgCl 沉淀的转化。

(2) 测定对象

直接滴定法测定 Ag^+，返滴定法测定卤素离子和硫氰酸盐。

(3) 干扰离子

强氧化剂、低价氮氧化物、汞盐、Fe^{3+} 等。

3. 法扬斯(Fajans)法

(1) 指示剂

利用吸附指示剂指示终点的方法，关键是根据溶液条件选择吸附性能适当的指示剂。

(2) 测定对象

卤素离子、Ag^+ 和 SCN^- 离子等。

(3) 测定条件

沉淀量不能太少，应具有较大的表面积和吸附能力，滴定时避强光。

银量法一览表

方法	指示剂	标准溶液	酸度/pH 范围	滴定方式	测定对象
莫尔法	铬酸钾	$AgNO_3$ ($NaCl$)	6.5～10.5 6.5～7.2(NH_3)	直接滴定法 返滴定法	Cl^-，Br^- Ag^+
佛尔哈德法	铁铵矾	$KSCN$ ($AgNO_3$)	0.1～1 $mol \cdot L^{-1}$ (HNO_3)	直接滴定法 返滴定法	Ag^+ Cl^-，Br^-，I^-，SCN^-
法扬斯法	荧光黄 曙红	$AgNO_3$ ($NaCl$)	7～10 2～10	直接滴定法 返滴定法	Cl^-，Br^-，I^-，SCN^- Ag^+

习　题

一、选择题

1. 称取一纯盐 KIO_x 0.5000 g，经还原为碘化物后用 0.1000 $mol \cdot L^{-1}$ 的 $AgNO_3$ 溶液滴定，用去 23.36 mL。则该 x 的值为(　　)。

(A) 4　(B) 3　(C) 2　(D) 1

2. 当 pH 为 4 或 11 时，以莫尔法测定 Cl^-，则分析结果(　　)。

(A) 偏低　(B) 没影响　(C) 偏高　(D) 不能确定

3. 采用佛尔哈德法测定 Cl^-，未加硝基苯，则分析结果(　　)。

(A) 偏低　(B) 没影响　(C) 偏高　(D) 不能确定

4. 上题中，若测定 Br^-，未加硝基苯，则分析结果(　　)。

(A) 偏低　(B) 没影响　(C) 偏高　(D) 不能确定

5. 法扬斯法测 Cl^-，选曙红为指示剂，则分析结果(　　)。

(A) 偏低　(B) 没影响　(C) 偏高　(D) 不能确定

6. 用莫尔法测定 NaCl、Na_2SO_4 混合液中的 NaCl，则分析结果(　　)。

(A) 偏低　(B) 没影响　(C) 偏高　(D) 不能确定

7. 测定 $NaCl+Na_3PO_4$ 中 Cl^- 的含量时，应选作滴定剂的标准溶液是(　　)。

(A) NaCl　(B) $AgNO_3$　(C) NH_4SCN　(D) Na_2SO_4

8. 吸附指示剂法测定 Cl^-，应选的指示剂是(　　)。

(A) 荧光黄　(B) 曙红

(C) 罗丹明 B　(D) 二甲基二碘荧光黄

9. 用莫尔法测定水样中 Cl^- 离子的含量，如果水样中有 $NH_3 \cdot H_2O$ 存在，则需控制 pH 在 6.5～7.2，这是为了(　　)。

(A) 增加 AgCl 的溶解度　(B) 防止 Ag_2O 沉淀发生

(C) 抑制配位反应发生　(D) 增强配合物的稳定性

10. 以某吸附指示剂($pK_a=4.0$)作银量法的指示剂，测定的 pH 应控制在(　　)。

(A) $pH<4.0$　(B) $pH>4.0$

(C) $pH>10.0$　(D) $4.0<pH<10.0$

11. 以下银量法测定需采用返滴定方式的是(　　)。

(A) 莫尔法测 Cl^-　(B) 佛尔哈德法测 Cl^-

(C) 吸附指示剂法测 Cl^-　(D) 佛尔哈德法测 Ag^+

12. $AgNO_3$ 滴定 NaCl 时，若浓度均增加 10 倍，则突跃 pAg 增加(　　)。

(A) 1 个单位　(B) 2 个单位　(C) 10 个单位　(D) 不变化

13. 佛尔哈德法测定 Cl^- 时，防止测定结果偏低的措施是(　　)。

(A) 使反应在酸性中进行　(B) 避免 $AgNO_3$ 加入过量

(C) 加入硝基苯　(D) 适当增加指示剂的用量

14. 用佛尔哈德法测定下列试样的纯度时，引入误差的比率最大的是(　　)。

(A) NaCl　(B) NaBr　(C) NaI　(D) NaSCN

15. 用银量法测定 $NaCl+Na_2CO_3$ 试样中 Cl^- 含量时，宜采用的方法是(　　)。

(A) 莫尔法　(B) 佛尔哈德法(直接滴定法)

(C) 法扬斯司法　(D) 佛尔哈德法(返滴定法)

16. 称取含砷农药 0.2045 g 溶于 HNO_3，转化为 H_3AsO_4，调至中性，沉淀为 Ag_3AsO_4，沉淀经过滤洗涤后溶于 HNO_3，以 Fe^{3+} 为指示剂滴定，消耗 $0.1523\ mol \cdot L^{-1}$ 的 NH_4SCN 标准溶液 26.85 mL，则农药中 As_2O_3 质量分数

为(　　)。

(A) 65.89%　(B) 65.9%　(C) 56.85%　(D) 56.9%

17. 以0.1 mol·L^{-1}的$AgNO_3$滴定0.1 mol·L^{-1}的I^-，则在化学计量点时，pAg为(　　)。

(A) 7.89　(B) 8.04　(C) 8.39　(D) 11.78

18. 以Fe^{3+}为指示剂、NH_4SCN为标准溶液滴定Ag^+时，滴定的条件是(　　)。

(A) 酸性　(B) 碱性　(C) 弱碱性　(D) 中性

19. 莫尔法不能用于碘化物中碘的测定，主要的原因是(　　)。

(A) AgI 的溶解度太小　(B) AgI 的吸附能力太强

(C) AgI 的沉淀速度太慢　(D) 没有合适的指示剂

20. 为下列各滴定反应选择合适的指示剂。

(A) K_2CrO_4　(B) 荧光黄($pK_a=7.0$)

(C) 二氯荧光黄($pK_a=4.0$)　(D) 曙红($pK_a=2.0$)

(E) $(NH_4)_2SO_4\cdot Fe_2(SO_4)_3$

①$AgNO_3$在pH＝7.0条件下滴定Cl^-离子(　　)；

②$AgNO_3$在pH＝2.0条件下滴定Cl^-离子(　　)；

③KSCN在酸性条件下滴定的Ag^+浓度(　　)；

④$AgNO_3$滴定$BaCl_2$溶液(　　)；

⑤$AgNO_3$滴定$FeCl_3$溶液(　　)；

⑥NaCl滴定$AgNO_3$(pH＝2.0)(　　)。

21. 法扬斯法中应用的指示剂其性质属于(　　)。

(A) 配位　(B) 沉淀　(C) 酸碱　(D) 吸附

22. 用莫尔法测定Cl^-时，干扰测定的阴离子是(　　)。

(A) Ac^-　(B) NO_3^-　(C) $C_2O_4^{2-}$　(D) SO_4^{2-}

23. 用莫尔法测定Cl^-时，不能存在的阳离子是(　　)。

(A) K^+　(B) Na^+　(C) Ba^{2+}　(D) Mg^{2+}

二、填空题

1. 今有一KCl与KBr的混合物。现称取0.3028 g试样，溶于水后用$AgNO_3$标准溶液滴定，用去0.1014 mol·L^{-1}的$AgNO_3$ 30.20 mL。则混合物中KCl和KBr的质量分数分别为__①__和__②__。

2. 佛尔哈德法测定Ag^+时，滴定剂是__①__，指示剂是__②__，应在__③__(指酸性或中性或碱性)介质中，终点颜色改变是__④__。

3. 佛尔哈德法测定Cl^-时，应采用__①__(指滴定方式)；应在__②__(指酸性或中性)环境,这是因为 ③ 。

4. 以法扬斯法测定卤化物,确定终点的指示剂是属于________,滴定时,溶液中的酸度与________有关。
5. 卤化银对卤化物和各种吸附指示剂的吸附能力如下:二甲基二碘荧光黄>Br^->曙红>Cl^->荧光黄。如用法扬斯法测定 Br^- 时,应选 ① 指示剂;测定 Cl^-,应选 ② 指示剂,若选用其他指示剂会使分析结果 ③ (指偏高还是偏低)。
6. 某试液中含有 Cl^-,CO_3^{2-},PO_4^{3-},SO_4^{2-} 等杂质,应采用 ① 方法测定 Cl^- 的含量,这是因为 ② 。
7. 法扬斯法测定 Cl^- 时,在荧光黄指示剂溶液中常加入淀粉,其目的是保护 ① ,减少 ② ,增加 ③ 。
8. 荧光黄指示剂的变色是因为它的 ① 离子被 ② 的沉淀颗粒吸附而产生。
9. 用银量法测定 KSCN 试样中 SCN^- 含量时,采用的方法是________。
10. 在含有等浓度的 Cl^- 和 I^- 的溶液中,逐滴加入 $AgNO_3$ 溶液,当第二种离子开始沉淀时,I^- 与 Cl^- 的浓度比为________。
11. 将 30.00 mL $AgNO_3$ 溶液作用于 0.1357 g NaCl,过量的银离子需用 2.50 mL NH_4SCN溶液滴定至终点。预先知道滴定 20.00 mL $AgNO_3$ 溶液需要 19.85 mL NH_4SCN 溶液。则 $AgNO_3$ 溶液的浓度与 NH_4SCN 溶液的浓度比为________。
12. 称取一定量的约含 52% NaCl 和 44% KCl 的试样。将试样溶于水后,加入 $0.1128\ mol\cdot L^{-1}$的 $AgNO_3$ 溶液 30.00。过量的 $AgNO_3$ 需用 10.00 mL 标准 NH_4SCN 溶液滴定。已知 1.00 mL NH_4SCN 相当于 1.15 mL $AgNO_3$,则称取试样________g。
13. 佛尔哈德法测定 Br^- 或 I^- 时,不需要过滤除去银盐沉淀,这是因为 AgBr 或 AgI 比 ① 的溶解度小,不会发生 ② 反应。
14. 法扬斯法中吸附指示剂的 K_a 愈大,适用的 pH 愈 ① ,如曙红($pK_a = 2.0$)适用的 pH 为 ② 。
15. 铬酸钾法测定 NH_4Cl 中 Cl^- 含量时,若 pH>7.5 会引起 ① 的形成,使测定结果 ② 。
16. 沉淀滴定法中,铁铵钒指示剂法测定 Cl^- 时,为了防止 AgCl 沉淀的转化,需加入________。
17. 取 $0.1000\ mol\cdot L^{-1}$ 的 NaCl 溶液 50.00 mL,加入 K_2CrO_4 指示剂,用 $0.1000\ mol\cdot L^{-1}$的 $AgNO_3$ 标准溶液滴定,在终点时溶液体积为 100.0 mL,

K_2CrO_4的浓度 5×10^{-3} mol·L^{-1}。若生成可察觉的 Ag_2CrO_4 红色沉淀，需消耗 Ag^+ 的物质的量为 2.6×10^{-6} mol，则滴定误差________。

18. 有一纯有机化合物 $C_4H_8SO_x$，将该化合物试样 174.4 mg 进行处理分解后，使 S 转化为 SO_4^{2-}，取其 1/10，再以 0.01268 mol·L^{-1}的 $Ba(ClO_4)_2$ 溶液滴定，以吸附指示剂指示终点，达终点时，耗去 11.54 mL，则 x 值为________。
19. 佛尔哈德法的滴定终点理论上应在__①__到达，但实际操作中常常在__②__到达，这是因为 AgSCN 沉淀吸附__③__离子的缘故。
20. 荧光黄指示剂的变色是因为它的__①__离子被吸附了__②__的沉淀颗粒吸附而产生。

第七章　重量分析法

一、沉淀平衡

微溶化合物在溶液中以分子形式存在的浓度，称之为该物质的固有溶解度，以s^0表示。共价性较强的物质一般固有溶解度较大，而强极性盐类s^0一般可以忽略。对M_mB_n型微溶化合物，忽略s^0时，其溶解度可以表示为：

$$s = \left(\frac{K_{sp}}{m^m n^n}\right)^{\frac{1}{m+n}} \tag{7-1}$$

K_{sp}为沉淀的溶度积常数，一般情况下(不考虑离子强度影响)，可用活度积常数K_{sp}^0进行计算。

影响沉淀溶解度的主要因素有：

(1) 同离子效应：在沉淀溶解平衡中，加入某一构晶离子使沉淀溶解度减小的现象，称为同离子效应。同离子效应是重量分析中减小沉淀溶解度最常用、最有效的方法。对M_mB_n型沉淀，加入过量沉淀剂B时，溶解度

$$s = \frac{1}{m}\left(\frac{K_{sp}}{[B]^n}\right)^{\frac{1}{m}} \tag{7-2}$$

(2) 盐效应：沉淀溶解度随着溶液中强电解质浓度增大而增大的现象称为盐效应，其溶解度

$$s = \left[\frac{K_{sp}^0}{(\gamma_M m)^m\ (\gamma_B n)^n}\right]^{\frac{1}{m+n}} \tag{7-3}$$

一般情况下，微溶物质的浓度较小，盐效应可以忽略。

(3) 酸效应：溶液pH对沉淀溶解度的影响称为酸效应。当组成沉淀的构晶离子为弱酸根离子时，酸效应会增大沉淀溶解度，此时有

$$s = \left(\frac{K_{sp}}{m^m n^n \delta_B^n}\right)^{\frac{1}{m+n}} \tag{7-4}$$

δ为酸根离子的分布分数，因此酸效应的影响程度取决于溶液的pH值和弱酸的离解常数。

(4) 配位效应：溶液中配体对沉淀溶解度的影响称为配位效应。当组成沉淀

的金属离子与配体 L 发生配位反应时，沉淀溶解度亦会增大，此时有

$$s = \left[\frac{K_{sp}\alpha_{M(L)}^{m}}{m^{m}n^{n}}\right]^{\frac{1}{m+n}} \tag{7-5}$$

其中，$\alpha_{M(L)} = 1 + \sum \beta_i[L]^i$，因此配位效应的影响程度取决于配合物的累积稳定常数和配体的平衡浓度。当溶液中同时存在酸效应和配位效应时，沉淀的溶解度

$$s = \left[\frac{K_{sp}\alpha_{M(L)}^{m}}{m^{m}n^{n}\delta_{B}^{n}}\right]^{\frac{1}{m+n}} \tag{7-6}$$

(5) 其他因素：其他影响因素主要有温度、溶剂、沉淀颗粒大小和沉淀析出形态等。

二、沉淀条件选择

1. 沉淀形成过程

(1) 成核过程　晶核的生成有均相成核和异相成核两种机理。均相成核作用主要是离子由于静电引力形成离子对，离子对进一步结合形成晶核。而异相成核是由溶液中存在的杂质微粒充当晶核，吸引构晶离子沉积在上面继续生长。

在沉淀形成过程中，异相成核作用总是存在，均相成核作用的显著程度取决于溶液的过饱和度。

(2) 沉淀颗粒生长　晶体的生长过程较为复杂，颗粒大小取决于聚集速度和定向速度竞争的结果。同时，相对较小的溶液过饱和度可以得到较大的颗粒，有：

$$分散度 = K\frac{Q-s}{s} \tag{7-7}$$

式中，Q 为沉淀剂加入瞬间沉淀物质的总浓度，s 为开始沉淀时沉淀物质的溶解度，$Q-s$ 为沉淀开始瞬间的过饱和度。

控制适当的沉淀条件，强极性盐类通常可以得到晶形沉淀，而共价型化合物一般只能得到无定形沉淀。

2. 沉淀的沾污

(1) 共沉淀　共沉淀是沉淀沾污的主要原因。引起共沉淀的主要原因有表面吸附、混晶以及吸留和包夹。

a. 表面吸附：晶体表面电荷不等衡导致沉淀吸附其他离子形成第一吸附层。第一吸附层吸附规律是：构晶离子（过量时），高价离子，高浓度离子；第一吸附层通过静电引力吸附溶液中带相反电荷的离子，形成第二吸附层。第二吸附层吸附规律是：与第一吸附层离子形成难离解物质，高价离子。对于所有沉淀，表面吸附引

起的沾污总是存在。

b. 混晶:对于某些沉淀,溶液中存在的与构晶离子半径相似或电子结构相似的离子能进入晶格形成混晶而引起沉淀沾污。

c. 吸留和包夹:沉淀生成(聚集)速度较快时,将杂质包裹在沉淀内部引起沉淀沾污称为吸留。若母液被包裹在沉淀内部,则称之为包夹。吸留和包夹无法通过洗涤的方式除去。

(2) 继沉淀　继沉淀是指构晶离子析出沉淀后,溶液中原本难以沉淀的组分在沉淀表面析出的现象。继沉淀可能是由于沉淀表面吸附作用使杂质组分在表面有较大的过饱和度,因而导致沉淀生成。继沉淀随着沉淀在母液中放置时间的增加而增加,有时随温度升高而增大。对某些沉淀,继沉淀引起的沾污可能比共沉淀严重得多。

3. 沉淀条件

(1) 晶形沉淀的沉淀条件:①稀溶液。尽量在过饱和度相对较小的情况下沉淀,得到大颗粒沉淀,减少共沉淀现象。②搅拌下缓慢加入沉淀剂。防止局部过浓现象,减少均相成核作用。③热溶液。热溶液可使小颗粒溶解,获得大晶粒,加快晶体生长,减少杂质的吸附。④陈化。陈化可使小晶粒溶解,大晶粒长大,并使晶粒更加完整,提高沉淀纯度。

(2) 无定形沉淀的沉淀条件:①浓溶液。减小离子的水化程度,加快沉淀凝聚速度。沉淀反应完毕后,需用热水稀释洗涤沉淀。②热溶液。减小离子的水化程度,得到结构紧密的沉淀,防止胶体生成,减少对杂质的吸附。③加入挥发性电解质。中和胶体微粒电荷,降低水化程度,促使沉淀微粒凝聚。为防止沉淀在洗涤时胶溶,洗涤剂中也应加入适量电解质。无定形沉淀进行时同样需要搅拌,但要趁热过滤,不必陈化。

(3) 均相沉淀法:在一般沉淀法中,无法完全避免局部过浓现象。均相沉淀法是通过化学反应使沉淀剂缓慢、均匀地在整个溶液中析出,因此可以在较低过饱和度下沉淀,得到大晶粒沉淀。均相沉淀法得到的沉淀晶形好、颗粒大、易洗涤过滤、吸附杂质少,但不能减少继沉淀和混晶共沉淀沾污。

(4) 小体积沉淀法:是指在高浓度盐(如 NaCl)存在时,用很小体积(<5 mL)沉淀胶状金属氢氧化物的一种方法。小体积沉淀法的目的是尽量减小离子的水化程度,使沉淀在热、浓条件下迅速凝聚。沉淀后需要加大量热水稀释,洗去吸附的杂质,趁热过滤。

三、重量分析结果计算

1. 换算因数

表示被测组分的摩尔质量与对应相当的称量形式的摩尔质量之比。若被测组分X与称量形式有计量关系 $a\mathrm{X}\rightarrow b\mathrm{P}$,则

$$F=\frac{a}{b}\cdot\frac{M_{\mathrm{X}}}{M_{\mathrm{P}}}\tag{7-8}$$

式中,M_{X} 和 M_{P} 分别是待测物质和称量形式的摩尔质量。

2. 重量分析结果计算

根据反应条件和正确的反应式,找出被测组分与称量形式之间的关系,由换算因数或通过联立方程求出待测组分的含量。

习　题

一、选择题

1. 重量法测定样品中钡盐含量时,需加入过量的稀硫酸,其原因是(　　)。
   (A) 消除酸效应影响　　(B) 增大体系的盐效应
   (C) 减少 $BaSO_4$ 的溶解量　　(D) 因为硫酸比钡盐便宜
2. 在重量分析中,用过量稀硫酸沉淀 Ba^{2+} 离子时,若溶液中存在少量 Ca^{2+},Na^{+},$CO_3{}^{2-}$,Cl^{-},H^{+} 和 OH^{-} 等离子,则 $BaSO_4$ 表面吸附杂质的顺序为(　　)。
   (A) $SO_4{}^{2-}$ 和 Ca^{2+}　(B) Ba^{2+} 和 $CO_3{}^{2-}$　(C) $CO_3{}^{2-}$ 和 Ca^{2+}　(D) H^{+} 和 $CO_3{}^{2-}$
3. 沉淀中采用均相沉淀法,能达到的目的是(　　)。
   ①防止局部过浓　②生成大颗粒沉淀　③防止继沉淀　④降低过饱和度
   (A) ①②③④　(B) ①②③　(C) ①②④　(D) ②④
4. $MgCO_3$ 饱和水溶液的pH值($\mathrm{p}K_{\mathrm{sp}}=7.46$)(　　)。
   (A) 一定等于7　　(B) 一定大于7
   (C) 一定小于7　　(D) 缺浓度值,无法判断
5. 铬酸钡沉淀中混有少量铬酸锶时,应采用的提纯方式是($BaCrO_4$ 的 $\mathrm{p}K_{\mathrm{sp}}=9.67$,$SrCrO_4$ 的 $\mathrm{p}K_{\mathrm{sp}}=4.66$)(　　)。
   (A) 加入 $0.1\ \mathrm{mol\cdot L^{-1}}$ 的NaOH　　(B) 加入 $0.1\ \mathrm{mol\cdot L^{-1}}$ 的 H_2SO_4
   (C) 加入 $0.1\ \mathrm{mol\cdot L^{-1}}$ 的HAc　　(D) 大量蒸馏水多次洗涤
6. 当母液被包夹在沉淀中引起沉淀沾污时,有效减少其沾污的方法是(　　)。
   (A) 多次洗涤　　(B) 重结晶

(C) 陈化 (D) 改用其他沉淀剂

7. $BaSO_4$ 沉淀在 0.1 mol·L^{-1}的 KNO_3 溶液中的溶解度较其在纯水中的溶解度为大,其合理的解释是(　　)。

(A) 酸效应 (B) 盐效应

(C) 配位效应 (D) 形成过饱和溶液

8. Ag_2S 的 $K_{sp}=2.0\times10^{-48}$,其在纯水中的溶解度计算式为(　　)。

(A) $s=\sqrt[3]{K_{sp}}$ (B) $s=\sqrt[3]{\frac{K_{sp}}{4}}$ (C) $s=\sqrt[3]{\frac{K_{sp}}{4\delta_{S^{2-}}^2}}$ (D) $s=\sqrt[3]{\frac{K_{sp}}{4\delta_{S^{2-}}}}$

9. 在重量分析中,待测物质中的杂质离子与待测物的离子半径相近时,在沉淀过程中往往形成(　　)。

(A) 混晶 (B) 吸留 (C) 包夹 (D) 继沉淀

10. 已知 $Ca(OH)_2$ 的溶度积为 5.5×10^{-6},其饱和水溶液的 pH 值为(　　)。

(A) 7.00 (B) 11.37 (C) 12.05 (D) 2.63

11. 对某含煤试样进行分析,测定其含水量为 2.88%,灰分为 6.32%。试计算干试样中灰分的质量分数(　　)。

(A) 6.32% (B) 6.51%

(C) 6.14% (D) 缺少数据,无法计算

12. 重量分析中对无定形沉淀洗涤时,洗涤液应选择(　　)。

(A) 冷水 (B) 热的电解质稀溶液

(C) 沉淀剂稀溶液 (D) 有机溶剂

13. 使用 NaOH 小体积法沉淀 Fe^{3+} 时,加入沉淀剂后再加入大量热水的目的是(　　)。

(A) 得到大颗粒沉淀 (B) 防止沉淀生成胶体

(C) 减小体系过饱和度 (D) 洗去沉淀吸附的杂质

14. 利用 $BaSO_4$ 沉淀可以富集样品中存在的痕量 Ra,这是利用了沉淀过程中的哪一种性质(　　)。

(A) 形成混晶 (B) 异相成核 (C) 形成双电层 (D) 继沉淀

15. 在 $PbSO_4$ 沉淀过程中,只要溶液的浓度小于某一数值,则沉淀颗粒数几乎与浓度无关。这个实验事实说明(　　)。

(A) 沉淀颗粒大小与溶液浓度无关

(B) 在低浓度溶液中,异相成核占主导地位

(C) 低浓度溶液不利于晶体生长

(D) 这一实验结果不可靠

二、填充题

1. 使用有机沉淀剂的主要优点是：__①__、__②__、__③__和__④__。
2. 某重量法测定 Se 的溶解损失为 1.8 mg Se。如果用此法分析约含 18%Se 的样品，当称样量为 0.400 g 时，测定的相对误差为________。
3. 已知某温度下测得 Ag_3AsO_4 在水中的溶解度是 7.6×10^{-6} mol·L^{-1}，其溶度积常数为________。(已知 H_3AsO_4 的 $pK_{a1}=2.19$，$pK_{a2}=6.96$，$pK_{a3}=11.49$)
4. 在重量分析中，形成无定形沉淀时，考虑的主要因素有：__①__、__②__和__③__。
5. 在重量分析中使用有机沉淀剂具有很多优点。有机沉淀剂所生成的沉淀在水溶液中溶解度一般较小，其原因是________。
6. 在研究 $BaSO_4$ 沉淀形成过程时发现，沉淀颗粒数目并不简单地随着溶液浓度的增大而增多，这种现象出现的可能原因是__①__和__②__。
7. 使用 H_2S 溶液沉淀 Hg^{2+} 时，共存的 Ni^{2+} 和 Zn^{2+} 不产生沉淀。但 HgS 沉淀完全后放置一段时间，沉淀表面杂质量明显增加。解释这一现象：________。
8. 在重量分析中，为了保证被测物质能够被定量沉淀出来，通常采用__①__方法；这是利用了沉淀平衡中的__②__效应。
9. 0.5000 g 有机物试样以浓 H_2SO_4 煮解，使其中的氮转化为$(NH_4)HSO_4$，并使其沉淀为$(NH_4)_2PtCl_6$，再将沉淀物灼烧成 0.1756 g Pt，则试样中 N% 为______。($A_r(N)=14.01$，$A_r(Pt)=195.08$)。
10. 用过量 $BaCl_2$ 沉淀 SO_4^{2-} 时，溶液中含有少量 NO_3^-，Ac^-，Zn^{2+}，Mg^{2+}，Fe^{3+} 等杂质，当沉淀完全后，扩散层中优先吸附的离子是__①__，这是因为__②__。
11. 已知一定量的 K_3PO_4 中 P_2O_5 的质量和 1.000 g $Ca_3(PO_4)_2$ 中 P_2O_5 的质量相同，则与此 K_3PO_4 中 K 的质量相同的 KNO_3 的质量是：________g。(已知：$M_r(KNO_3)=101.1$，$M_r(Ca_3(PO_4)_2)=310.1$)
12. 微溶化合物 A_2B_3 在溶液中的解离平衡是：$A_2B_3 \rightleftharpoons 2A+3B$。今已测得 B 的浓度为 3.0×10^{-3} mol·L^{-1}，则该微溶化合物的溶度积 K_{sp} 是________。
13. 写出下列换算因数的表达式：
    (1) 测定样品中 Cr_2O_3 的含量，称量形式是 $PbCrO_4$，$F=$__①__；
    (2) 测定样品中 $Ca_3(PO_4)_2$ 的含量，称量形式是 $(NH_4)_3PO_4\cdot12MoO_3$，$F=$__②__。
14. 某铜矿试样测定其含水量为 1.00%，干试样中铜的质量分数为 54.00%，湿试样中铜的质量分数为________。
15. 在 Ca^{2+} 酸性溶液中直接加入草酸溶液，没有沉淀生成，其原因是__①__；生成沉淀的方法是__②__。

第八章　紫外－可见分光光度法

一、光吸收定律

1. Lambert－Beer 定律

当一束单色光通过含有吸光物质的溶液时，光的一部分被吸收，以 I 和 I_0 分别表示透过光强度和入射光强度，则透光率 $T=\dfrac{I}{I_0}$，吸光度 $A=-\lg T=\lg\dfrac{I_0}{I}$。

溶液的吸光度 A 与吸光物质的浓度 c 及吸收层厚度 b 成正比，即

$$A = Kbc \qquad (8-1)$$

此式为 Lambert－Beer 定律的数学表达式，式中比例常数 K 称为吸收系数，表示吸光质点的光吸收能力。

当溶液浓度用物质的量的浓度（$mol \cdot L^{-1}$）、吸收层厚度用 cm 为单位时，比例常数用 ε 表示，称为摩尔吸光系数，其单位为 $L \cdot mol^{-1} \cdot cm^{-1}$，Lambert－Beer 定律表示为

$$A = \varepsilon bc \qquad (8-2)$$

这是分光光度分析中最常用的形式。

当吸光度 $A=0.001$ 时，仪器能检测出单位截面积光程内吸光物质的最低含量，称为 Sandell 灵敏度，用 S 表示，即

$$S=\frac{M}{\varepsilon}\quad（单位是\ \mu g \cdot cm^{-2}） \qquad (8-3)$$

式中，M 为吸光物质的摩尔质量，ε 和 S 均可用来表示分光光度法测定某一吸光物质的灵敏度。

当吸光物质浓度较大或吸光度很小时，吸光度与物质浓度偏离线性关系，这种情况称为吸光体系对 Lambert－Beer 定律的偏离。引起偏离的主要原因有：①单色光不纯；②入射光被散射；③有色物质发生化学反应；④显色体系存在酸效应或溶剂效应等。

二、紫外-可见分光光度计组件及测量

1. 光度计组件

一般光度计的组件主要有：①光源，主要有钨灯、氘灯和汞灯等。②单色器，有棱镜和光栅两种。③吸收池，有玻璃和石英两种比色皿。④检测器，有光电池、光电管和光电倍增管等。⑤读数显示装置，有检流计、自动记录仪、数字电压表和数据处理台等。

2. 仪器测量误差

透光率或吸光度的准确度是光度计精度的主要指标之一。只有在一定的透光率范围内，仪器测量误差对测定结果的相对误差才能控制在较小的范围内。当透光率 $T=36.8\%$或吸光度 $A=0.434$ 时，仪器有最小的相对测量误差。

3. 测量条件选择

适宜的测量条件是保证光度分析法准确度的前提。选择的主要测量条件有：①适当的测量波长，一般选择溶液有最大吸收的波长作为入射光波长；②控制吸光度读数在适当范围，一般选择吸光度在 0.2～0.7 范围内；③适当的参比溶液，最大限度地消除吸收池及溶剂等因素对测定的影响。

三、分光光度测定法

1. 差示光度法

当待测组分含量较高时，以通常的空白作为参比溶液则吸光度读数较大。差示分光光度法是采用比试样浓度稍低的标准溶液作为参比溶液来测量试样吸光度的一种方法。当试样吸光度较大时，差示光度法可以克服读数所带来的误差。吸光度具有加和性，两种溶液的吸光度之差与浓度差成正比，即

$$\Delta A = \varepsilon b \Delta c \tag{8-4}$$

差示光度法提高了测量待测溶液吸光度的准确性，因而提高了测定结果的准确度。

2. 双波长分光光度法

对多组分混合物样品、混浊试样等进行分析时，一般的光度法测定较为困难。双波长分光光度法则可以解决这些问题。用两束波长不同的单色光交替照射同一吸收池，可以得到吸光度差值 ΔA，且有

$$\Delta A = (\varepsilon_{\lambda_1} - \varepsilon_{\lambda_2}) b \cdot c \tag{8-5}$$

即试样溶液在不同波长处吸光度的差值也与溶液中待测组分的浓度成正比。

双波长分光光度法消除了试液与参比液以及吸收池之间的差异引起的误差，同时可以进行多组分、混浊试样以及背景吸收较大的样品的测量，大大提高了分析方法的选择性和测量的准确度。

3. 导数分光光度法

当待测物质的吸收光谱有部分重叠或存在干扰时，可以利用导数分光光度法进行测量。导数光谱由对吸收光谱进行数学处理得到，常用的是一阶导数和二阶导数光谱。导数分光光度法可以有效地提高光度法测定的选择性和灵敏度。

四、显色反应及其影响因素

分光光度法是基于对物质质点光吸收能力的测量进行定量分析的方法。因此显色反应，即将待测组分转化为吸收强烈的有色物质的过程，是光度分析中常用的手段。显色反应的最主要反应类型是配位反应。

1. 影响显色反应的因素

(1) 溶液酸度　有机显色剂一般均是有机弱酸，溶液 pH 值影响显色剂的离解(与金属离子配位的浓度)、显色剂的颜色、有色配合物的稳定性以及金属离子的状态。因此，溶液酸度对显色反应具有很大的影响，需要根据实验结果来优化选择适当的显色 pH 值范围。

(2) 显色剂用量　为提高反应的完全程度，在显色反应中一般需加入适当过量的显色剂。但显色剂浓度过大时，会出现副反应或参比溶液浓度过深，也不利于准确测定。

(3) 显色温度　一般显色反应可在室温下完成，但对有些速度很慢的显色反应，有时需要在加热条件下进行，但加热过高时会影响配合物的稳定性。

(4)显色时间和稳定性　对于反应速度较慢的显色反应，应在显色完全后再进行测定。可应用实验方法选择适当的显色时间，并在配合物稳定存在时测定其吸光度。

(5)共存离子　溶液中的共存离子如果干扰测定时，必须采用掩蔽或分离的手段消除其对测定的影响。

2. 三元配合物体系

三元配合物是指由至少一种金属离子和两种配体形成的显色体系。三元配合物一般含有较大的共轭结构体系，因此有效生色面积较大，具有较大的摩尔吸光系数。与简单配合物相比，三元配合物体系具有选择性更好、灵敏度更高以及稳定性更强的优点，因而在分光光度法中得到了广泛的应用。

五、紫外–可见分光光度法的应用

随着计算机技术的快速发展，紫外－可见分光光度法的应用领域不断拓展，成为常用的组分定量分析方法。

1. 多组分同时测定

试样中含有多种组分时，可以利用吸光度的加和性，测定不同波长下的吸光度，解联立方程即可以同时测定一种试样中的多种组分。例如，对含有 M、N 两种组分的溶液，在不同波长处测量吸光度，有

$$A_{\lambda_1} = \varepsilon'_M bc_M + \varepsilon'_N bc_N \quad (8-6)$$

$$A_{\lambda_2} = \varepsilon''_M bc_M + \varepsilon''_N bc_N \quad (8-7)$$

式中，ε' 和 ε'' 为不同波长下 M、N 体系的摩尔吸光系数。

2. 配合物组成和稳定常数测定

分光光度法是测定配合物组成及配合物稳定常数的有效方法。

(1) 摩尔比法　通常固定金属离子 M 浓度，改变显色剂 R 浓度，得到一系列[R]/[M]比值不同的溶液，以相应的试剂空白为参比溶液，测定吸光度。由吸光度对比值的关系曲线用作图法可以外推出配合物的组成，适合于离解度较小的配合物的组成测定。

(2) 连续变化法　固定金属离子 M 和显色剂 R 的总浓度 $c = c_M + c_R$ 不变，改变两者相对含量，得到一系列溶液，以相应的试剂空白为参比溶液，测定吸光度。用吸光度对相应的比值作图，由曲线转折点的比值可以求出配位比，并可由配合物离解的程度计算其表观稳定常数，适合于离解度较小的配合物的组成和稳定常数测定。

对离解度较大或试剂不纯的显色体系，可以采用平衡移动法或其他方法测定其配位比和稳定常数。

3. 酸碱离解常数测定

有机物质的吸收光谱一般随溶液的 pH 值变化而变化。在一定浓度下测定不同 pH 值时吸光度，再用计算或作图法可以求出有机弱酸(弱碱)的离解常数。

习　题

一、选择题

1. 以下说法错误的是(　　)。
(A) 摩尔吸光系数 ε 随浓度增大而增大
(B) 吸光度 A 随浓度增大而增大
(C) 透光率 T 随浓度增大而减小
(D) 透光率 T 随比色皿加厚而减小

2. 以下说法正确的是(　　)。
(A) 透光率 T 与浓度呈直线关系
(B) 摩尔吸光系数 ε 随波长而变
(C) 溶液的透光率越大,说明对光的吸收越强
(D) 玻璃棱镜适于紫外区使用

3. 一有色溶液对某波长光的吸收遵守比尔定律。当选用 2.0 cm 的比色皿时,测得透光率为 T,若改用 1.0 cm 的吸收池,则透光率应为(　　)。
(A) $2T$　(B) $T/2$　(C) T^2　(D) $T^{1/2}$

4. 以下说法错误的是(　　)。
(A) 有色溶液的吸收峰和最大吸收波长均随浓度增加而增大
(B) 分光光度计检测器,直接测定的是透射光的强度
(C) 比色分析中比较适宜的吸光度范围是 0.2～0.8
(D) 比色分析中用空白溶液作参比可消除系统误差

5. 桑德尔灵敏度 S 与摩尔吸光系数 ε 的关系是(　　)。
(A) $S=M/(\varepsilon\times10^6)$　(B) $S=\varepsilon/M$
(C) $S=M/\varepsilon$　(D) $S=M\cdot\varepsilon\times10^6$

6. 分光光度分析中比较适宜的吸光度范围是(　　)。
(A) 0.1～1.2　(B) 0.2～0.8
(C) 0.05～0.6　(D) 0.2～1.5

7. 某同学进行光度分析时,误将参比溶液调至 90%而不是 100%,在此条件下,测得有色溶液的透射率为 35%,则该有色溶液的正确透射率是(　　)。
(A) 36.0%　(B) 34.5%　(C) 38.9%　(D) 32.1%

8. 目视比色法中,常用的标准系列法是比较(　　)。
(A) 透过溶液的光强度　(B) 溶液吸收光的强度

(C) 溶液对白色的吸收程度　(D) 一定厚度溶液的颜色深浅

9. 在作分光光度测定时,下列有关的几个操作步骤:①旋转光量调节器;②将参比溶液置于光路中;③调节至 $T=0$;④将被测溶液置于光路中;⑤调节零点调节器;⑥测量 A 值;⑦调节至 $A=0$。其合理顺序是(　　)。

(A) ②①③⑤⑦④⑥　(B) ②①⑦⑤③④⑥

(C) ⑤③②①⑦④⑥　(D) ⑤⑦②①③④⑥

10. 在分光光度法中,测试的样品浓度不能过大。这是因为高浓度的样品(　　)。

(A) 不满足 Lambert－Beer 定律　(B) 在光照射下易分解

(C) 光照下形成的配合物部分离解　(D) 显色速度无法满足要求

11. 某物质的摩尔吸光系数 ε 值很大,则表明(　　)。

(A) 该物质的浓度很高　(B) 该物质对某波长的光吸收能力很强

(C) 测定该物质的灵敏度很高　(D) 测定该物质的准确度高

12. 下列表述中错误的是(　　)。

(A) 吸收峰随浓度增加而增大,但最大吸收波长不变

(B) 透射光与吸收光互为补色光,黄色和蓝色互为补色光

(C) 比色法又称分光光度法

(D) 在公式 $A=\lg\dfrac{I_0}{I}=\varepsilon\cdot b\cdot c$ 中,ε 称为摩尔吸光系数,其数值愈大,反应愈灵敏

13. 符合比尔定律的有色溶液,浓度为 c 时,透光率为 T_0。浓度增大一倍时,透光率的对数为(　　)。

(A) $T_0/2$　(B) $2T_0$　(C) $(\lg T_0)/2$　(D) $2\lg T_0$

14. 有色络合物的摩尔吸光系数(ε)与下述哪种因素有关(　　)。

(A) 比色皿厚度　(B) 有色络合物的浓度

(C) 入射光的波长　(D) 络合物的稳定性

15. 符合 Lambert－Beer 定律的某有色溶液,当有色物质的浓度增加时,最大吸收波长和吸光度分别是(　　)。

(A) 不变、增加　(B) 不变、减少　(C) 增加、不变　(D) 减少、不变

16. 下列表述中错误的是(　　)。

(A) 比色分析所用的参比溶液又称空白溶液

(B) 滤光片应选用使溶液吸光度最大者较适宜

(C) 吸光度具有加和性

(D) 一般地,摩尔吸光系数 ε 达到 $10^5\sim10^6\ \mathrm{L\cdot mol^{-1}\cdot cm^{-1}}$ 范围,可以认为该

反应灵敏度很高

17. 若显色剂无色,而被测溶液中存在其他有色离子,在比色分析中,应采用的参比溶液是(　　)。

(A) 蒸馏水　　(B) 显色剂

(C) 加入显色剂的被测溶液　　(D) 不加显色剂的被测溶液

18. 相同质量的 Fe^{3+} 和 Cd^{2+} 各用一种显色剂在同样体积溶液中显色,用分光光度法测定,前者用 2 cm 比色皿,后者用 1 cm 比色皿,测得的吸光度相同。则两有色络合物的摩尔吸光系数为($A_r(Fe) = 55.85$, $A_r(Cd) = 112.4$)(　　)。

(A) 基本相同　　(B) Fe^{3+} 为 Cd^{2+} 的 2 倍

(C) Cd^{2+} 为 Fe^{3+} 的 2 倍　　(D) Cd^{2+} 为 Fe^{3+} 的 4 倍

19. 以下说法错误的是(　　)。

(A) Lambert - Beer 定律只适于单色光

(B) Fe^{2+}-邻二氮菲溶液是红色,应选择红色滤光片

(C) 紫外区应选择的光源是氢灯

(D) 摩尔吸光系数 ε 值愈大,说明反应愈灵敏

20. 以下说法错误的是(　　)。

(A) 吸光度 A 与浓度呈直线关系

(B) 透射比随浓度的增大而减小

(C) 当透射比为“0”时吸光度值为∞

(D) 选用透射比与浓度做工作曲线准确度高

二、填空题

1. 某显色剂 R 与金属离子 M 和 N 分别形成有色络合物 MR 和 NR,在某一波长测得 MR 和 NR 的总吸光度 A 为 0.630。已知在此波长下 MR 的透射比为 30%,则 NR 的吸光度为________。

2. 符合 Lambert - Beer 定律的有色溶液,浓度为 $c(\text{mol}\cdot\text{L}^{-1})$,其吸光度 A 的数学表达式应为__①__;若浓度为 $\rho(\text{g}\cdot\text{L}^{-1})$,表达式则应为__②__。

3. 用普通吸光光度法测得标准溶液 c_1 的透光率为 16%,待测溶液透光率为 10%。若以示差法测定,以标准溶液 c_1 作参比,则待测溶液透光率为__①__,相当于将仪器标尺扩大__②__倍。

4. 有色溶液的光吸收曲线(吸收光谱曲线)是以__①__为横坐标,以__②__为纵坐标绘制的。

5. 符合 Lambert - Beer 定律的有色溶液进行光度分析时,所选择的滤光片应是有色溶液的________色。

6. 互补色是指________。
7. 用分光光度法测定时,工作(或标准)曲线是以__①__为横坐标,以__②__为纵坐标绘制的。
8. 在紫外可见分光光度计中,色散元件一般是__①__或__②__;所起的作用是__③__。
9. 差示分光光度法测试的对象是__①__,参比溶液应采用__②__。
10. 在显色反应中,加入的显色剂的量一般__①__金属离子的量(填大于、等于或小于),目的是__②__。
11. 用双硫腙光度法测 Cd^{2+} 时,已知 $\varepsilon_{520} = 8.8\times10^{4}\ L\cdot mol^{-1}\cdot cm^{-1}$,其桑德尔灵敏度 S 为________。($A_r(Cd)=112.4$)
12. 某人误将参比溶液的透射率调至95%,而不是100%,在此条件下测得有色溶液的透射率为50%,则该有色溶液的正确透射率应为________。
13. 在普通分光光度法中,一般不适合测定吸光度很大的高浓度样品,其原因是__①__和__②__,导致结果__③__。
14. 在分光光度分析中,吸光体系会发生对 Lambert - Beer 定律的偏离。产生偏离的化学因素是________。

第九章　定量化学分析中常用分离方法

一、重要概念和知识点

(1) 回收率(R)

$$R = \frac{\text{分离后待测组分的量}}{\text{分离前待测组分的量}} \times 100\%$$

质量分数在1%(常量分析)以上的组分,回收率应在99.9%以上;而质量分数在0.01%～1%(微量分析)之间的组分,回收率应大于99%;质量分数低于0.01%(痕量分析)的组分,一般要求大于90%,有时甚至更低一些也是允许的。

(2) 分离系数(分离因子)($S_{A/B}$)

$$S_{A/B} = \frac{R_B}{R_A} \times 100\%$$

B的回收率越低,A的回收率越高,分离因子越小,则A与B之间的分离就越完全,干扰消除越彻底。

(3) 在定量化学分析中可能需要分离的情况有:复杂样品分析;大量基体存在时,微量成分的分析;性质很相近的元素或离子的分析。

二、沉淀分离法

1. 提高沉淀分离法的选择性

可通过pH的控制,选择适当的掩蔽剂,改变目标物质或干扰物质的价态,也可设计和合成一些有结构特点的有机沉淀剂,从而到达提高选择性的目的。如丁二酮肟在一定条件下,可选择性沉淀Ni^{2+}而与其他离子分离;2-甲基-8-羟基喹啉,可用来沉淀Zn^{2+}和Mg^{2+}而与Al^{3+}分开;在醋酸溶液中,Al^{3+}与8-羟基喹啉定量沉淀而与Mg^{2+}不沉淀。

2. 共沉淀分离和富集

共沉淀现象常被用来分离和富集那些含量极微不能用常规沉淀方法分离出来的组分。

例如，自来水中微量铅的测定，因铅含量甚微，测定前需预富集。若用浓缩的方法会使干扰组分的浓度同倍增大。采用共沉淀的方法可将它与共沉淀剂一起沉淀下来，而与其他干扰组分分开。

目前常用的共沉淀剂是有机共沉淀剂，它的特点是选择性高，分离效果好，共沉淀剂经灼烧后就能除去，不干扰微量组分测定。但值得注意的是，它的作用机理与无机共沉淀剂不同，不是依靠表面吸附或形成混晶载带下来，而是先把无机离子转化为疏水性化合物，然后用与其结构相似的有机共沉淀剂将其载带下来。

三、溶剂萃取分离法

1. 萃取分离的基本原理

(1) 溶剂萃取的原理

先被测物质转化为疏水性的物质，然后再用与水不相混溶的有机溶剂将它们萃取出来，而与其他组分分离。但有时为了提高选择性，需将有机相的物质再转移到水相来，这一过程称为反萃取。

(2) 分配比和分配系数

用有机溶剂从水中萃取溶质(A)时，如果溶质在两相中存在的型体相同，平衡时，在有机相中的浓度$[A]_o$和在水相中的浓度$[A]_w$之比(严格地说应为活度比)，在给定温度下是一常数，即

$$\frac{[A]_o}{[A]_w} = K_D$$

K_D 是分配系数，此式称之为分配定律。

实际上，仅当低浓度(水相)时，分配定律正确。当溶质浓度增大时，K_D 会改变。这是因为此时各种副反应不能忽略。这种情况下，溶质在两相的浓度之比称为分配比，用下式表示：

$$D = \frac{(c_A)_o}{(c_A)_w} = \frac{[A_1]_o + [A_2]_o + \cdots + [A_n]_o}{[A_1]_w + [A_2]_w + \cdots + [A_n]_w}$$

(3) 萃取率

在分析化学中，最有实际意义的是萃取率，常用 E 表示：

$$萃取率(\%) = \frac{溶质\,A\,在有机相中的总量}{溶质\,A\,的总量} \times 100$$

$$E\% = \frac{c_o V_o}{c_o V_o + c_w V_w} \times 100 = \frac{D}{D + \frac{V_w}{V_o}} \times 100$$

若 D 值较小,可采用连续几次萃取的方法提高萃取率。设经 n 次萃取后,在水相中剩余溶质 A 的质量为 w_n(克),则

$$w_n = w_o\left[\frac{V_w}{(DV_o + V_w)}\right]^n,\quad E\% = \frac{w_o - w_n}{w_o}\times 100$$

从上式可见,改变 D 和 V_o/V_w时,E 值变化不大;但增大 n 时,E 值显著提高。故常用采用连续几次萃取的方法提高萃取率。然而在一般情况下,萃取 2~3 次即可,因在此后,再增加萃取次数,E 值提高不大,而且会增加工作量和试剂消耗,同时引入误差的机会增大。

2. 萃取类型

(1) 螯合物萃取

用含有螯合剂的有机溶剂萃取金属离子时,若不考虑螯合剂(HL)的聚合作用,则分配比与溶液 pH 的关系如下:

$$\lg D = \lg K_{ex} - \lg\alpha_M - n\lg\alpha_{HL} + n\lg(c_{HL})_o + n\text{pH}$$

其中 $K_{ex} = \dfrac{K_{D(ML_n)}\beta_n K_a^n}{K_{D(HL)}^n}$,可见 β_n 越大,K_{HL} 越小和 pH 越大时,D 越大,也即越有利于萃取。

当 $E=50\%$,$V_o=V_w$时,对应的溶液 pH 值称为 $\text{pH}_{\frac{1}{2}}$,是判断溶液中各种组分能否分离的重要标志。一般认为使两种金属离子达到定量分离,要求两者的 $\text{pH}_{\frac{1}{2}}$ 相差 3 个单位(即使分离效果达到 99.9%——常量分析)。但对于微量分析,要求两者的 $\text{pH}_{\frac{1}{2}}$ 相差 2 个单位即可。

如已知用 8-羟基喹啉氯仿溶液萃取 Cu^{2+},Zn^{2+} 和 Pb^{2+} 的 $\text{pH}_{\frac{1}{2}}$ 分别为 1.4,3.3,5.1,可见若 Cu^{2+},Zn^{2+} 和 Pb^{2+} 属于常量,Cu^{2+}—Zn^{2+},Zn^{2+}—Pb^{2+} 均无法分开,但 Cu^{2+}—Pb^{2+} 可完全分开;若 Cu^{2+},Zn^{2+} 和 Pb^{2+} 属于微量,则 Cu^{2+},Zn^{2+} 和 Pb^{2+}三者之间基本上可实现定量分离。

由此可知,增大被测物之间的 $\text{pH}_{\frac{1}{2}}$ 可提高分离效果。设 E=50%,$V_o=V_w$,$D=1$ 时,

$$\text{pH}_{\frac{1}{2}} = \lg D = \frac{1}{n}\lg\alpha_M - \frac{1}{n}\lg K_{ex} + \lg\alpha_{HL} - \lg(c_{HL})_o$$

在条件相同时,设两种离子都是 ML_n 型体,则上式后两项是相同的。因此可通过改变前两项来达到增大 $\text{pH}_{\frac{1}{2}}$ 的目的。从上式看,一方面,加大两种离子的 K_{ex} 差别;另一方面,加入掩蔽剂,掩蔽干扰离子,而不与被测离子作用,可加大两者的 α_M 值。

(2) 离子缔合物萃取

阴、阳离子通过静电引力相结合而形成电中性的化合物称离子缔合物。该缔合物具有疏水性，能被有机溶剂萃取。如四苯基砷、四苯基磷大阳离子与铼酸根阴离子，碱性染料阳离子与金属络阴离子，高分子胺类与阴离子等都属于此类。

(3) 无机共价化合物萃取

一些无机共价化合物（如 I_2，$GeCl_4$，AsI_3 和 OsO_4）本身就具有疏水性，故可直接用有机溶剂萃取。

(4) 配位溶剂化萃取

溶剂分子通过其配位原子与无机化合物中的金属离子相键合，形成溶剂化合物，从而可溶于有机溶剂中。

$$UO_2^{2+} + 2\,NO_3^- + 2TBP = UO_2(TBP)_2 \cdot (NO_3)_2$$

四、离子交换分离法

离子交换分离法是基于物质在固相与液相之间的分配。既能用于带相反电荷的离子之间的分离，还可用于带相同电荷或性质相近的离子之间的分离。

1. 离子交换剂的种类和性质

(1) 离子交换剂的种类

阳离子交换树脂：强酸型（$-SO_3H$），弱酸型（$-COOH$，$-OH$）。

阴离子交换树脂：强碱型（$-N(CH_3)_3Cl$），弱碱型（$-NH_2$，$=NH$）。

螯合树脂：氨羧型（$-N(CH_2COOH)_2$）。

大孔树脂：这类树脂是在聚合时加入适当的致孔剂，所以它比一般树脂有更多、更大的孔道，因此表面积大，富集速度快。

萃淋树脂：是一种含有液态萃取剂的树脂，是以苯乙烯－二乙烯苯为骨架的大孔结构和有机萃取剂的共聚物，兼有离子交换法和萃取法的优点。

(2) 交联度和交换容量

交联度：树脂中所含二乙烯苯的质量百分数。

交换容量：指每克干树脂所能交换的物质的量（mmol），一般为 $3\sim6\ mmol\cdot g^{-1}$。

2. 离子交换树脂的亲和力

离子交换树脂的亲和力，反映了离子在离子交换树脂上的交换能力。这种亲和力与水合离子的半径、电荷及离子的极化程度有关。水合离子的半径越小，电荷越高，离子的极化程度越大，其亲和力也越大。但温度较高、离子浓度较大及有络合剂存在的水溶液，或非水介质中，离子的亲和力顺序会发生改变。

五、色谱分离法

色谱法又称层析法或色层法，这类分离方法的分离效率高，能将各种性质极相似的组分彼此分离。

1. 纸上色谱分离法

纸上色谱分离法是用吸着水分的滤纸作固定相，有机溶剂作流动相（展开剂），根据不同物质在两项间的分配比不同而进行分离的。通常用比移值（R_f）来衡量各组分的分离情况。

$$R_f = \frac{a}{b}$$

式中，a 为斑点中心到原点的距离（cm），b 为溶剂前沿到原点的距离（cm）。原则上讲，只要两组分的 R_f 值有点差别，就能将它们分开。R_f 值相差越大，分离效果越好。

2. 薄层色谱分离法

薄层色谱分离法是将涂有吸附剂的薄层板作固定相，有机溶剂作流动相（展开剂），根据不同物质在两项间的分配比不同而进行分离的。和纸色谱一样，也是用比移值（R_f）来衡量各组分的分离情况。

3. 反相分配色谱分离法

用有机相作固定相，水相为流动相的萃取色谱分离法称为反相分配色谱法或反相萃取色谱分离法。它是将吸着有机萃取剂的惰性载体填充在柱子里，加入洗脱剂后，各组分在两相中的分配不同而到达分离目的。反相分配色谱分离法将液-液萃取的高选择性与色谱过程的高效性结合在一起，大大提高了分离效果。

习　题

一、选择题

1. 已知用生成 AsH_3 气体的方法鉴定砷时，检出限量为 1 μg，每次取试液 0.05 mL。此鉴定方法的最低浓度（以 ρ_B 表示，单位是 $\mu g\cdot mL^{-1}$）为（　）。
   (A) 10　　(B) 20　　(C) 30　　(D) 40
2. 洗涤银组氯化物沉淀的洗液是（　）。
   (A) 蒸馏水　　(B) 1 $mol\cdot L^{-1}$的 HCl
   (C) 1 $mol\cdot L^{-1}$的 HNO_3　　(D) 1 $mol\cdot L^{-1}$的 NaCl

3. 在萃取法中不能使用的溶剂对是(　　)。
(A) 丙酮—水　(B) 正丁醇—水　(C) 石油醚—水　(D) 氯仿—水
4. 萃取过程的本质可表述为(　　)。
(A) 金属离子形成螯合物的过程
(B) 金属离子形成离子缔合物的过程
(C) 络合物进入有机相的过程
(D) 将物质由亲水性转变为疏水性的过程
5. 中药的水提液中有效成分是亲水性物质,应选用的萃取溶剂(　　)。
(A) 丙酮　(B) 乙醇　(C) 正丁醇　(D) 乙酸乙酯
6. 萃取中当出现下列情况时,说明萃取剂的选择是不适宜的(　　)。
(A) $K_A<1$　(B) $K_A=1$　(C) $\beta>1$　(D) $\beta\leqslant1$
7. 用某有机溶剂从 100 mL 含溶质 A 的水溶液中萃取 A。若每次用 20 mL 有机溶剂,共萃取两次,萃取百分率可达 90.0%,则该取体系的分配比为(　　)。
(A) 5.5　(B) 10.8　(C) 26.6　(D) 56.3
8. 用 100 mL 二氯甲烷从 1000 mL 水中萃取某种有机物 X,要达到 90% 萃取效率,则 X 在二氯甲烷和水相中的分配系数至少为(　　)。
(A) 9　(B) 99　(C) 90　(D) 999
9. 含 0.010 g Fe^{3+} 的强酸溶液,用乙醚萃取时,已知其分配比为 99,则等体积萃取一次后,水相中残存 Fe^{3+} 量为(　　)。
(A) 0.10 mg　(B) 0.010 mg　(C) 1.0 mg　(D) 1.01 mg
10. 两相溶剂萃取法的原理是利用混合物中各成分在两相溶剂中的(　　)。
(A) 比重不同　(B) 分配系数不同
(C) 分离系数不同　(D) 萃取常数不同
11. 溶液含 Fe^{3+} 10 mg,采用某种萃取剂将它萃入某种有机溶剂中。若分配比 $D=99$,问若要求萃取百分率不小于 99%,则至少要用等体积有机溶剂萃取的次数为(　　)。
(A) 1　(B) 2　(C) 3　(D) 4
12. 碘在某有机溶剂和水中的分配比是 8.0。如果该有机溶剂 100 mL 和含碘为 0.0500 $mol\cdot L^{-1}$的水溶液 50.0 mL 一起摇动至平衡,取此已平衡的有机溶剂 10.0 mL,要把碘定量还原则需 0.0600 $mol\cdot L^{-1}$的 $Na_2S_2O_3$(　　)。
(A) 3.9 mL　(B) 7.8 mL　(C) 15.6 mL　(D) 31.2 mL
13. 用有机溶剂从 100 mL 某溶质的水溶液中萃取两次,每次用 20 mL,萃取率达 89%,则萃取体系的分配系数为(假定这种溶质在两相中均只有一种存在形式,且无其他副反应)(　　)。

(A) 5　(B) 6　(C) 9　(D) 10

14. 移取 25.00 mL 含 0.125 g I_2 的 KI 溶液，用 25.00 mL CCl_4 萃取。平衡后测得水相中含 0.00500 g I_2，则萃取两次的萃取率是(　　)。

(A) 99.8%　(B) 99.0%　(C) 98.6%　(D) 98.0%

15. 试剂(HR)与某金属离子 M 形成 MR_2 后而被有机溶剂萃取，反应的平衡常数即为萃取平衡常数，已知 $K = K_D = 0.15$。若 20.0 mL 金属离子的水溶液被含有 HR 为 2.0×10^{-2} mol·L^{-1}的 10.0 mL 有机溶剂萃取，则在 pH = 3.50 时，金属离子的萃取率为(　　)。

(A) 99.7%　(B) 99.0%　(C) 95.6%　(D) 90.5%

16. 有一金属螯合物在 pH = 3 时从水相萃入甲基异丁基酮中，其分配比为 5.96，现取 50.0 mL 含该金属离子的试液，每次用 25.0 mL 甲基异丁基酮于 pH = 3 萃取，若萃取率达 99.9%。则一共要萃取(　　)。

(A) 2 次　(B) 3 次　(C) 4 次　(D) 5 次

17. 某弱酸 HB 在水中的 $K_a = 4.2\times10^{-5}$，在水相与某有机相中的分配系数 K_D = 44.5。若将 HB 从 50.0 mL 水溶液中萃取到 10.0 mL 有机溶液中，则 pH = 1.0(E_1)和 pH = 5.0(E_5)时的萃取百分率(假如 HB 在有机相中仅以 HB 一种形体存在)的关系为(　　)。

(A) $E_1 > E_5$　(B) $E_1 = E_5$　(C) $E_1 < E_5$　(D) $E_1 \approx E_5$

18. 用等体积萃取要求进行两次萃取后，其萃取率大于 95%，则其分配比必须大于(　　)。

(A) 10　(B) 7　(C) 3.5　(D) 2

19. 属阳离子交换树脂是(　　)。

(A) RNH_3OH　(B) RNH_2CH_3OH

(C) ROH　(D) $RN(CH_3)_3OH$

20. 根据离子的水化规律，判断含 Mg^{2+}，Ca^{2+}，Ba^{2+}，Sr^{2+} 离子混合液流过阳离子交换树脂时，最先流出的离子是(　　)。

(A) Ba^{2+}　(B) Mg^{2+}　(C) Sr^{2+}　(D) Ca^{2+}

21. 在氧化铝薄层色谱分离中，以相同的展开剂展开，极性大的成分则(　　)。

(A) 吸附力大，R_f 小　(B) 吸附力小，R_f 小

(C) 吸附力大，R_f 大　(D) 吸附力小，R_f 大

22. 薄层色谱的主要用途为(　　)。

(A) 分离化合物　(B) 鉴定化合物

(C) 分离和化合物的鉴定　(D) 制备化合物

23. 纸色谱属于分配色谱，固定相为(　　)。

(A) 纤维素　　(B) 滤纸所吸附的水
(C) 展开剂中极性较大的溶液　　(D) 水

二、填空题

1. 回收率是用来表示分离效果的物理量,回收率越大,分离效果__①__;在回收工作中对回收率要求是__②__。
2. 分离率表示干扰组分 B 与待测组分 A 的分离程度,用表示 $S_{B/A}$,$S_{B/A}$越__①__,则 R_B越__②__,则 A 与 B 之间的分离就越__③__,干扰就消除的越__④__;在分析工作中对分离率的要求是:通常,对常量待测组分和常量干扰组分,分离率应在__⑤__以下;但对微量待测组分和常量干扰组分,则要求分离率小于__⑥__。
3. 溶液含 Fe^{3+} 10 mg,采用某种萃取剂将它萃入某种有机溶剂中。若分配比 $D=99$,用等体积有机溶剂分别萃取 2 次,在水溶液中剩余 Fe^{3+} 为__①__mg;萃取百分率__②__。
4. 现有 0.1000 mol·L^{-1}的某有机一元弱酸(HA)100 mL,用 25.00 mL 苯萃取后,取水相 25.00 mL,用 0.02000 mol·L^{-1}的 NaOH 溶液滴定至终点,消耗 20.00 mL,则一元弱酸在两相中的分配系数 K_D为________。
5. 用某有机溶剂从 100 mL 含溶质 A 的水溶液中萃取 A。共萃取两次,若要求萃取百分率不低于 90.0%,已知该取体系的分配比为 10.8,则每次用有机溶剂不能低于________mL。
6. 将一种螯合剂 HL 溶解在有机溶剂中,按下面反应从水溶液中萃取金属离子 M^{2+}:

$$M^{2+}_{(水)}+2HL_{(有)}\rightleftharpoons ML_{2(有)}+2H^{+}_{(水)}$$

反应平衡常数 $K=0.010$。取 10 mL 水溶液,加 10 mL 含 HL0.010 mol·L^{-1}的有机溶剂萃取 M^{2+}。设水相中的 HL 有机相中的 M^{2+} 可以忽略不计,且因为 M^{2+} 的浓度较小,HL 在有机相中的浓度基本不变。如要求 M^{2+} 的萃取百分率为 99.9%,则水溶液的 pH 应为________。
7. 有一弱酸(HL),$K_a=2.0\times10^{-5}$,它在水相和有机相中的分配系数 $K_D=31$。如果将 50 mL 该酸的水溶液和 5.0 mL 有机溶剂混合萃取,则在 pH=5.0 时,HL 的萃取率为________。
8. 以含 0.010 mol·L^{-1}的 8-羟基喹啉的 $CHCl_3$ 溶液萃取 Al^{3+} 和 Fe^{3+}。已知8-羟基喹啉的 $\lg K_D=2.6$,$\lg K^H(HL)=9.9$,$\lg K^H(H_2L^+)=5.0$;此萃取体系中 $\lg K_{ex}(Fe)=4.11$,$\lg K_{ex}(Al)=-5.22$。若 $R=1$,则 pH=3 时,Fe^{3+},Al^{3+} 的萃取率分别为__①__和__②__。并请判断 Fe^{3+},Al^{3+} 分离情况:__③__。
9. 称取 1.500 g 氢型阳离子交换树脂,以 0.09875 mol·L^{-1}的 NaOH 50.00 mL 浸

泡 24 h,使树脂上的 H^+ 全部被交换到溶液中。在用 0.1024 mol·L^{-1}的 HCl 标准溶液滴定过量的 NaOH,用去 24.50 mL。则树脂的交换容量________。

10. 称取 1.0 g 氢型阳离子交换树脂,加入 100 mL 含有 1.0×10^{-4} mol·L^{-1}的 $AgNO_3$ 的 0.010 mol·L^{-1}的 HNO_3 溶液,使交换反应达到平衡。则 Ag^+ 的分配系数和 Ag^+ 被交换到树脂上的百分率分别为___①___和___②___。已知 $K_{Ag/H}=6.7$,树脂的交换容量为 5.0 mmol·g^{-1}。
11. 将 0.2548 g NaCl 和 KBr 的混合物溶于水后通过强酸性阳离子交换树脂,经充分交换后,流出液需用 0.1012 mol·L^{-1}的 NaOH 35.28 mL 滴定至终点。则混合物中 NaCl 和 KBr 的质量分数分别为___①___和___②___。
12. 离子交换法用于 Fe^{3+},Al^{3+} 的分离时,先用盐酸处理溶液,使 Fe^{3+},Al^{3+} 分别以___①___、___②___形态存在。然后通过___③___交换柱,此时___④___或___⑤___留在柱上,而___⑥___或___⑦___流出,从而达到分离的目的。
13. 某纯的二元有机酸 H_2A,制备为纯的钡盐,称取 0.3460 g 盐样,溶于 100.0 mL 水中,将溶液通过强酸性阳离子交换树脂,并水洗,流出液以 0.09960 mol·L^{-1}的 NaOH 溶液 20.20 mL 滴至终点,则有机酸的摩尔质量________。
14. 称取 1.5 g H－型阳离子交换树脂作成交换柱,净化后用氯化钠溶液冲洗,至甲基橙呈橙色为止。收集流出液,用甲基橙为指示剂,以 0.1000 mol·L^{-1}的 NaOH 标准溶液滴定,用去 24.51 mL,则该树脂的交换容量为________(mmol·g^{-1})。
15. 将 100 mL 水样通过强酸型阳离子交换树脂,流出液用 0.1042 mol·L^{-1}的 NaOH 滴定,用去 41.25 mL,若水样中金属离子含量以钙离子含量表示,则水样中含钙的质量浓度为________(g·L^{-1})。
16. 含 $MgCl_2$ 和 HCl 的水溶液,取 25.00 mL 用 0.02236 mol·L^{-1}的 NaOH 滴定到 pH＝4.0,消耗 23.96 mL。另取 10.00 mL 溶液,通过强碱性阴离子交换树脂,收集全部流出液,以 0.02236 mol·L^{-1}的 HCl 滴定,耗去 28.29 mL。则溶液中 HCl 和 $MgCl_2$ 的浓度分别为___①___和___②___mol·L^{-1}。
17. 用上行法纸上层析分离 A,B 两物质时,得到 $R_{f(A)}=0.32$,$R_{f(B)}=0.70$。欲使 A,B 两物质分开后,两斑点中心的距离为 4.0 cm,问层析纸条的长度最少为________。
18. 用 8-羟基喹啉氯仿溶液于 pH＝7.0 时,从水溶液中萃取 La^{3+},已知它在两相中的分配比 $D=43$,今取 La^{3+} 水溶液(1 mg·L^{-1})30.00 mL,则用萃取液 10.0 mL 一次萃取和 10.0 mL 分两次萃取的萃取率分别为___①___和___②___。

参考答案

第一章　分析化学概论

一、选择题

1.（B） 2.（C） 3.（D） 4.（C） 5.（A） 6.（A） 7.（C） 8.（B） 9.（A） 10.（B） 11.（C） 12.（D） 13.（A） 14.（C） 15.（C） 16.（A） 17.（D） 18.（A） 19.（D） 20.（A） 21.（A） 22.（C） 23.（D） 24.（B） 25.（A） 26.（B） 27.（C） 28.（A） 29.（B） 30.（A） 31.（B） 32.（C） 33.（C） 34.（D） 35.（B） 36.（B） 37.（C） 38.（A） 39.（A） 40.（B）

二、填空题

1. 5% $K_2Cr_2O_7$ + 浓 H_2SO_4
2. ①0.1 g　②0.1 mg
3. 返滴定法
4. ①直接配制法　②标定法
5. 0.04%
6. 无法出现
7. ①4　②5　③2　④4
8. $A = K \cdot c$
9. ①组成与化学式相符　②纯度足够高　③稳定性好　④按反应式定量进行
10. 0.3621 g
11. 0.02000 $mol \cdot L^{-1}$
12. 沉淀掩蔽法
13. 0.2477 g
14. ①试剂浪费　②突跃小,终点误差大
15. ①$Al + Y \longrightarrow AlY$　②$AlY + 5F^- \longrightarrow AlF_5^{2-} + Y$　③$Zn + Y \longrightarrow ZnY$
16. ①随机　②集中趋势　③真值　④离散程度
17. 0.4～0.6 g
18. $[HCO_3^-] = [OH^-]$

19. ①残余电流　②溶液中存在微量杂质以及电容电流
20. ①Fe　②标准谱图　③谱线丰富，谱线位置明确
21. 53.46%
22. ①返滴定　②置换滴定　③间接滴定
23. 铁坩埚
24. ①HNO_3 溶解　②Na_2CO_3（或 Na_2CO_3—NaOH）加热熔融
25. ①Fe^{2+}　②$Fe(CN)_6{}^{4-}$
26. F^-
27. ①富集　②溶出　③阴极富集　④阳极溶出
28. ①小　②保证一定分辨率，减少谱线之间的重叠干扰　③大　④保证有较大的光照强度，提高谱线强度

第二章　分析化学中的误差与数据处理

一、选择题

1.（D）　2.（A）　3.（B）　4.（A）　5.（A）　6.（C）　7.（A）　8.（C）　9.（B）
10.（C）　11.（D）　12.（C）　13.（B）　14.（A）　15.（C）

二、填充题

1. ①1%　②0.1 g
2. ①否　②单次偏差代数和不为 0
3. 15.85%
4. ①真值　②误差　③精密度　④偏差
5. ①20 mL　②调节标准溶液浓度　③调整被测物质量
6. ①标准方法　②标准样品　③加入回收法
7. ①2　②4　③1　④2　⑤2　⑥2
8. ①Grubbs 法　②Q 检验法　③ $4\bar{d}$ 法
9. ①系统误差，烘干后再称　②系统误差，光度法测 Si，校正分析结果　③随机误差
10. t 检验法
11. ①t　②$\mu = \bar{x} \pm t_{\alpha,f}\dfrac{s}{\sqrt{n}}$
12. 终点与化学计量点不一致

第三章 酸碱滴定法

一、选择题

1.（B） 2.（A） 3.（C） 4.（B） 5.（C） 6.（C） 7.（C） 8.（D） 9.（C）
10.（C） 11.（B） 12.（B） 13.（A） 14.（B） 15.（A） 16.（A） 17.（D）
18.（D） 19.（B） 20.（C） 21.（B） 22.（A） 23.（D） 24.（B） 25.（C）
26.（C） 27.（A） 28.（B） 29.（B） 30.（A） 31.（C） 32.（A） 33.（A）
34.（C） 35.（D） 36.（C） 37.（B） 38.（A） 39.（B） 40.（A）

二、填空题

1. ①邻苯二甲酸氢钾 ②草酸
2. $[H^+]+[NH_4^+]-c_2=[OH^-]$或$[H^+]=[NH_3]-c_1+[OH^-]$
3. ①$H_2PO_4^-$和HPO_4^{2-} ②1∶1
4. $[H^+]=\sqrt{K_{a2}c}$
5. ①pH>4.2 ②1.2<pH<4.2 ③pH=4.2 ④2.7
6. ①$[H^+]+[H_3PO_4]=[NH_3]+[HPO_4^{2-}]+2[PO_4^{3-}]+[OH^-]$ ②4.66
7. $[H^+]=[SO_4^{2-}]+[OH^-]+0.3$
8. ① $[H^+]=\sqrt{K_a c}$ ② $[H^+]=\sqrt{K_a c+K_w}$ ③ $[H^+]=\sqrt{K_{a1}c}$
   ④ $[H^+]=\sqrt{K_{a1}K_{a2}}$ ⑤ $[H^+]=\sqrt{K_{a2}K_{a3}}$ ⑥ $[H^+]=\sqrt{K_a K'_a}$
   ⑦ $[OH^-]=\sqrt{\frac{K_w}{K_a}c}$ ⑧ $[OH^-]=\sqrt{\frac{K_w}{K_{a3}}c}$
9. ①NaOH ②$C_6H_5NH_2$
10. ①2 ②2
11. ①改变溶剂 ②利用化学反应 ③改变检测终点的方法
12. ①> ②≈
13. ①1∶2 ②2∶1 ③1∶1 ④2∶1
14. ①0.5 ②10
15. 1∶2
16. ①125 ②375
17. 14.01%
18. ①1 ②$NOHCl_2$ ③7.5
19. ①HCl ②HCl ③NaOH

20. ①9.06 ②0.14 mol·L^{-1}

21. 4.84

22. 0.55

23. 5.0

24. ①pK_{b2}<7,可被滴定 ②HCl ③MO ④H_2S ⑤$pK_b = 8.87$>7,可测 NaOH 分量 ⑥HCl ⑦PP ⑧$(CH_2)_6N_4$

25. 1∶1

26. ①滴定突跃范围小 ②变色不敏锐

第四章 配位滴定法

一、选择题

1.(A) 2.(C) 3.(D) 4.(A) 5.(C) 6.(C) 7.(B) 8.(A) 9.(D) 10.(A) 11.(D) 12.(B) 13.(B) 14.(D) 15.(C) 16.(D) 17.(B) 18.(A) 19.(B) 20.(B) 21.(C) 22.(A) 23.(B) 24.(D) 25.(A) 26.(C) 27.(C) 28.(B) 29.(C) 30.(A) 31.(A) 32.(A) 33.(C) 34.(B) 35.(D) 36.(A)

二、填空题

1. 0.67

2. ①减小 1 个单位 ②减小 0.5 个单位 ③不变

3. ①<6.9 ②6.9 ③Al^{3+}

4. ①7.5 ②4.3 ③5.9

5. $\alpha_{Y(H)} = 1 + \frac{[H^+]}{K_{a6}} + \frac{[H^+]^2}{K_{a6}K_{a5}} + \cdots + \frac{[H^+]^6}{K_{a6}K_{a5}\cdots K_{a1}}$

6. 0.65

7. ①直接滴定 ②置换滴定 ③间接滴定 ④返滴定

8. AlF_5^{2-}

9. ①7.5 ②9.6 ③4.0

10. 1.3×10^{-2} mol·L^{-1}

11. 0.29

12. 3.8×10^{-8}

13. 无影响

14. ①4.1 ②−0.8%

15. ①$10^{-6.05}$ ②$10^{-3.3}$
16. ①2.7 ②-0.2%
17. ①6.5 ②2.0 ③6.5 ④12.0 ⑤2.0
18. ①Mg—EDTA ②红色 ③蓝色
19. Cu—PAN
20. 控制酸度
21. 1个
22. 将Fe^{3+}还原成Fe^{2+}
23. ①5.8 ②7.8 ③5.8 ④12.3 ⑤2.0
24. ①9.9 ②15.3
25. ①$10^{-5.7}$ ②$10^{-5.7}$ ③$10^{-4.3}$
26. 4.30～7.50
27. $Fe(CN)_6^{4-}$
28. ①0.01635 ②0.00813 ③0.01618

第五章 氧化还原滴定法

一、选择题

1.(D) 2.(A) 3.(C) 4.(B) 5.(B) 6.(B) 7.(D) 8.(B) 9.(B)
10.(A) 11.(B) 12.(A) 13.(D) 14.(A) 15.(B) 16.(B) 17.(B)
18.(A) 19.(B) 20.(C) 21.(A) 22.(B) 23.(A) 24.(B) 25.(A)
26.(A) 27.(A) 28.(A) 29.(B) 30.(B)

二、选择题

1. 90.51
2. ①增加KI浓度 ②提高溶液酸度
3. ①$S_2O_3^{2-}+H_2CO_3 = HSO_3^{-}+HCO_3^{-}+S$ ②偏高 ③碳酸钠
4. ①0.23 ②0.32 ③0.50
5. ①不变 ②不变 ③不变
6. ①0.86～1.26V ②1.06V ③不合适
7. 10^6
8. ①0.03333 ②0.08333
9. AgCl/Ag电对的电极电位小于Fe^{3+}/Fe^{2+}而大于Ti(Ⅳ)/Ti(Ⅲ)
10. 硫酸—磷酸

11. (1) D (2) B (3) A (4) C
12. ①沉淀剂 ②还原剂 ③络合剂 ④缓冲剂 ⑤掩蔽 Fe^{3+} ⑥将 CuI 转换成 CuSCN，减少 I^- 吸附
13. 直接反应速度慢
14. −0.03%
15. −0.66 V
16. ①1.26 ②0.23
17. 8∶6
18. 0.68
19. MnO_2
20. 2.454%
21. ①36.2% ②19.4%
22. 37.11%
23. ①23.10% ②21.40%
24. 0.16～0.24 g
25. ①正 ②因 $Na_2S_2O_3$ 分解，测定时需消耗更多的 $Na_2S_2O_3$ 标准溶液
26. 0.40 g

第六章 沉淀滴定法

一、选择题

1.(B) 2.(C) 3.(A) 4.(B) 5.(A) 6.(B) 7.(C) 8.(A) 9.(C) 10.(D) 11.(B) 12.(B) 13.(C) 14.(A) 15.(D) 16.(A) 17.(B) 18.(A) 19.(B) 20.(A),(E),(E),(B),(C),(D) 21.(D) 22.(C) 23.(C)

二、填空题

1. ①34.15% ②65.85%
2. ①NH_4SCN 或 KSCN ②铁铵矾 ③酸性 ④由无色变为红色
3. ①返滴定， ②酸性 ③若在中性介质中则指示剂 Fe^{3+} 水解生成 $Fe(OH)_3$，影响终点观察
4. ①吸附指示剂 ②与指示剂的 pK_a
5. ①曙红或荧光黄 ②荧光黄 ③偏低
6. ①佛尔哈德法 ②在酸性条件下可消除上述离子的干扰

7. ①胶状沉淀　②聚沉　③吸附
8. ①负　②吸附了 Ag^+
9. 佛尔哈德法(返滴定法)
10. 4.6×10^{-7}
11. 19.85 : 20.00
12. 0.14
13. ①Ag_2CrO_4　②转化
14. ①低　②≥2
15. ①$Ag(NH_3)_2^+$　②偏高
16. 硝基苯
17. 0.08%
18. 2
19. ①终点后　②终点前　③Ag^+
20. ①阴离子　②$AgCl\cdot Ag^+$
21. 0.08%

第七章　重量分析法

一、选择题

1. (C)　2. (A)　3. (C)　4. (B)　5. (C)　6. (B)　7. (B)　8. (D)　9. (A)
10. (C)　11. (B)　12. (B)　13. (D)　14. (A)　15. (B)

二、填空题

1. ①选择性较高　②沉淀溶解度小　③沉淀吸附杂质少　④沉淀式量较大,一般可烘干后直接称重
2. 2.5%
3. 1.5×10^{-24}
4. ①加快微粒聚沉速度　②减少杂质吸附　③防止生成胶体
5. 有机沉淀剂一般带有疏水基团,因此沉淀物疏水性较强
6. ①在沉淀物浓度较小时,以异相成核为主,颗粒数目不变　②高浓度时,均相成核增多,颗粒数目随浓度增大
7. 继沉淀
8. ①加入过量沉淀剂　②同离子效应
9. 5.04%

10. ①NO_3^-　②沉淀优先吸附 Ba^{2+}，然后吸附溶解度小的相反电荷离子

11. 1.9561 g

12. 1.1×10^{-13}

13. ①$F=\dfrac{M_{Cr_2O_3}}{2M_{PbCrO_4}}$　②$F=\dfrac{M_{Ca_3(PO_4)_2}}{2M_{(NH_4)_3PO_4\cdot12H_2O}}$

14. 53.46%

15. ①酸效应　②加入碱

第八章　紫外-可见分光光度法

一、选择题

1.（A）　2.（B）　3.（D）　4.（A）　5.（C）　6.（B）　7.（C）　8.（D）　9.（C）　10.（A）　11.（C）　12.（C）　13.（D）　14.（D）　15.（A）　16.（A）　17.（D）　18.（D）　19.（B）　20.（D）

二、填空题

1. 0.11

2. ①$A=\varepsilon bc$　②$A=ab\rho$

3. ①62.5%　②6.25

4. ①波长 λ（nm）　②吸光度 A

5. 互补

6. 两种特定颜色的光按一定比例混合可以得到白光，这两种光的颜色称为互补色

7. ①浓度　②吸光度 A

8. ①棱镜　②光栅　③将光源光分解成单色光

9. ①高浓度体系　②比待测溶液浓度略低的标准溶液

10. ①大于　②使显色反应完全

11. $1.3\times10^{-3}\,\mu g\cdot cm^{-2}$

12. 52.6%

13. ①偏离 Lambert-Beer 定律　②仪器误差大　③误差大

14. 因为有色物质发生离解、缔合或其他化学反应以及显色体系存在酸效应或溶剂效应

第九章　定量化学分析中的分离方法

一、选择题

1.（B） 2.（B） 3.（A） 4.（D） 5.（C） 6.（B） 7.（B） 8.（C） 9.（A）
10.（B） 11.（A） 12.（B） 13.（D） 14.（A） 15.（A） 16.（D） 17.（A）
18.（C） 19.（D） 20.（B） 21.（A） 22.（C） 23.（A）

二、填空题

1. ①越好　②一般要求 $R_A>90\%\sim95\%$即可
2. ①小　②小　③完全　④彻底　⑤0.1%　⑥$10^{-4}\%$
3. ①0.001　②99.99%
4. 21.0
5. 20
6. 4.35
7. 51%
8. ①100%　②0.3%　③能定量分离
9. 1.619 $mmol\cdot g^{-1}$
10. ①$3.3\times10^3$　②97%
11. ①64.50%　②34.60%
12. ①$FeCl_4^-$　②Al^{3+}　③阴或阳　④$FeCl_4^-$　⑤Al^{3+}　⑥Al^{3+}　⑦$FeCl_4^-$
13. 208.6 $g\cdot mol^{-1}$
14. 1.6
15. 0.86
16. ①0.02143　②0.02091
17. 10.53 cm
18. ①93.48%　②99.58%

有机化学篇

第一章　有机化学概论

一、有机化学结构理论

1. 价键理论

价键理论主要描述分子中的共价键及共价结合，核心思想是电子配对形成定域化学键。主要内容有：

(1) 如果两个原子各有一个电子且自旋反平行，就可配对形成一个共价键；

(2) 如果一个原子的未成对电子已经配对，就不能再与其他原子的未成对电子配对，即共价键具有饱和性；

(3) 电子云重叠越多，形成的键越强。因此要尽可能在电子云密度最大的方向重叠，这决定了共价键的方向性；

(4) 能量相近的原子轨道可进行杂化，组成能量相等的杂化轨道。有机化合物中常见的杂化形式有：sp，sp^2，sp^3。

σ 键：是两个原子轨道“头对头”重叠形成的，电子云顺着原子核的连线重叠，得到轴对称的电子云图像。

π 键：是两个原子轨道“肩并肩”重叠形成的，电子云重叠后得到的电子云图像呈镜像对称。

2. 分子轨道理论

分子轨道理论是处理双原子分子及多原子分子结构的一种有效的近似方法。它认为分子中的电子围绕整个分子运动。分子轨道由原子轨道线性组合得到，分布在整个分子之中。

如果组合得到的分子轨道能量比组合前原子轨道能量之和低，那么所得分子轨道称作成键轨道；如果组合得到的分子轨道能量比组合前原子轨道能量之和高，则称作反键轨道；如果组合得到的分子轨道能量与组合前原子轨道能量之和相差不大，轨道上的电子对分子键合没有贡献，那么该分子轨道则称作非键轨道。

分子轨道法的基本原则包括：①对称性匹配原则。原子轨道必须具有相同的对称性才能组合成分子轨道；②最大重叠原则。原子轨道重叠程度越大，形成的化学键也越强；③能量相近原则。能量相近的原子轨道才能组合成有效的分子轨道。

二、共价键的属性

1. 键能：指在标准状态下气态分子拆开成气态原子时，每种化学键所需能量的平均值。双原子分子的键解离能就是它的键能。对于多原子分子，由于每一根键的键解离能并不总是相等的，因此键能实际上是指这类键的键解离能的平均值。

2. 键长：形成共价键的两原子核间的平衡距离叫键长。

3. 键角：同一原子形成的两个化学键之间的夹角叫键角。

4. 键的极性：由成键的两原子的电负性差异引起，负电荷中心靠近电负性大的原子一端。键的极性大小可用键偶极矩（键矩）来衡量，键矩的方向从正指向负。不同杂化态的碳原子，其电负性大小也是不同的，大小顺序是：$C_{sp} > C_{sp^2} > C_{sp^3}$。杂化轨道中 s 成分越多，吸电子能力越强。例如，在 $C_{sp^3}—C_{sp^2}$ 键上，电子云偏向于 C_{sp^2} 杂化碳。

与键的极性密切相关的是分子的极性。在分子中，由于原子的电负性不同，可能导致电荷分布不均匀，使分子中正电中心与负电中心不能重合，从而使分子具有极性。分子的极性用偶极矩度量，有

$$\mu = q \times d$$

式中，μ 为偶极矩，q 为正电中心或负电中心的电荷值，d 为正负电荷中心的距离。偶极矩单位是德拜（D，Debye）或库仑·米（C·m），$1D = 3.3336 \times 10^{-30} C \cdot m$。

偶极矩方向用 $+\!\!\longrightarrow$ 表示，箭头所示方向是从正电荷到负电荷的方向。分子的偶极矩是分子中各个化学键键矩的矢量和。

三、有机化合物的分类

1. 按碳架分类

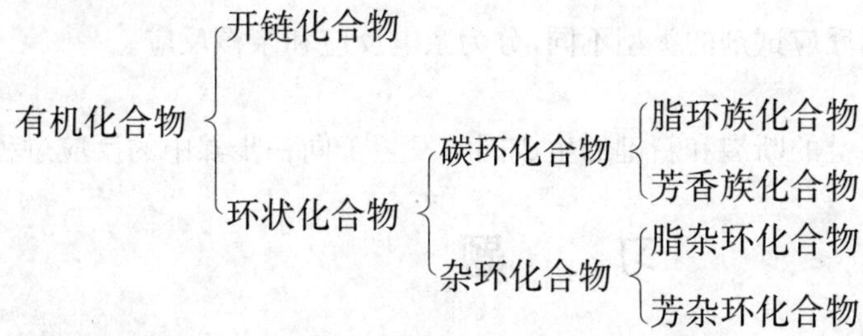

2. 按官能团分类

在有机化学里，决定化合物化学特性的原子或原子团称为官能团。

按官能团分类有机物可分为烷烃、烯烃、炔烃、卤代烃、醇、酚、醚、醛、酮、羧酸、酰卤、酸酐、酰胺、酯、胺、亚胺、硝基化合物、腈等等。

四、有机化合物的异构现象

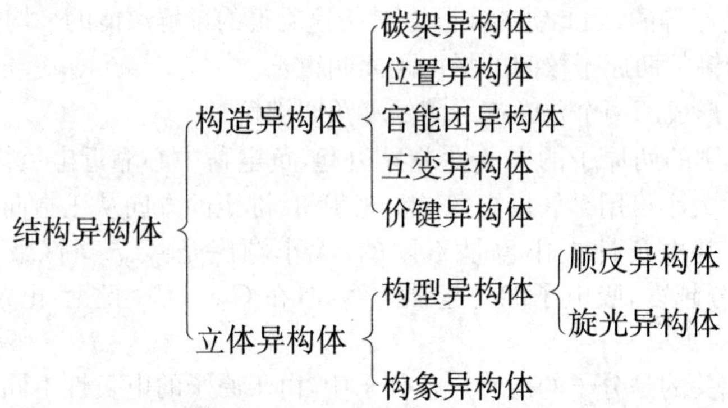

五、有机反应的类型

1. 自由基型反应

化学键断裂时原成键的一对电子平分给两个原子或基团，这种断裂方式称为均裂。带有单电子的原子或原子团称为自由基(或游离基)。由于分子经过均裂产生自由基而引发的反应称为自由基型反应。

2. 离子型反应

化学键断裂时原成键的一对电子为某一原子或基团所占有，这种断裂方式称为异裂。异裂产生正离子和负离子。经过异裂产生离子而引发的反应称为离子型反应。

离子型反应根据反应试剂的类型不同，分为亲电反应和亲核反应。

3. 协同反应

协同反应是指旧键的断裂和新键的生成同时发生于同一步骤中的反应过程。

习　　题

一、选择题

1. 下列溶剂中，最能溶解离子性溶质的是(　　)。

(A) 四氯化碳　(B) 甲醇　(C) 戊烷　(D) 丁基醚

2. 偶极矩等于零的化合物是(　　)。

(A) $(CH_3)_2O$　(B) 乙烯　(C) $N(CH_3)_3$　(D) C_6H_6

3. 甲烷中 C—H 的键能大约为(　　)。

(A) 100 $kcal \cdot mol^{-1}$　(B) 30 $kcal \cdot mol^{-1}$

(C) 50 $kcal \cdot mol^{-1}$　(D) 80 $kcal \cdot mol^{-1}$

4. 氯苯的偶极矩是 1.73D。预计对二氯苯的偶极矩应当是(　　)。

(A) 3.46 D　(B) 0.00 D　(C) 1.73 D　(D) 1.00 D

5. 1828 年,韦勒(Wohler)合成了尿素,从而成了有机化学史上的里程碑,他合成尿素用的原料是(　　)。

(A) 乙酸铵　(B) 碳酸铵　(C) 氰酸铵　(D) 丙二酸铵

6. 下列离子碱性最强的是(　　)。

(A) OH^-　(B) NH_2^-　(C) RO^-　(D) R^-

7. 下列化合物中,具有最短碳卤键的是(　　)。

(A) CH_3—Cl　(B) CH_3—Br　(C) CH_3—F　(D) CH_3—I

8. 下列四种溶剂中比重大于 1 的是(　　)。

(A) 己烷　(B) 苯

(C) 1,2-二氯乙烷　(D) 环己烷

9. 乙醇和二甲醚是(　　)。

(A) 碳架异构　(B) 位置异构　(C) 官能团异构　(D) 互变异构

10. 提供最有效重叠的轨道是(　　)。

(A) p - p　(B) sp - sp　(C) sp^2 - sp^2　(D) sp^3 - sp^3

11. 卤代乙炔(Ⅰ)、卤代乙烯(Ⅱ)、卤代乙烷(Ⅲ)的偶极矩相对大小(　　)。

(A) Ⅰ > Ⅱ > Ⅲ　(B) Ⅰ > Ⅲ > Ⅱ

(C) Ⅱ > Ⅲ > Ⅰ　(D) Ⅲ > Ⅱ > Ⅰ

12. 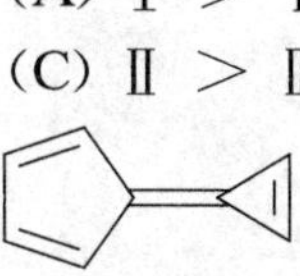 [结构式：五元环与三元环以双键相连] 预期其极性方向是(　　)。

(A) 三元环为负,五元环为正　(B) 三元环为正,五元环为负

(C) 无极性　(D) 无法判断

第二章　烷烃和环烷烃

熟悉烷烃的分类、同系列、同分异构现象、结构、构型、构象、IUPAC 命名和反应。

一、烷烃的通式和分类

烷烃的通式是 C_nH_{2n+2}，单环环烷烃的通式 C_nH_{2n}，烃的分类如下：

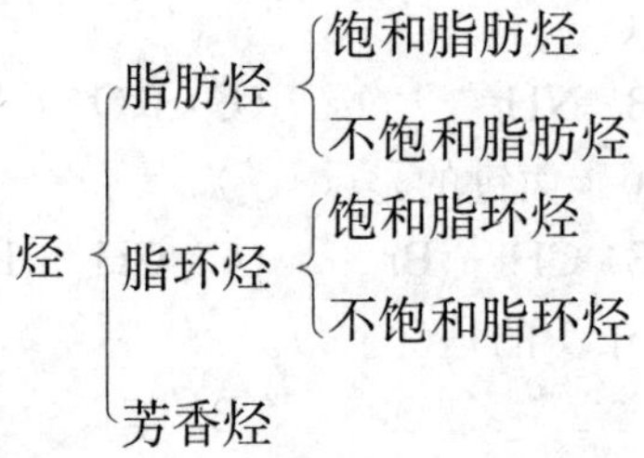

二、同系物和同分异构现象

把在组成上具有一个通式，结构和化学性质相似，相邻成员的差为一定值的一系列化合物称为同系物。

化合物具有相同分子式但具有不同结构的现象，叫做同分异构现象；具有相同分子式而结构不同的化合物互为同分异构体。

构造异构是由分子中碳原子的排列方式不同引起的异构。

注意：脂环化合物可能有顺反异构体存在。

三、烷烃和环烷烃的结构

这部分的知识要点是：碳的 sp^3 杂化和四面体结构；小环化合物的环张力和香蕉键；小环张力对其化学性质的影响。

四、烷烃和环烷烃的稳定构象

由于共价单键的旋转使分子中的原子或基团在空间产生不同的排列形式称为构象。由单键的旋转产生的异构体称为构象异构体。一种构象改变为另一种构象时，不要求共价键的断裂和重新形成。构象改变也不会改变分子的光学活性。

烷烃构象的表示方法，常用的有伞形式、锯架式和 Newman 投影式。例如：

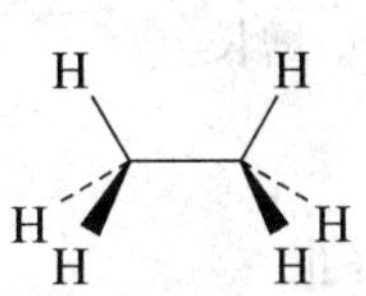

伞形式 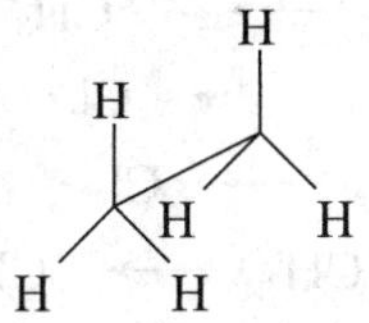　　锯架式 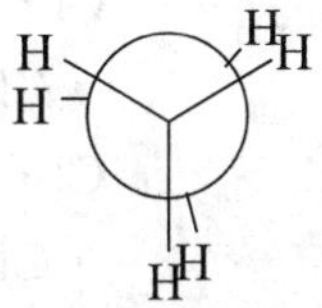　　Newman 式

当单键旋转时，可以有无数个构象异构体。乙烷分子的典型构象（也叫极限构象）是交叉式和重叠式构象。而对于丁烷，其典型构象包括全重叠式、部分重叠式、对位交叉式和邻位交叉式。

环己烷的典型构象为椅式及船式。在构象之间的转换过程中，还经过半椅式和扭船式。椅式构象能量最低，半椅式能量最高。

取代环己烷的构象：通常椅式构象最稳定，取代基尽可能多地在 *e* 键上。环上有不同的取代基且不能保证每个基团都位于 *e* 键时，大基团在 *e* 键的构象更稳定。

顺和反十氢萘的稳定构象：

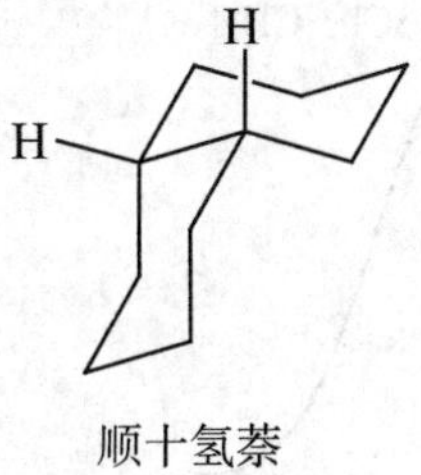

顺十氢萘 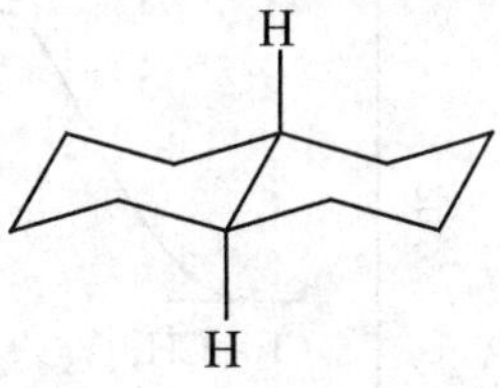　　反十氢萘

五、IUPAC 命名

熟悉烷烃、环烷烃（也包括桥环和螺环）的命名原则。

六、烷烃和环烷烃的化学性质

1. 烷烃的卤代——自由基链反应

分为引发、增长和终止三个阶段(以甲烷与 Cl_2 的反应为例):

$$Cl_2 \xrightarrow{h\nu} 2\,Cl\cdot \quad \text{引发}$$

$$\left.\begin{array}{l} Cl\cdot + CH_4 \longrightarrow \cdot CH_3 + HCl \\ \cdot CH_3 + Cl_2 \longrightarrow Cl\cdot + CH_3Cl \end{array}\right\} \text{增长}$$

$$\left.\begin{array}{l} Cl\cdot + Cl\cdot \longrightarrow Cl_2 \\ \cdot CH_3 + \cdot CH_3 \longrightarrow CH_3CH_3 \\ \cdot CH_3 + \cdot Cl \longrightarrow CH_3Cl \end{array}\right\} \text{终止}$$

卤素的反应活性:$Cl_2 > Br_2 > I_2$(碘代反应不能进行)。

烷烃中氢的活泼性:三级氢 > 二级氢 > 一级氢。

烷基自由基的稳定性顺序:叔烷基 > 仲烷基 > 伯烷基 > 甲基,越稳定的自由基越容易生成。

溴代反应有更高的选择性。

反应的能量变化见下图:

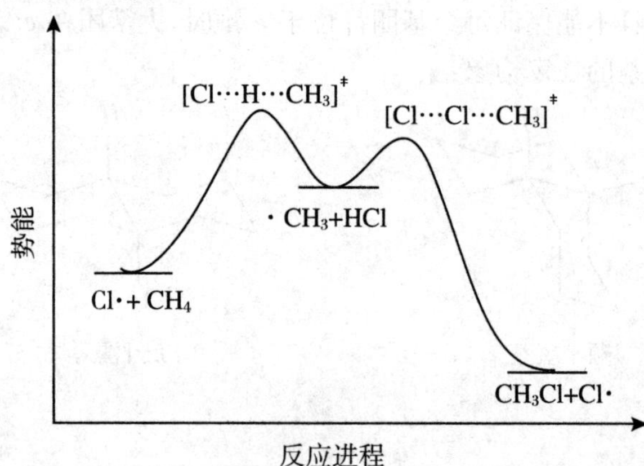

反应中间体——自由基。甲基和伯烷基自由基是 sp^2 杂化,呈平面构型。

2. 小环的加成反应

(1) 催化加氢

$$\triangle + H_2 \xrightarrow[\text{或 } Pt,50℃]{Ni,80℃} CH_3CH_2CH_3$$

环丁烷加氢条件更剧烈，环戊烷则需要很剧烈的条件。

(2) 加卤素

$$\triangle + Br_2 \xrightarrow{CCl_4,\text{室温}} BrCH_2CH_2CH_2Br$$

环丁烷的加成需要加热，与 Cl_2 发生类似反应。

(3) 加卤化氢

$$\triangle + HX \longrightarrow CH_3CH_2CH_2X$$

加成取向符合马氏规则：

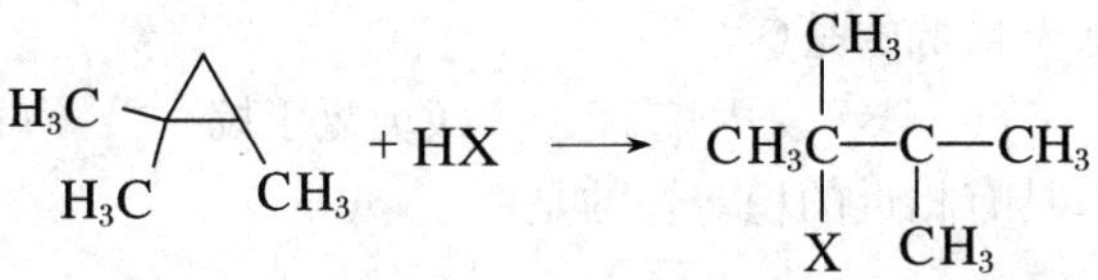

$$(H_3C)_2\text{-cyclopropane-}CH_3 + HX \longrightarrow CH_3C(CH_3)(X)-CH(CH_3)-CH_3$$

小环烷烃与烯烃在反应性上的区别是：烯烃容易被氧化，而小环烷烃难以被氧化。

习　题

一、选择题

1. 烷烃卤化反应中间体是(　　)。

(A) 碳正离子　　(B) 游离基

(C) 碳负离子　　(D) 协同反应无中间体

2. 甲基正离子和甲基自由基的能量哪个高(　　)。

(A) 甲基正离子能量高　　(B) 甲基自由基能量高

(C) 二者能量相等　　(D) 二者不可比

3. 假定 CH_3 自由基是平面的，不成对电子所处的轨道是(　　)。

(A) 2s　　(B) $2p_x$　　(C) $2p_z$　　(D) $2p_y$

4. 下列自由基最稳定的是(　　)。

(A) $(CH_3)_3\dot{C}$　　(B) $CH_3\dot{C}H_2$

(C) $(CH_3)_2\dot{C}H$　　(D) $(CH_3)_2CH\dot{C}H_2$

5. 己烷的异构体有几种(　　)。

(A) 5　　(B) 2　　(D) 3　　(C) 4

6. 如下化合物的 IUPAC 名称是(　　)。

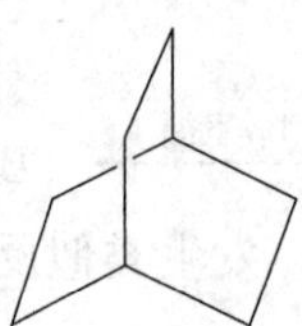

(A) 二环[2,2,1]辛烷　　(B) 二环[2,2,1]壬烷

(C) 降冰片烯　　(D) 二环[2,2,2]辛烷

7. 下列化合物,沸点最低的是(　　)。

(A) 氯乙烷　　(B) 氯丙烷　　(C) 氯丁烷　　(D) 氯甲烷

8. 下列异构体中,具有相近的稳定性的是(　　)。

(A) 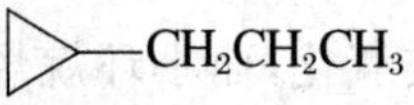 $-CH_2CH_2CH_3$ 和

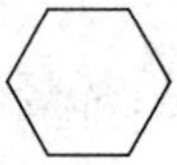

(B) 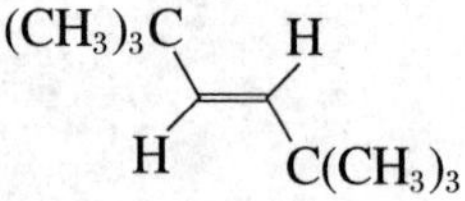 $(CH_3)_3C$ H H $C(CH_3)_3$ 和 H H $(CH_3)_3C$ $C(CH_3)_3$

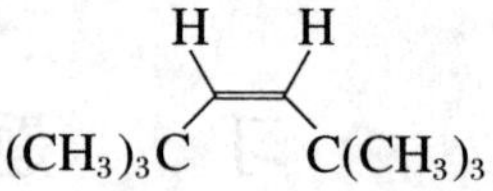

(C) 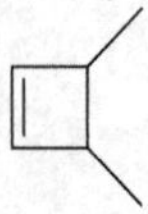 和

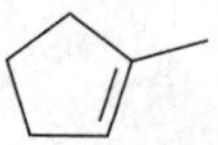

(D) 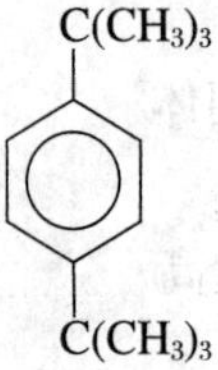 $C(CH_3)_3$ $C(CH_3)_3$ 和 $C(CH_3)_3$ $C(CH_3)_3$

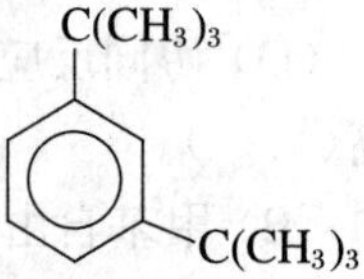

9. 下列结构的化合物属于哪一类物质(　　)。

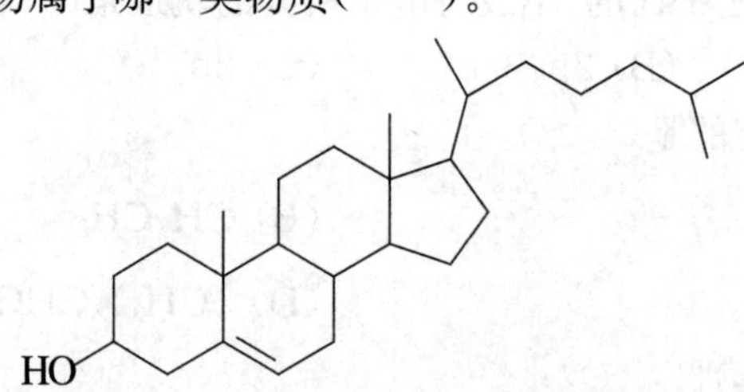

(A) 萜　　(B) 甾　　(C) 生物碱　　(D) 维生素

10. 下列化合物中共振能最大的是(　　)。

(A) 环己烯　　(B) 1,3-丁二烯

(C) 2,3-丁二酮　　(D) 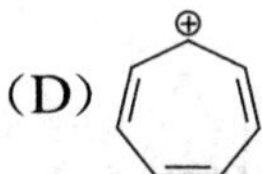

11. 下列化合物中,沸点最低的是(　　)。

(A) $CH_3CH_2CH_2CH_2CH_3$　　(B) $C(CH_3)_4$

(C) $CH_3CH_2CH(CH_3)CH_3$　　(D) $CH_3CH(CH_3)CH(CH_3)CH_3$

12. 三元环张力很大,甲基环丙烷与5%的 $KMnO_4$ 水溶液或 Br_2/CCl_4 反应,现象是(　　)。

(A) $KMnO_4$ 和 Br_2 都褪色　　(B) $KMnO_4$ 褪色,Br_2 不褪色

(C) $KMnO_4$ 和 Br_2 都不褪色　　(D) $KMnO_4$ 不褪色,Br_2 褪色

13. 室温下,环己烷的构象有(　　)。

(A) 两个　　(B) 三个　　(C) 六个　　(D) 无数个

14. 1,2,3-三氯环己烷的下列4个异构体中,最稳定的异构体是(　　)。

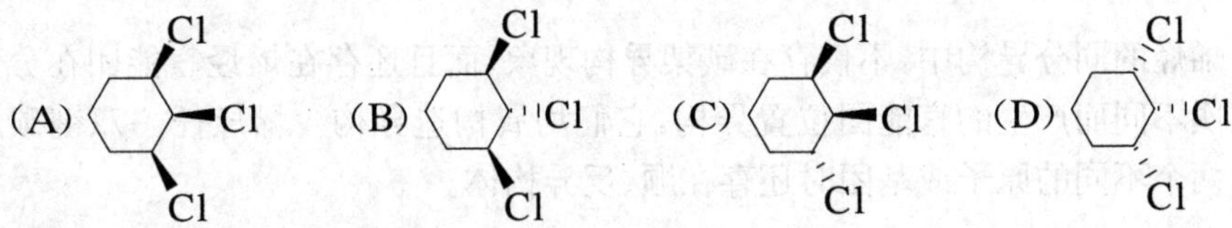

二、填空题

1. 顺1,3-二羟基环己烷的稳定构象是:________。

2. 已知烷烃的分子式为 C_5H_{12},二元氯代产物只可能有两种。该烷烃的结构是:________。

第三章　烯　　烃

一、烯烃的结构

烯烃中形成 C—C 双键的碳是 sp^2 杂化,因此两个双键碳和与它们直接相连的原子是共平面的。C—C双键由一个 σ 键和一个 π 键组成。

二、烯烃的同分异构

烯烃的同分异构中,不仅存在碳架异构现象,而且还存在烯烃官能团在分子中的位次不同而产生的官能团位置异构,它们均属构造异构。烯烃任一双键碳原子连有两个不同的原子或基团时还存在顺、反异构体。

三、烯烃的命名

熟悉烯烃的系统命名法,顺、反异构体的命名法。

四、烯烃的反应

1. 亲电加成反应(烯烃的典型反应)

(1) 烯烃与卤素的加成

烯烃易与氯或溴发生亲电加成反应,生成邻二卤代烷,反应放热。不同的卤素与之反应的活性顺序是:$F_2 > Cl_2 > Br_2 > I_2$。F_2 与之反应剧烈,碘难以与之反应。ICl 和 IBr 都能够与烯烃加成。

烯烃与溴或氯的加成大多数经过卤鎓离子中间体,是反式加成:

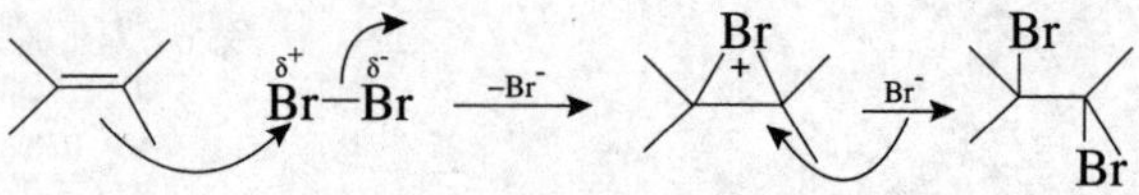

$$\text{C=C} + \overset{\delta^+}{Br}-\overset{\delta^-}{Br} \xrightarrow{-Br^-} \text{溴鎓离子} \xrightarrow{Br^-} \text{反式二溴代物}$$

(2) 烯烃与酸的加成

(a) 与卤化氢或氢卤酸加成

卤化氢与烯烃的反应活性次序是：HI ＞ HBr ＞ HCl。加成取向遵守马氏规则，即：在不对称烯烃的加成中，氢总是加在含氢较多的碳上。

反应机理是：

$$\rangle C{=}C\langle + H{-}X \longrightarrow \rangle \underset{H}{\underset{|}{C}}{-}\overset{+}{C}\langle$$

$$\rangle \underset{H}{\underset{|}{C}}{-}\overset{+}{C}\langle + X^- \longrightarrow \rangle \underset{H}{\underset{|}{C}}{-}\underset{X}{\underset{|}{C}}\langle$$

反应经由碳正离子中间体。碳正离子的稳定性顺序是：三级（叔）＞ 二级（仲）＞ 一级（伯）。碳正离子越稳定，能量越低，越容易形成。不对称烯烃的亲电加成，总是生成较稳定的碳正离子中间体。

碳正离子是 sp^2 杂化的，是一平面结构。

碳正离子容易发生重排（邻位碳上的基团迁移过来），形成更稳定的碳正离子。

(b) 与浓硫酸的反应

烯烃同冷的浓硫酸反应生成酸式硫酸酯，后者水解后生成醇。烯烃与硫酸反应时，质子先加到双键碳原子上形成碳正离子，然后再与酸式硫酸根结合生成酸式硫酸酯。加成反应遵守马氏规则，即

$$CH_2{=}CH_2 \xrightarrow[0℃\sim15℃]{98\%\,H_2SO_4} CH_3CH_2OSO_3H \xrightarrow[\triangle]{H_2O} CH_3CH_2OH$$

(c) 加水

必须有强酸催化，也是经过碳正离子中间体。

(d) 与次卤酸的加成

可以看成第一步加卤素形成卤鎓离子中间体，该中间体再与水反应形成 α-卤代醇。

$$H_3C{-}\underset{H}{\underset{|}{C}}{=}CH_2 + Cl_2/H_2O$$

$$\downarrow Cl_2$$

$$H_3C{-}\underset{H}{C}\overset{\overset{+}{Cl}}{\triangle}CH_2 \longleftrightarrow H_3C{-}\underset{H}{\overset{\delta^+}{C}}\overset{\overset{\delta^+}{Cl}}{\triangle}\underset{\delta\delta^+}{CH_2} \ (H_2\ddot{O}) \longrightarrow H_3C{-}\underset{\overset{+}{O}H_2}{\overset{H}{C}}{-}\overset{Cl}{CH_2} \overset{H^+}{\rightleftharpoons} H_3C{-}\underset{OH}{\overset{H}{C}}{-}\overset{Cl}{CH_2}$$

特点有:①反式加成;②卤素加在含氢较多的双键碳上。

(3) 烯烃的酸催化二聚

烯烃能够在硫酸或磷酸催化下二聚:

$$H_3C-\underset{|}{\overset{CH_3}{C}}=CH_2 \xrightarrow{H_2SO_4} H_3C-\overset{CH_3}{C}=\underset{H}{C}-\overset{CH_3}{\underset{CH_3}{C}}-CH_3$$

$$H_3C-\overset{CH_3}{C}=CH_2 \xrightarrow{H^+} H_3C-\overset{CH_3}{\underset{\oplus}{C}}-CH_3$$

$$H_3C-\overset{CH_3}{C}=CH_2 + H_3C-\overset{CH_3}{\underset{\oplus}{C}}-CH_3 \longrightarrow H_3C-\overset{CH_3}{\underset{\oplus}{C}}-\underset{H_2}{C}-\overset{CH_3}{\underset{CH_3}{C}}-CH_3 \xrightarrow{-H^+} H_3C-\overset{CH_3}{C}=\underset{H}{C}-\overset{CH_3}{\underset{CH_3}{C}}-CH_3$$

2. 催化加氢

$$H_2C=CH_2 + H_2 \xrightarrow[\text{加热,加压}]{\text{催化剂}} CH_3-CH_3$$

常用的催化剂是镍或钯或铂。钯或铂催化时反应条件较温和,常温下可以进行,镍催化则要较高的温度。兰尼镍(Raney Ni)的催化活性较高,能够在中压和低于100℃的条件下使烯烃加氢。Wilkinson 催化剂[$(Ph_3P)_3RhCl$]则可以实现烯烃的常温常压氢化。

烯烃的催化加氢是放热反应,通过氢化热的大小可以判断不同类型烯烃的稳定性。

3. 烯烃与 HBr 的自由基加成

在过氧化物存在的条件下,烯烃与 HBr 的加成生成反马氏规则取向的产物:

$$H_3C-\underset{H}{C}=CH_2 + HBr \xrightarrow{\text{过氧化物}} CH_3CH_2CH_2Br$$

该反应是自由基机理:

$$HBr + \text{过氧化物} \longrightarrow Br\cdot \quad \text{引发}$$

$$\left.\begin{array}{l} Br\cdot + H_3C-\underset{H}{C}=CH_2 \longrightarrow CH_3\dot{C}HCH_2Br \\ CH_3\dot{C}HCH_2Br + HBr \longrightarrow CH_3CH_2CH_2Br + Br\cdot \end{array}\right\} \text{增长}$$

$$\left.\begin{array}{l} 2CH_3\dot{C}HCH_2Br \longrightarrow BrH_2C-\underset{CH_3}{\overset{H}{C}}-\underset{CH_3}{\overset{H}{C}}-CH_2Br \\ CH_3\dot{C}HCH_2Br + Br\cdot \longrightarrow CH_3\underset{Br}{C}HCH_2Br \end{array}\right\}终止$$

这种加成取向由自由基的稳定性决定。

HF,HCl 和 HI 没有过氧化物效应。

4. 硼氢化-氧化

$$H_3C-\underset{H}{C}=CH_2 + BH_3 \longrightarrow CH_3CH_2CH_2BH_2$$

$$\xrightarrow[NaOH]{H_2O_2} CH_3CH_2CH_2OH$$

特点有:

①从最终加成产物取向看,与酸催化加水的取向相反;

②第一步加成生成的 RBH_2 还能继续发生 B－H 键对烯的加成,直至 BH 完全反应掉;

③第一步的硼氢化和第二步的氧化从结果看都是顺式的,也没有重排现象。

5. 羟汞化-脱汞

$$H_3C-\underset{H}{C}=CH_2 + Hg(OAc)_2 + H_2O \longrightarrow CH_3\underset{OH}{C}HCH_2HgOAc$$

$$\xrightarrow{NaBH_4} CH_3\underset{OH}{C}HCH_3$$

特点有:

①反应没有重排;

②从最终加成产物取向看,与酸催化加水的取向相同;

③反应的第一步 OH 和 HgOAc 是反式加到双键上的,但第二步脱汞没有选择性,因此整个反应没有立体选择性;

④可以用 ROH 等代替 H_2O 来进行这个反应。

6. 双键的氧化

(1) 臭氧化

$$R-\underset{H}{C}=C\begin{matrix}R'\\R'\end{matrix} + O_3 \longrightarrow \text{(臭氧化物：}R(H)C<\overset{O}{\underset{O-O}{}}>CR'_2\text{)} \xrightarrow[Zn]{H_2O} RCHO + O=C\begin{matrix}R'\\R'\end{matrix}$$

臭氧化物水解后除形成羰基化合物外，还生成 H_2O_2。为防止 H_2O_2 把形成的羰基化合物氧化，就加 Zn 还原 H_2O_2。

(2) $KMnO_4$ 氧化

$$\text{环己烯} \xrightarrow[H_2O]{KMnO_4} \text{顺-1,2-环己二醇 (OH OH)}$$

特点有：

①反应必须在中性或弱碱性介质中进行，室温或更低温度；

②产物是顺式二醇；

③OsO_4 能实现同样的反应(但 OsO_4 毒性大)。

酸性介质中用 $KMnO_4$ 氧化烯烃则 C—C 双键都断开，形成酮或酸：

$$R-\underset{H}{C}=C\begin{matrix}R'\\R'\end{matrix} + KMnO_4 \xrightarrow{H^+} RCOOH + O=C\begin{matrix}R'\\R'\end{matrix}$$

(3) 有机过酸氧化

$$H_3C-\underset{H}{C}=CH_2 + RCO_3H \longrightarrow H_3C-\underset{H}{C}\overset{O}{\frown}CH_2 + RCO_2H$$

7. 烯烃 α-H 的取代反应

$$H_3C-\underset{H}{C}=CH_2 + X_2 \xrightarrow[\text{或高温}]{h\nu} XH_2C-\underset{H}{C}=CH_2$$

$$X = Cl, Br$$

该反应是自由基取代机理，与烷烃氯代机理相同。烯丙基自由基的稳定性高于三级碳自由基，因此烯烃的 α-H 容易发生自由基取代。

NBS 用于烯烃 α-H 的溴代反应：

$$H_2C=\underset{H}{C}-CH_3 + NBS \xrightarrow[\triangle]{CCl_4} H_2C=\underset{H}{C}-CH_2Br$$

习 题

一、选择题

1. 关于环己烯催化加氢变为环己烷的反应,说法正确的是( )。
(A) 吸热反应 (B) 放热反应 (C) 热效应很小 (D) 不可能发生
2. 顺反异构体一般为( )。
(A) 有双键碳原子 (B) 旋转偏振光的平面
(C) 含一个不对称碳原子 (D) 有一个三键
3. 对于正碳离子,下面说法错误的是( )。
(A) 正碳离子可以和负离子化合 (B) 重排产生一个更稳定的正碳离子
(C) 消去一个氢离子变成烯 (D) 不能从烷基中除去氢负离子
4. 实现反应 $RCH{=}CH_2 + HBr \longrightarrow RCH_2CH_2Br$,需加入( )。
(A) 酸 (B) $KOC(CH_3)_3$
(C) 过氧化物 (D) 还原剂
5. 马尔科夫尼科夫(Markovnikoff)规则用于( )。
(A) 消去反应的立体化学 (B) 自由基的稳定性
(C) 亲电芳香取代 (D) 酸加成到双键
6. HBr 与 3,3-二甲基-1-丁烯加成产生出 2,3-二甲基-2-溴丁烷的反应机理是( )
(A) 1,2-位移 (B) 1,3-位移 (C) 1,4-位移 (D) 自由基反应
7. 下列正离子中,哪个最容易发生 1,2-氢转移( )。
(A) $(CH_3)_2\overset{\oplus}{C}CH_2CH_3$ (B) $CH_3\overset{\oplus}{C}HCH(CH_3)_2$
(C) $CH_3\overset{\oplus}{C}HC(CH_3)_3$ (D) $C_6H_5\overset{\oplus}{C}HCH_3$
8. 如下反应

环己烯 + 冷、稀 $KMnO_4$ $\xrightarrow{H_2O}$

的产物是( )。
(A) 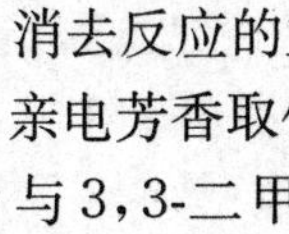 反式-1,2-环己二醇(OH, OH) (B) 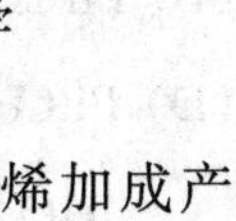 1,2-环己二酮(O, O) (C) 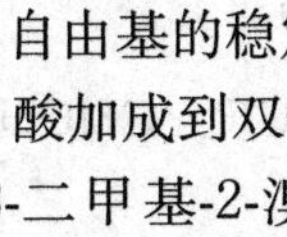 顺式-1,2-环己二醇(OH, OH) (D) 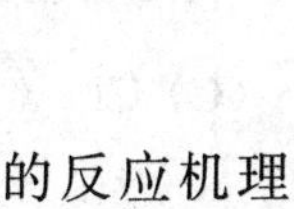 环己醇(OH)

9. 下列哪个反应在一般条件下不能进行( )。

(A) $CH_2{=}CH_2 + HCl \longrightarrow$ (B) $CH_2{=}CH_2 + H_2SO_4 \longrightarrow$

(C) $CH_2{=}CH_2 + Br_2 \longrightarrow$ (D) $CH_2{=}CH_2 + NaOH \longrightarrow$

10. HOBr 与丙烯反应的主要产物是(　　)。

(A) 2-溴-1-丙醇 (B) 3-溴-1-丙醇

(C) 1-溴-2-丙醇 (D) 2-溴-2-丙醇

11. 如下反应

$$CH_2{=}CH_2 \quad + \quad CH_2{=}CHCH_3 \xrightarrow{\triangle}$$

的生成物是(　　)。

(A) 甲基环丁烷 (B) 1-戊烯

(C) 2-戊烯 (D) 没有反应发生

12. 能将 1-丁烯以合理的产率转化成 1-丁醇的方法是(　　)。

(A) 加 HCl 然后水解 (B) 加 B_2H_6 然后用 H_2O_2/NaOH 处理

(C) 加 CH_3CO_3H 然后 $LiAlH_4$ 处理 (D) 在水中用 H_2/Pt 反应

13. $PhCH{=}CHCH_3$ 与 Cl_2 在大量水存在时的主要产物为(　　)。

(A) 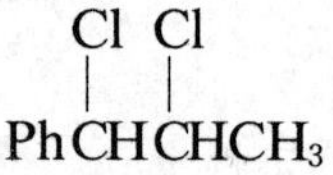 $PhCH(Cl)CH(Cl)CH_3$ (B) 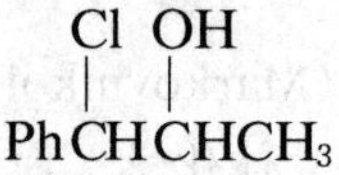 $PhCH(Cl)CH(OH)CH_3$

(C) 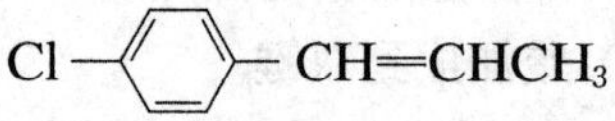 $Cl-C_6H_4-CH{=}CHCH_3$（对位） (D) 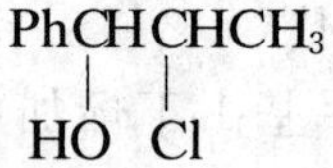 $PhCH(OH)CH(Cl)CH_3$

14. 欲除去环己烷中少量的环己烯，最好的方法是(　　)。

(A) 用 HBr 处理后分馏 (B) 先臭氧化水解，然后分馏

(C) 用浓硫酸洗 (D) 用浓氢氧化钠溶液洗

第四章　二烯烃和炔烃

一、二烯烃

1. 二烯烃的分类命名

累积二烯烃：分子中两个双键与同一个碳原子相连接，含有 $\gt C=C=C\lt$ 结构。

共轭二烯烃：分子中的两个双键被一个单键隔开，含有 $\gt C=C-C=C\lt$ 结构。具有这种排列方式的双键称为共轭双键。

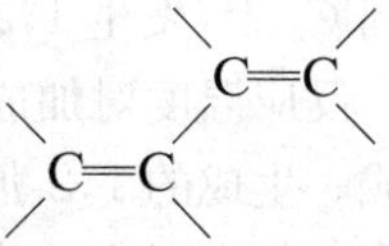

孤立二烯烃：分子中两个双键被两个或两个以上的单键隔开的烯烃。

2. 二烯烃的结构

共轭二烯烃的每个双键碳都是 sp^2 杂化，因此组成二烯的碳原子及其上所连的原子共平面，且键长有一定的平均化倾向。共轭二烯烃是一个比孤立二烯烃更稳定的体系，分子内能较低。

累积二烯烃的双键碳中间一个碳原子是 sp 杂化，另外两个碳原子是 sp^2 杂化。

3. 共轭二烯烃的反应

(1) 亲电加成

共轭二烯烃加成反应的一个重要特点是 1,2-加成和 1,4-加成共存。

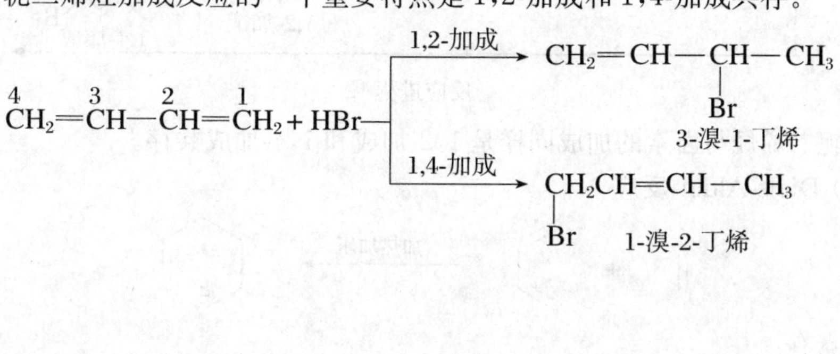

$$\overset{4}{C}H_2=\overset{3}{C}H-\overset{2}{C}H=\overset{1}{C}H_2+HBr\begin{cases}\xrightarrow{1,2\text{-加成}} CH_2=CH-\underset{\underset{Br}{|}}{CH}-CH_3 \quad \text{3-溴-1-丁烯}\\ \xrightarrow{1,4\text{-加成}} \underset{\underset{Br}{|}}{CH_2}CH=CH-CH_3 \quad \text{1-溴-2-丁烯}\end{cases}$$

机理：

$$CH_2{=}CH{-}CH{=}CH_2 + \overset{\delta^+}{H}{-}\overset{\delta^-}{Br} \xrightarrow{-Br^-} [CH_2{=}CH{-}\overset{\oplus}{C}H{-}CH_3 \longleftrightarrow \overset{\oplus}{C}H_2{-}CH{=}CH{-}CH_3]$$

$$\equiv \overset{\delta^+}{C}H_2 \cdots CH \cdots \overset{\delta^+}{C}H{-}CH_3$$

$$\overset{\delta^+}{C}H_2 \cdots CH \cdots \overset{\delta^+}{C}H{-}CH_3 + Br^- \begin{cases} \xrightarrow{1,2\text{-加成}} CH_2{=}CH{-}CH(Br){-}CH_3 \\ \xrightarrow{1,4\text{-加成}} CH_2(Br){-}CH{=}CH{-}CH_3 \end{cases}$$

生成的烯丙型碳正离子，是一种缺电子的 $p\text{-}\pi$ 共轭体系，正电荷主要分散在 C_2 和 C_4 上。反应的第二步是溴负离子与烯丙型碳正离子的结合，溴负离子既可加到 C_2 上，发生 1,2-加成，也可加到 C_4 上，发生 1,4-加成。

反应温度对加成方式有明显影响，低温有利于 1,2-加成，温度升高有利于 1,4-加成。生成的 1,2-加成产物随着温度的升高，也可以重排为 1,4-加成产物而达到平衡。整个反应的能量变化：

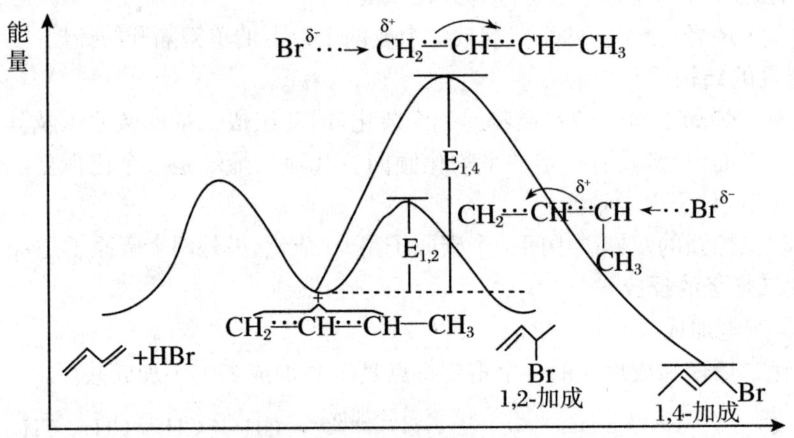

共轭二烯烃与卤素的加成同样是 1,2-加成和 1,4-加成共存。

(2) Diels-Alder 反应

$$CH_2{=}CH_2 + CH_2{=}CH{-}CH{=}CH_2 \xrightarrow{\text{加热加压}} \text{环己烯}$$

特点有：

①如果双烯含有给电子基或者亲双烯体含有吸电子基，则反应更容易进行。

②烯烃顺式加到双烯上，高度立体专一。

$$\text{EtOOC-CH=CH-COOEt} + \text{CH}_2\text{=CH-CH=CH}_2 \xrightarrow{\triangle} \text{4,5-bis(EtOOC)cyclohexene}$$

二、炔烃

1. 结构

两个炔碳原子 sp 杂化，C≡C 由一个 σ 键和两个 π 键组成，两个炔碳原子和与它们直接相连的原子成直线排列。

2. 反应

(1) 末端炔烃的酸性及反应

（ⅰ）与其他烃的酸性比较：

$$\text{HC}\equiv\text{C—H} > \text{H}_2\text{C=CH—H} > \text{H}_3\text{C—CH}_2\text{—H}$$

$\mathrm{p}K_a$ ≈25 ≈36.5 ≈42

（ⅱ）金属炔化物的生成

$$\text{RC}\equiv\text{CH} + \text{NaNH}_2 \xrightarrow{\text{液氨}} \text{RC}\equiv\text{CNa} + \text{NH}_3$$

$$\text{RC}\equiv\text{CH} + n\text{-C}_4\text{H}_9\text{Li} \longrightarrow \text{RC}\equiv\text{CLi} + n\text{-C}_4\text{H}_{10}$$

$$\text{RC}\equiv\text{CH} + \text{C}_2\text{H}_5\text{MgBr} \longrightarrow \text{RC}\equiv\text{CMgBr} + \text{C}_2\text{H}_6$$

端炔与硝酸银或氯化亚铜的氨溶液反应，生成白色的炔化银沉淀或砖红色的炔化亚铜沉淀：

$$\text{HC}\equiv\text{CH} + 2\text{Ag(NH}_3)_2\text{NO}_3 \longrightarrow \text{AgC}\equiv\text{CAg}\downarrow(\text{白色}) + 2\text{NH}_4\text{NO}_3 + 2\text{NH}_3$$

$$\text{HC}\equiv\text{CH} + 2\text{Cu(NH}_3)_2\text{Cl} \longrightarrow \text{CuC}\equiv\text{CCu}\downarrow(\text{砖红色}) + 2\text{NH}_4\text{Cl} + 2\text{NH}_3$$

$$\text{RC}\equiv\text{CH} \xrightarrow{\text{Ag(NH}_3)_2\text{NO}_3} \text{RC}\equiv\text{CAg}\downarrow(\text{白色})$$

$$\text{RC}\equiv\text{CH} \xrightarrow{\text{Cu(NH}_3)_2\text{Cl}} \text{RC}\equiv\text{CCu}\downarrow(\text{砖红色})$$

(2) C≡C 的反应

（ⅰ）催化加氢

炔烃比烯烃更容易催化加氢。但是，这种差异并不大，因此一般不易使炔加氢停留在烯烃阶段：

$$RC\equiv CH \xrightarrow{H_2/Pt} RCH_2CH_3$$

使用特殊的催化剂如 Lindlar 催化剂可使炔烃加氢停留在烯烃的阶段：

$$RC\equiv CH + H_2 \xrightarrow{\text{Lindlar Pd}} RCH{=}CH_2$$

非末端炔烃用 Lindlar 催化剂催化加氢，得到顺式烯烃：

$$CH_3CH_2CH_2C\equiv CCH_2CH_2CH_3 \xrightarrow[\text{Lindlar Pd}]{H_2} \underset{H\qquad\quad H}{\overset{CH_3CH_2CH_2\qquad CH_2CH_2CH_3}{C{=}C}}$$

（ⅱ）金属钠/液氨还原

$$CH_3CH_2C\equiv CCH_2CH_3 \xrightarrow[\text{液氨}]{Na} \underset{H\qquad\quad CH_2CH_3}{\overset{CH_3CH_2\qquad H}{C{=}C}}$$

特点有：①还原也可用锂/液氨；②生成反式烯烃。

（ⅲ）亲电加成

对于亲电加成，炔烃比烯烃困难。

(a) 加卤素

$$CH\equiv C{-}CH_2CH{=}CH_2 + Br_2 \longrightarrow CH\equiv C{-}CH_2CHBrCH_2Br$$

但炔烃与 1 mol 卤素加成能生成卤代烯烃，以反式加成为主：

$$RC\equiv CR + Br_2 \longrightarrow \underset{Br\qquad R}{\overset{R\qquad Br}{C{=}C}} \quad \text{（主要产物）}$$

与 2 mol 卤素加成生成四卤代烷：

$$RC\equiv CR + 2Cl_2 \longrightarrow RCCl_2CCl_2R$$

(b) 加卤化氢

炔烃与卤化氢的加成一般要用汞盐等作催化剂，反应符合马氏规则：

$$RC\equiv CH + HCl \xrightarrow{HgCl_2} \underset{\displaystyle Cl}{RC}{=}CH_2 \xrightarrow[HgCl_2]{HCl} RCCl_2CH_3$$

非端炔与 1 mol 氯化氢反应，主要生成反式加成产物：

$$RC\equiv CR + HCl \xrightarrow{HgCl_2} \underset{Cl\qquad R}{\overset{R\qquad H}{C{=}C}}$$

卤化氢加成活性次序：HI ＞ HBr ＞ HCl；

炔烃活性次序：$RC\equiv CR'$ ＞ $RC\equiv CH$ ＞ $HC\equiv CH$。

有过氧化物存在时，炔烃与溴化氢的加成与烯烃相似，主要生成形式上的反马氏产物：

$$n\text{-}BuC\equiv CH + HBr \xrightarrow{\text{过氧化物}} n\text{-}BuCH{=}CHBr$$

(c) 加水

稀硫酸溶液中和汞盐的催化下，乙炔与水加成生成乙醛：

$$HC\equiv CH + H{-}OH \xrightarrow{HgSO_4,\text{稀 }H_2SO_4} [CH_2{=}CH{-}O{-}H] \underset{}{\overset{\text{互变}}{\rightleftharpoons}} CH_3CH{=}O$$

在同样条件下，其他的炔烃则生成酮：

$$RC\equiv CH + H_2O \xrightarrow{HgSO_4,H_2SO_4} R{-}\underset{\underset{O}{\|}}{C}{-}CH_3$$

(d) 硼氢化反应

非端炔与乙硼烷顺式加成，生成相应的硼烷，后者用乙酸分解生成顺式烯烃，而经氧化则生成酮：

$$RC\equiv CR \xrightarrow{\frac{1}{2}B_2H_6} \left[\begin{matrix} R & & R \\ & C{=}C & \\ H & & \end{matrix}\right]_3 B \xrightarrow{CH_3COOH} \begin{matrix} R & & R \\ & C{=}C & \\ H & & H \end{matrix}$$

(Z)-烯烃

$$\downarrow H_2O_2,OH^-$$

$$\left[\begin{matrix} R & & R \\ & C{=}C & \\ H & & OH \end{matrix}\right] \longrightarrow R{-}CH_2\underset{\underset{O}{\|}}{C}{-}R$$

而端炔经硼氢化-氧化反应则得到相应的醛：

$$RC\equiv CH \xrightarrow{\frac{1}{2}B_2H_6} (RCH{=}CH)_3B \xrightarrow{H_2O_2,OH^-} RCH_2CHO$$

(ⅳ) 炔烃的聚合反应

$$HC\equiv CH + HC\equiv CH \xrightarrow{CuCl,NH_4Cl} CH_2{=}CH{-}C\equiv CH$$

(ⅴ) 氧化反应

$$HC\equiv CH \xrightarrow[\text{②}H_3O^+]{\text{①}KMnO_4, OH^-} 2CO_2$$

$$RC\equiv CH \xrightarrow[\text{②}H_3O^+]{\text{①}KMnO_4, OH^-} RCOOH + CO_2$$

$$RC\equiv CH \xrightarrow[\text{②}H_2O]{\text{①}O_3} RCOOH + HCOOH$$

$$RC\equiv CR' \xrightarrow[\text{②}H_2O]{\text{①}O_3} RCOOH + R'COOH$$

（ⅵ）亲核加成

$$R'C\equiv CH + ROH \xrightarrow{OH^- \text{或} RONa} R'-\underset{\displaystyle OR}{\underset{|}{C}}=CH_2$$

$$HC\equiv CH + HO-\overset{\displaystyle O}{\overset{\|}{C}}-CH_3 \xrightarrow[150℃\sim180℃, 0.5\sim1.5MPa]{\text{碱}} CH_2=CHO-\overset{\displaystyle O}{\overset{\|}{C}}-CH_3$$

$$HC\equiv CH + HCN \xrightarrow{CuCN} CH_2=CH-CN$$

习　　题

一、选择题

1. 将1,3-丁二烯加热生成的是(　　)。

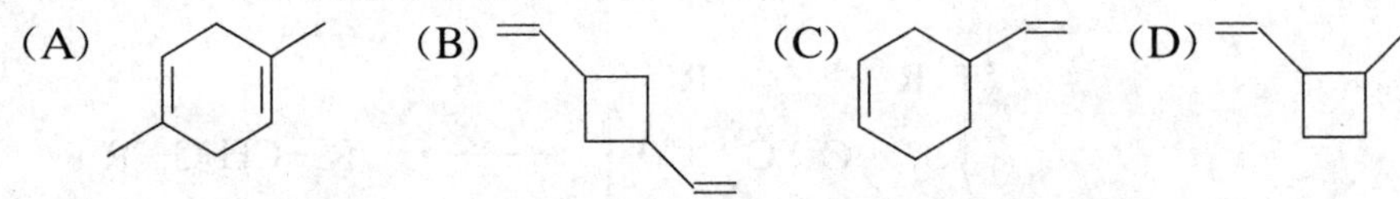

2. 下列化合物中不能作为双烯体发生 Diels-Alder 反应的是(　　)。

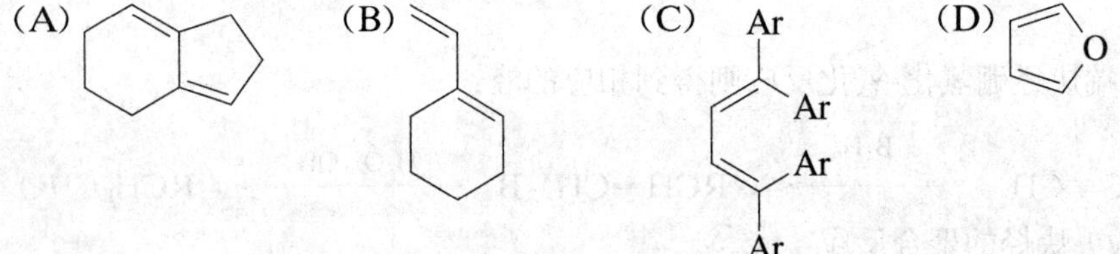

3. 下列化合物中,有顺反异构体的是(　　)。

(A) 1,4-戊二烯　　(B) 2,3-戊二烯

(C) 烯丙基乙炔　　(D) 丙烯基乙炔

4. 下列烃类,酸性最强的是(　　)。

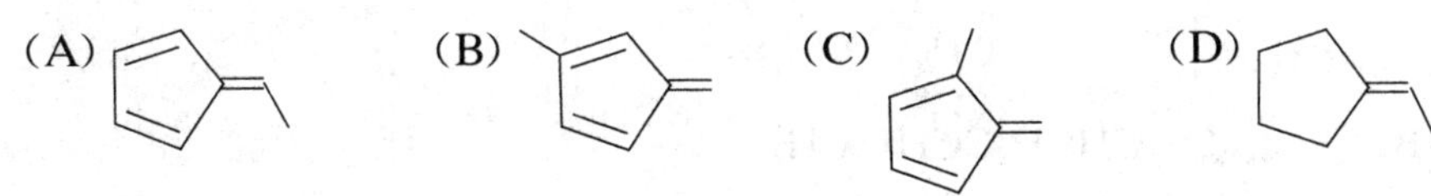

5. 下列分子中不含离域大 π 键的是(　　)。

(A) NO_2　　(B) $CH_2{=}C{=}CH_2$

(C) CO_2　　(D) $CH_2{=}CH{-}CH{=}CH_2$

6. Lindlar 催化剂用于(　　)。

(A) 芳香族碳氢化合物的硝化　　(B) 苯部分地还原成 1,4-环己二烯

(C) 炔部分地还原成顺烯类　　(D) 末端炔基加水成醛

7. 下列反应能发生的是(　　)。

①$NaNH_2 + RC{\equiv}CH \longrightarrow RC{\equiv}CNa + NH_3$

②$RONa + R'C{\equiv}CH \longrightarrow R'C{\equiv}CNa + ROH$

③$CH_3C{\equiv}CNa + H_2O \longrightarrow CH_3C{\equiv}CH + NaOH$

(A) ①②　　(B) ①③　　(C) ①②③　　(D) ③

8. 下列化合物中催化加氢活性最高的是(　　)。

(A) $CH_3CH{=}CH_2$　　(B) 环丙烷

(C) $CH_3C{\equiv}CH$　　(D) $CH_2{=}CHCH{=}CH_2$

9. 按照 IUPAC 命名法,下列化合物的名称是(　　)。

H　H
H_3C
CH_3
H　$C(CH_3)_3$

(A) (Z,Z)-3-叔丁基-2,4-己二烯　　(B) 反,顺-3-第三丁基-2,4-己二烯

(C) (E,Z)-3-叔丁基-2,4-己二烯　　(D) 1,4-二甲基-2-叔丁基-1,3-丁二烯

10. 现从某植物中提取的某化合物分子式为 $C_{10}H_{16}$,能够吸收 3 mol H_2 而成为 $C_{10}H_{22}$,臭氧氧化并分解产生 $(CH_3)_2C{=}O$,HCHO 和 $H{-}\overset{\overset{\large O}{\|}}{C}CH_2CH_2\overset{\overset{\large O}{\|}}{C}{-}\overset{\overset{\large O}{\|}}{C}{-}H$,该烃最可能的结构是(　　)。

(A) $CH_2{=}CHCH_2CH_2\underset{}{\overset{\overset{\displaystyle CH_3\ \ CH_3}{\diagdown\ \diagup}}{\overset{C}{\overset{\|}{C}}}}CH{=}CH_2$

(B) 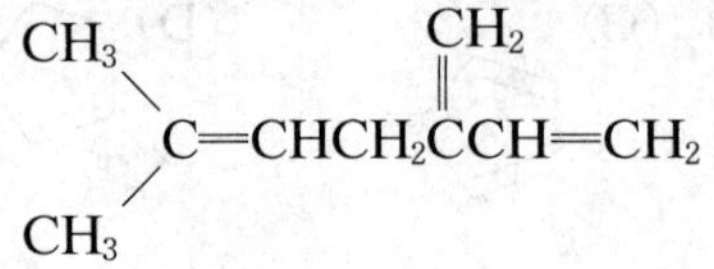 $(CH_3)_2C{=}CHCH_2C({=}CH_2)CH{=}CH_2$

(C) 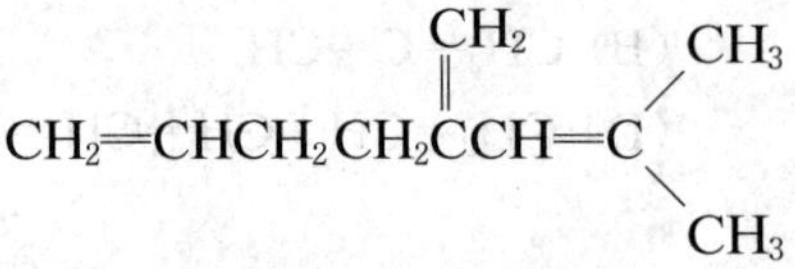 $CH_2{=}CHCH_2CH_2C({=}CH_2)CH{=}C(CH_3)_2$

(D) 以上均正确。

11. 如下反应

$$CH_2{=}CH{-}CH{=}CH_2 + Br_2 \xrightarrow{40^\circ C}$$

的主要产物是(　　)。

(A) 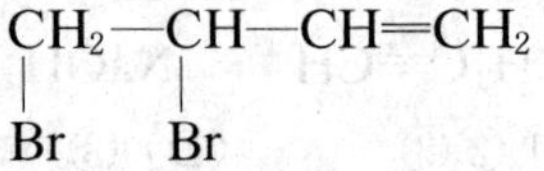 $CH_2Br{-}CHBr{-}CH{=}CH_2$

(B) 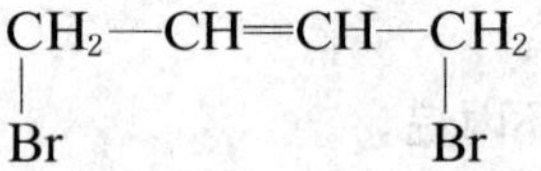 $CH_2Br{-}CH{=}CH{-}CH_2Br$

(C) 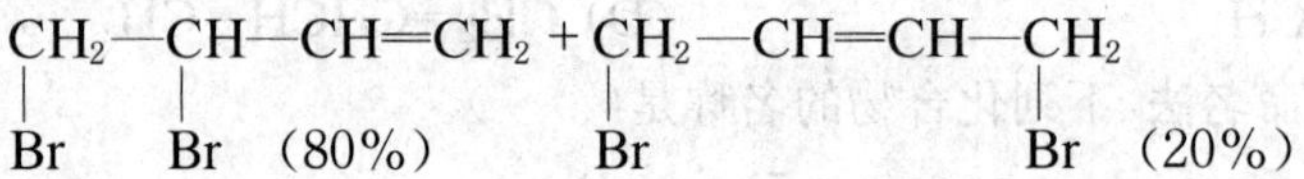 $CH_2Br{-}CHBr{-}CH{=}CH_2$ (80%) + $CH_2Br{-}CH{=}CH{-}CH_2Br$ (20%)

(D) 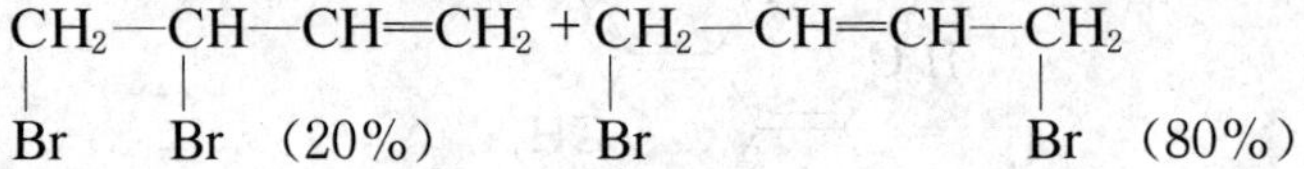 $CH_2Br{-}CHBr{-}CH{=}CH_2$ (20%) + $CH_2Br{-}CH{=}CH{-}CH_2Br$ (80%)

二、填空题

1. 分子式为 C_6H_{10} 且具有手性碳原子的炔烃的结构是:________。
2. 2-甲基-1,3-丁二烯与 HBr 反应的产物是:________。

第五章　卤　代　烃

一、取代反应

$$RX \begin{cases} \xrightarrow{H_2O} ROH + HX \\ \xrightarrow{NaOR',\ ROH} ROR' + NaX \\ \xrightarrow{NaCN} RCN + NaX \\ \xrightarrow{NH_3} RNH_2 + NH_4X \\ \xrightarrow{NaSR'} RSR' + NaX \\ \xrightarrow{NaOH} ROH + NaX \\ \xrightarrow{R'OH} ROR' + HX \\ \xrightarrow{NaC\equiv CR'} RC\equiv CR' + NaX \\ \xrightarrow{NaI,\ CH_3COCH_3} RI + NaX \end{cases}$$

机理——S_N1：

$$(CH_3)_3C-Cl \underset{}{\overset{慢}{\rightleftharpoons}} \left[(CH_3)_3C^{\delta+}\cdots Cl^{\delta-}\right] \rightleftharpoons (CH_3)_3C^{+} + Cl^{-}$$

$$(CH_3)_3C^{+} + H_2O \overset{快}{\rightleftharpoons} (CH_3)_3C-\overset{+}{O}H_2 \rightleftharpoons (CH_3)_3C-OH + H^{+}$$

反应的能量变化：

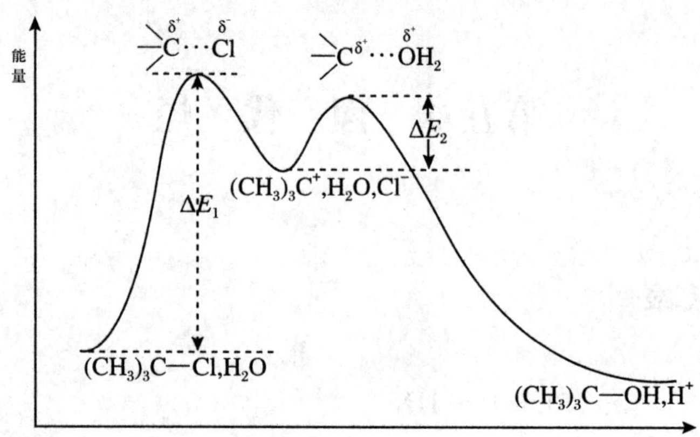

S_N1 反应活性：

烯丙基卤、苄基卤、叔卤 ＞ 仲卤 ＞ 甲基卤。

卤素的影响：RI ＞ RBr ＞ RCl ＞ RF。

亲核试剂的亲核性强弱对反应速度没有影响。

极性大的溶剂有利于 S_N1 反应。

经由碳正离子中间体，可能发生重排，也可能形成消除产物。

产物发生外消旋化。

机理——S_N2：

$$Nu^- + R^1R^2R^3C—L \underset{}{\overset{慢}{\rightleftharpoons}} \left[Nu^{\delta-}\cdots \underset{R^2\ \ R^3}{\overset{R^1}{C}} \cdots L^{\delta-} \right] \xrightarrow{快} Nu—CR^1R^2R^3 + L^-$$

S_N2 反应活性：

甲基卤 ＞ 伯卤 ＞ 仲卤 ＞ 叔卤。

卤素的影响：RI ＞ RBr ＞ RCl ＞ RF。

亲核试剂的亲核性越强，浓度越大，反应越快。

极性小的和偶极非质子溶剂有利于 S_N2 反应。

底物构型翻转。

亲核性和碱性判断：

(a) 不同亲核试剂中亲核原子相同时亲核性与碱性一致

碱性、亲核性：RO^- ＞ HO^- ＞ ArO^- ＞ $RCOO^-$。

(b) 同周期元素组成的负离子试剂，亲核性与碱性一致碱性、亲核性：$R_3C^- > R_2N^- > RO^- > F^-$。

(c) 共轭碱的亲核性比共轭酸的亲核性强

$RO^- > ROH$；　$HO^- > H_2O$；　$H_2N^- > NH_3$。

但是，同族元素亲核性试剂的亲核性与碱性次序相反。如卤负离子：

碱性：$F^- > Cl^- > Br^- > I^-$；　亲核性：$I^- > Br^- > Cl^- > F^-$；

亲核性：$RS^- > RO^-$，$RSH > ROH$。

一些常见的亲核试剂的亲核性强弱次序是：$RS^- > ArS^- > CN^- > I^- > NH_3 > RO^- > HO^- > Br^- > ArO^- > Cl^- >$ 吡啶 $> CH_3COO^- > H_2O > F^-$。

二、消除反应

有两种典型的机理：单分子消除和双分子消除，还有较少见的E1cb机理。

1. 单分子消除机理(E1)

第一步卤代烃的解离形成碳正离子，第二步碳正离子在碱的作用下失去一个β-H生成烯烃（由于有正碳离子形成，因此可能发生重排）：

$$(CH_3)_3C\text{—}Br \xrightleftharpoons{\text{慢}} \left[(CH_3)_3C^{\delta+}\cdots Br^{\delta-}\right] \rightleftharpoons (CH_3)_3C^+ + Br^-$$

$$B^- + H\text{—}CH_2\text{—}C^+(CH_3)_2 \xrightarrow{\text{快}} \left[B^{\delta-}\cdots H\cdots CH_2\text{=}C^{\delta+}(CH_3)_2\right] \xrightarrow[-HB]{\text{快}} CH_2\text{=}C(CH_3)_2$$

2. 双分子消除机理(E2)

亲核试剂（碱）进攻β-H，并部分成键的同时，C—X键和C_β—H键部分断裂，C—C之间的π键部分形成，形成过渡态。是一步协同的反应过程：

$$B^{-} + H\text{—}\overset{|}{\underset{|}{C}}\text{—}\overset{|}{\underset{X}{C}}\text{—} \xrightleftharpoons{\text{慢}} \left[B^{\delta}\cdots H\cdots C\text{=}C\cdots X^{\delta-}\right] \xrightleftharpoons{\text{快}} \text{>C=C<} + HB + X^-$$

3. Elcb 机理

Elcb 机理是通过底物共轭碱的单分子消除过程。首先底物发生 C_β—H 键的异裂，形成碳负离子(底物的共轭碱)中间体，然后离去基团再离去成烯：

$$\begin{matrix} | & & | \\ -C & - & C- \\ | & & | \\ H & & L \end{matrix} \underset{-HB}{\overset{B^-}{\rightleftharpoons}} \begin{matrix} | & & | \\ -\overset{-}{C} & - & C- \\ & & | \\ & & L \end{matrix} \xrightarrow{-L^-} \begin{matrix} | & & | \\ -C & = & C- \end{matrix}$$

只有当底物分子中的离去基团离去困难，难以形成碳正离子，β-碳上有强的吸电子基如—NO_2，—CN，—CHO 等，β-H 酸性较强，且试剂的碱性足以夺取 β-H 时，才能按 Elcb 机理反应。

E1 和 E2 消除反应生成双键上连烃基最多的烯烃，叫做扎衣切夫规律。

E2 消除反应是反式消除，即消除的 H 与 X 处于反式共平面的位置。E1 消除反应反式和顺式产物都有，没有明显的规律。

三、与金属的反应及金属有机试剂

1. Wurtz 反应

$$RX + 2Na + XR \longrightarrow R—R + 2NaX$$

2. 与金属镁反应

$$RX + Mg \xrightarrow{\text{无水乙醚}} RMgX \text{（Grignard 试剂）}$$

卤代烃与镁反应生成格氏试剂的活性次序为：RI ＞ RBr ＞ RCl ＞ RF。

Grignard 试剂的反应：

（ⅰ）与含有酸性氢的化合物的反应：

$$RMgX \begin{cases} \xrightarrow{H_2O} RH + Mg(OH)X \\ \xrightarrow{NH_3} RH + Mg(NH_2)X \\ \xrightarrow{R'OH} RH + Mg(OR')X \end{cases}$$

$$EtMgBr + CH_3CH_2CH_2CH_2C{\equiv}CH \longrightarrow CH_3CH_3 + CH_3CH_2CH_2CH_2C{\equiv}CMgBr$$

$$EtMgBr + \text{环戊二烯}(C_5H_6) \longrightarrow CH_3CH_3 + C_5H_5MgBr$$

（ⅱ）与有机亲电试剂反应

Grignard 试剂可以与醛、酮、酯等反应生成醇，与活泼卤代烃反应生成偶联产物。

3. 有机锂化物

$$RX + 2Li \longrightarrow RLi + LiX$$

有机锂化物的反应与 Grignard 试剂的反应基本一致。

4. 二烷基铜锂

$$2RLi + CuI \xrightarrow[-78℃\sim0℃]{\text{无水乙醚}} R_2CuLi + LiI$$

二烷基铜锂与卤代烷反应高产率地得到高级烷烃：

$$R_2CuLi + R'X \longrightarrow R{-}R' + RCu + LiX$$

二烷基铜锂活性较缓和，可在常温条件下反应，体系中的双键，甚至酮、酸、酯等羰基基团在反应时不受影响。乙烯基、芳基、烯丙基卤代烃也可以与二烷基铜锂反应生成烃。乙烯型卤代烃反应后构型保持不变。

$$\underset{\text{H}\quad\quad\text{I}}{\overset{C_8H_{17}\quad\quad H}{C{=}C}} + (n\text{-}C_4H_9)_2CuLi \xrightarrow[-95℃]{Et_2O} \underset{\text{H}\quad\quad C_4H_9\text{-}n}{\overset{C_8H_{17}\quad\quad H}{C{=}C}}$$

习　　题

一、选择题

1. 化合物（Ⅰ）和（Ⅱ）分别与 $AgNO_3$ 醇溶液反应的活性大小（　　）。

（A）Ⅰ＞Ⅱ　　（B）Ⅱ＞Ⅰ　　（C）相同　　（D）无法比较

2. 下列化合物能与 CH_3MgBr 作用的是（　　）。

（A）$CH_3{-}CH_3$　　（B）$CH_2{=}CH_2$　　（C）$CH{\equiv}CH$　　（D）苯（结构式）

3. 四氯化碳灭火器已停止生产和使用，因为它在高温下会产生一种有毒气体，这种气体是（　　）。

（A）$CHCl_3$　　（B）CH_2Cl_2

（C）$CH_2{=}CHCl$　　（D）$COCl_2$

4. 与 $AgNO_3$ 的乙醇溶液反应生成沉淀的化合物是（　　）。

(A) 反式二氯乙烯　　(B) 顺式二氯乙烯
(C) 氯苯　　(D) 苄基氯

5. 下面有关 I^- 和 Cl^- 亲核性比较，说法正确的是(　　)。
(A) I^- 的亲核性总是比 Cl^- 强　　(B) I^- 的亲核性通常比 Cl^- 强
(C) I^- 的亲核性总是比 Cl^- 弱　　(D) 以上三点均不正确

6. 对于 S_N2 反应活性最高的是(　　)。
(A) $(CH_3)_3CCN$　　(B) CH_3CH_2CN
(C) $(CH_3)_3CCl$　　(D) CH_3CH_2Cl

7. 按 S_N1 机理反应，下列化合物的反应活性顺序应是(　　)。
① 1-溴戊烷（键线式，Br）　② 2-溴-2-甲基丁烷（键线式，Br）
③ 3-溴戊烷（键线式，Br）　④ 2-溴戊烷（键线式，Br）
(A) ①>④>③>②　　(B) ②>④>③>①
(C) ④>②>③>①　　(D) ④>③>②>①

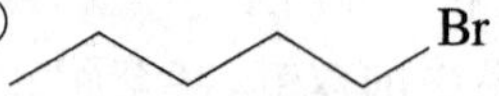

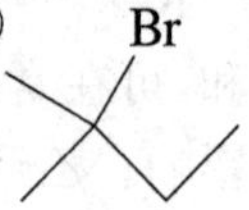

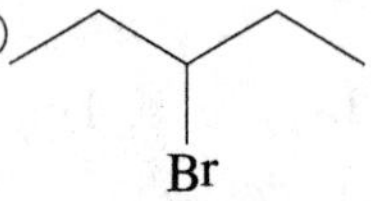

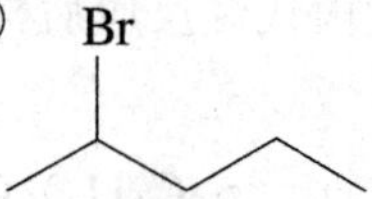

8. 下列化合物中最容易发生双分子亲核取代反应的是(　　)。
(A) 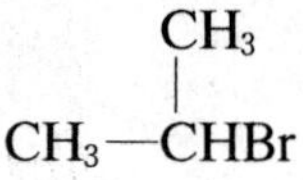 $CH_3—CHBr$（CH 上连 CH_3），即 $(CH_3)_2CHBr$　　(B) C_6H_5Br
(C) 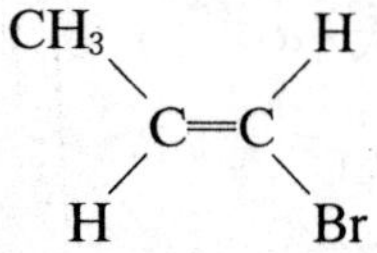 $CH_3(H)C=C(H)Br$（CH_3、H 在左侧碳上，H、Br 在右侧碳上）　　(D) $C_6H_5CH_2Br$

9. 在 $(CH_3)_2CHCHCH_3$（中间 CH 连有 Br） $\xrightarrow[\text{醚}]{Mg}$ X $\xrightarrow{H_2O}$ Y 中，化合物 Y 是(　　)。
(A) 烷基卤　　(B) 烷　　(C) 烯　　(D) 醇

10. 对于 S_N2 反应，下面说法错误的是(　　)。
(A) 该反应是二级反应　　(B) 有完全的构型翻转
(C) 不存在重排　　(D) 消旋化作用明显

11. 下列化合物中与 NaOH 水溶液反应最快的是(　　)。
(A) 氯乙烷　　(B) 氯乙烯　　(C) 3-氯丙烯　　(D) 1-氯丙烯

12. 化合物 $(CH_3)_3CCH_2Cl$(Ⅰ)，$CH_3CH_2CH_2CH_2Cl$(Ⅱ)和 $(CH_3)_2CHCH_2Cl$

(Ⅲ)与 NaI 在丙酮中反应的活性次序是(　　)。

(A) Ⅱ>Ⅰ>Ⅲ　　(B) Ⅱ>Ⅲ>Ⅰ

(C) Ⅲ>Ⅱ>Ⅰ　　(D) Ⅲ>Ⅰ>Ⅱ

13. 反应 $CH_3CH{=}CHCH_2Br + OH^- \longrightarrow$ 的产物是(　　)。

(A) $CH_3CH{=}CHCH_2OH$

(B) $CH_3CH(OH)CH{=}CH_2$

(C) $CH_3CH{=}C(OH)CH_3$

(D) $CH_3CH{=}CHCH_2OH + CH_3CH(OH)CH{=}CH_2$

14. 卤代烷在 NaOH 含水乙醇中反应,下面属于 S_N1 历程的是(　　)。

①碱浓度增加,反应速率无明显变化。

②碱浓度增加,反应速率明显增加。

③增加溶剂含水量,反应速率加快。

④反应产物构型转化。

(A) ①②　　(B) ①④　　(C) ②③　　(D) ①③

第六章　芳　香　烃

一、苯的结构与命名

苯的离域结构;苯的各种衍生物 IUPAC 命名。

二、休克尔规则

一个平面的、具有环状闭合共轭体系的单环烯,如果其 π 电子数符合 $4n+2$,则具有芳香性。

三、苯的亲电取代反应

1. 机理

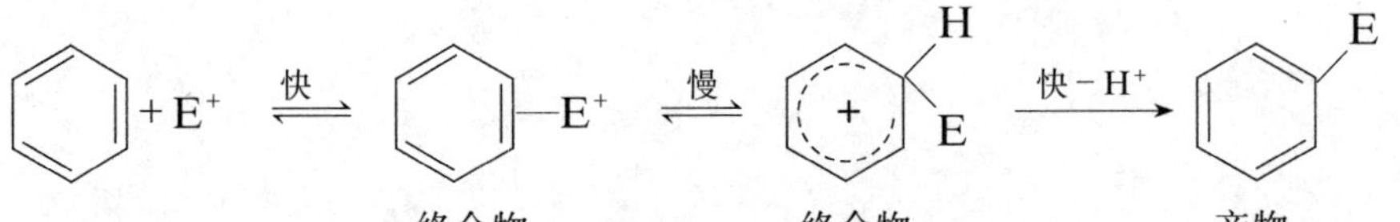

$$\text{C}_6\text{H}_6 + E^+ \underset{}{\overset{\text{快}}{\rightleftharpoons}} \text{C}_6\text{H}_6\text{—}E^+ \underset{}{\overset{\text{慢}}{\rightleftharpoons}} [\text{C}_6\text{H}_6E]^+ \xrightarrow{\text{快}\ -H^+} \text{C}_6\text{H}_5E$$

π 络合物　　σ 络合物　　产物

E^+ 可以是:X^+,NO_2^+,SO_3,R^+,RCO^+ 等。

E^+ 的产生:

X^+ 由卤素与 FeX_3 作用形成,因此卤代反应用 FeX_3 或 Fe 作为催化剂。卤素的活性:$F_2 > Cl_2 > Br_2 > I_2$。F_2 活性太高,I_2 不能反应。

NO_2^+ 由浓硝酸和浓硫酸作用形成。

SO_3 由发烟硫酸或浓硫酸得到。

R^+ 和 RCO^+ 分别由 RX 和 RCOX 与 $AlCl_3$ 作用得到,因此付氏烷基化和付氏酰基化通常用 $AlCl_3$ 作为催化剂。

注意:①磺化反应可逆,将芳基磺酸与稀硫酸共热,磺酸基则被脱去;②付氏烷基化和付氏酰基化反应苯环上不能有吸电子基存在;③付氏烷基化产物烷基苯的活性比苯高，因此容易多取代；④付氏酰基化产物中的酰基是吸电子基，因此付氏酰基化不会发生多取代；⑤付氏烷基化中亲电试剂是碳正离子，该碳正离子有可能重排；⑥其他方式产生的碳正离子也能发生付氏烷基化反应，例如醇＋酸、烯＋酸。

2. 其他亲电取代反应

氯甲基化反应：本质上也是一个亲电取代反应，与付氏烷基化反应相似，亲电试剂是 $ClCH_2^+$。

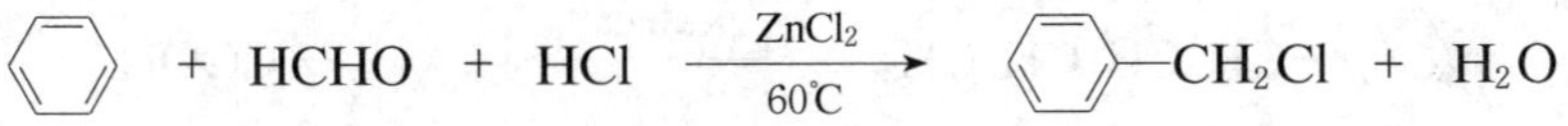

$$C_6H_6 + HCHO + HCl \xrightarrow[60℃]{ZnCl_2} C_6H_5-CH_2Cl + H_2O$$

Gatterman-Koch 反应：亲电试剂可以看成是 HCO^+。

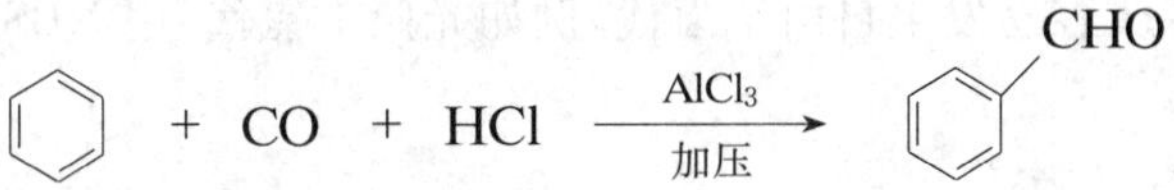

$$C_6H_6 + CO + HCl \xrightarrow[\text{加压}]{AlCl_3} C_6H_5-CHO$$

取代苯的相对反应活性次序：

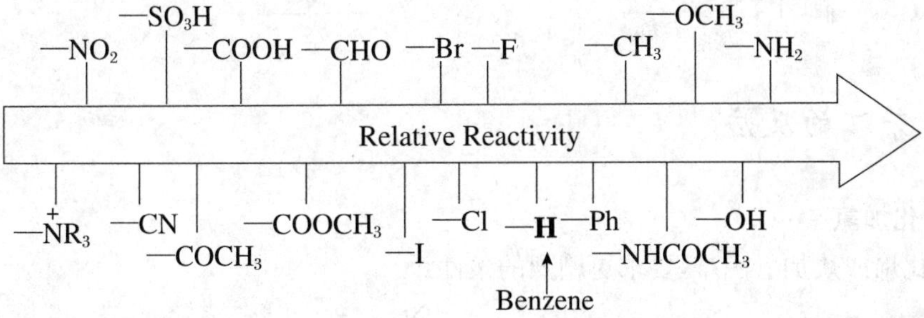

Relative Reactivity（由低到高）：

上方：—NO₂ ＜ —SO₃H ＜ —COOH ＜ —CHO ＜ —Br ＜ —F ＜ —CH₃ ＜ —OCH₃ ＜ —NH₂

下方：$-\overset{+}{N}R_3$ ＜ —CN ＜ —COCH₃ ＜ —COOCH₃ ＜ —I ＜ —Cl ＜ **—H**（Benzene）＜ —Ph ＜ —NHCOCH₃ ＜ —OH

3. 定位规律

①邻对位定位基：

活化基团：$-O^-$，$-NR_2$，—NHR，$-NH_2$，—OH，—OR，—NHC(O)R，—OC(O)R，—R，—Ar，$-CH_2CO_2H$。

弱钝化基团：—F，—Cl，—Br，—I。

②间位定位基(钝化基团)：$-NH_3^+$，$-NR_3^+$，$-NO_2$，$-CF_3$，$-CCl_3$，—CN，$-SO_3H$，—C(O)H，—C(O)R，$-CO_2H$，$-CO_2R$，$-C(O)NH_2$。

四、烷基苯侧链的反应

1. 侧链氧化

如果有 α-H 存在,强氧化剂会使之成为芳香羧酸。如果没有 α-H 存在,一般的氧化剂不能使之氧化。

$$C_6H_5-CH_2CH_2CH_2CH_3 \xrightarrow{KMnO_4} C_6H_5-COOH$$

2. 侧链卤代

芳环侧链 α-H 容易发生自由基卤代,例如光照下氯代,用 NBS 溴代等。

$$C_6H_5CHClCH_3 \xleftarrow[h\nu]{Cl_2} C_6H_5CH_2CH_3 \xrightarrow[\triangle]{NBS} C_6H_5CHBrCH_3$$

五、芳环的反应

1. 催化加氢

比烯或炔加氢困难,要求更剧烈的条件:

$$C_6H_6 + 3H_2 \xrightarrow[170℃\sim180℃,18.2MPa]{Ni} C_6H_{12}$$

2. Birch 还原

还原剂为钠(或锂)和乙醇在液氨中。注意:苯环上连的给电子基和吸电子基不同时,还原产物不同。

$$C_6H_5OCH_3 \xrightarrow[C_2H_5OH]{Li/liq.NH_3} \text{1-甲氧基-1,4-环己二烯}$$

$$C_6H_5COOH \xrightarrow[C_2H_5OH]{Li/liq.NH_3} \text{2,5-环己二烯-1-甲酸}$$

3. 氧化

要求剧烈条件,且需要催化剂存在:

$$2\,C_6H_6 + 9O_2 \xrightarrow[400℃\sim500℃]{V_2O_5} 2\,\text{(CH—CO)}_2\text{O} + 4CO_2 + 4H_2O$$

六、萘的反应

1. 亲电取代反应

萘的化学性质与苯相似，但比苯活泼，在发生亲电取代反应时，α-位比β-位活性大，所以一般得到α取代产物。

萘在发生磺化反应时，萘与浓硫酸在80℃以下作用时，主要产物为α-萘磺酸。在较高温度(165℃以上)时，主要产物为β-萘磺酸：

$$\text{萘} \xrightarrow[<80℃]{浓\ H_2SO_4} \alpha\text{-萘磺酸}(SO_3H)$$

$$\text{萘} \xrightarrow[165℃]{浓\ H_2SO_4} \beta\text{-萘磺酸}(SO_3H)$$

注意萘环上取代基的定位规律。

2. 氧化

萘比苯的芳香性差，因此，不饱和化合物的性质(如加成、氧化等)体现的就比较明显，故萘比苯容易氧化。在不同氧化剂作用下，得到不同的产物。

$$\text{邻苯二甲酸酐} \xleftarrow[400℃\sim500℃]{V_2O_5/air} \text{萘} \xrightarrow[25℃]{CrO_3/CH_3COOH} \text{1,4-萘醌}$$

当萘环上连有活化基团时，氧化反应发生在同环上；连有钝化基团时，氧化反应发生在异环上。

3. 还原

萘比苯容易发生还原反应。不同条件下，得到的产物不同：

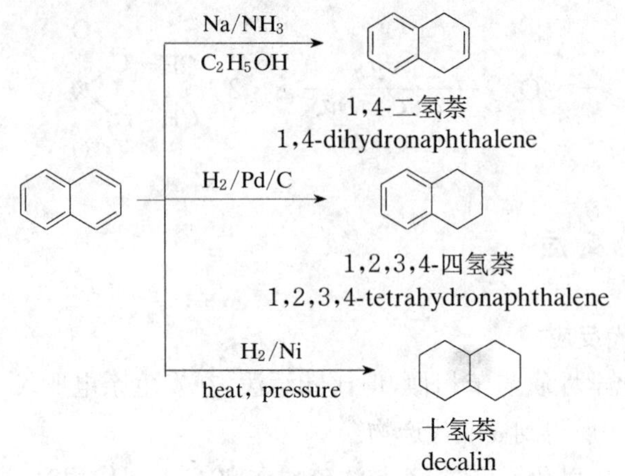

习　题

一、选择题

1. 下列化合物具有芳香性的是(　　)。

(A) 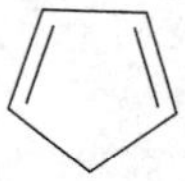　(B) 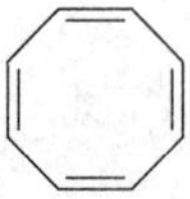　(C) 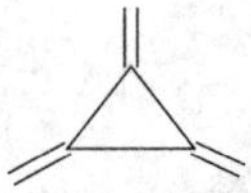　(D)

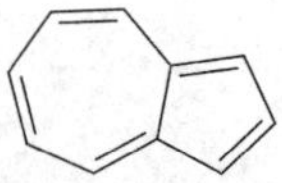

2. 下列各官能团中,哪种官能团不是邻位、对位的定向基团和活性基团(　　)。

(A) —COR　(B) $—NH_2$　(C) $—NR_2$　(D) —OH

3. 在 $FeBr_3$ 存在时,下列化合物中与 Br_2 最易反应的是(　　)。

(A) 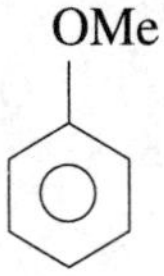 OMe　(B)  Cl　(C) 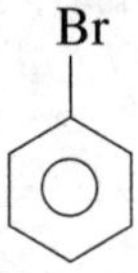 Br　(D) 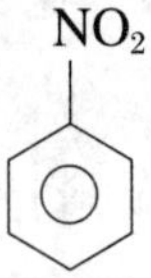 NO_2

4. 下列化合物中与 N-溴代丁二酰亚胺(NBS)反应最快的化合物是(　　)。

(A) 苯　(B) 甲烷　(C) 环丙烷　(D) 甲苯

5. 萘最易溶于(　　)试剂。

(A) 水　(B) 乙醇　(C) 油　(D) 苯

6. 溴二氯苯有(　　)种异构体(仅就凯库勒(Kekule)结构而言)。

(A) 4　(B) 5　(C) 6　(D) 7

7. 下列化合物分别进行硝化,(　　)给出了最低比例的邻位/对位异构体。

(A) $PhCH_2CH_3$　(B) $PhCHCl_2$　(C) $PhCH_2Br$　(D) $PhC(CH_3)_3$

8. 下列分子中具有芳香性的是(　　)。

(A) 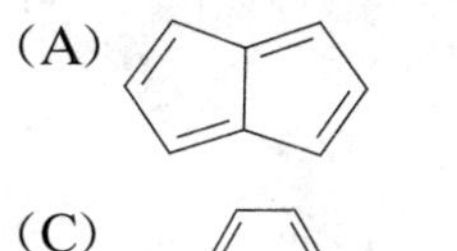

(B) 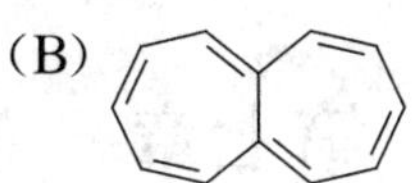

(C) 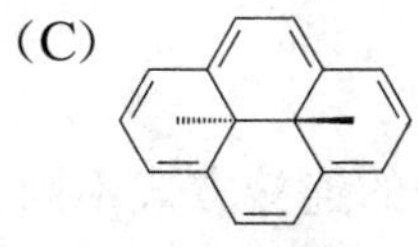

(D) 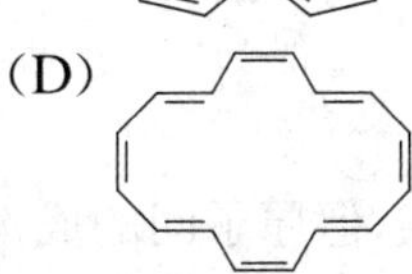

9. 下列结构中不同的质子被标号1,2,3,4。

最容易进行自由基卤代的是(　　)。

(A) 1　(B) 2　(C) 3　(D) 4

10. 氯苯与氨基钠在液氨中反应生成苯胺,该反应可能的中间体是(　　)。

(A) 碳正离子　(B) 碳负离子　(C) 卡宾　(D) 苯炔

11. 下列化合物最易发生亲电卤代的是(　　)。

(A) 甲苯　(B) 邻二甲苯　(C) 间二甲苯　(D) 对二甲苯

12. 萘的α-位(Ⅰ)、β-位(Ⅱ)和苯(Ⅲ)在硝化反应中的相对活性是(　　)。

(A) Ⅰ > Ⅱ > Ⅲ　(B) Ⅰ > Ⅲ > Ⅱ

(C) Ⅲ > Ⅰ > Ⅱ　(D) Ⅱ > Ⅰ > Ⅲ

二、填空题

1. 环庚三烯和1 mol溴加成的产物再加热形成 C_7H_7Br,这个物质的结构是:________。

2. 在 $AlCl_3$ 存在下,用 CH_3Cl 处理六甲基苯得到一种在水溶液中稳定的盐,它的可能结构是:________。

第七章 立体化学

具有相同的分子式,但原子间的成键方式不同、或原子间的连接方式不同、或原子间的连接顺序不同、或原子间相对位置不同、或排列方式不同的化合物,都称之为同分异构体,这一现象称为异构现象。同分异构是有机化合物普遍存在的现象,是有机化合物种类繁多、数目庞大的主要原因之一。

一、同分异构现象分类

1. 构造异构

具有相同原子组成的不同化合物分子,其原子间的成键方式不同、或连接方式不同、或原子间的连接顺序不同,因而具有不同的性质,这类异构称为构造异构。

构造异构包括骨架异构、官能团异构、官能团或取代基位置异构、官能团互变异构。

骨架异构一般均是指碳骨架异构,即由于碳原子间的连接顺序不同而产生的异构。骨架异构是各类有机化合物中最基本、最普遍的异构现象。

官能团异构是指原子间的成键方式不同从而形成不同官能团而产生的异构。由于官能团不同,从而属于不同类别的化合物,故这类异构体间的结构差别大,化合物性质差别也很大。

官能团或取代基位置异构是指官能团相同或取代基相同,只是相对位置不同。故属于这类异构体的化合物,一般同属于一类化合物,它们之间的性质差别不是很大。

官能团互变异构是指在一定的条件下,一种类型的官能团转变成另一类官能团,这种转变一般是可逆的,最常见的是酮式-烯醇式互变异构。

构造异构的分子,虽然具有相同的分子式,但分子结构差别较大,化合物性质差别也很大。

2. 立体异构

化合物分子具有相同的构造,但分子中原子、或原子团在空间的相对位置或排列方式不同,这类异构称为立体异构。

立体异构包括顺反异构、对映异构和构象异构。

顺反异构是由于分子内存在的限制键的自由旋转的因素，如双键、环等结构单元，造成原子或原子团在空间排列方式不同，相同的原子在同一侧称为顺式，在不同侧称为反式，进一步推广到 Z -式、E -式。双键常见的是 C═C、C═N 双键，偶氮 N═N 双键也会产生顺反异构。顺反异构常称之为几何异构。

对映异构是指两个结构成镜面对称的实物与镜像关系，但两者又不能完全重合，犹如人类的左、右手关系，故通常把对映异构所具有这种特殊性质称为手性。对映异构体在物理、化学性质上十分相近，只有在特定的环境下才表现出性质上的差异，一般把这个特定的环境称之为手性环境。

构象异构是指由于单键的旋转而产生的分子中的原子或基团在空间具有不同的位置关系，从而产生异构。由于单键的旋转所需要的能量不高，在常温下即可快速发生，故分子的构象非常复杂，构象异构体的数目是无穷的。

顺反异构体或对映异构体间相互转化必须经过化学键的断裂与再生，通常也把这类异构称之为构型异构。而构象异构体间的转换由单键旋转即可实现，而单键旋转并不会导致化学键的断裂，这是构象异构与构型异构的本质区别。

二、分子的对称性与分子手性

化合物分子具有互成实物与镜像对映关系又不能完全重合的一对异构体，则该分子称为手性分子，也称该分子具有手性，该化合物称为手性化合物。

化合物分子是否具有手性，是由该化合物分子结构所具有的对称性决定的。对于大多数有机化合物分子，通过观察、分析其分子结构的对称性即可判别其是否为手性分子。一般而言，如果分子结构既没有对称面也没有对称中心，即可认为该分子为手性分子。

1. 手性中心、手性轴与手性面

分子中具有一个连有四个不同原子或基团的原子，则该分子一定为手性分子，连有四个不同原子或基团的原子称为手性原子、手性中心或不对称中心。手性原子可以是碳原子、氮原子、磷原子、硅原子等等。寻找手性原子是识别分子手性的最简便方法。

分子中的原子和/或基团在空间上相对于某一轴线成不对称排列，从而使分子具有手性，则该轴称之为手性轴。含联烯、螺环、环外双键、联苯型结构单元的化合物都有可能是具有轴手性的手性分子。

分子中的原子和/或基团在空间上相对于某一平面成不对称排列，从而使分子具有手性，则该平面称之为手性面。六螺苯是一典型代表；柄型化合物，当柄链较短而限制了其他部分的自由旋转时，则成为具有手性面的不对称分子。

2. 手性分子判别

化合物分子具有互成实物与镜像对映关系又不能完全重合的一对异构体，是判别手性分子的最基本原则。但在识别分子是否具有手性时，更常用的方法则是分析分子是否含有对称中心或对称面，或寻找分子结构中是否含有手性中心、手性轴、手性面，将这两方面结合起来，即可判别一个分子是否是手性分子。

3. 分子手性与旋光性

手性分子具有至少一对异构体。由于这一对异构体相对于镜面呈对映关系，故把这种形式的异构称为对映异构，相应的异构体称为对映异构体。

一般条件下，对映异构体的物理化学性质、化学反应性几乎完全相同，显著不同的是对偏振光的作用不同，其中一个异构体使平面偏振光的振动平面左旋，另一个使平面偏振光的振动平面右旋。对映异构体所具有这种特殊性质称之为旋光性，对映异构体也称之为旋光异构体或光学异构体，手性分子也称为光学活性分子。

不同的手性分子，其结构不同，表现为对偏振光的旋转能力不同，也就是使偏振光振动平面偏转的角度（称之为旋光度）不同，用（+）表示平面偏振光的振动平面右旋，用（-）表示平面偏振光的振动平面左旋。旋光度大小还与浓度、温度、波长、光程等因素有关，通常用比旋光度来度量手性分子的旋光能力，比旋光度已成为手性分子的一个特征物理量。

一对对映异构体等量混合后，则两个异构体使平面偏振光的振动平面发生的偏转角度相等，方向相反，结果表现为旋光仪测得的旋光度为零。该混合物称为外消旋体。

三、具有手性中心的化合物

1. 对映异构体的结构表示与构型标识

对映异构反映的是分子的三维空间结构上的异同，在二维的平面坐标体系里，通常用透视式或 Fisher 投影式表示。

透视式是用实线、虚线、楔形线来表示处于平面上、指向平面内、伸向平面外的相对位置关系，从而实现对分子三维结构的描述。

Fisher 投影式是用十字交叉线来描述分子三维结构，约定十字交叉线为参照平面，交叉点为手性中心（代表手性原子），水平线上连接的两个原子或基团伸向平面外，竖直线上连接的两个原子或基团指向平面内。Fisher 投影式可进行一些操作:在平面内旋转 180°而结构保持不变,若翻转或旋转 90°则转变成其对映异构体;保持一个原子或基团不动,另三个原子或基团依次改变位置,其结构也保持不变。

使用透视式或 Fisher 投影式可以简明无误地描述手性中心的三维空间结构。对映异构体的手性中心结构不同,称之为具有不同的构型,IUPAC 约定用 *R* - 或 *S* - 来分别标识这两个手性中心的构型。将与手性中心相连的四个原子或基团按次序规则排列出优先次序,把优先次序最小的原子或基团置于观察视线前方最远处,然后按优先次序从大到小的顺序,观察剩余三个原子或基团在空间的相对位置关系,若是依次按顺时针排列,则为 *R* - 构型,若是依次按逆时针排列,则为 *S* - 构型。

D - 和 *L* - 是对映异构体的另一种标识方法,以甘油醛为标准,其 Fisher 投影式为醛基在上,羟甲基在下,处于水平位置的氢和羟基,当羟基在右时为 *D* - 构型,羟基在左时为 *L* - 构型。其他的化合物都与甘油醛相关联得到其相应的构型标识。

构型标识与偏振光振动平面偏转的方向没有直接的联系,偏振光振动平面偏转的方向是由旋光仪测定得到的。

2. 含有多个手性中心的手性分子

具有手性中心的手性分子具有至少一对异构体,当分子中含有 n 个手性中心时,理论上将有 2^n 个立体异构体。

含有两个不同手性中心的手性分子,有四个异构体,即两对对映异构体。两对对映体之间的任两个结构都不是对映异构的关系,这种具有相同的构造但又不是对映异构关系的异构体称为非对映异构体。

含有两个相同手性中心的手性分子,只有三个异构体,其中一对是对映异构体,另一个异构体虽然含有手性中心,但分子内含有对称面或对称中心等对称元素,不是一个光学活性分子,称之为内消旋体,因为其分子内的两个相同的手性中心构型相反,产生的旋光性彼此抵消。

内消旋体是一个非手性分子,外消旋体可以分离得到具有不同旋光性的两种异构体。

含有更多手性中心的分子,其异构现象与含有两个手性中心的分子情况类似,即最多有 2^{n-1}对对映异构体。任两对对映体之间的任两个结构为非对映异构体,含有手性中心同时又含有对称面或对称中心等对称元素则为内消旋体。

3. 外消旋体拆分

把外消旋体中的两个异构体分离分别得到两个异构体或两个异构体中的一个,称为外消旋体拆分。常用的拆分方法分为三类:结晶分离法、化学分离法和酶分离法。

习　题

一、选择题

1. 下列结构中，具有手性的是(　　)。

(A) ClCH═C═C═CHCl　　(B) ClCH═C═CH_2

(C) 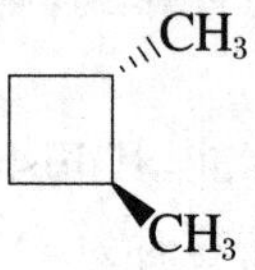　　(D) 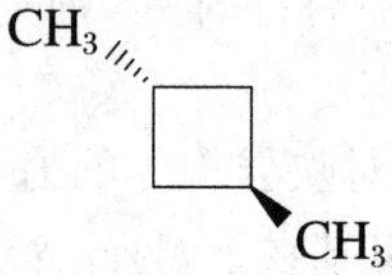

2. 下列结构中，手性中心构型为 *R* 构型是(　　)。

(A) 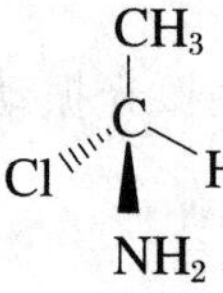　　(B) 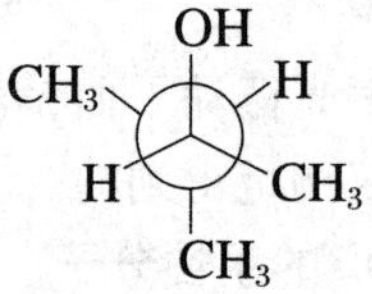

(C) 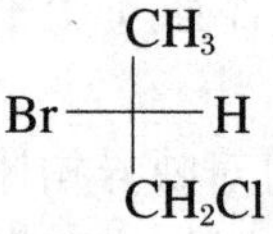　　(D) 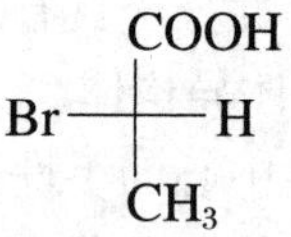

3. 下列结构中，含手性碳原子最多的是(　　)。

(A) $(CH_3)_2CHCHClCH_2CH_3$　　(B) $CH_3CHBrCH_2CHClCHOHCH_3$

(C) 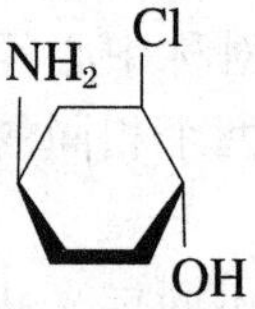　　(D) 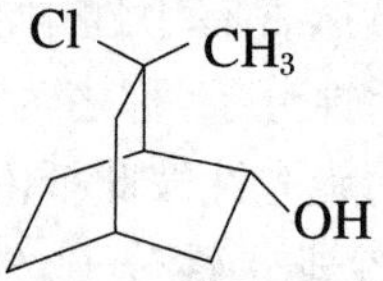

4. 二氯代环己烷的异构体中，既没有顺反异构也没有对映异构的是(　　)。

(A) 1,1-二氯环己烷　　(B) 1,2-二氯环己烷

(C) 1,3-二氯环己烷　　(D) 1,4-二氯环己烷

5. 下列化合物中，非手性的是(　　)。

(A) 1,3-二氯戊烷　　(B) 3-甲基-3-氯戊烷

(C) 3-溴己烷　　(D) 2,2,5-三甲基-3-氯己烷

6. 二氯代环丁烷的异构体中，具有对映异构的是(　　)。

(A) 反式-1,2-二氯环丁烷　　(B) 顺式-1,2-二氯环丁烷

(C) 反式-1,3-二氯环丁烷　　(D) 顺式-1,3-二氯环丁烷

7. 下列所示结构与 *S*-2-溴丁烷是同一化合物的是(　　)。

(A) 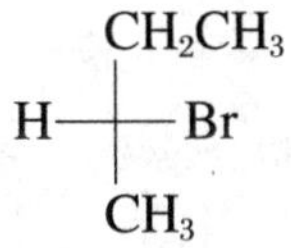 H—Br (Fischer projection: top CH_2CH_3, left H, right Br, bottom CH_3)

(B) 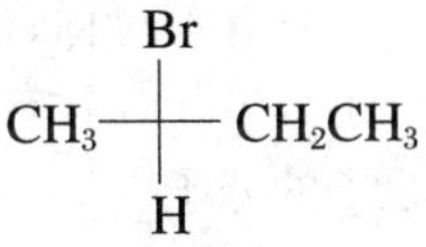 (Fischer projection: top Br, left CH_3, right CH_2CH_3, bottom H)

(C) 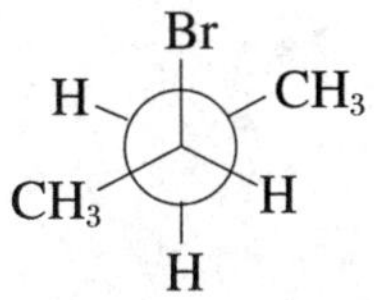 (Newman projection: Br, H, CH_3, CH_3, H, H)

(D) 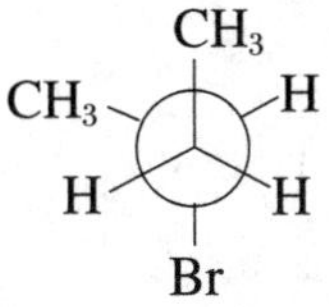 (Newman projection: CH_3, CH_3, H, H, H, Br)

8. 下列所示结构中,非手性的是(　　)。

(A) 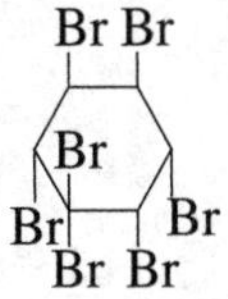 (Br Br, Br, Br, Br Br)

(B) 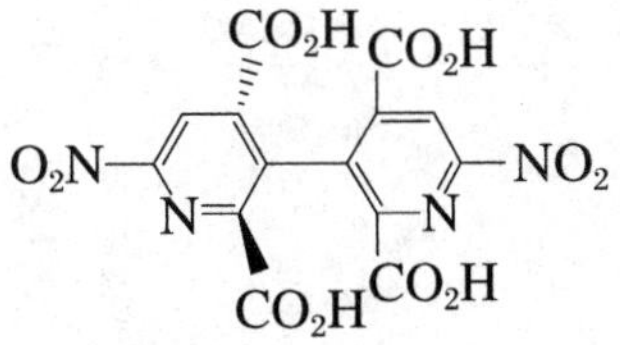 O_2N, CO_2H, CO_2H, NO_2, N, N, CO_2H, CO_2H

(C) Cl, Cl, =C=C=

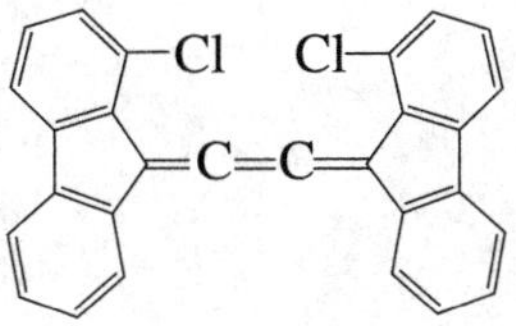

(D) 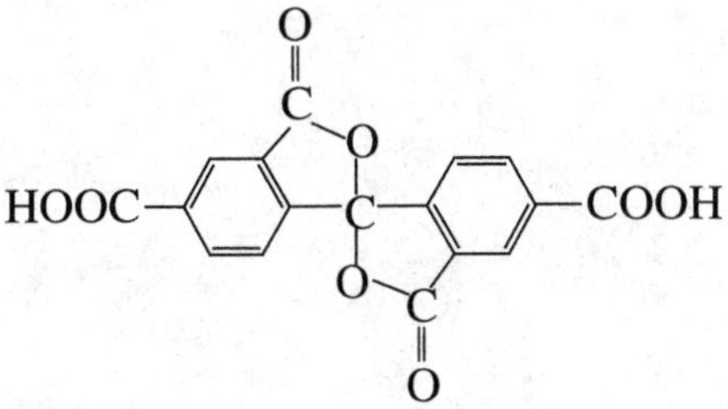 HOOC, COOH, O, C, O, C, O, C, O

9. 下列反应中,反应物为光学纯,产物发生构型翻转的是(　　)。

(A) $CH_3CH_2CH(OH)CH_2Br + OH^- \longrightarrow CH_3CH_2CH(OH)CH_2OH + Br^-$

(B) $CH_3CH_2CH(OH)CH(CH_3)_2 + CH_3COCl \longrightarrow$
$CH_3CH_2CH(OCOCH_3)CH(CH_3)_2$

(C) $CH_3CH(NH_2)COOH + CH_3OH \longrightarrow CH_3CH(NH_2)COOCH_3$

(D) $CH_3CH_2CH_2CH(Cl)CH_3 + OH^- \longrightarrow CH_3CH_2CH_2CH(OH)CH_3 + Cl^-$

10. 如下所示反应得到的产物的异构体总数是(　　)。

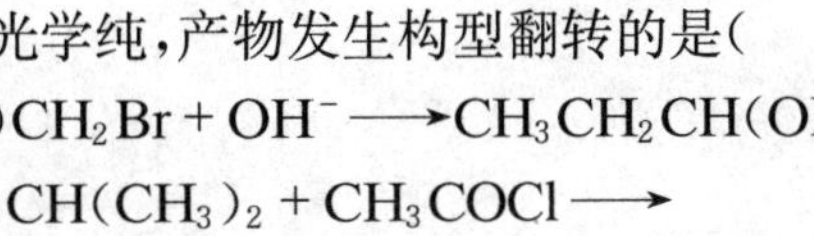

$\xrightarrow{H_2/Pd}$

(A) 1　　(B) 2　　(C) 3　　(D) 4

二、填空题

1. 立体异构体是分子中的原子或基团在空间具有________。
2. 具有 R - 构型的化合物分子________是右旋(+)的光学活性分子。
3. 手性分子________具有不对称碳原子。
4. 非光学活性的分子________具有手性中心。
5. 具有不对称碳原子的分子________具有手性。

第八章　结构解析

一、紫外光谱

1. 基本原理

分子中能量较高的电子可吸收具有一定能量的电磁波，由能级较低轨道跃迁到能级较高的轨道。电子的跃迁是量子化的，即发生跃迁的两个轨道间的能量差(ΔE)与吸收的电磁波的波长(λ)的关系满足：$\Delta E = h\nu = hc/\lambda$。式中 h 为普朗克常数，ν 为电磁波的频率，c 是真空中的光速，λ 是电磁波的波长。

有机化合物分子价电子轨道跃迁所吸收能量相当于电磁波的波长为 200～1000 nm，即处于紫外线到可见光范围，因此电子跃迁产生的吸收光谱称为紫外-可见吸收光谱。

2. 电子跃迁类型

有机化合物分子中常见的发生跃迁的电子有三类：形成单键的 σ-轨道电子、未共享的孤对电子(也称为 n-电子)和形成双键的 π-轨道电子。常见的跃迁类型包括：$\sigma \longrightarrow \sigma^*$、$\sigma \longrightarrow \pi^*$、$n \longrightarrow \pi^*$ 和 $\pi \longrightarrow \pi^*$。

饱和烃类化合物只有 σ-轨道电子，因此只有 $\sigma \longrightarrow \sigma^*$ 跃迁，由于轨道能级差较大，发生跃迁所吸收的能量也较高，吸收的电磁波的波长 $\lambda < 200$ nm，在普通的紫外光谱仪上无法测量。所有含 π 键的化合物，都可发生 $\pi \longrightarrow \pi^*$ 跃迁，对于含共轭体系的分子，轨道能级差更小，故发生跃迁所吸收的电磁波的波长在紫外或可见光区域，且吸光系数很大，一般随共轭体系的增加，吸收峰向长波位移。含有羟基、氨基、卤素等原子或基团的化合物具有未共享电子对，可发生 $n \longrightarrow \sigma^*$ 或 $n \longrightarrow \pi^*$ 跃迁，所吸收的电磁波的波长与 $\pi \longrightarrow \pi^*$ 跃迁类似，但吸光系数较小；含羰基、亚胺基等极性双键的化合物，杂原子上有孤对电子，也可发生 $n \longrightarrow \pi^*$ 跃迁。

3. 发色团与助色团

能在 200～1000 nm 区域产生紫外-可见光吸收的基团称为发色团，如羰基、苯环、共轭二烯等，孤立的碳碳双键或三键，其吸收峰低于 200 nm，一般不看作为发色团。某些基团，在 200 nm 以上区域没有明显的吸收峰，但与发色团相连后，可使发色团的吸收谱带向长波方向移动并使其强度增加，这样的基团称之为助色团。

4. 紫外光谱图

紫外吸收光谱给出吸收峰的位置和强度两个信息。紫外光谱图的横坐标为波长(nm)、纵坐标为吸光度或透光率,化合物对透射光的吸收性质通过吸收曲线来描述。吸光度满足 Lambert - Beer 定律:

$$A = \lg \frac{I_0}{I} = \lg \frac{1}{T} = \varepsilon cl$$

式中,I_0为入射光强度,I 为透过光强度,T 为透射率,c 为溶液浓度($mol\cdot L^{-1}$),l 为透射光程(cm),ε 为摩尔吸光系数。摩尔吸光系数反映了含特定发色团的化合物在某一特定波长处的单位吸光能力,在温度、压力、溶剂一定时,它是一常数。

理论上紫外光谱应该是一不连续的谱线,但分子中电子跃迁的同时总伴随着各种振动和转动能级的跃迁,故而吸收以连续的谱带形式出现。

5. 影响紫外光谱的因素

溶剂效应:溶剂对溶质的溶剂化作用影响分子的轨道能级,故而对电子跃迁产生影响。极性溶剂促使孤对电子的 $n \longrightarrow \pi^*$ 跃迁蓝移,即吸收带向短波方向位移;但使 $\pi \longrightarrow \pi^*$ 跃迁发生红移,即吸收带向长波方向位移。质子性极性溶剂与羰基形成氢键,一般使羰基的 $n \longrightarrow \pi^*$ 跃迁蓝移。

结构效应:共轭体系越大,共轭程度越高,吸收带红移,吸光系数(ε_{max})增大。立体位置等因素破坏了共轭体系的共平面性,则吸收带蓝移,吸光系数(ε_{max})减小。

6. 紫外光谱经验规则

特征光谱:各种不同的化合物具有特定的发色团,产生特定的紫外吸收峰(位置 λ_{max}和强度 ε_{max})。共轭烯烃和共轭 α,β-不饱和羰基化合物最为典型。

二、红外光谱

1. 基本原理

分子中键连的原子间处于不同的振动状态,对映于不同的振动能级,当吸收了合适的能量后,可由低能级状态跃迁到高能级状态,从而产生振动吸收。有机化合物分子的不同振动能级间的能量差对应于电磁波的红外光能量范围,故这种因分子振动产生的吸收光谱称为红外吸收光谱。

分子的振动模式很多,并非所有的振动都会产生吸收峰,只有那些引起了偶极矩变化的振动才能吸收相应能量的红外光,导致红外吸收峰。

分子的振动形式分为键长发生改变的伸缩振动和键角发生变化的弯曲振动两种,进一步还可细分为对称、不对称、面内、面外、扭曲、摇摆等等。

任一振动模式，可简单地用 Hooke 定律描述其振动频率，即

$$\nu = \frac{1}{2\pi}\sqrt{\frac{k}{\mu}}$$

式中，k 为力常数，与化学键的性质有关，化学键强度越高，其值越大；μ 为折合质量，与构成化学键的两个原子的质量 m_1、m_2 相关，可由下式计算得到：

$$\mu = \frac{m_1 \cdot m_2}{m_1 + m_2}$$

相对任一振动模式，由基态向第一振动能级跃迁，所对应的吸收频率称为基频；跃迁两个或两个以上振动能级，所对应的吸收频率称为倍频；吸收一个光子同时引起 ν_1、ν_2 两个基频的振动所产生的新的吸收频率称为合频；相同的两个基团在分子中处于相邻或相近的位置，相应的吸收峰常会发生裂分形成两个峰，此现象称为振动耦合。

2. 影响红外光谱吸收信号的因素

(1) 化学键的类型和成键原子类型

构成化学键的原子类型相同，键级越大，键强度越高，键能越大，其振动频率(波数)越高；相同键级，原子质量越小，其折合质量也越小，振动频率越高。例如，$\nu_{C\equiv C} \approx 2150\ cm^{-1}$；$\nu_{C=C} \approx 1650\ cm^{-1}$；$\nu_{C-C} \approx 1200\ cm^{-1}$；$\nu_{C-H} \approx 3000\ cm^{-1}$；$\nu_{C-C} \approx 1200\ cm^{-1}$；$\nu_{C-O} \approx 1100\ cm^{-1}$；$\nu_{C-Br} \approx 600\ cm^{-1}$。

(2) 成键原子杂化轨道类型

不同杂化类型的原子形成化学键，在其他因素相同的情况下，sp 杂化的原子轨道电负性较大，其形成的化学键的振动频率也较高。例如，对于不同的 C—H 键，有：$\nu_{C\equiv C-H} \approx 3300\ cm^{-1}$；$\nu_{C=C-H} \approx 3000 \sim 3100\ cm^{-1}$；$\nu_{C-C-H} \approx 2850 \sim 3000\ cm^{-1}$。

(3) 取代基电子效应

受邻近基团的诱导或(和)共轭效应影响，化学键的力常数会发生相应的变化，从而红外吸收信号也会发生变化，典型的如羰基化合物，丙酮的羰基双键电子云偏向氧原子一端，当甲基由吸电子基团如卤素原子取代后，则电子云由氧原子一端向双键上移动，从而使双键键能增强，相应的振动吸收频率也升高。当羰基与碳碳双键共轭时，电子离域使得双键上电子云向单键上偏移，导致羰基双键上电子云密度降低，键能减小，振动吸收频率下降。

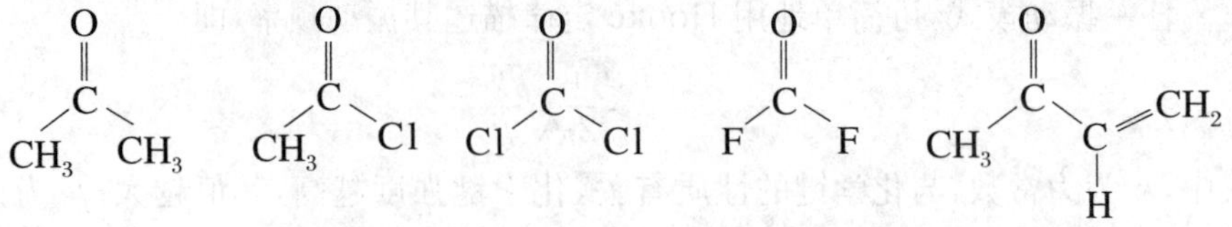

$$\underset{\nu_{C=O}\ 1715\ cm^{-1}}{CH_3COCH_3}\quad \underset{1780\ cm^{-1}}{CH_3COCl}\quad \underset{1827\ cm^{-1}}{ClCOCl}\quad \underset{1942\ cm^{-1}}{FCOF}\quad \underset{1680\ cm^{-1}}{CH_3COCH{=}CH_2}$$

(4) 振动耦合

当分子内的两个振动基团位置相对较近且振动频率也很相近甚至相同时，则可能发生振动耦合，原振动吸收信号消失，而在原振动吸收频率的两侧各出现一个新的吸收信号。例如，亚甲基—CH_2—的两个 C—H 键发生振动耦合，在 2850 cm^{-1} 和 2940 cm^{-1}处产生两个振动吸收信号，分别对应于对称和不对称伸缩振动吸收；其他的振动耦合吸收出现在氨基（—NH_2）两个 N—H 键、酸酐的两个羰基等结构中。

(5) 其他的影响因素

红外吸收信号还受分子的对称性、空间效应等因素影响，测定样品的状态、浓度、溶剂等测定条件的变化对红外吸收也会产生影响。

3. 红外吸收光谱图

红外吸收光谱谱图横坐标为吸收波长，单位为波长或波数；纵坐标为吸收峰强度，单位为吸光度或透光率。

根据有机化合物的红外吸收光谱特点，把红外光谱谱图分为两部分：官能团区和指纹区。官能团区为有机化合物官能团的红外吸收峰区域，在 1400～4000 cm^{-1} 范围，主要由官能团的伸缩振动吸收引起，峰形相对简单，特征性强。指纹区为骨架的单键伸缩振动、骨架振动及力常数相对较小的弯曲振动吸收引起，峰形复杂，含有相同官能团的不同化合物在此区域的吸收峰差别较大，就像人的指纹一样，故称为指纹区。

4. 不同类型化合物的特征红外吸收谱图

不同有机化合物具有不同特征红外吸收，官能团区给出定性的官能团吸收信息，指纹区则给出不同化合物的红外吸收的精细结构，对不同化合物的确认具有重要意义。

三、核磁共振光谱

1. 基本原理

原子核是带有正电荷的粒子，其自身运动状态为自旋运动，而原子核内部质子、中子等结构决定了原子核的自旋状态，一般用自旋量子数 I 描述。自旋量子数与原子核结构具有如下关系：

原子序数	质量数	I
偶数	偶数	0
奇数	偶数	整数
奇数或偶数	奇数	1/2,3/2,5/2,…

一般自旋量子数 I 为零的原子核可近似看作为非自旋的球体，在外磁场中不发生能级裂分；而自旋量子数 I 不为零的原子核可近似看作为自旋的球体或椭球体，在外加磁场中发生能级裂分，处于不同的自旋状态。自旋量子数 I 不为零的原子核在外磁场作用下，其自旋状态的取向是量子化的，共有 $2I+1$ 种取向，且每一种取向代表该原子核在外加磁场中的一种能量状态，一般用自旋磁量子数 m 表示。自旋量子数 I 与自旋磁量子数 m 的关系是：

$$m=I,I-1,I-2,\cdots,-I$$

对于 ^{1}H、^{13}C 等原子核，其自旋量子数 $I=1/2$，其核自旋在外磁场裂分为两种状态，即 $m=1/2,-1/2$，对应着两个能级，其能量差为：

$$\Delta E=\frac{h\gamma B_o}{2\pi}$$

式中，h 为普朗克常数；γ 是磁旋比，即核自旋磁矩与自旋角动量的比值，是不同原子核具有的特征本征常数；B_o 是外加磁场的强度。

处于磁场强度为 B_o 的外加磁场中作自旋运动的核，受到一能量为 $h\nu_o$ 的外加射频波照射，若自旋裂分的两个能级差 $\Delta E=h\nu_o$，则处于低能级的自旋核会吸收该能量，跃迁至高能级，从而发生核磁共振吸收。由此可推导出发生核磁共振的条件，即外加射频波的频率（ν_o）与外加磁场强度（B_o）满足下列关系式：

$$\nu_o=\frac{\gamma B_o}{2\pi}$$

不同原子核的磁旋比 γ 是不同的，在相同的外加磁场作用下，发生核磁共振所需的外加射频波的频率是不一样的。例如，在 $B_o=2.35$ T 的外加磁场作用下，^{1}H

发生共振所需的射频波的频率为 100 MHz，即通常所谓的 100 M 核磁共振谱仪。

2. 核磁共振仪

根据仪器扫描工作方式的不同，核磁共振谱仪分为扫场式和扫频式两类。扫场式是固定外加射频波的频率，改变磁场强度；扫频式是固定磁场强度，改变外加射频波的频率。根据射频波的照射方式不同，扫频式又分为连续波扫描（CW-NMR）和脉冲傅里叶变换（FT-NMR）两种。目前超导核磁共振谱仪都采用傅里叶变换技术。

3. 质子化学位移产生原因

理论上当外加磁场强度一定时，所有质子应该是在同一射频波的频率处发生核磁共振，只产生一个核磁共振吸收峰。但是，在外加磁场中，受到磁场作用的不仅仅只是原子核，核外绕核高速运转的电子也受到外加磁场的作用，产生一个感应磁场，原子核所受到的真实磁场强度是外加磁场强度与感应磁场强度之和。

感应磁场强度与原子核外的电子分布密切相关，原子核外的电子分布与原子的成键方式及周围的相邻的原子和基团即化学环境有关。在不同的分子中或同一分子中的不同类型的氢，所处的化学环境各不相同，在相同的照射频率下，将在不同的共振磁场显示吸收信号，或在相同的磁场中，处于不同化学环境的质子在不同的照射频率下发生共振，显示出不同的吸收信号，即表现出不同的化学位移。故所谓化学位移是指有机化合物分子中不同类型质子发生核磁共振时，表现出的共振吸收信号的位置，其产生的本质原因是核外电子在外加磁场中运动产生的感应磁场的屏蔽或去屏蔽效应。据此，质子发生核磁共振的条件应为：

$$\nu_o = \frac{\gamma B_{有效}}{2\pi}$$

式中，$B_{有效} = B_o - B_{感应} = B_o(1-\sigma)$，$\sigma$ 称为屏蔽常数。

4. 化学位移的表示

有机化合物分子中不同质子的化学位移的绝对差值很小，例如在 60 MHz 的核磁共振谱仪上，大多数质子的化学位移差值在 0～600 Hz 之间，约为仪器操作频率的 10^{-6}～10^{-5}，故很难精确测定质子的绝对化学位移。为解决这一问题，在实际测量时，总是在待测样品中加入一已知化合物（通常为四甲基硅 TMS）作为内标，测定待测物质子的吸收峰频率与内标物吸收峰频率的差值，再除以以 Hz 为单位的仪器操作频率，即为各质子的化学位移值，其计算公式为：

$$\delta = \frac{B_{标} - B_{样}}{B_{仪}} \times 10^6 \quad 或 \quad \delta = \frac{\upsilon_{标} - \upsilon_{样}}{\upsilon_{仪}} \times 10^6$$

按这样的方法计算，不同核磁共振谱仪测量得到的相对化学位移值是一样的，没有单位，以外加磁场强度的百万分之一(10^{6}，ppm)表示，故有时用 ppm 作为其单位。

选用四甲基硅作内标，有其特有的优势：单一吸收信号、性质稳定、易挥发、无毒。当以四甲基硅质子的核磁共振吸收峰为零点，则其他绝大多数有机化合物的质子的化学位移值为正值。

5. 影响化学位移的因素

诱导效应：电负性大的原子或基团，吸电子能力强，降低了邻近的质子周围的电子云密度，减小了电子的感应磁场强度，使邻近质子的核磁共振吸收峰移向低场，即移向谱图的左侧，称为去屏蔽效应；反之移向高场，即谱图的右侧，称为屏蔽效应。

各向异性效应：分子中 π 键体系的电子，在外加磁场作用下，其感应磁场产生各向异性的诱导磁场，使分子中不同部位的质子受到不同方向的诱导磁场的作用，表现出特殊的化学位移特点。例如，苯分子在外加磁场作用下，大 π 键的环电流产生的感应磁场在苯环中心范围内与外加磁场方向相反，而在苯环外侧区域，诱导磁场方向与外加磁场方向一致，故而，处在苯环中心区域的质子受到的是屏蔽效应，处在外侧区域的质子受到的是去屏蔽效应。其他的 π 键电子体系，如烯、炔、羰基等，也都表现出明显的各向异性效应。

氢键：形成氢键对活泼质子的化学位移影响表现为去屏蔽效应，导致其化学位移值向低场移动。氢键的形成及其强度受溶剂、溶液浓度等因素影响很大，含活泼质子的醇、酸、酰胺、胺等化合物，其活泼质子的化学位移很不确定。

溶剂效应：受溶剂化作用、形成氢键等因素影响，同一化合物采用不同溶剂，测得的化学位移值可能不同，这种由溶剂不同而引起的化学位移值变化的效应称为溶剂效应。

6. 典型质子的化学位移

不同类型的质子，其化学位移值受各种因素影响，在一定的区域内变化，反之，根据^{1}HNMR 信号所在的区域，可以推测该信号是何种类型的质子，从而进行结构解析。

7. 核磁共振谱图信号强度与质子数目

^{1}HNMR 谱图中每个信号(吸收峰)强度与相应质子数目成线性关系，根据这一信息可以确定分子中各种不同类型质子的相对比例，为推测化合物结构提供重要信息。

8. 自旋耦合与耦合裂分

化学等价：化合物分子中处于相同的化学环境的质子具有相同的化学位移值，

这些质子是化学等价的，处于不同化学环境的质子，是化学不等价的，其化学位移值不同。与手性中心相连的亚甲基的两个质子，就是化学环境不等价的。识别质子是否化学等价，对谱图解析和结构分析具有重要意义。

自旋耦合与耦合裂分：在外加磁场作用下，相邻的化学不等价质子间会发生相互作用，这种作用称为自旋耦合。自旋耦合作用将导致共振吸收谱线裂分或增多，这一现象称为自旋耦合裂分。自旋耦合是外磁场作用下邻近质子不同自旋状态产生的微小感应磁场对外加磁场的增强或消弱作用，结果表现为被作用质子的共振吸收谱线发生裂分。

自旋耦合裂分规律：自旋耦合作用通过成键电子传递，一般传递距离不超过三个 σ 键，但可通过 π 键传递。裂分谱线数目满足 $n+1$ 规则，即 n 个邻近质子，耦合裂分产生 $n+1$ 重峰，裂分峰高度遵从二项式展开式系数关系。

耦合常数：裂分谱线间的距离称为耦合常数，其值大小表示耦合作用的强弱，与外加磁场的磁感应强度无关，单位为 Hz。两个相互发生耦合作用的质子间的耦合常数值相等，即 $J_{ab}=J_{ba}$。

磁等价：一般情况下，化学等价的质子具有相同的共振频率，彼此间不会发生自旋耦合作用，这时的核也是磁等价的。但化学等价的核不全是磁等价的，磁等价的核应同时满足两个条件：一是化学等价，一是对其他的核具有相同的耦合常数。磁等价的核彼此间不会发生自旋耦合。

9. ^{13}C 核磁共振谱

^{13}C 核与 ^{1}H 核类似，其自旋量子数为 1/2，因此 ^{13}C 核与 ^{1}H 核一样具有核磁共振效应，但 ^{13}C 核的磁旋比约为 ^{1}H 核的 1/4，自然界中 ^{13}C 核的丰度也只有 1.08%，因此，与 $^{1}HNMR$ 相比，$^{13}CNMR$ 的灵敏度低得多，只有 $^{1}HNMR$ 谱的 1/6000。但 $^{13}CNMR$ 具有其优势，^{13}C 化学位移的范围比 ^{1}H 宽得多，在 0～250 ppm，故不同类型的 ^{13}C 核的共振吸收峰一般不会重叠。因此，^{13}C 核磁共振谱在有机化合物结构分析中的应用也越来越广泛。

不同类型 ^{13}C 核的化学环境不同，其化学位移值也不相同，根据 $^{13}CNMR$ 信号所在的区域，可以推测该信号是何种类型的 ^{13}C 核，从而进行结构解析。

四、质谱

1. 基本原理

在高真空下，气态分子受到高能电子束轰击或其他的一些离子化方法，失去一个电子，成为相应的正离子，称为分子离子。高能量的分子离子可进一步发生裂解，产生一系列不同的碎片，碎片可能带正电荷或负电荷，也可能是中性的。带正电荷的分子离子和碎片离子在加速腔高压电场 U 作用下，获得动能，成为高速运动的离子流。经聚焦电场聚焦后，以速度 v 进入强度为 B 的磁场，不同大小的离子形成的粒子流在磁场作用下作不同曲率半径 R 的圆周运动，在一定的加速电压和磁场强度下，不同带电荷离子流作圆周运动的曲率半径不同，从而使不同离子得到分离。

根据带电荷量为 e、质量数为 m 的离子在电场 U 中加速运动获得的速度 v，可计算出磁场强度 B 与作圆周运动的曲率半径 R 的关系，即：

$$Ue = \frac{1}{2}mv^2, \quad Bev = \frac{mv^2}{R}$$

由该两式可推出：$m/e = B^2R^2/(2U)$。

m/e 称为质荷比，电荷值一般为 1，则根据仪器的电场强度 U 和磁场强度 B，测得每个离子的作圆周运动的曲率半径 R 值，即可得到每个离子的质量数 m。

2. 质谱图与谱峰类型

质谱图以质荷比为横坐标，离子的相对丰度为纵坐标，丰度最高的峰为基峰，定为 100%，得到不同离子的相对丰度。

分子离子峰：分子离子相对映的质谱峰即为分子离子峰，对于带电荷数为 1 的分子离子峰，其质荷比即是其分子量，因此常通过质谱的分子离子峰来确定化合物的分子量。

碎片峰：比分子离子峰质荷比小的峰，为碎片离子峰，由分子离子裂解而来。分子离子裂解得到不同的碎片离子，碎片离子拼接起来即构成分子离子，利用质谱所给出的分子离子与碎片离子间的关系信息，即可进行结构解析。

同位素峰：由稳定同位素形成的离子峰，其相对丰度与同位素丰度是一致的。故根据同位素丰度可反推该同位素是何种类型的元素。

3. 分子离子裂解规律

不同类型的分子，其分子离子裂解遵循一定的规律，根据分子离子的裂解规律，可以建立起碎片离子与分子离子的关系，从而根据质谱信息进行结构解析。常见的质谱裂解方式包括：α-裂解、i-裂解、McLafferty-重排裂解和逆 Diels-Alder 反应裂解。

4. 质谱在结构解析中的作用

质谱在有机化合物的结构解析中，常用来进行测定相对分子量，根据分子量推测分子式，根据裂解规律建立分子离子与碎片离子间关系，从而确认推测结构是否正确。

习 题

一、选择题

1. 下列所示结构中，λ_{max}值最大的是（　）。

(A) 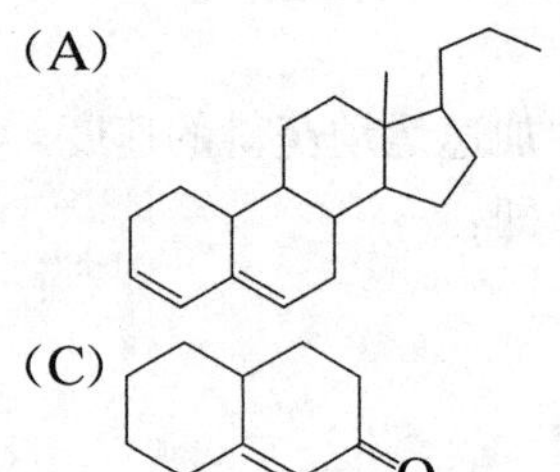

(B) 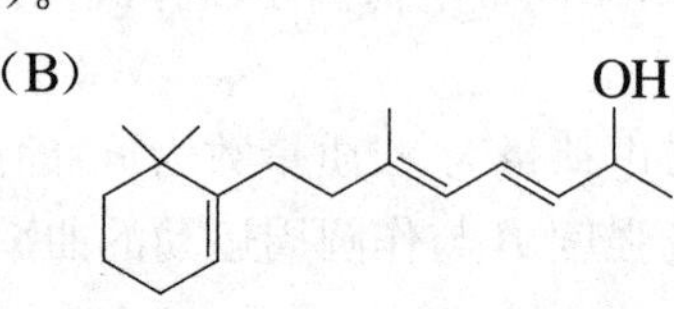

(C)

(D) 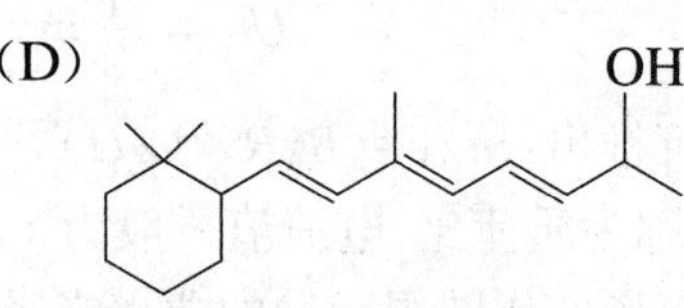

2. 那种通用方法可以清晰、快速地区分下列所示的两个化合物（　　）。

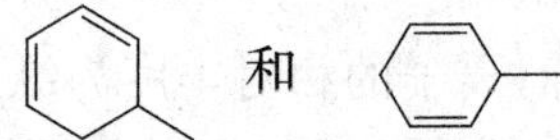

(A) IR 谱　(B) UV 谱　(C) 燃烧分析　(D) 可见光谱

3. 某一含氮化合物，其质谱显示，除在 $m/e=101$ 处有分子离子峰外，在 $m/e=44$ 处还有明显的碎片离子峰，则该化合物为下列结构（　　）。

(A) 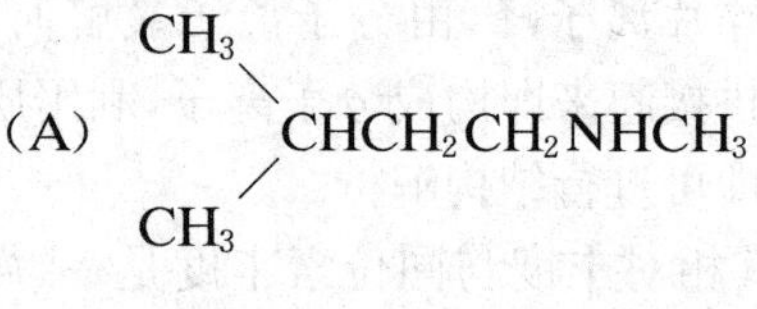

(B) 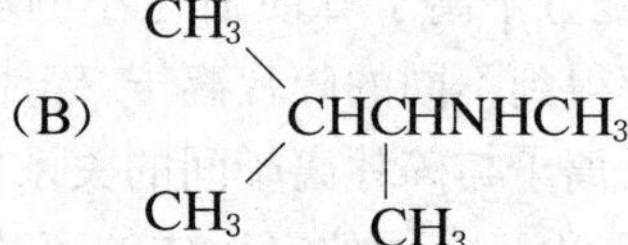

(C) $(CH_3)_2CHCH_2NHCH_2CH_3$

(D) $CH_3CH_2CH_2NHCH_2CH_2CH_3$

4. 高分辨质谱显示某一化合物的相对分子质量为 60.0572，则该化合物的分子式为（　　）。

(A) C_3H_8O　(B) $C_2H_8N_2$　(C) $C_2H_4O_2$　(D) CH_4N_2O

注：C、H、O、N 的相对原子质量分别为 12.0111，1.0080，15.9994，14.0067。

5. 下列化合物中，质荷比为奇数的是（　　）。

(A) 

(B) HN NH
(C) 

(D) 

6. IR 谱图显示在 2225 cm^{-1} 出现吸收峰，则可能是下列所示结构(　　)。

(A) $CH_3C\equiv CCH_3$　　(B) $CH_3CH_2CH_2CH_2CN$

(C) $CH_2=CHCH=CH_2$　　(D) $CH_3CH_2CH=NCH_3$

7. 某化合物的 IR 谱图显示其主要吸收峰为 1665(cm^{-1})、2890～2990(cm^{-1})、3030(cm^{-1})，则该化合物可能是下列所示的哪种结构(　　)。

(A) 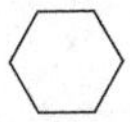 环己烷　　(B) 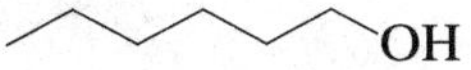 正己醇（OH）

(C)  5-己烯-1-醇（OH）　　(D)  顺式烯烃

8. 下列所示化合物中，其¹HNMR 谱图信号为两组单峰的是(　　)。

(A) 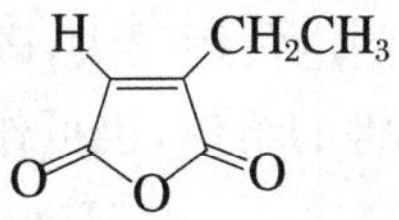 H, CH_2CH_3 取代的马来酸酐（O, O, O）　　(B) 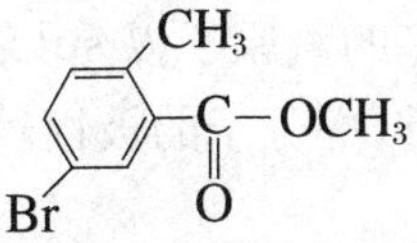 CH_3、Br 取代苯甲酸甲酯（$-\overset{O}{C}-OCH_3$）

(C) CH_3、CH_3 取代的 β-内酯（O, =O）　　(D) 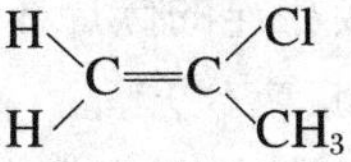 $H_2C=C(Cl)CH_3$

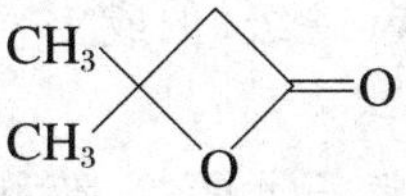

9. 化合物 $CH_3CH(Cl)CH_2CH_3$ 有(　　)类不等价质子。

(A) 3　　(B) 4　　(C) 5　　(D) 6

10. 下列所示结构中，其¹HNMR 谱图信号没有观察到耦合裂分的是(　　)。

(A) 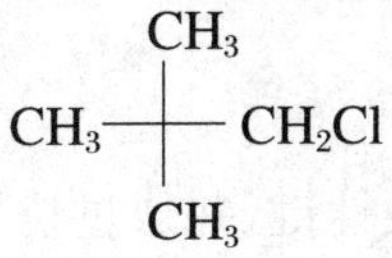 $(CH_3)_3C-CH_2Cl$　　(B) 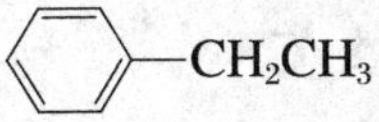 苯基$-CH_2CH_3$

(C) 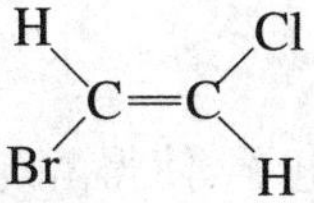 $HBrC=CHCl$（H、Br 在同一碳上，Cl、H 在另一碳上）　　(D) 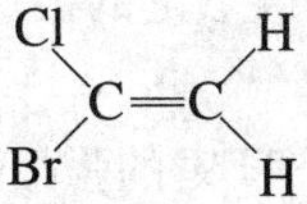 $ClBrC=CH_2$

二、填空题

1. 乙醇、甲醇、环己烷等通常用作 UV 光谱的溶剂，因为它们在大于________的波长区域没有吸收峰。
2. 共轭烯烃如 2,4,6-辛三烯、2,4,6,8-癸四烯、2,4,6,8,10-十二碳五烯，随共轭体系增大，紫外吸收信号依次发生________。
3. 化合物 CH_2Cl_2 的质谱图中，质荷比为 86 和 88 的峰为________。
4. 化学位移受吸电子诱导效应影响，吸电子能量越强，化学位移值________。
5. 耦合裂分可通过________传递。

第九章 醇 酚 醚

一、醇的结构特点

饱和碳原子上的氢原子被羟基取代或水分子中的氢原子被饱和烃基取代得到的衍生物。醇羟基的氧原子以 sp^3 杂化轨道成键，由于氧的电负性很大，碳氧键和氢氧键都是极性键，醇分子的极性较强。羟基既可作为氢键的给体，也可作为氢键的受体。

根据与羟基直接相连的碳原子的级数，醇可分为三类：一级（伯或 1°）醇、二级（仲或 2°）醇和三级（叔或 3°）醇。

分子中含多个羟基时，根据羟基的数目可分为二元醇、三元醇等，统称为多元醇。两个羟基在同一碳原子上称为偕二醇，分别在相邻的两个碳原子上称为邻二醇。

二、醇的化学性质

醇羟基氧原子的电负性使得碳氧键和氢氧键都是极性键，并通过诱导效应传递，导致 α-碳氢键和 β-碳氢键的极性，决定了醇的性质。

1. 醇的酸、碱性质

由于醇羟基的 O—H 键的强极性以及氧原子上的孤对电子，使得醇与水类似，表现出酸、碱两性。

$$\underset{\text{烷基氧鎓离子}}{R-\overset{+}{O}H_2} \underset{}{\overset{H^+}{\rightleftharpoons}} \underset{\text{醇}}{ROH} \overset{B^-}{\rightleftharpoons} \underset{\text{烷氧负离子}}{RO^-} + BH$$

酸性：$H_2O > R-OH \gg H_2N-H \gg RH_2C-H$

碱性：$HO^- < R-O^- \ll H_2N^- \ll RH_2C^-$

由醇制备烷氧负离子的方法：

$$ROH \rightleftharpoons RO^-$$

常用的强碱：$LiN[CH(CH_3)_2]_2$，$CH_3CH_2CH_2CH_2Li$，KH，固体氢氧化钠或氢氧化钾。

常用的金属：Li，Na，K。

2. 醇羟基的取代反应

与氢卤酸反应：

一级醇 ROH $\longrightarrow$ RX　X = Br 或 I(S_N2 机理)

二级或三级醇 ROH $\longrightarrow$ RX　X = Cl，Br 或 I(S_N1 机理)

一般均使用浓氢卤酸（常伴随烷基迁移或负氢迁移进行的重排）和 Lucas 试剂。

使用磷试剂反应：

$$3ROH + PBr_3 \longrightarrow 3RBr + H_3PO_3$$

$$6ROH + 2P + 3I_2 \longrightarrow 6RI + 2H_3PO_3$$

通常使用磷试剂，使一级醇或二级醇经历 S_N2 机理发生取代，与使用氢卤酸相比，发生碳正离子重排的可能性较小。

使用含硫试剂反应：

$$ROH + SOCl_2 \xrightarrow{\triangle} RCl + SO_2 + HCl$$

由于有副产物 HCl 生成，故常加入碱（例如胺）促进反应发生，但对手性醇，构型发生反转。

也通过把醇羟基转化成黄酸酯，再进行取代反应，使羟基以磺酸基的形式离去。

$$ROH + R'SO_2Cl \longrightarrow ROSO_2R'$$

$$ROSO_2R' + Nu^- \longrightarrow R—Nu + R'SO_3^-$$

3. 醇的脱水消除反应

在强的非亲核性酸条件下脱水，温度较低时得到醚，在温度较高时与 β-H 一起消除失去一分子水，生成烯烃。

$$\text{H–C–C–OH} \xrightarrow[\triangle]{H_2SO_4} \text{C=C} + HOH$$

生成烯烃的温度要求：

一级醇 170℃～180℃　(E2 机理)；

二级醇 100℃～140℃　(通常认为可能是 E1 机理)；

三级醇 25℃～80℃　(E1 机理)。

可能伴随碳正离子重排的发生。

4. 成酯反应

醇与无机含氧酸如硫酸、硝酸、磷酸或有机酸及其酸酐、酰卤都可反应生成酯。

5. 醇的氧化脱氢反应

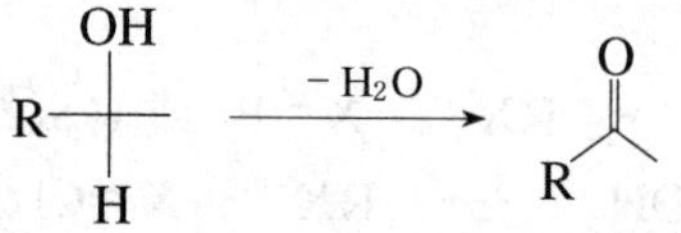

$$R-C(OH)(H)- \xrightarrow{-H_2O} R-C(=O)-$$

常用的无机氧化剂：$KMnO_4$，$Na_2Cr_2O_7$，CrO_3，MnO_2。

一级醇被氧化先生成醛，得到的醛很容易进一步被氧化生成酸，故控制氧化条件或及时将生成的醛分离反应体系，是由一级醇制备醛的关键所在；二级醇被氧化生成酮；三级醇由于无 α-H，在通常的氧化条件下不被氧化，在强烈的氧化条件下，发生碳链的断裂，得到不同的小分子的羧酸混合产物。

CrO_3 - 吡啶氧化体系(Sarett 试剂、Jones 试剂、PCC)是将醇氧化成相应醛、酮的选择性氧化剂，活性 MnO_2（新制）是选择性氧化烯丙式醇得到相应醛、酮的氧化剂。

卤仿反应：具有 β-CH_3 醇结构的二级醇，在卤素（氯、溴、碘）的碱性水溶液中反应，生成少一个碳原子的羧酸和卤仿。

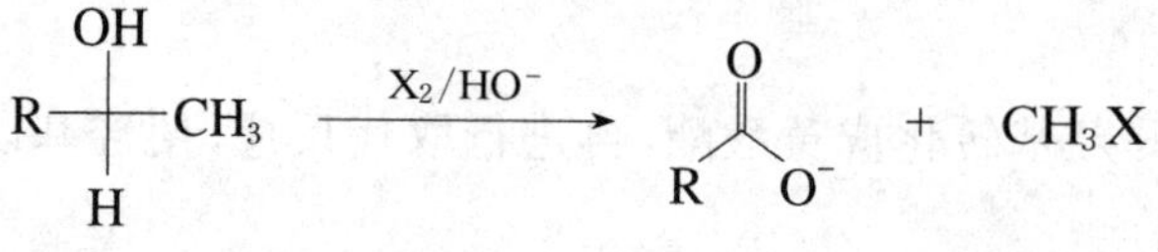

$$R-CH(OH)-CH_3 \xrightarrow{X_2/HO^-} R-C(=O)-O^- + CH_3X$$

Oppenauer 氧化：在叔丁醇铝或异丙醇铝催化下，二级醇和丙酮一起反应，把二级醇氧化成相应的酮，而丙酮被还原成异丙醇。

6. 多元醇的性质

邻二醇的氧化：邻位二醇或邻羟基酮、醛可被高碘酸（HIO_4）或醋酸铅（$Pb(AcO)_4$）氧化断键，羟基转化成醛或酮，醛或酮羰基转化成羧酸。高碘酸用于水溶液体系，醋酸铅用于有机溶剂体系。

嚬呐醇重排反应。

三、醇的制备

1. 卤代烃水解

$$RX + HO^-(H_2O) \longrightarrow ROH + X^-$$

对于一级、二级卤代烃，经历 S_N2 历程，得到相应的一级、二级醇。

对二级、三级卤代烃，易发生消除反应，故常把二级卤代烃转化成酯，再水解，制备二级醇。

$$\begin{matrix}R_1\\ \diagdown\\ \quad CH-X\\ \diagup\\ R_2\end{matrix} + CH_3COO^- \longrightarrow CH_3COO-\begin{matrix}R_2\\ \diagup\\ CH\\ \diagdown\\ R_1\end{matrix} \xrightarrow[H_2O]{HO^-} \begin{matrix}R_1\\ \diagdown\\ \quad CH-OH\\ \diagup\\ R_2\end{matrix}$$

三级卤代烃则可在低极性溶剂（如丙酮的水溶液）中水解，制备三级醇。

$$R_2-\underset{R_3}{\overset{R_1}{\underset{|}{\overset{|}{C}}}}-X \xrightarrow[S_N1]{H_2O/CH_3COCH_3} R_2-\underset{R_3}{\overset{R_1}{\underset{|}{\overset{|}{C}}}}-OH$$

2. 醛、酮、羧酸及其衍生物的还原

氢化物还原剂：$NaBH_4$，CH_3CH_2OH，$LiAlH_4/(CH_3CH_2)_2O$，H^+/H_2O；

催化氢化：$Pd/C(Pt,Ni)+H_2$。

醛 $RCHO \longrightarrow RCH_2OH$ 一级醇

酮 $RCOR' \longrightarrow RR'CHOH$ 二级醇

羧酸及其衍生物 $RCOOR' \longrightarrow RCH_2OH$ 一级醇

3. 醛、酮、羧酸及其衍生物与金属有机试剂反应

金属有机试剂：RMgX，LiR。

甲醛 $CH_2O+RMgX \longrightarrow RCH_2OH$ 一级醇

其他醛 $R'CHO+RMgX \longrightarrow RR'CHOH$ 二级醇

酮 $R_1COR_2+RMgX \longrightarrow R_1R_2RCOH$ 三级醇

4. 烯烃加水

烯烃经羟汞化-还原或硼氢化-氧化加水，均可得到醇。

5. 烯烃环氧化开环

烯烃经过氧酸氧化得环氧乙烷或其衍生物，再经亲核试剂进攻环氧乙烷开环，可制备醇。

6. 烯烃氧化制备邻二醇

烯烃用冷、稀的高锰酸钾或四氧化锇氧化，可得到顺式邻二醇；环氧乙烷酸性水溶液开环可得反式邻二醇。

四、酚的结构特点

羟基氧连在芳香环上的化合物称为酚，最简单也最具有代表性的是苯酚。酚

羟基氧原子可看作 sp^2 杂化，未参与杂化的 p 轨道带着一对电子与芳环的环状大 π 键形成共轭体系，由于氧原子的孤对电子参与共轭，故羟基呈现强的给电子共轭效应。

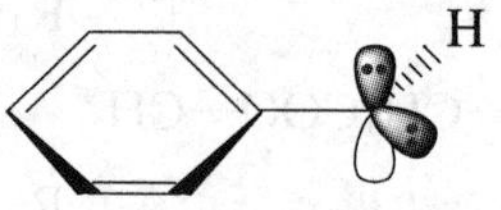

五、酚的化学性质

酚羟基与芳香环形成的共轭体系，使得芳环的电子云密度增加，氧原子的电子云密度降低，导致芳环的亲电取代活性大大增加，也使得羟基 O—H 键极性增大，酚氧负离子稳定性显著增加。

1. 酚的酸、碱性

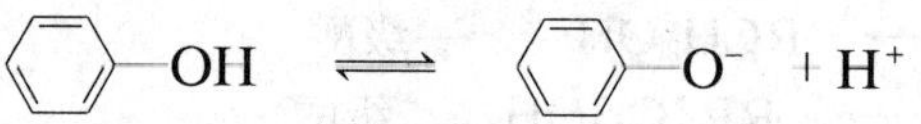

$$C_6H_5OH \rightleftharpoons C_6H_5O^- + H^+ \quad (pK_a \approx 10.0)$$

苯酚的酸性介于水（$pK_a \approx 15.7$）和碳酸（$pK_a \approx 6.38$）之间，比醇的酸性要强得多。苯酚的酸性可理解为酚氧负离子离域大 π 键形成共轭体系的稳定作用，也可通过共振结构式来描述其稳定性：

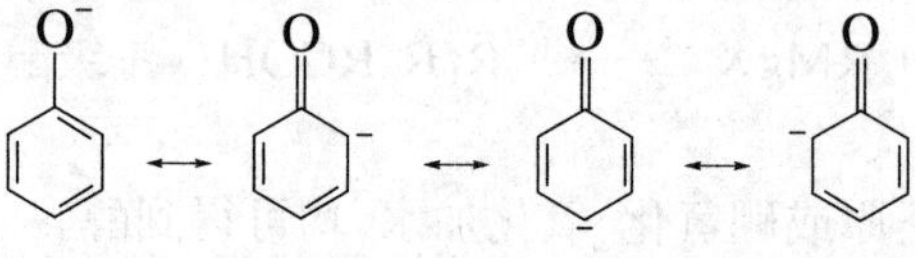

芳香环上的取代基对酚的酸性产生一定的影响，并随相对位置的不同而变化，其一般规律是给电子取代基使其酸性减弱，吸电子取代基使酸性增强。可通过取代基对酚氧负离子的稳定性解释其酸性强弱变化的规律。

酚羟基氧上的孤对电子与芳环形成共轭体系后，电子云密度降低，但也还是弱碱性的，强酸能使其质子化成芳基氧鎓离子。

$$CH_3—\overset{+}{O}H_2 \rightleftharpoons CH_3—OH + H^+ \quad (pK_a \approx 2.2)$$

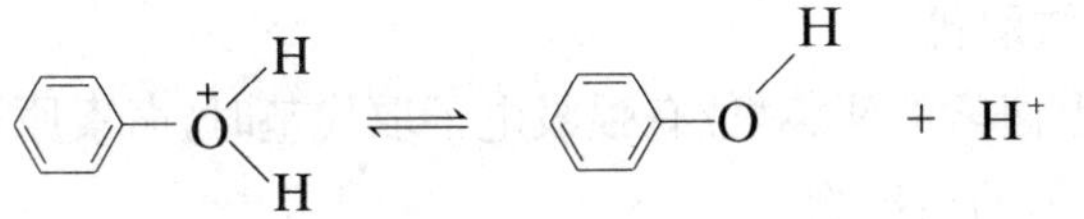

$$C_6H_5\text{-}\overset{+}{O}H_2 \rightleftharpoons C_6H_5\text{-}OH + H^+$$

$(\mathrm{p}K_a \approx -6.7)$

与醇的另一个明显区别是，即使形成了芳基氧𬭩离子，酚羟基也很难以水分子的形式离去。

2. 酚的芳环上的亲电取代反应

酚的芳环较芳烃更易发生亲电取代反应。苯酚在水中与卤素反应得到多取代产物；在稀硝酸中即可发生硝化反应；室温下容易发生磺化反应；用比较弱的催化剂即可进行 Friedel-Crafts 烷基化或酰基化反应。

此外，苯酚还具有一些特殊的经过类似亲电取代历程进行的反应：Kolbe-反应，Reimer-Tieman 反应，酚醛树脂反应，生成双酚 A 反应，与重氮盐的偶联反应。

3. 酚羟基氧的亲核反应

酚羟基氧或酚氧负离子的氧具有亲核性，可发生类似醇的酯化反应、成醚反应。

4. 酚的氧化

酚很容易被氧化生成醌。酚-醌衍生物在自然界氧化还原反应中起着重要的电子转移传递作用。

六、酚的制备

1. 重氮盐水解

芳香烃类化合物经硝化、还原、重氮化、水解可得到酚及其衍生物，这是实验室制备酚衍生物的有效方法。

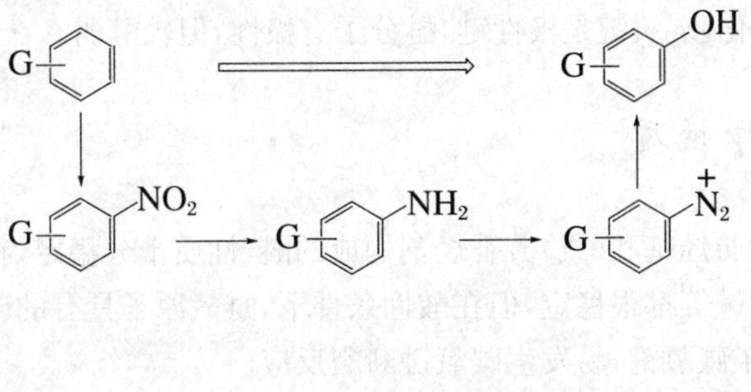

$$G\text{-}C_6H_5 \Longrightarrow G\text{-}C_6H_4\text{-}OH$$

$$G\text{-}C_6H_5 \longrightarrow G\text{-}C_6H_4\text{-}NO_2 \longrightarrow G\text{-}C_6H_4\text{-}NH_2 \longrightarrow G\text{-}C_6H_4\text{-}\overset{+}{N_2} \longrightarrow G\text{-}C_6H_4\text{-}OH$$

2. 卤代芳烃的亲核取代

取代芳烃环上卤素的邻、对位有强吸电子取代基时，卤素原子可在比较温和的条件下水解，得到酚的衍生物。

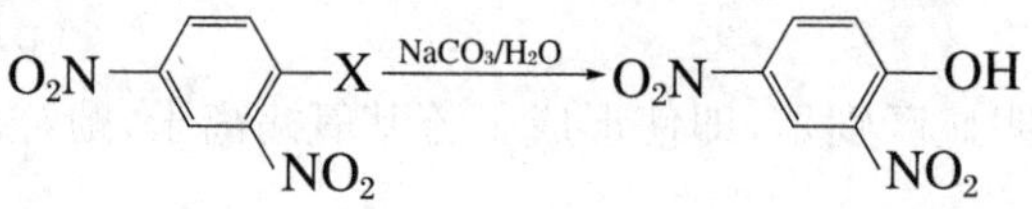

$$O_2N-C_6H_3(NO_2)-X \xrightarrow{NaCO_3/H_2O} O_2N-C_6H_3(NO_2)-OH$$

3. 异丙苯氧化水解法

工业上利用丙烯与苯在酸性条件下的烷基化反应制备异丙苯，再经过空气氧化得到异丙苯的氢过氧化物，最后酸性水解得到苯酚和丙酮。

4. 氯苯或芳香磺酸盐的高温碱熔法

氯苯或萘的磺酸盐在高温下与熔融状的固体 NaOH 反应，得到酚钠，再酸化得到相应酚。

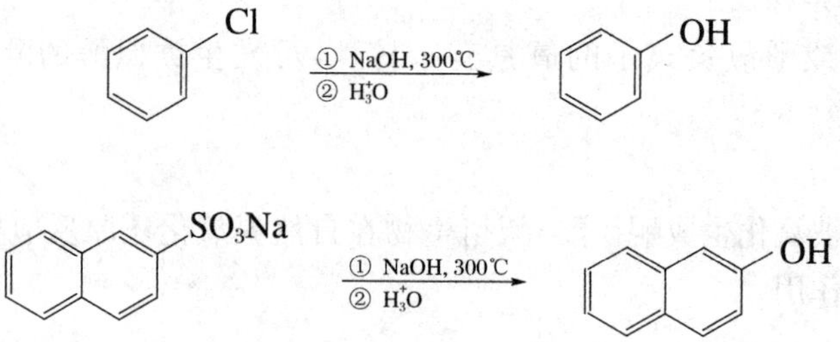

$$C_6H_5Cl \xrightarrow[\text{② } H_3^+O]{\text{① NaOH, 300℃}} C_6H_5OH$$

$$C_{10}H_7SO_3Na \xrightarrow[\text{② } H_3^+O]{\text{① NaOH, 300℃}} C_{10}H_7OH$$

七、醚的结构特点

醇或酚的羟基氢原子被烃基取代或水分子的两个氢原子被烃基取代所形成的化合物称作醚，烃基可以是脂肪烃基或芳香烃基。醚分子中连接两个烃基的氧原子看作是 sp^3 杂化，碳氧键是极性键，醚分子有极性，但较醇弱。

八、醚的化学性质

由饱和的脂肪烃基和(或)芳香烃基构成的醚，性质十分稳定，在通常条件下对氧化剂、还原剂、碱等都很稳定，但在酸性条件下，醚氧原子具有的碱性与质子结合形成锌盐，弱化了碳氧键，易发生碳氧键断裂反应。

1. 醚的碱性

醚氧原子是一个好的氢键受体,也可看作 Lewis 碱,易与质子酸或 Lewis 酸结合形成鎓盐。

$$R_2O: + H^+ \rightleftharpoons R_2\overset{+}{O}—H$$

$$R_2O: + BF_3 \rightleftharpoons R_2\overset{+}{O}—\overset{-}{B}F_3$$

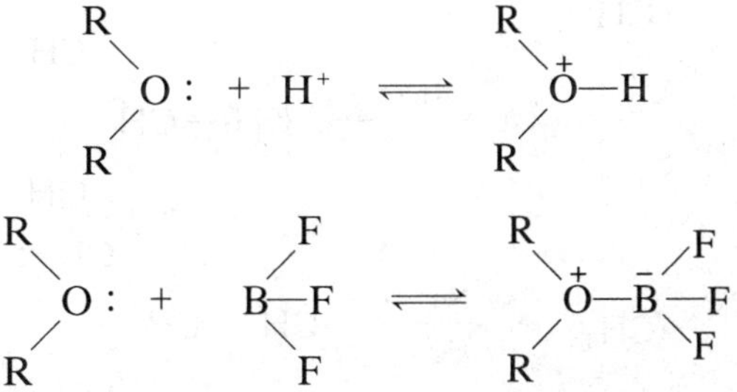

2. 碳氧键的断裂反应

在强酸性介质中,质子化醚氧后,很容易发生 C—O 键断裂。

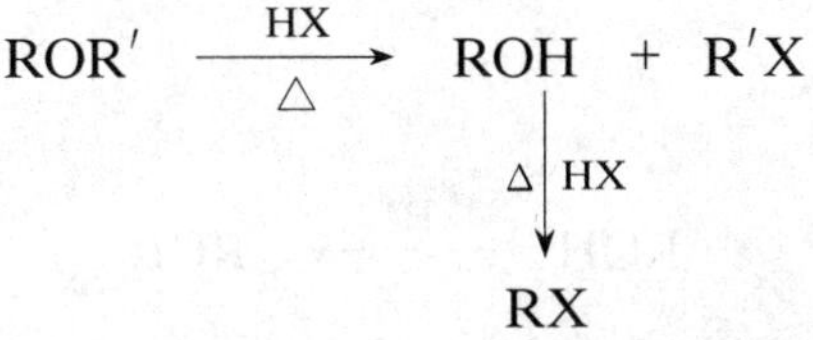

$$ROR' \xrightarrow[\triangle]{HX} ROH + R'X$$

$$ROH \xrightarrow[\triangle]{HX} RX$$

HX 酸的活性为:HI ＞ HBr ＞ HCl。根据醚的烃基结构不同,可分别经历 S_N1 或 S_N2 历程,生成的醇可进一步反应;C—O 键断裂的顺序为:三级烃基 ＞ 二级烃基 ＞ 一级烃基 ≫ 芳香烃基,烷烃基芳基醚总是得到酚。对于环状醚,性质类似,但小环更活泼、更易开环。

3. 芳基烯丙基醚的重排(Claisen-重排)反应

芳基烯丙基醚在加热条件下,经历六元环状过渡态,发生分子内的[3,3]-δ 迁移后,再芳构化,得到重排产物取代酚。可发生两次重排,分别得到邻、对位取代的酚。

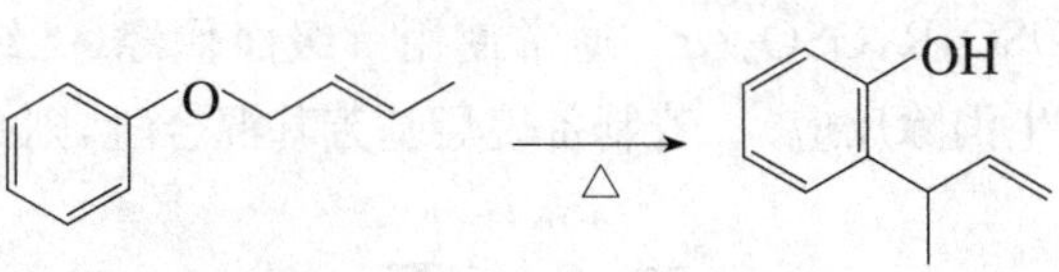

$$PhOCH_2CH{=}CHCH_3 \xrightarrow{\triangle} \text{2-}(CH_2{=}CHCH(CH_3))C_6H_4OH$$

4. 环氧乙烷衍生物的开环反应

环氧乙烷类似于三元环,角张力很大,在极性介质中很容易发生开环反应,开环的选择性与反应体系性质有关,在酸、碱不同条件下的开环反应一般形式为:

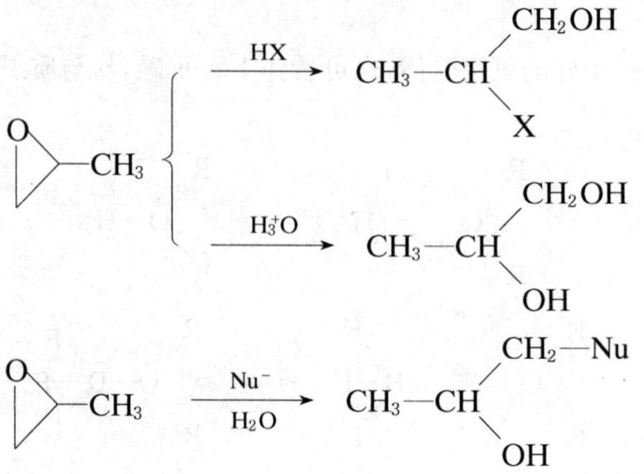

$$\text{(环氧丙烷)}\xrightarrow{HX} CH_3-CH(X)-CH_2OH$$

$$\text{(环氧丙烷)}\xrightarrow{H_3^+O} CH_3-CH(OH)-CH_2OH$$

$$\text{(环氧丙烷)}\xrightarrow[H_2O]{Nu^-} CH_3-CH(OH)-CH_2-Nu$$

八、醚的制备

1. 醇的分子间脱水

$$ROH \xrightarrow[\triangle]{H^+} ROR$$

一般只适用于简单醚和某些环醚。

2. 烯烃在醇溶液体系中的烷氧汞化-还原

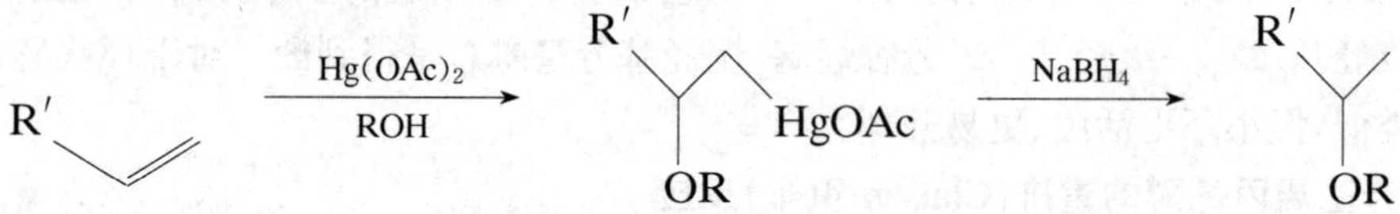

$$R'CH_2CH=CH_2 \xrightarrow[ROH]{Hg(OAc)_2} R'CH_2CH(OR)CH_2HgOAc \xrightarrow{NaBH_4} R'CH_2CH(OR)CH_3$$

与羟汞化-还原类似，相当于在双键上遵从马氏规则加一分子醇。

3. Williamson 醚合成法

$$RX + R'ONa \longrightarrow ROR' + NaX$$

X = Cl, Br, I, OSO_2R, OSO_2Ar。通常使用一级卤代烃（二级或三级卤代烃在该反应条件下易发生消除反应）。若制备烷烃基芳基混合醚，则必须使用酚钠盐。

习　题

一、选择题

1. 下列化合物酸性最强的是(　　)。

(A) 环己醇　　(B) 苯酚　　(C) 苯甲醇　　(D) 甲硫醇

2. 下列化合物酸性最弱的是(　　)。

(A) 苯酚　(B) 对硝基苯酚

(C) 对甲基苯酚　(D) 对甲氧基苯酚

3. 下列化合物与氢溴酸发生亲核取代反应速度最快的是(　　)。

(A) 苯甲醇　(B) 对甲基苯甲醇

(C) 对氰基苯甲醇　(D) 2,4-二硝基苯甲醇

4. 下列化合物与 $FeCl_3$ 发生颜色反应的是(　　)。

(A) 邻二甲苯　(B) 对二甲苯　(C) 环己醇　(D) 水杨酸

5. 下列化合物沸点最高的是(　　)。

(A) 正丁醇　(B) 异丁醇　(C) 叔丁醇　(D) 正己醇

二、填空题

给出下列反应主要产物的结构式。

1. 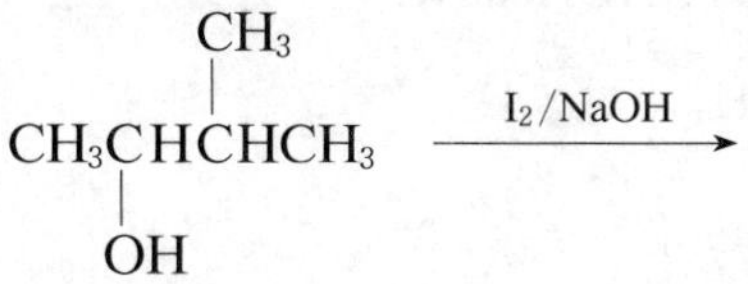 $CH_3CH(OH)CH(CH_3)CH_3 \xrightarrow{I_2/NaOH}$

2. $CH_3CH(OH)CH(CH_3)CH_3 \xrightarrow{I_2/P}$

3. $CH_3CH(OH)CH(CH_3)CH_3 \xrightarrow{\text{浓 } HCl}$

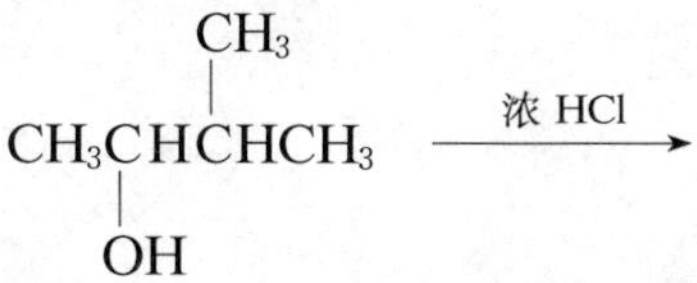

4. 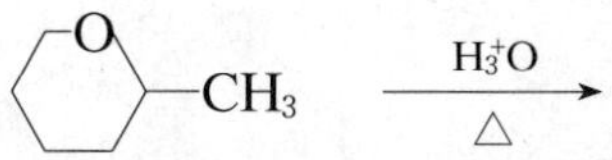 2-甲基四氢吡喃（六元环，O 邻位碳上连 $-CH_3$） $\xrightarrow[\triangle]{H_3^+O}$

5. 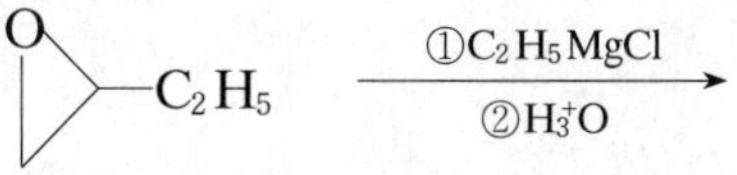 乙基环氧乙烷（三元环，碳上连 $-C_2H_5$） $\xrightarrow[\text{②} H_3^+O]{\text{①} C_2H_5MgCl}$

给出下列反应所需的主要试剂和条件。

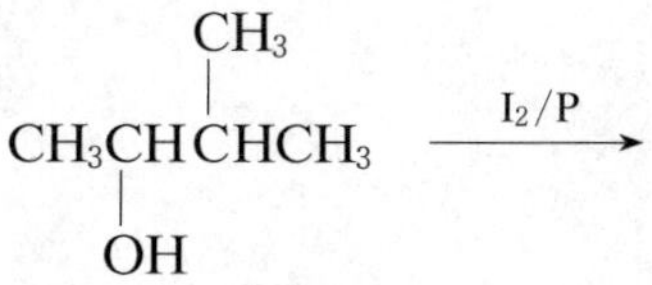

6. 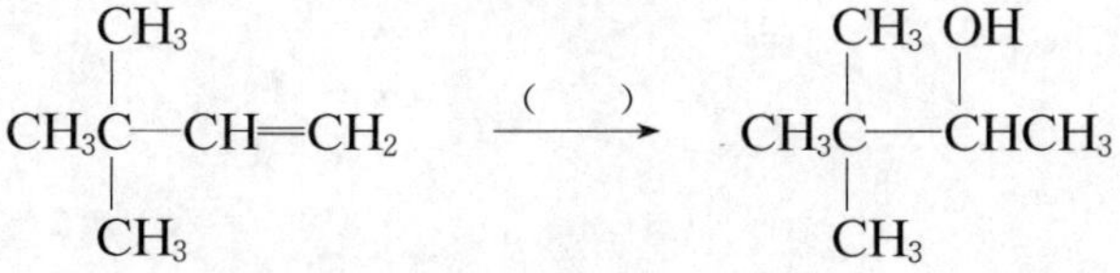 $(CH_3)_3C-CH{=}CH_2 \xrightarrow{(\quad)} (CH_3)_3C-CH(OH)CH_3$

7. $(CH_3)_3C-CH=CH_2 \xrightarrow{(\quad)} (CH_3)_3C-CH_2CH_2OH$

8. $C_6H_5-CH=CHCH_2Cl \xrightarrow{(\quad)}$ 2-(1-苯基-2-丙烯基)苯酚（苯环邻位分别连有 $-CH(Ph)CH=CH_2$ 和 $-OH$）

9. (H, OH 楔形键)-2-辛醇 $\xrightarrow{(\quad)}$ (H, Cl 楔形键)-2-氯辛烷

10. $CH_3CH(OH)CH(CH_3)CH_2CH_2OH \xrightarrow{(\quad)} CH_3CH(OH)CH(CH_3)CH_2CHO$

第十章 醛 酮 醌

一、醛、酮的结构特点

羰基是醛、酮分子的官能团，一般把醛、酮称为羰基化物。羰基碳和氧均可看作为 sp^2 杂化，碳氧双键由一个 δ 键和一个 π 键构成，这一点与碳碳双键相同，但双键电子云偏向电负性较大的氧原子一侧，故羰基为极性不饱和键，共振结构可以更为显著地描述羰基的这一结构特征。

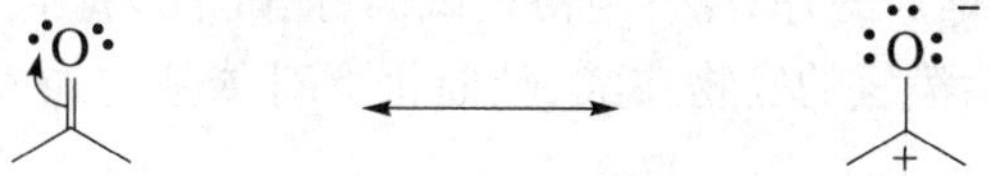

二、醛、酮的化学性质

1. 羰基的亲核加成反应

醛、酮羰基的极性，特别是 π 电子的极化度较大，使得羰基碳成为缺电子的亲电中心，容易受到富电子的亲核试剂进攻，发生羰基双键上的亲核加成反应：

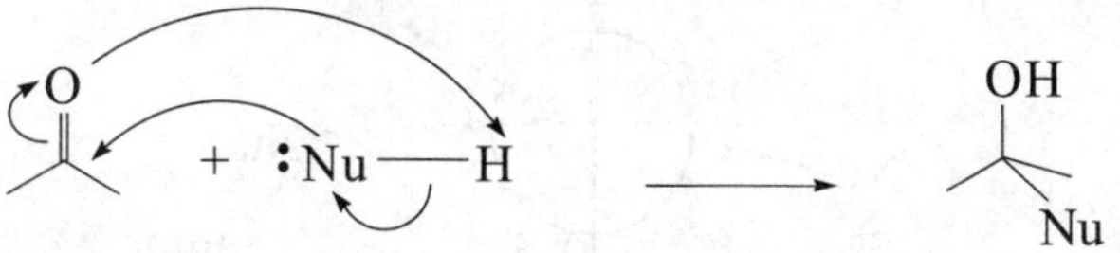

该反应一般在酸或碱催化下进行，中性介质中反应较慢；大多数反应是可逆的；空间位阻大、给电子取代基或芳环使羰基活性降低，因此，一般醛的反应活性较酮高，脂肪族醛、酮较芳香族醛、酮反应活性高。

HCHO ＞ RCHO ＞ RCOR′ ＞ RCOAr

RCHO ＞ PhCHO ＞ $PhCOCH_3$ ＞ PhCOPh

亲核试剂 Nu 种类众多，根据亲核中心原子的不同，可分为以下几类：

含氧亲核试剂：H_2O、ROH。水合醛酮只有甲醛、乙醛或取代乙醛；与醇形成半缩醛、酮或缩醛、酮，具有醚的结构特征，对碱、氧化剂、还原剂稳定，可被酸分解，常用于合成中的保护羰基或羟基，一般需要除去反应中生产的水，用二元醇反应得到环状缩醛、酮更容易进行。

含硫亲核试剂：RSH、$NaHSO_3$。硫醇与醇类似，缩硫醛、酮更易制备；亚硫酸氢钠饱和溶液与醛、脂肪族甲基酮和低于八个碳原子的环酮反应得到 α-羟基磺酸钠沉淀，可被酸或碱分解为原料醛或酮，故可用于醛、酮的鉴别、分离和纯化。

含氮亲核试剂：NH_3，NH_2R，NH_2Ar，H_2NOH，H_2NNH_2，H_2NNHAr，$H_2NNHCONH_2$。脂肪族亚胺稳定性较差，是一活泼中间体；肟、腙、苯腙、缩氨脲等具有特定的晶体结构，常用来定性鉴定，且都可被酸分解，故也可用来进行醛、酮的分离和纯化。

含碳亲核试剂：HCN，$Ph_3P{=}CHR$，RMgX，RLi。与氢氰酸的加成，是一可逆反应，碱催化反应的进行，醛、脂肪族甲基酮、小于八个碳原子的环酮都可得到较好的加成产物——α-羟基腈，水解得到 α-羟基酸，还原得到 β-氨基醇；与 Wittig 试剂反应是由醛、酮合成烯烃的好方法；与格式试剂、锂试剂反应是由醛、酮制备醇的好方法。此外具有 α-活泼氢的底物在酸、碱催化下对羰基的加成反应是一大类重要的有机合成反应。

羰基的亲核加成的立体化学：亲核试剂对醛及不对称酮的亲核加成结果生成一个新的手性中心，若羰基两侧完全等同，则得到外消旋产物；若不同，则从空间位阻小或其他有利的诱导因素一侧优先进攻，得到立体选择性产物。Cram 规则用来预测或判断羰基直接与手性碳原子相连时，亲核进攻的立体选择性，其基本要点是给出如下图所示构象的 Newman 投影式，亲核试剂从空间位阻较小的基团一侧进攻更有利。

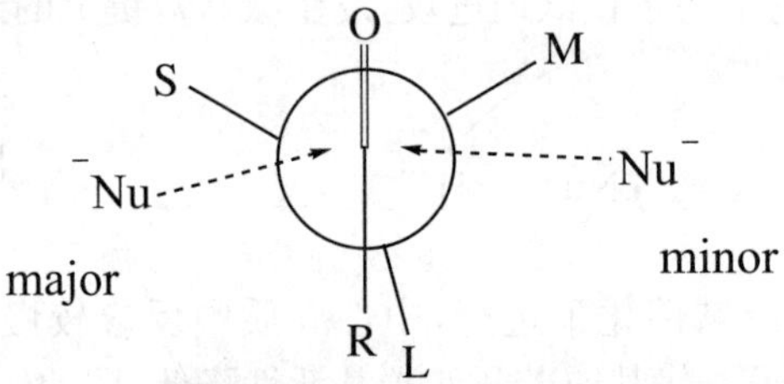

O　M　S　$^{-}$Nu　Nu^{-}　major　minor　R　L

手性碳原子上所连接的三个基团的大小顺序为：L>M>S，位阻最大的基团 L 与羰基上的另一基团 R 为全重叠(二面角为零)式构象。

2. α-活泼氢的反应

受极性羰基的诱导效应影响，具有 α-H 的羰基化合物，在酸、碱催化下，表现出 α-H 的活性，发生一系列重要的有机反应。

羰基化合物 α-H 的酸性：羰基的吸电子诱导效应导致羰基的 α-H 具有较强的

酸性。醛、酮 α-H 的 pK_a 值一般在 16～21 的范围，比烯烃（$pK_a \approx 44$）和炔烃（$pK_a \approx 25$）的 pK_a 值低很多，与醇羟基相当（$pK_a \approx 15 \sim 18$）。当 α-C 上连有更多的吸电子基团时，将进一步增强 α-H 的酸性。

酮式-烯醇式互变异构体：具有 α-H 的羰基化合物在酸、碱催化下，会发生异构化，由酮式结构异构化为烯醇式结构。酸催化下异构为烯醇，碱催化下异构为烯醇负离子。烯醇式结构的含量与 α-H 的酸性有关，酸性越强则烯醇式含量越高。

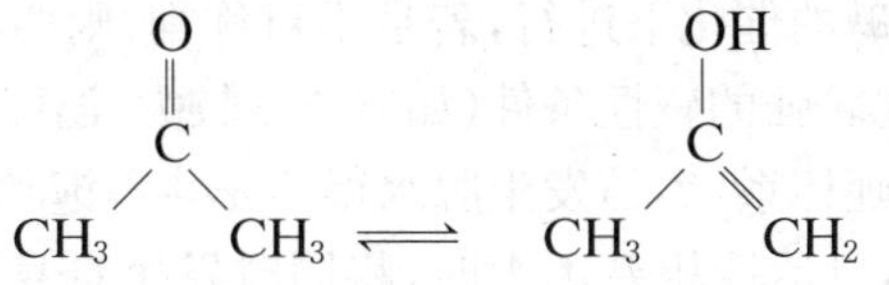

$$CH_3COCH_3 \rightleftharpoons CH_3C(OH)=CH_2$$

$pK_a \approx 20$　　　　<1%

$$CH_3COCH_2COCH_3 \rightleftharpoons CH_3C(OH)=CHCOCH_3$$

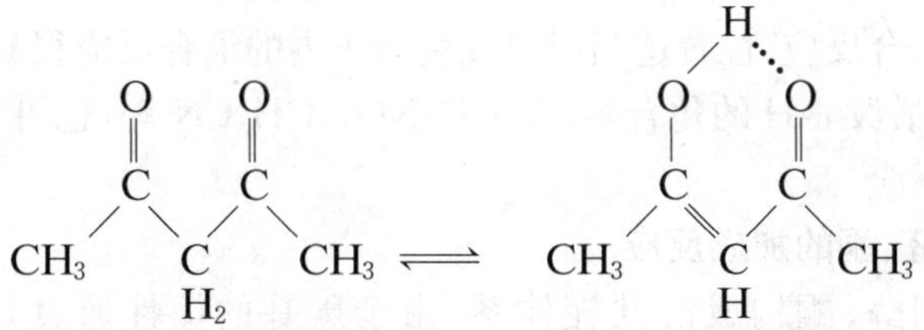

$pK_a \approx 9$　　　　≈75%

烯醇式结构中，双键 π 电子的极化度高，使得碳原子成为活泼的亲核中心，共振结构给出更显著的亲核示意图：

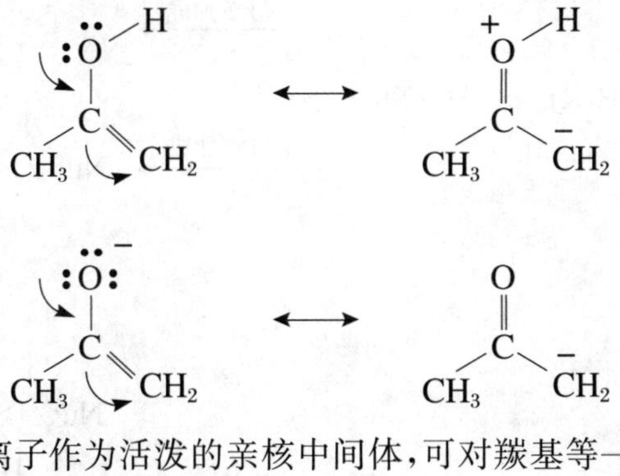

$$CH_3C(\ddot{O}H)=CH_2 \longleftrightarrow CH_3C(=\overset{+}{O}H)\overset{-}{C}H_2$$

$$CH_3C(\ddot{O}^-)=CH_2 \longleftrightarrow CH_3C(=O)\overset{-}{C}H_2$$

烯醇或烯醇负离子作为活泼的亲核中间体，可对羰基等一系列缺电子中心发生亲核进攻，实现亲核加成或取代反应。

羟（醇）醛缩合反应（Aldol-缩合反应）：含 α-H 的羰基化合物的烯醇式或烯醇负离子对另一分子的羰基化合物的羰基发生亲核加成，生成 β-羟基醛或酮。

生成β-羟基醛或酮产物中若还含有α-H，则很容易发生脱水得到α，β-不饱和羰基化合物。

反应一般在酸或碱的催化下进行，若是不对称酮，则两类α-H的活性有差别，注意区域选择性；在比较强的碱性条件（如碱浓度较大、温度较高）下，或酸催化下，或能与芳环等形成共轭体系，容易发生脱水得到α，β-不饱和羰基化合物；若两个羰基化合物都含有α-H，且活性相差不大时，将同时发生自身和交叉缩合反应，得到复杂的产物，没有合成意义，故通常是使用一个不含α-H的底物与一个含α-H的底物进行交叉缩合反应；位置适当时可发生分子内的缩合反应得到具有五、六元环的产物；其他含活泼α-H的化合物，如 CH_3NO_2，CH_3CN 等，也可与羰基化合物发生类似的缩合反应。

3. α，β-不饱和醛、酮的加成反应

α，β-不饱和醛、酮构成的共轭体系，由于羰基的极性通过共轭体系传递到C═C双键，使得亲核试剂对α，β-不饱和醛、酮的加成反应具有区域选择性，即可发生1，2-加成反应或1，4-加成反应。

可以与醛、酮羰基发生亲核加成反应的亲核试剂都可以与α，β-不饱和醛、酮发生亲核加成反应，一般强的亲核试剂如 H^-、RLi 等以1，2-加成反应为主，而相对较弱的亲核试剂，如氨及其衍生物、CN^-、$RC≡C^-$、R_2CuLi、烯醇、烯醇负离子等，则以1,4-加成反应为主,使用格式试剂时则与空间位阻有关,一般以空间位阻相对较小的加成产物为主,此外反应的温度也有一定影响,低温有利于得到1,2-加成产物,而高温有利于生成1,4-加成产物。

4. 涉及羰基亲核加成反应的重要人名反应

Claisen-Schmidt 反应:

$$ArCHO + \begin{cases} \xrightarrow[HO^- \text{ 室温}]{RCH_2CHO} ArCH{=}C(R)CHO \\ \xrightarrow[HO^-,\ \triangle]{RCH_2COCH_3} ArCH{=}C(R)COCH_3 \end{cases}$$

Perkin 反应:

$$PhCHO + CH_3C(=O)OC(=O)CH_3 \xrightarrow{CH_3COONa} PhCH{=}CHCOOH$$

Knoevenagel 反应:

$$(CH_3)_2C{=}O + H_2C(EWG)_2 \xrightarrow{H_2O/HO^-} (CH_3)_2C{=}C(EWG)_2$$

Darzen 反应:

$$(CH_3)_2C{=}O + Cl{-}CH(R')CO_2R \xrightarrow{RONa/ROH} \text{环氧化物(含 COOR、R')}$$

Michael 加成反应:

$$CH_3COCH(CH_3)_2 + CH_3CH{=}C(CH_3)COH(R') \xrightarrow{RONa/ROH} CH_3\overset{5}{C}O\overset{4}{C}(CH_3)_2\overset{3}{C}H(CH_3)\overset{2}{C}H(CH_3)\overset{1}{C}OH(R')$$

Robinson 环化反应:

$$\text{2-甲基-1,3-环己二酮} + CH_3CH{=}C(CH_3)COCH_3 \xrightarrow[\triangle]{RONa/ROH} \text{双环烯酮(含 }CH_3\text{)}$$

安息香(Benzoin)缩合反应：

$$2\,C_6H_5\text{—}CHO \xrightarrow[\triangle]{^{-}CN} Ph\text{—}CH(OH)\text{—}C(=O)\text{—}Ph$$

Cannizzaro 反应：

$$2\,C_6H_5\text{—}CHO \xrightarrow[\triangle]{40\%NaOH} C_6H_5COONa + C_6H_5CH_2OH$$

卤仿反应：

$$CH_3\text{—}C(=O)\text{—}R \xrightarrow{X_2+NaOH} R\text{—}C(=O)\text{—}ONa + CHX_3$$

5. 醛、酮的氧化

醛极易被氧化生成相应的羧酸。Ag^+，Cu^{2+}，$KMnO_4$，CrO_3/H^+，$K_2Cr_2O_7/H^+$，稀 HNO_3 等均可将醛氧化为相应的羧酸。酮一般不易被氧化，强氧化条件下，如热的酸性高锰酸钾、浓 HNO_3 等，可将酮氧化，通常是羰基与 α-C 间的 C—C 键断裂，生成羧酸。

Baeyer-Villiger 氧化：酮在过氧酸存在时，被氧化为酯。

$$R\text{—}C(=O)\text{—}R' + R''COOOH \longrightarrow R\text{—}C(=O)\text{—}OR' + R''COOH$$

不对称酮的氧化发生在体积较大的烃基一侧，若为手性原子，则氧化产物中构型保持不变。

6. 醛、酮的还原

醛、酮羰基的极性双键较容易被还原，选择适当的条件可还原得到醇或亚甲基。

还原生成醇：使用催化氢化（H_2/Pt，Pd，Ni 等）或金属氢化物（$LiAlH_4$，$NaBH_4$）均可将醛、酮还原得到醇。

$$R\text{—}C(=O)\text{—}H(R') \xrightarrow{[H]} R\text{—}CH(OH)\text{—}H(R')$$

还原生成亚甲基：在酸性、中性、碱性条件下均可将酮羰基还原成亚甲基。

Clemmensen-还原：Zn(Hg)/HCl(浓)。

Wolff-Kishner-黄明龙-还原：$NH_2NH_2/NaOH/HOC_2H_4OC_2H_4OH$。

Meerwein-Poundorf-还原：异丙醇铝 $Al(OCHMe_2)_3$

中性条件：①用 $HSCH_2CH_2SH/H^+$ 形成缩硫酮；② H_2/Raney-Ni 催化氢化脱硫。

活泼金属还原：Na、K、Mg 等活泼金属，在质子性溶剂中还原醛、酮得到相应的醇，在非质子性溶剂中还原，再酸化处理得到邻-二醇。

三、醛、酮的制备

1. 醇的氧化

一级醇氧化得到醛，进一步氧化则生成羧酸；二级醇氧化得到酮。常用氧化剂为 CrO_3/H^+、K_2CrO_7/H^+、CrO_3/吡啶、PCC、新制备的 MnO_2 等。

2. 炔烃的水合

末端炔烃，羟汞化-还原得甲基酮，硼氢化-氧化得醛。

3. 烯烃氧化

烯烃用臭氧 O_3 氧化分解，在 C═C 双键处断裂，生成两分子的羰基化合物醛或酮。

4. 羧酸衍生物与金属有机试剂反应

制备酮：

$$RCOCl \xrightarrow{R'_2Cd} \xrightarrow{H_3^+O} RCOR'$$

$$RCOCl \xrightarrow{R'_2CuLi} \xrightarrow{H_3^+O} RCOR'$$

$$R—CN \xrightarrow{R'MgBr} \xrightarrow{H_3^+O} RCOR'$$

制备醛：

$$RCOCl \xrightarrow[-78℃]{LiAlH(OBu^t)_3} \xrightarrow{H_2O} RCHO$$

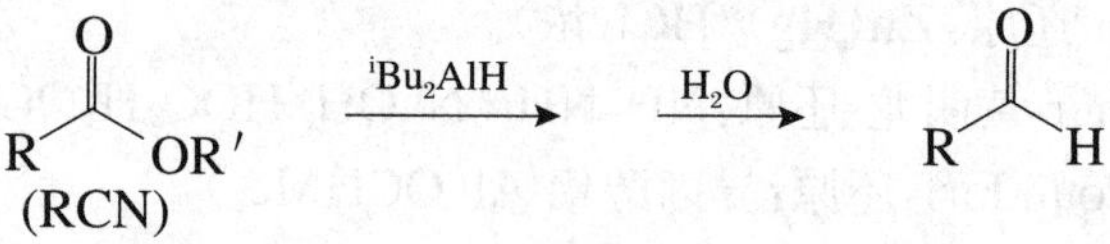

$$\mathrm{RCOOR'}\ (\mathrm{RCN}) \xrightarrow{{}^{i}Bu_2AlH} \xrightarrow{H_2O} \mathrm{RCHO}$$

5. 甲苯氧化

$$C_6H_5CH_3 \xrightarrow[Ac_2O]{CrO_3} \xrightarrow{H_3O^+} C_6H_5CHO$$

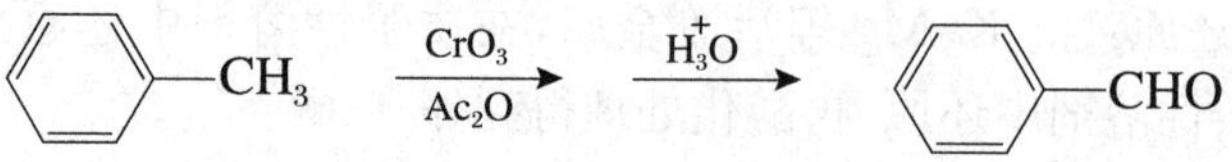

6. Gattermann-Koch 反应

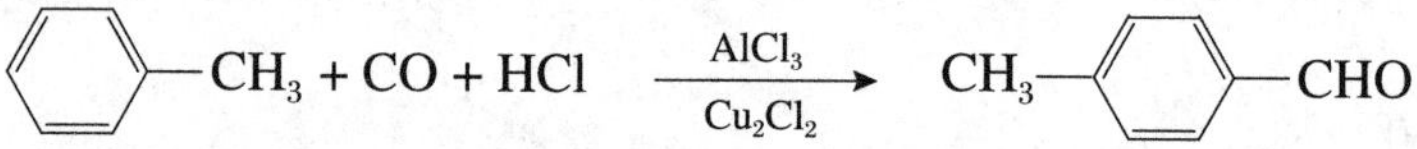

$$C_6H_5CH_3 + CO + HCl \xrightarrow[Cu_2Cl_2]{AlCl_3} CH_3-C_6H_4-CHO$$

活泼芳烃更有利于反应的进行。

四、醌的结构特点

醌具有环已二烯二酮共轭结构,C═C 双键与 C═O 共轭,故也具有 α,β-不饱和酮的结构特点,由于羰基的极性,该环状结构不具有芳香性,故而醌不是芳香化合物,但其命名是按芳香化合物的衍生物来进行的。醌与二元酚是一对互变异构体,酚可看作是醌的烯醇式互变异构体结构。

五、对苯醌的化学性质

1. 亲核加成反应

醌的 α,β-不饱和酮的结构特点使其不具有芳香性,但可与亲核试剂发生类似 α,β-不饱和酮的 1,2-加成反应或 1,4-加成反应,氨及其衍生物、格式试剂、重氮甲烷等均可与对苯醌发生羰基的亲核加成(1,2-加成)反应,亲核加成产物易重排,最终得到的产物为酚的衍生物。与盐酸、氢氰酸、甲醇、苯胺等则发生 1,4-加成,同样,亲核加成产物也发生重排,最终得到酚的衍生物。

2. 亲电加成反应

卤素与醌的 C═C 双键发生亲电加成,首先生成二卤代或四卤代产物,再消去卤化氢,生成一卤代或二卤代的醌。

3. 环加成(Diels-Alder)反应

具有 α,β-不饱和酮的结构的醌的 C═C 双键是一个好的亲双烯体,容易与双烯体发生 4+2 的环加成反应。

4. 自由基取代

醌是很好的自由基捕获剂，易与烃基自由基发生自由基取代反应，得到烃基取代的醌。

在自由基链式连锁反应中，加入少量的对苯醌就可终止反应的发生。

5. 醌的还原

醌很容易还原为二元酚，还原剂可用 $Na_2S_2O_3$、SO_3 等，相应的酚也容易被氧化为醌，$FeCl_3$、HNO_3 等即可方便地将其氧化。

6. 电子转移复合物

苯醌的两个极性羰基的吸电子效应使得醌的环上缺电子，呈现出强的吸电子特征，称为 π-电子受体，二醌的还原产物氢醌，即二元酚的两个羟基是强的给电子基团，使得酚环电子云密度较高，表现出强的给电子特征，称为 π-电子给体。当等物质的量的对苯醌与氢醌（对苯二酚）混合，则一分子的醌与一分子的氢醌形成一种复合物，具有特定的熔点（171℃），呈现暗绿色。这种复合物是通过电子给体与电子受体间的电荷转移作用形成的，故被称为电荷转移复合物。

习　题

一、选择题

1. 下列化合物进行羰基亲核加成反应速度最快的是（　　）。

(A) 丙酮　　(B) 乙醛　　(C) 2-戊酮　　(D) 苯乙酮

2. 下列化合物中羰基活性最高的是（　　）。

(A) 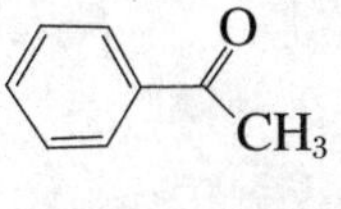 $C_6H_5COCH_3$　　(B) 环己基-CHO

(C) C_6H_5COPh　　(D) C_6H_5CHO

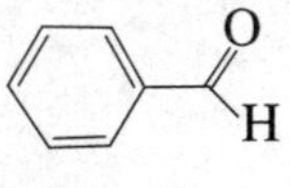

3. 下列化合物可以直接用来制备格式试剂的是（　　）。

(A) 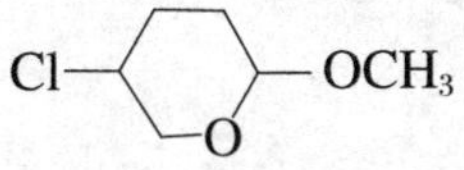 Cl—(四氢吡喃环)—OCH_3　　(B) Br—C_6H_4—$CO_2C_2H_5$

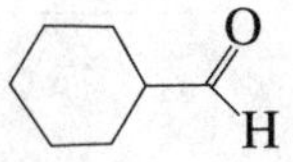

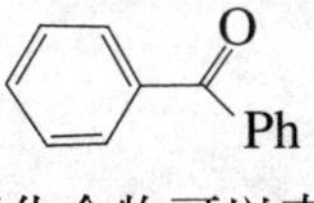

(C) Br—C_6H_4—COPh　　(D) Br—C_6H_3(OH)—OCH_3

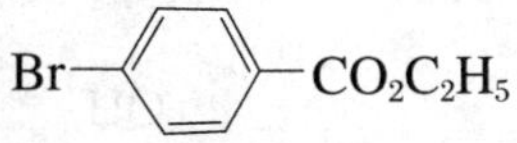

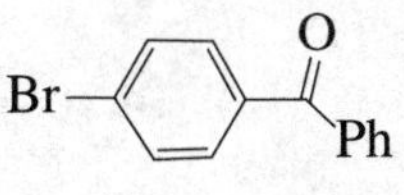

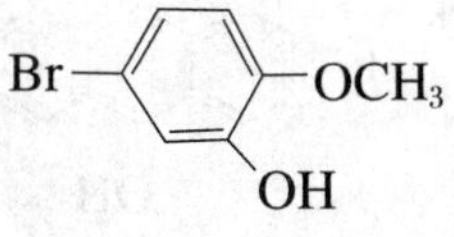

4. 下列化合物中所示 α-H 酸性最强的是(　　)。

(A) 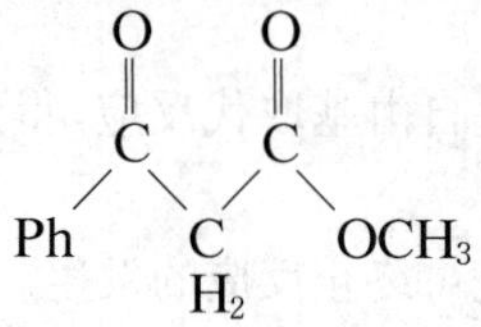 $PhC(=O)CH_2C(=O)OCH_3$　　(B) 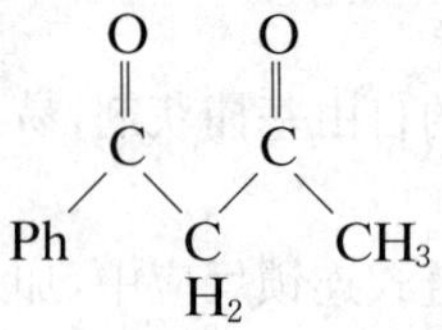 $PhC(=O)CH_2C(=O)CH_3$

(C) 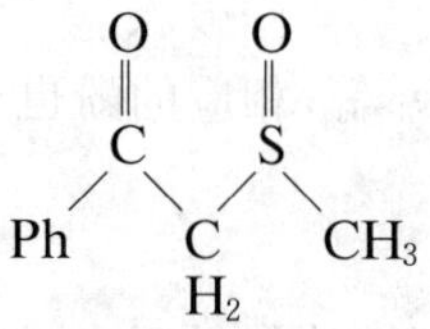 $PhC(=O)CH_2S(=O)CH_3$　　(D) 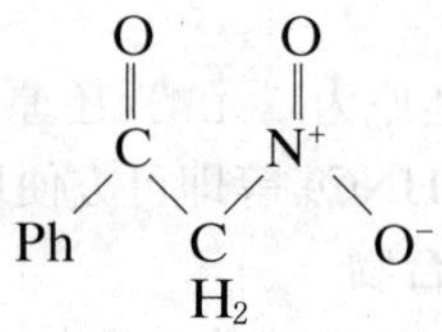 $PhC(=O)CH_2N^+(=O)O^-$

5. 下列化合物中烯醇式含量最高的是(　　)。

(A) 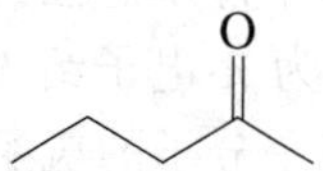　(B) 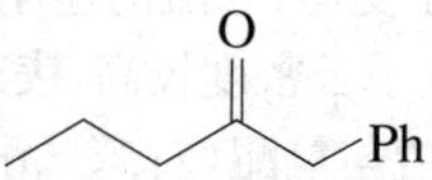　Ph

(C) 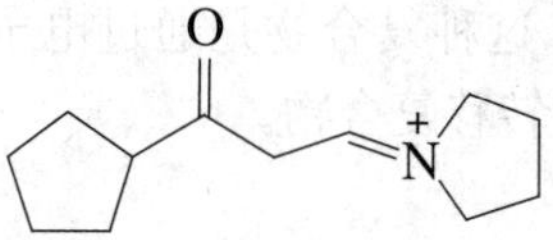　(D)

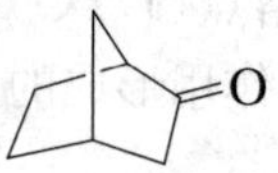

二、填空题

给出下列反应主要产物的结构式：

1. 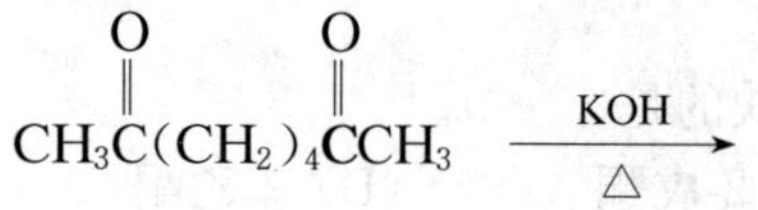 $CH_3\overset{O}{\overset{\|}{C}}(CH_2)_4\overset{O}{\overset{\|}{C}}CH_3 \xrightarrow[\triangle]{KOH}$

2. 1,3-环己二酮 + 丁烯酮 $\xrightarrow[\triangle]{HO^-}$

3. 环己酮 $\xrightarrow[③H_3^+O]{①NaCN/H^+\ ②LiAlH_4}$

4. $C_6H_5COCH_3 + BrCH_2CO_2C_2H_5 \xrightarrow[②H_3^+O]{①Zn}$

5. 2,3-二氯-5,6-二氰基对苯醌 (Cl, Cl, CN, CN, O, O) + 9,10-二羟基蒽 (OH, OH) $\longrightarrow$

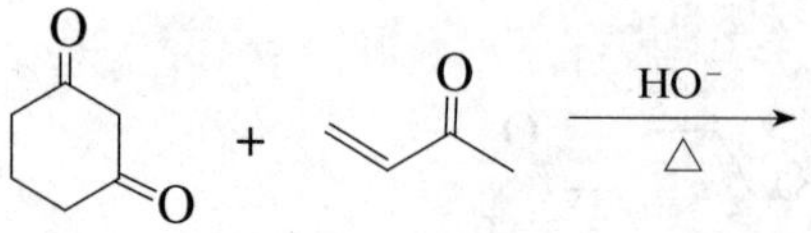

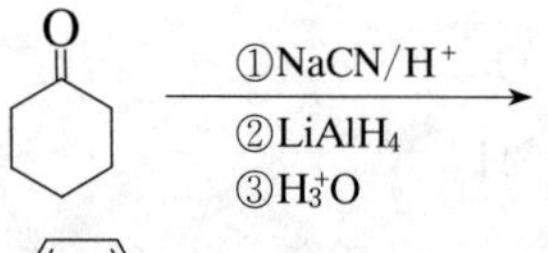

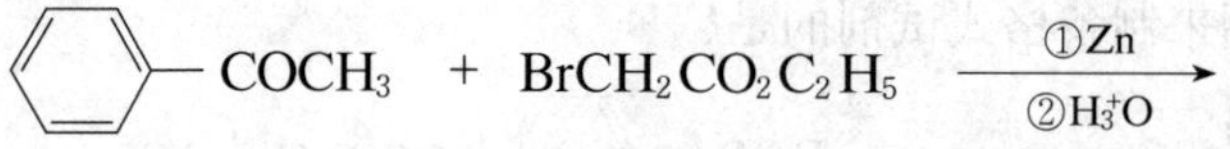

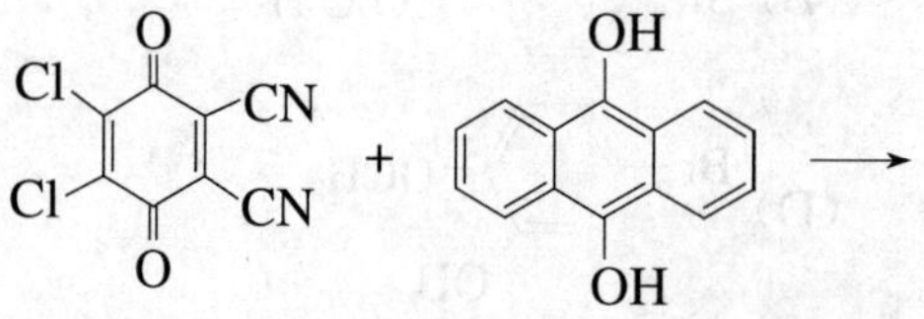

给出下列反应所需的主要试剂和条件：

6. 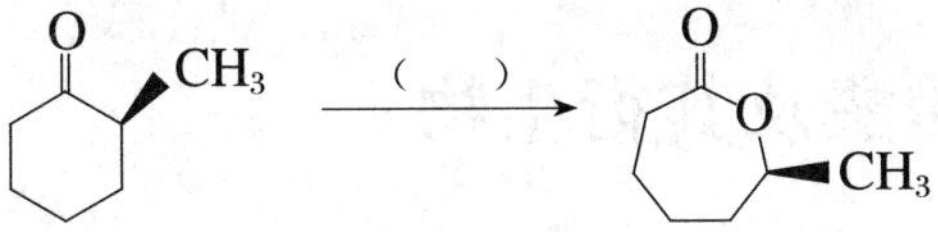 (S)-2-甲基环己酮 $\xrightarrow{(\quad)}$ 7-甲基-氧杂环庚-2-酮（CH_3）

7. 2,8-二羟基壬-5-酮 $\xrightarrow{(\quad)}$ 2,7-二甲基-1,6-二氧杂螺[4.4]壬烷

8. $C_6H_5COCH_3 \xrightarrow{(\quad)} C_6H_5COOH$

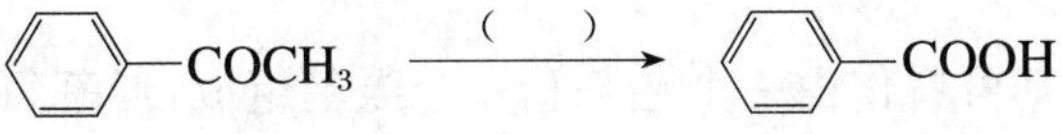

9. 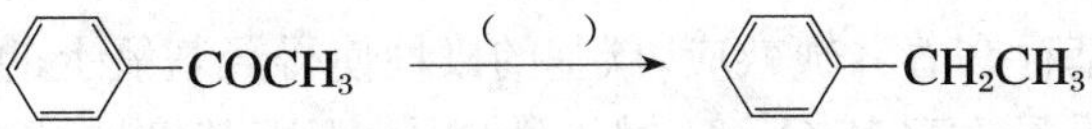 $C_6H_5COCH_3 \xrightarrow{(\quad)} C_6H_5CH_2CH_3$

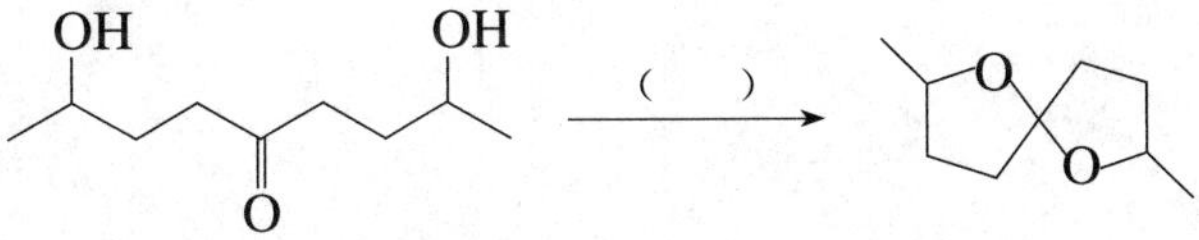

10. 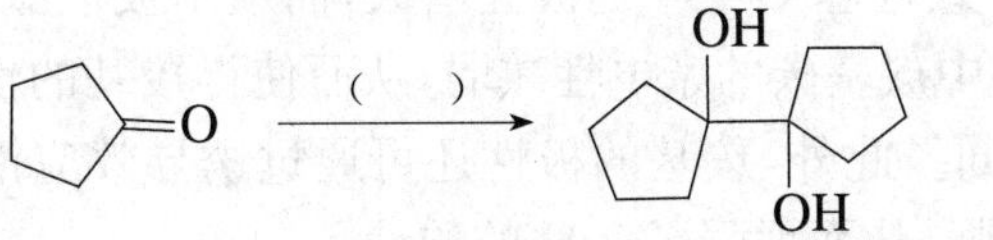 环戊酮 $\xrightarrow{(\quad)}$ 1,1'-二羟基联环戊烷（OH，OH）

第十一章　羧酸及其衍生物

一、羧酸的结构特点

羧基是羧酸的特征官能团，羧基可看作由一个羟基和一个羰基组成，羟基氧为 sp^2 杂化，氧的两对未共享电子对分别填充在一个 sp^2 杂化轨道和一个没有参与杂化的 p 轨道上，故而羟基氧与羰基存在着共轭效应，羰基的极性使得羟基氧上的电子通过共轭作用向羰基转移，结果导致羟基 O—H 键极性增大，而羰基极性减弱，使得羧基中的羟基氢酸性增强，羧基中羰基碳的亲电性减弱，从而使得羧基的性质与羰基和羟基的性质具有较大的不同。此外，羰基的极性还可通过诱导效应沿着碳链传递，导致 α-C—H 键的极性增强，从而增强了 α-H 的酸性。

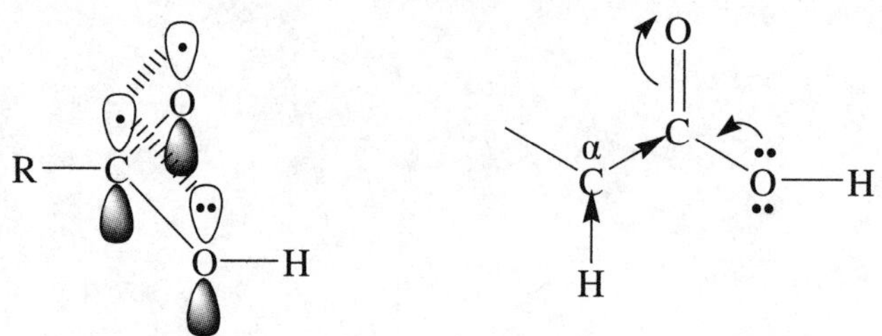

二、羧酸的化学性质

1. 羧酸的酸性及与酸性质子相关的反应

羧酸具有较强的酸性，一方面是由于上述的羧基中羟基与极性羰基共轭作用增强了 O—H 键极性，另一方面是因为羧基中氢以质子形式离去后，氧负离子与羰基共轭，负电荷平均分布在两个氧原子上，使羧基负离子稳定性显著增强，有利于质子的电离。羧酸中的烃基上的取代基对其酸性也产生一定影响，取代基吸电子能力越强，距羧基越近，则酸性越强，反之则酸性减弱。羧酸的酸性较碳酸强，故羧酸可与碱反应生成盐。羧酸盐中的羧基负离子是一弱的亲核试剂，与活泼的亲电底物（如活泼卤代烃）反应，得到羧酸酯。

$$RCOOH + CH_2N_2 \longrightarrow RCOOCH_3 + N_2$$

$$RCOOH + R'MgX \longrightarrow RCOOMgX + R'—H$$

$$RCOOH + NaHCO_3 \longrightarrow RCO\bar{O}Na^+ + CO_2 + H_2O$$

$$RCO\bar{O}Na^+ \xrightarrow{R'X} RCOOR' + NaX$$

2. 羧基的亲核取代反应

羧基的羰基碳的电正性较醛、酮的羰基碳弱，发生羧基的亲核加成反应较困难，但与一些特定的试剂，通过先亲核加成再消除的历程，得到羧基中的羟基被取代产物，称之为羧基的亲核取代反应。这是制备羧酸衍生物的重要反应。

酰卤化反应：氯化亚硫酰($SOCl_2$)是制备酰氯的常用试剂，三卤化磷(PX_3)或五卤化磷(PX_5)是制备酰溴的试剂。

$$RCOOH \xrightarrow[(PX_3, PX_5)]{SOCl_2} R-\overset{\overset{O}{\|}}{C}-X$$

成酐反应：在脱水剂(如 P_2O_5)存在下，两分子的羧酸发生分子间脱水，得到酸酐。乙酸酐也是常用的脱水剂。

$$2RCOOH \xrightarrow[\triangle]{P_2O_5} R-\overset{\overset{O}{\|}}{C}-O-\overset{\overset{O}{\|}}{C}-R + H_2O$$

酯化反应：这是一平衡反应，酸催化和加热有利于平衡的快速到达，除去反应生成的水则有利于酯的生成，反之加入碱则有利于酯的水解(皂化反应)。

$$RCOOH + R'OH \rightleftharpoons RCOOR' + H_2O$$

酰胺化反应：羧酸与碱性的胺反应首先发生酸碱中和反应成盐，再脱水得到酰胺。

$$RCOOH + R'NH_2 \xrightarrow{\triangle} R-\overset{\overset{O}{\|}}{C}-NHR' + H_2O$$

3. 羧酸 α-H 的取代反应(Hell-Volhard-Zelinsky)

在少量红磷或 PX_3 存在下，氯或溴可取代羧酸的 α-H，得到 α-氯代或溴代羧酸，同样条件下碘却很难发生类似反应；控制卤素用量可分别制备一元或多元 α-卤代羧酸。

$$RCH_2COOH + X_2 \xrightarrow[(PX_3)]{P} \underset{\displaystyle X}{\underset{|}{RCHCOOH}} + HX$$

α-卤代羧酸可以进一步地用来制备 α-羟基酸或 α-氨基酸。

4. 羧基的还原

羧基相对较难还原氢化，但可被强还原剂 $LiAlH_4$ 还原，得到醇；乙硼烷(B_2H_6)也可将羧基还原得到醇。

$$RCOOH \xrightarrow[(B_2H_6)]{LiAlH_4} \xrightarrow{H_2O} RCH_2OH$$

5. 脱羧反应

羧酸是较为稳定的化合物，但在高温或强碱存在下加热，可以发生脱除羧基的反应，这也是缩短碳链、减少一个碳原子的反应。

Kolbe-脱羧法：

$$2CH_3\overset{\overset{\displaystyle O}{\|}}{C}ONa + 2H_2O \xrightarrow{\text{电解}} \underbrace{C_2H_6 + 2CO_2}_{\text{阳极}} + \underbrace{2NaOH + H_2}_{\text{阴极}}$$

Hunsdiecker-脱羧法：

$$RCH_2COOH \xrightarrow[NaOH]{AgNO_3} RCH_2COOAg \xrightarrow[\triangle]{Br_2/CCl_4} RCH_2Br$$

Cristol-脱羧法：

$$RCH_2COOH \xrightarrow{HgO} (RCH_2COO)_2Hg \xrightarrow[\triangle]{Br_2/CCl_4} RCH_2Br$$

Kochi-脱羧法：

$$RCOOH \xrightarrow{Pb(OAc)_4} RCOOPb(OAc)_3 \xrightarrow[\triangle]{LiCl/PhH} RCl$$

当羧基相邻的 α-碳上连有吸电子取代基时，很容易发生脱除 CO_2 的反应。

$$\underset{\displaystyle G}{\underset{|}{RCHCOOH}} \xrightarrow[\triangle]{\text{碱}} \underset{\displaystyle G}{\underset{|}{RCH_2}} + CO_2$$

取代基 G 一般为羧基、氰基、羰基、硝基、CX_3、烯基、苯基等。

二元羧酸的脱羧——Blanc 规则：二元羧酸的脱羧与两个羧基的相对位置关系有关，乙二酸、丙二酸加热脱除一个羧基；丁二酸、戊二酸加热失去一分子水得到环状酸酐；己二酸、庚二酸失水的同时脱羧得到环状的酮。Blanc 通过对二元羧酸脱羧反应现象归纳出一个一般规律：在有机反应过程中，有成环可能时，以形成五元环或六元环为主。

三、羧酸的制备

1. 烯烃或炔烃的氧化

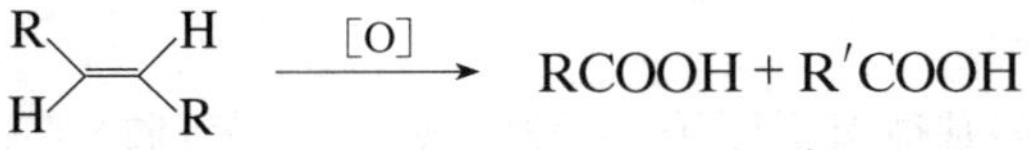

$$RCH{=}CHR' \xrightarrow{[O]} RCOOH + R'COOH$$

$$R{-}C{\equiv}C{-}H \xrightarrow{[O]} RCOOH + CO_2$$

2. 一元醇或醛的氧化

$$RCH_2OH \xrightarrow{[O]} RCOOH$$

$$RCHO \xrightarrow{[O]} RCOOH$$

3. 芳香烃侧链烷基的氧化

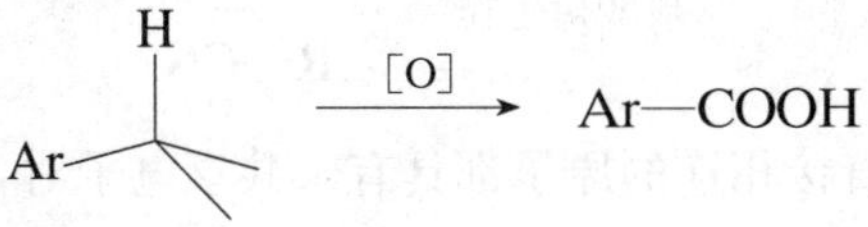

$$Ar{-}CH(R)_2 \xrightarrow{[O]} Ar{-}COOH$$

4. 甲基酮类化合物的卤仿反应

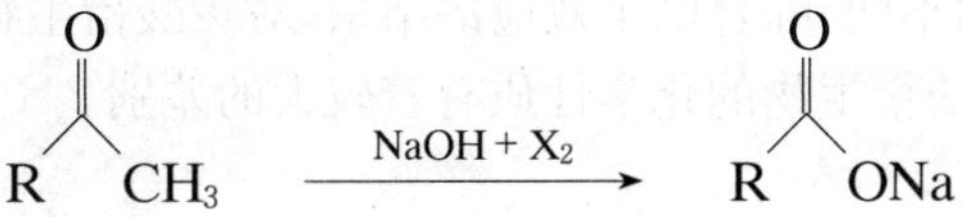

$$RCOCH_3 \xrightarrow{NaOH + X_2} RCOONa$$

5. 腈类化合物的水解

$$RCN \xrightarrow[\triangle]{H_3^+O} RCOOH$$

6. 金属有机试剂与 CO_2 反应

$$RMgX(RLi) \xrightarrow{CO_2} \xrightarrow{H_3^+O} RCOOH$$

7. Kolbe-反应

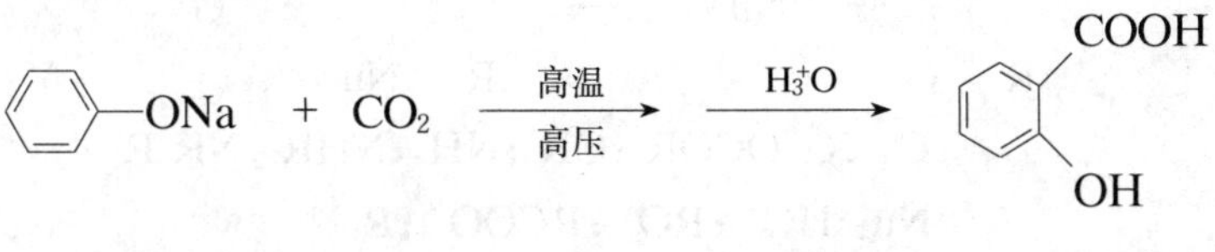

$$C_6H_5ONa + CO_2 \xrightarrow[高压]{高温} \xrightarrow{H_3^+O} o\text{-}HOC_6H_4COOH$$

8. 丙二酸酯合成法

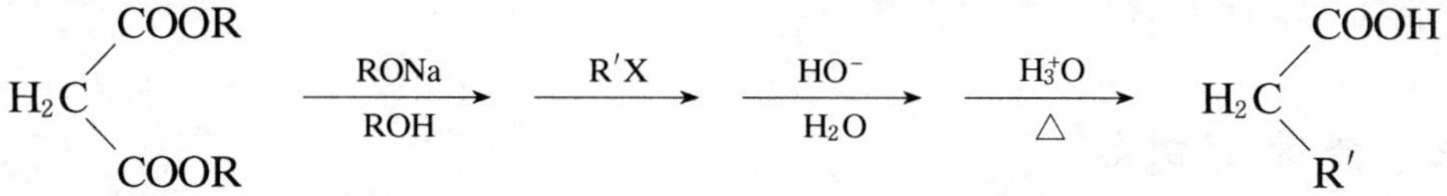

$$H_2C(COOR)_2 \xrightarrow[ROH]{RONa} \xrightarrow{R'X} \xrightarrow[H_2O]{HO^-} \xrightarrow[\triangle]{H_3^+O} H_2C(COOH)(R')$$

四、羧酸衍生物的结构特点

羧酸中羧基的羟基被卤素原子、羧酸根、烷氧基、氨(胺)基取代后形成的产物，即酰卤、酸酐、酯、酰胺，都称之为羧酸衍生物；腈可看作是氮上未被取代的酰胺脱水产物，故一般也把腈看作是羧酸衍生物。

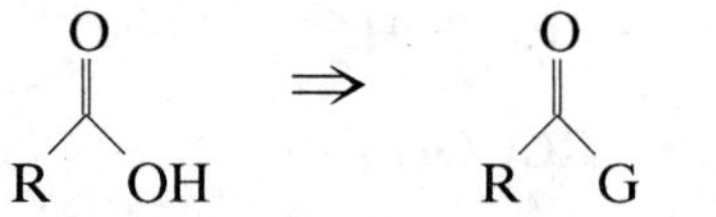

$$\underset{\text{羧酸}}{R{-}C(=O){-}OH} \Rightarrow \underset{\text{羧酸衍生物}}{R{-}C(=O){-}G}$$

G：X
OCOR′
OR′
NH_2, NHR′, NR′R″
R—CN

基团 G 与羰基碳直接相连的原子都具有未共享电子对，故 G 与羰基形成共轭体系，但直接与羰基相连的原子不同，共轭作用的强度不同，且电负性不同也将导致其产生的诱导作用不同，综合电子效应的结果，对羧酸衍生物的羰基碳的亲电活性影响较大，导致羧酸衍生物的化学性质有着较大的差别。

五、羧酸衍生物的反应

1. 羧酸衍生物的亲核取代反应

与羧酸中的羧基类似，羧酸衍生物中的羰基碳也可接受亲核试剂的进攻，经亲核加成再消除，得到取代产物。

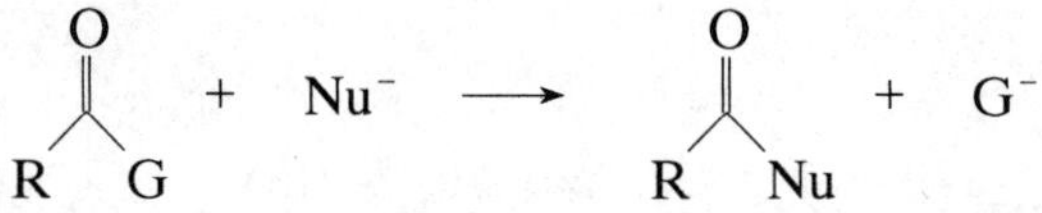

$$R{-}C(=O){-}G + Nu^- \longrightarrow R{-}C(=O){-}Nu + G^-$$

G：X；OCOR′；OR′；NH_2，NHR′，NR′R″

Nu：HO^-；RO^-；$RCOO^-$；R_2N^-

反应的结果相当于由一种羧酸衍生物转化成另一种羧酸衍生物，也常称之为溶剂解反应。对不同羧酸衍生物，其反应活性顺序为：酰卤 ＞ 酸酐 ＞ 酯 ＞ 酰胺。相应的溶剂解称为水解、醇解、酸解、胺解反应。反应可在酸、碱催化下进行。

2. 羧酸衍生物 α-氢活性

羧酸衍生物中的羰基的极性通过诱导效应导致 α-氢具有一定酸性，在强碱如 LDA 等作用下夺去 α-氢，形成具有亲核活性的 α-碳负离子，发生亲核加成或亲核取代反应，如 Claisen-酯缩合、α-烷基化反应等。

3. 酯的热裂解消除反应

在高温条件下，酯的烷氧基上的 β-氢可与酯的酰氧基一起以羧酸的形式消去得到烯烃，反应经历六元环状过渡态，故得到顺式消除产物。

4. 酰胺的 Hofmann-重排反应

氮上无取代基的酰胺，N—H 键受极性羰基的诱导效应影响，其氢具有一定酸性，在溴或氯的碱性水溶液中可以发生降解反应，失去羰基得到少一个碳原子的一级胺。

$$RCONH_2 \xrightarrow{Cl_2/HO^-} RNH_2$$

六、取代羧酸

羧酸烷基链上的氢原子被取代后得到的衍生物称之为取代羧酸，代表性的取代羧酸有卤代羧酸、羟基酸、氨基酸、醛酸、酮酸等，二元或多元羧酸也可看作是羧基取代的一元羧酸的取代羧酸。取代基的电子效应对羧基的酸性会产生一定的影响，且与取代基与羧基的相对位置有关。

1. 取代羧酸的酸性

吸电子取代基通过诱导效应增强羧基酸性，且距羧基越近，产生的影响也越显著。

2. Reformatsky-反应

α-卤代酸酯与锌作用形成温和的有机锌试剂，与醛、酮反应得到 β-羟基酸酯，是合成 β-羟基酸的重要方法。

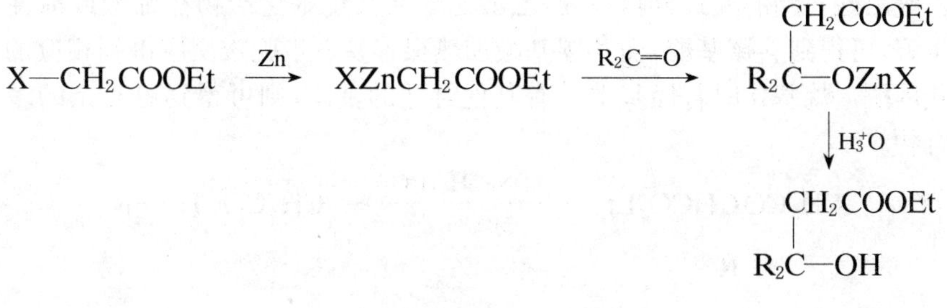

$$X\text{—}CH_2COOEt \xrightarrow{Zn} XZnCH_2COOEt \xrightarrow{R_2C=O} R_2C(CH_2COOEt)\text{—}OZnX \xrightarrow{H_3^+O} R_2C(CH_2COOEt)\text{—}OH$$

3. Dazens-反应

具有 α-氢的 α-卤代酸酯在强碱醇钠或氨基钠等作用下，与醛、酮反应发生亲核加成后再紧接着发生分子内的亲核取代，得到 α,β-环氧酸酯，水解得到 α,β-环氧酸，脱羧可得到增长碳链的醛、酮。

$$R'\underset{\displaystyle X}{\underset{|}{C}}HCOOEt + R_2C{=}O \xrightarrow[EtOH]{EtONa} R-\underset{R}{C}\overset{O}{-}\underset{R'}{C}-COOEt \xrightarrow[②H_3^+O,\triangle]{①H_2O/HO^-} R_2CH-COR'$$

4. Dieckmann-酯缩合反应

二元羧酸酯的两个酯基位置适当时，可发生分子内的 Claisen-酯缩合，称之为 Dieckmann-酯缩合。己二酸酯或庚二酸酯都可发生该类反应，得到五元或六元环状 β-羰基酸酯。小于己二酸酯或大于庚二酸酯的 Claisen-酯缩合都是发生在分子间。

$$EtOOC(CH_2)_5COOEt \xrightarrow[②H_3^+O]{①EtONa/EtOH} \text{2-氧代环己烷甲酸乙酯（环己酮-COOEt）}$$

5. 乙酰乙酸乙酯在合成上的应用

烷基化与酰基化反应：乙酰乙酸乙酯的亚甲基受到两个羰基的吸电子诱导，其亚甲基上的氢酸性较强，在强碱如醇钠等作用下很容易形成碳负离子，与卤代烃反应得到烷基化产物，与酰卤反应则得到相应的酰基化产物。

$$CH_3COCH_2CO_2Et \xrightarrow[②RX]{①EtONa/EtOH} CH_3CO\underset{\displaystyle R}{\underset{|}{C}}HCO_2Et$$

乙酰乙酸乙酯的酮式分解：乙酰乙酸乙酯或其烷基化产物在稀酸或碱性水溶液中水解，可得到 β-羰基酸，而 β-羰基酸加热很容易发生脱羧反应得到相应的丙酮或取代丙酮。烷基化时若烃基上带有其他合适的基团，则可得到更复杂的多官能团化合物。

$$CH_3CO\underset{\displaystyle R}{\underset{|}{C}}HCO_2Et \xrightarrow[②H_3^+O,\triangle]{①NaOH/H_2O} CH_3COCH_2-R$$

$$CH_3COCH(CH_2COOEt)CO_2Et \xrightarrow[\text{②}H_3^+O,\triangle]{\text{①}NaOH/H_2O} CH_3COCH_2—CH_2COOH$$

乙酰乙酸乙酯的酸式分解：乙酰乙酸乙酯或其烷基化产物在浓碱溶液中水解，则会发生 Claisen-酯缩合的逆反应，得到乙酸和取代乙酸。

$$CH_3COCH(R)CO_2Et \xrightarrow{\text{浓 }NaOH} CH_3COO^- + RCH_2COO^-$$

6. 丙二酸酯在合成上的应用

丙二酸酯的亚甲基与乙酰乙酸乙酯的亚甲基类似，同样可以发生烷基化或酰基化反应，得到取代的丙二酸酯，再经酮式分解得到取代乙酸，是合成羧酸的有效方法。

$$CH_2(COOEt) \xrightarrow[\text{②}RX]{\text{①}EtONa/EtOH} RCH(COOEt)_2 \xrightarrow[\text{②}H_3^+O,\triangle]{\text{①}NaOH/H_2O} RCH_2COOH$$

7. Knoevenagel-反应

含活泼亚甲基的化合物，如乙酰乙酸乙酯或丙二酸酯等，在弱碱如六氢吡啶催化下，与醛、酮先发生亲核加成，再加热失水消除，得到 α，β-不饱和化合物。

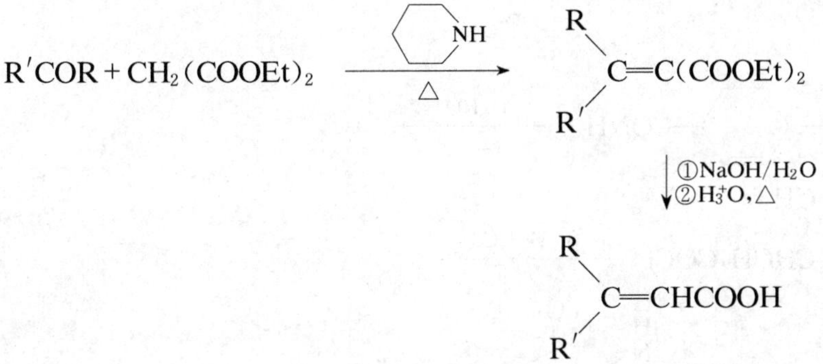

$$R'COR + CH_2(COOEt)_2 \xrightarrow[\triangle]{\text{六氢吡啶(NH)}} (R)(R')C{=}C(COOEt)_2 \xrightarrow[\text{②}H_3^+O,\triangle]{\text{①}NaOH/H_2O} (R)(R')C{=}CHCOOH$$

习　题

一、选择题

1. 下列化合物酸性最强的是(　　)。

(A) 苯乙酸　　(B) α-溴代苯乙酸

(C) 对溴苯乙酸　　(D) α-甲基苯乙酸

2. 下列化合物酸性最弱的是(　　)。

(A) 对硝基苯甲酸　　(B) 苯甲酸

(C) 对甲基苯甲酸　　(D) 对甲氧基苯甲酸

3. 下列所示醇与苯甲酸发生酯化反应速度最快的是(　　)。

(A) 乙醇　　(B) 仲丁醇　　(C) 正丙醇　　(D) 叔丁醇

4. 下列所示化合物与乙醇进行酯化反应速度最快是(　　)。

(A) 苯甲酰胺　　(B) 苯甲酸　　(C) 苯甲酰氯　　(D) 对硝基苯甲酸

5. 下列所示化合物进行水解反应速度最慢的是(　　)。

(A) 乙酰胺　　(B) 乙酸酐　　(C) 乙腈　　(D) 乙酸乙酯

二、填空题

给出下列反应主要产物的结构式：

1. $CH_3CH_2CH(CH_3)CH_2COOH \xrightarrow{SOCl_2}$

2. 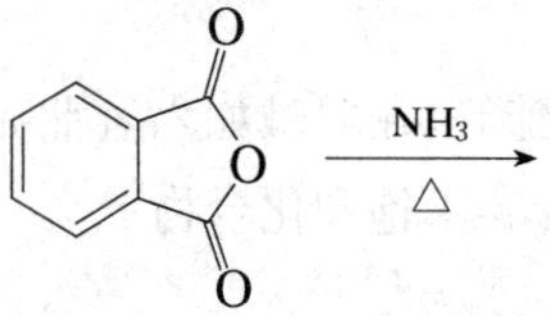 邻苯二甲酸酐 $\xrightarrow[\triangle]{NH_3}$

3. $CH_3CH(OH)-C_6H_4-CONH_2$ (对位) $\xrightarrow{I_2/HO^-}$

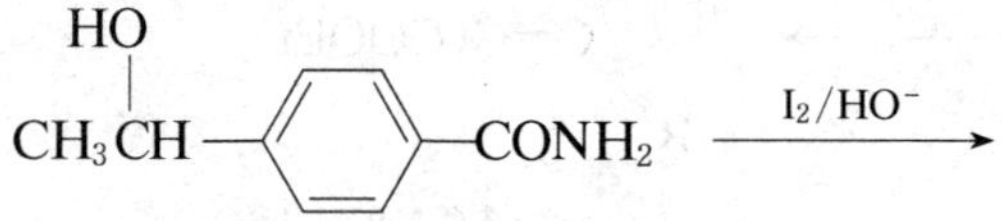

4. $CH_3CH_2CH(CH_3)CH_2COCl \xrightarrow{(C_2H_5)_2Cd}$

5. 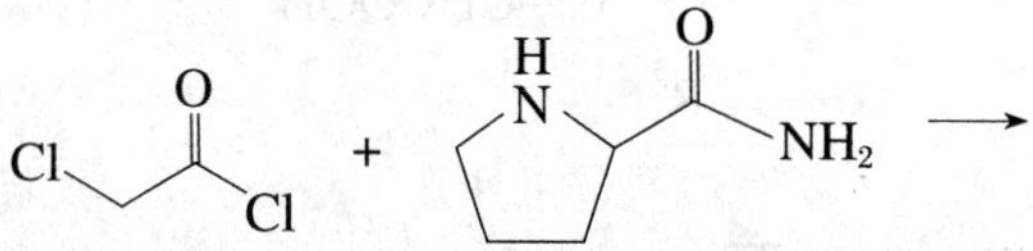 $ClCH_2COCl$ + 脯氨酰胺（吡咯烷-2-甲酰胺，NH_2） $\longrightarrow$

给出下列反应所需的主要试剂和条件：

6. $CH_3CH_2CH(CH_3)CH_2COOH \xrightarrow{(\quad)} CH_3CH_2CH(CH_3)CH_2CH_2Br$

7. $CH_3CH_2CH(CH_3)CH_2COCl \xrightarrow{(\quad)} CH_3CH_2CH(CH_3)CH_2CHO$

8. $CH_3CH_2CH_2CH_2COOH \xrightarrow{(\quad)} CH_3CH_2CH_2\underset{\displaystyle}{\overset{\displaystyle Cl \atop |}{C}}HCOOH$

9. $CH_3CH_2\overset{\displaystyle CH_3 \atop |}{C}HCH_2COOH \xrightarrow{(\quad)} CH_3CH_2\overset{\displaystyle CH_3 \atop |}{C}HCH_2Br$

10. $CH_3CH_2\overset{\displaystyle CH_3 \atop |}{C}HCH_2CHO \xrightarrow{(\quad)} CH_3CH_2\overset{\displaystyle CH_3 \atop |}{C}HCH_2\underset{| \atop \displaystyle OH}{C}HCOOH$

第十二章　胺及含氮化合物

一、胺的结构特点

胺可看作是氨分子中的氢被烃基取代的衍生物，可以是部分的氢被烃基取代，也可是所有的氢都被烃基取代，烃基可以是脂肪烃基也可是芳香烃基。

胺分子中的氮原子可看作为 sp^3 杂化，三个 sp^3 杂化轨道分别与氢或碳等其他原子成键，一对未共享电子占据另一 sp^3 杂化轨道，分子呈棱锥形，当未共享电子参与形成共轭体系时，结构趋于平面化。

当氮上连接的三个基团不同时，该胺应具有手性，但是由于孤对电子空间位阻很小，若通过氮的 sp^2 杂化进行翻转能垒较小时，则很容易发生翻转而呈外消旋体；若是刚性的环状结构，或氮上连接四个不同基团的季铵盐，则可以分离得到光学异构体。

根据烃基类型的不同，胺可分为脂肪胺和芳香胺；按照氮原子上所连接烃基数目不同，可分为一级（伯）胺、二级（仲）胺、三级（叔）胺和四级（季）铵盐；按照分子中氨基的数目可分为一元胺、二元胺、三元胺等。

烃基的电子效应和空间立体效应对胺的性质产生影响，导致不同类型的胺有性质上的差异。

二、胺的化学性质

1. 胺的酸、碱性

胺分子中氮原子的未共享电子可接受质子或 Lewis 酸，故呈碱性。其碱性比无机碱弱，但比醇、醚、水要强。胺的碱性强弱，既与氮上所连接的取代基的电子效应有关，也与取代基的空间位阻效应有关，一般而言，碱性强度顺序为：二级胺 ＞ 三级胺 ＞ 一级胺 ＞ 氨 ＞ 芳香胺，芳香胺的芳环上的取代基对其碱性也有影响。

胺的 N—H 键是极性键，氢可以质子形式离去，故氨、一级胺和二级胺又是很弱的酸，在强碱作用下，可失去质子形成氮负离子。

2. 胺的烷基化反应——亲核取代

胺分子中氮原子的孤对电子具有亲核性，与亲电底物可发生亲核取代反应，典型反应是与卤代烃发生的亲核取代反应，得到相应胺。

$$NH_3 \xrightarrow{RX} RNH_2 \xrightarrow{RX} R_2NH \xrightarrow{RX} R_3N \xrightarrow{RX} R_4N^+$$

一般得到的是混合物，常通过控制 NH_3 大大过量或 RX 大大过量来制备一级胺或四级铵盐。

3. 胺的酰基化反应——亲核加成消除

在第十一章中就讨论过胺可与酰卤、酸酐等酰基化试剂，经过先亲核加成再消除的历程发生胺(氨)解，得到酰胺。

Hinsberg-反应：苯磺酰氯或对甲苯磺酰氯与一级胺反应生成相应的磺酰胺，产物不溶于水，但溶于过量的氢氧化钠水溶液，加入酸酸化后重新析出磺酰胺；与二级胺反应生成的磺酰胺既不溶于水也不溶于过量的氢氧化钠水溶液；与三级胺不发生反应。

4. 形成亚胺——烯胺互变异构体

氮原子上具有孤对电子的胺作为亲核试剂与醛、酮先亲核加成生成 α-氨基醇，再消除一分子水得到亚胺。亚胺的 C═N 双键与羰基 C═O 双键很类似，故而亚胺在性质上与醛、酮也有类似的地方。羰基异构化形成烯醇，类似地亚胺也可异构化形成烯胺。

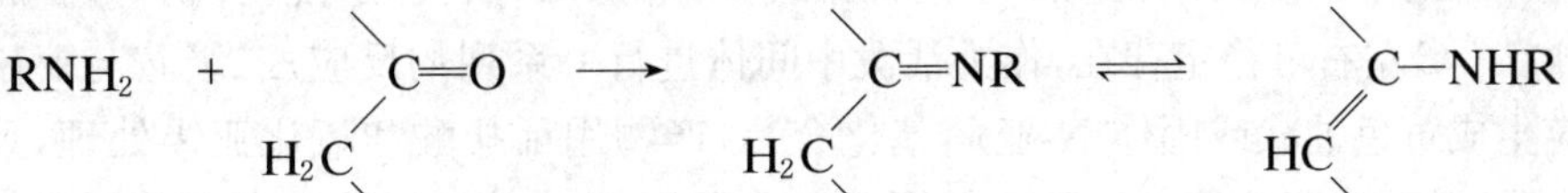

$$RNH_2 + \underset{H_2C}{>}C{=}O \longrightarrow \underset{H_2C}{>}C{=}NR \rightleftharpoons \underset{HC}{>}C{-}NHR$$

亚胺　　　烯胺

烯胺在性质上与烯醇也很类似，作为亲核试剂发生亲核加成反应。

亚胺 C═N 双键的碳原子类似羰基碳原子，是活泼的亲电中心，也可接受亲核试剂的进攻，典型反应即 Mannich 反应：含活泼亚甲基的化合物与亚胺反应，得到β-胺基类化合物。

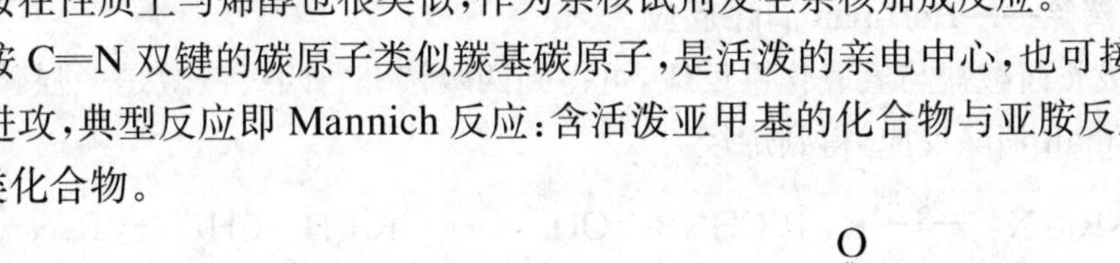

$$\underset{H_2C}{>}C{=}O + R_2NH + >C{=}O \longrightarrow -\overset{O}{\overset{\|}{C}}-\underset{|}{CH}-\underset{NR_2}{C}<$$

5. 胺的氧化——与过氧酸反应

氮上有氢原子的一级胺和二级胺很容易被氧化，氧化产物随氧化剂及反应条件的不同而不同，较为复杂。芳香伯胺很容易被氧化得到醌。

三级胺氮上没有氢原子，较难被氧化，但可用过氧酸氧化，生成的氧化胺受热发生消除反应得到烯烃和羟胺，称之为Cope-消除。

$$\text{CH—N(CH}_3)_2 \xrightarrow[\text{或 } H_2O_2]{RCO_3H} \text{CH—}\overset{O}{\overset{\uparrow}{N}}\text{(CH}_3)_2 \xrightarrow{\triangle}$$

$$\text{(顺-2-丁烯)} + \text{(反-2-丁烯)} + \text{(1-丁烯)} + (CH_3)_2NOH$$

$\approx 12\%$　　$\approx 21\%$　　$\approx 67\%$

一般认为Cope-消除反应经历一个五元环状过渡态，空间位阻是决定消除产物主要因素，故是制备取代较少的末端烯烃、环外双键等的重要方法。

芳香伯胺在过氧酸氧化下可经历逐渐氧化过程，由N-芳基羟胺到Ar—NO，最终氧化成Ar—NO_2。

6. 胺的氧化——与亚硝酸反应

不同类型的胺与亚硝酸反应情况不同，一级胺被亚硝酸氧化得到重氮盐，脂肪族重氮盐不稳定，一旦形成即分解放出氮气，并产生活泼的碳正离子中间体，根据反应体系的不同经由碳正离子中间体最终生成醇、烯、卤代烃等混合物，芳香族重氮盐在0℃左右可稳定存在，作为活泼中间体进行一系列的反应；二级胺与亚硝酸反应生成黄色油状或固体N-亚硝基化合物，产物用稀盐酸和氯化亚锡处理，重新得到原二级胺；脂肪族三级胺一般不发生反应，而芳香族三级胺则发生芳环上的亚硝化反应。亚硝酸通常用$NaNO_2$ + HCl或C_4H_9ONO + AcOH/C_2H_5OH来替代。

7. 胺的消除——Hoffman消除反应

四级胺卤酸盐与氢氧化银反应，可得到四级铵碱。四级铵碱是一强碱，加热发生Hoffman消除反应，得到烯烃。

$$R'\underset{\displaystyle CH_3}{\underset{|}{C}}H\overset{+}{N}R_3\ {}^{-}X \xrightarrow{AgOH} R'\underset{\displaystyle CH_3}{\underset{|}{C}}H\overset{+}{N}R_3\ {}^{-}OH \xrightarrow{\triangle} R'CH{=}CH_2 + R_3N + H_2O$$

一般认为该消除反应经历E2历程，过渡态为反式共平面结构，由于季铵氮原子上连接四个基团，空间位阻大，故总是优先消除取代较少的β-碳原子上的氢，在制备末端烯烃、环外双键、非共轭双键时十分有用，也是利用化学反应方法测定分子结构的常用手段。

8. 芳香胺的亲电取代反应

芳香胺相对于芳环而言，—NH_2，—NHR，—NR_2，—NHAr 等都是强的邻、对位定位基，芳香胺的芳环上的亲电取代反应比苯容易得多，通常需要先保护氨基（乙酰化）再进行芳环上的亲电取代反应。芳香胺转换成芳香铵盐后，由邻、对位定位基变成了间位定位基。

9. 联苯胺重排

氢化偶氮苯在酸性介质下，可发生分子内重排，生成 4,4'－二氨基联苯。此反应可用来制备联苯型化合物。

$$C_6H_5-NH-NH-C_6H_5 \xrightarrow[\triangle]{H^+} H_2N-C_6H_4-C_6H_4-NH_2$$

10. 重氮盐的反应

一级胺与亚硝酸反应得到重氮盐，在 0℃左右时芳香重氮盐较为稳定不会立即分解，作为活泼中间体可进行一系列的反应，具有重要的应用价值。

Sandmeyer 反应及其推广：在亚铜盐存在下，由芳香重氮盐制备氯代、溴代、碘代芳烃或芳腈。

$$Ar\overset{+}{N}_2Cl^- \xrightarrow[\triangle]{HX+CuX} ArX \quad X: Cl, Br, I$$

$$Ar\overset{+}{N}_2Cl^- \xrightarrow[CuCN]{KCN} ArCN$$

该反应经历自由基取代历程。

Gattermann 反应及其推广：在金属铜存在下，由芳香重氮盐制备氯代、溴代、碘代芳烃。

$$Ar\overset{+}{N}_2Cl^- \xrightarrow[\triangle]{HX+Cu} ArX \quad X: Cl, Br, I$$

$$Ar\overset{+}{N}_2Cl^- \xrightarrow[\triangle]{Cu+NaX} ArX \quad X: NO_2, SO_3, SCN$$

该反应经历自由基取代历程。

Schiemann 反应及其推广：在三卤化硼存在下，由芳香重氮盐制备氟代、氯代、溴代芳烃。

$$Ar\overset{+}{N}_2Cl^- \xrightarrow[\text{或 } NaBX_4]{HBX_4} Ar\overset{+}{N}_2B\overset{-}{X}_4 \xrightarrow{\triangle} ArX + N_2 + BX_3 \quad X: F, Cl, Br$$

该反应可能经历 S_N1Ar（单分子芳香亲核取代）历程。

Gomberg-Bachmann 反应：

$$Ar\overset{+}{N_2}Cl^- + Ar' \xrightarrow{NaOH/H_2O/PhH} Ar\text{—}Ar'$$

该反应经历自由基取代历程，是制备联苯或不对称联苯衍生物的重要方法。

Pschorr-反应：

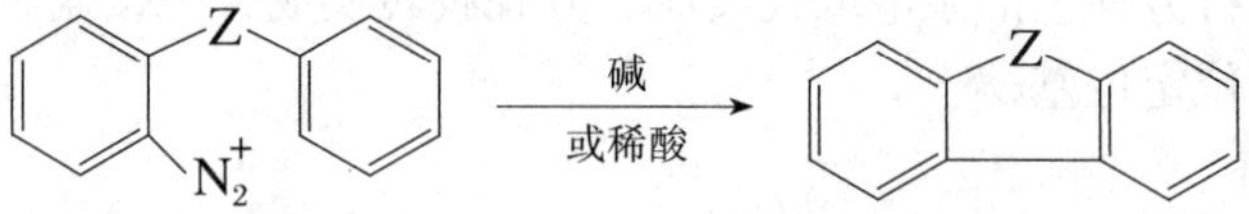

$$\xrightarrow[\text{或稀酸}]{\text{碱}}$$

Z：$CH{=}CH, CH_2CH_2, NH, C{=}O, CH_2$

该反应经历自由基取代历程，通过分子内偶联形成具有多环结构化合物。

水解反应：

$$Ar\overset{+}{N_2}HSO_4^- \xrightarrow{H^+/H_2O} Ar\text{—}OH + N_2 + H_2SO_4$$

该反应可能经历 S_N1Ar(单分子芳香亲核取代)历程，硫酸氢根的亲核性比水弱，故用此法制备酚时，常用重氮硫酸盐。

还原反应：

$$Ar\overset{+}{N_2}Cl^- \xrightarrow[\text{或 } H_3PO_2]{Zn + C_2H_5OH} Ar\text{—}H + N_2 + CH_3CHO + HCl$$

在合成制备中，可利用硝基或氨基定位效应在特定位置引入取代基，再利用该反应将硝基或氨基除去。

若用硫代硫酸钠、亚硫酸钠、保险粉等作为还原剂，可将重氮盐还原得到肼。

$$Ar\overset{+}{N_2}Cl^- \xrightarrow{Na_2S_2O_3} Ar\text{—}NHNH_2$$

偶联反应：在弱碱性条件(pH = 8～10)，重氮盐与酚发生偶联，一般优先发生在羟基对位，当对位有取代基时，则发生在邻位。

$$Ar\overset{+}{N_2}Cl^- + C_6H_5\text{—}OH \xrightarrow[0℃]{HO^-/H_2O} Ar\text{—}N{=}N\text{—}C_6H_4\text{—}OH$$

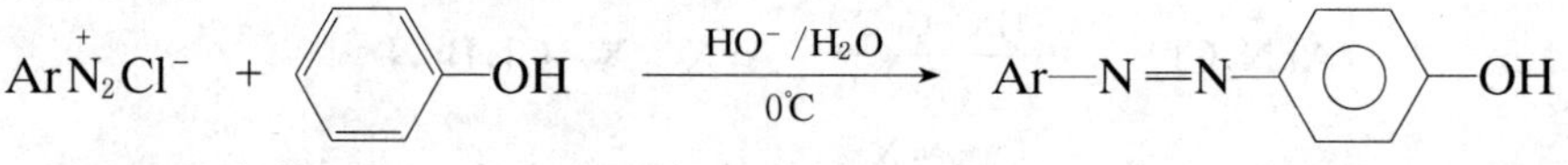

在弱酸性条件(pH = 5～7)，重氮盐与三级芳胺发生偶联，一般优先发生在氨基对位，当对位有取代基时，则发生在邻位。

$$Ar\overset{+}{N_2}Cl^- + C_6H_5\text{—}NMe_2 \xrightarrow[0℃]{H^+/H_2O} Ar\text{—}N{=}N\text{—}C_6H_4\text{—}NMe_2$$

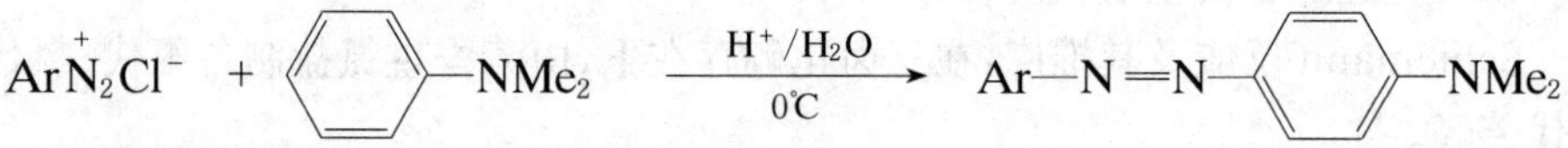

11. 重氮甲烷反应

重氮甲烷制备：甲胺盐酸盐与尿素的水溶液中加入亚硝酸钠得到甲基亚硝基脲，再用碱处理即得到重氮甲烷。

$$CH_3NH_2HCl + CO(NH_2)_2 \xrightarrow[②NaOH]{①NaNO_2} CH_2N_2 + NaNCO + 2H_2O$$

重氮甲烷结构：

$$:\overset{-}{C}H_2-\overset{+}{N}\equiv N: \longleftrightarrow CH_2=\overset{+}{N}=\ddot{N}:^{-}$$

共振结构表明，重氮甲烷的碳原子上电子云密度比较高，具有亲核性。重氮甲烷不稳定，性质很活泼，可发生多种反应，且条件温和，产量高，副反应少。重氮甲烷分解放出氮气，得到更活泼的卡宾中间体，很多反应也可看作是经历卡宾中间体的反应。

与含活泼氢化合物的反应：重氮甲烷与羧酸、酚、醇、烯醇等含活泼氢的酸性化合物作用，在羟基 O—H 键间导入亚甲基，生成酯或醚，也称为甲基化反应。

$$X{-}O{-}H + CH_2N_2 \longrightarrow R{-}O{-}CH_3 + N_2$$

X：RCO，Ar，R，RCH═CH

与酰氯反应——Arndt-Eister 反应：重氮甲烷与酰氯作用，生成重氮甲基酮，在 Ag、Pt、Cu 等金属粉末存在下，重氮甲基酮可在水、醇、氨等溶剂中发生溶剂解，得到较原来酰氯多一个碳原子的羧酸、酯、酰胺。

$$RCOCl + CH_2N_2 \longrightarrow RCOCHN_2 \xrightarrow[-N_2]{Ag} \begin{cases} \xrightarrow{H_2O} RCH_2COOH \\ \xrightarrow{R'OH} RCH_2COOR' \\ \xrightarrow{NH_3} RCH_2CONH_2 \end{cases}$$

金属粉末的作用可能是促进重氮甲基酮分解，生成活泼的烯酮，烯酮溶剂解得到羧酸及其衍生物。

Wolff-重排：重氮甲基酮分解放出氮气，烷基重排形成烯酮。

$$RCOCHN_2 \xrightarrow[-N_2]{Ag} RCO\ddot{C}H \longrightarrow RCH{=}C{=}O$$

与醛、酮反应：重氮甲烷与醛反应得到甲基酮，与环酮反应得到增加一个碳原子的环酮，与开链酮反应则得到环氧乙烷衍生物。

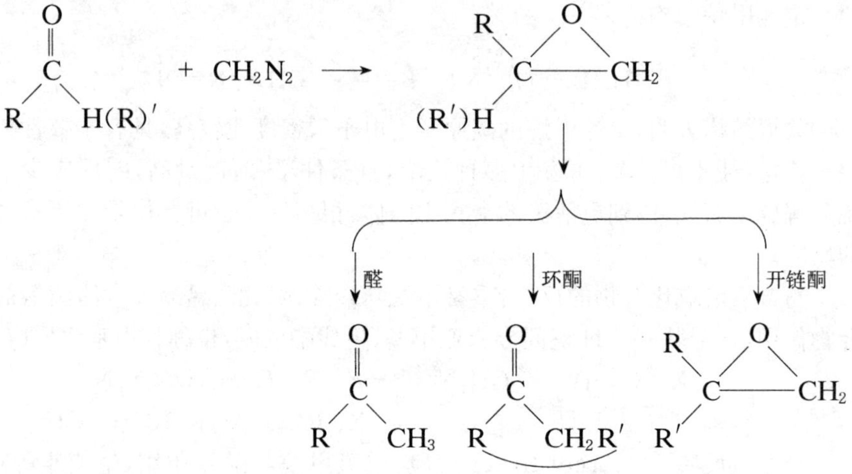

$$RC(=O)H(R)' + CH_2N_2 \longrightarrow \text{环氧化物 } R(R'H)C(-O-)CH_2$$

醛 → $RCOCH_3$；环酮 → $RCOCH_2R'$（成环）；开链酮 → $R(R')C(-O-)CH_2$

12. 叠氮化物反应

叠氮离子结构：叠氮酸(HN_3)离解产生叠氮离子(N_3^-)，叠氮离子结构用共振式描述为：

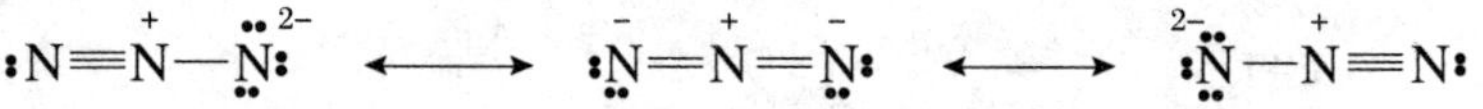

$$:N\equiv\overset{+}{N}-\ddot{\underset{..}{N}}:^{2-} \longleftrightarrow :\overset{-}{\underset{..}{N}}=\overset{+}{N}=\overset{-}{\underset{..}{N}}: \longleftrightarrow :\overset{2-}{\ddot{\underset{..}{N}}}-\overset{+}{N}\equiv N:$$

可见端位氮原子上的电子云密度较高，是一种好的亲核试剂。

叠氮离子(N_3^-)的亲核取代反应：类似一般的亲核试剂，叠氮负离子很容易与卤代烃、酰卤、环氧乙烷衍生物等发生亲核取代、开环反应，得到叠氮化合物。

$$R-X + N_3^- \longrightarrow R-N_3 + X$$

叠氮化物的还原反应：用 $LiAlH_4$ 或催化加氢还原，叠氮化合物被还原得到相应的胺。

$$R-N_3 \xrightarrow{LiAlH_4} R-NH_2$$

酰基叠氮化合物的分解——Curtius-重排反应：叠氮化合物不稳定，酰基叠氮化合物受热分解，放出氮气，重排成异氰酸酯，该重排反应称为 Curtius-重排。

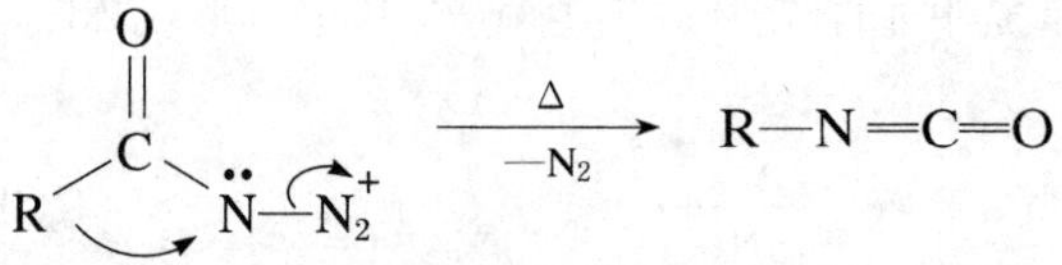

$$RC(=O)-\ddot{N}-\overset{+}{N_2} \xrightarrow[-N_2]{\Delta} R-N=C=O$$

异氰酸酯水解，放出二氧化碳，得到胺。

烷基叠氮化合物的分解——氮烯反应：烷基叠氮化合物被光照或受热分解，放出氮气，生成氮烯。

$$R-\overset{-}{\ddot{\underset{..}{N}}}-\overset{+}{N}\equiv N: \xrightarrow[\text{或}h\nu]{\Delta} R-\ddot{\underset{..}{N}} + N_2$$

氮烯化学性质与卡宾很相似，故也称为氮宾，可以与碳碳双键、三键发生亲电加成反应，得到氮杂三元环，也可与饱和化合物的 C—H 键发生插入反应。叠氮甲酸乙酯也是常用的制备氮烯试剂。

三、胺的制备

1. 胺的烷基化

氨与卤代烃发生亲核取代反应可得到一至四级胺，但反应不容易控制在某一阶段，工业上采用高效分馏设备实现分离，实验室很难做到。有时利用原料配比调节，可适当采用。

此外，也可以用醇来代替卤代烃，进行反应：

$$ROH + NH_3 \xrightarrow[\text{高温、高压}]{Al_2O_3} RNH_2 + R_2NH + R_3N + H_2O$$

同样也难以控制反应进行程度，但若将醇羟基转变成较易离去的基团如酯基，则可较好地实现制备。

$$ROH + TsCl \longrightarrow ROTs \xrightarrow{NH_3} R\overset{+}{N}H_3\ Ts\overset{-}{O}$$

第二步反应经历 S_N2 历程，得到构型翻转产物。

2. Gabriel-合成法

利用邻苯二酸酰二氨的酸性，加碱制备得到亲核性的氮负离子，与卤代烃发生亲核取代反应，再水解得到胺。

$$\text{(邻苯二甲酰亚胺)}\overset{-}{N}K^+ + R-X \longrightarrow \text{(邻苯二甲酰亚胺)}N\,R \xrightarrow{H_2O} R-NH_2$$

此方法可以很方便地合成得到一级胺，空间位阻大的卤代烃不能发生此反应。

3. 芳环的亲核取代

芳环上连有强的吸电子基团时，易于发生芳环上的亲核取代反应，利用此反应可以来制备芳香胺。

$$O_2N-C_6H_3(NO_2)-X \xrightarrow{RNH_2} O_2N-C_6H_3(NO_2)-NHR$$

卤素原子的活性顺序为：F ＞ Cl ＞ Br。与吸电子基团须处于邻、对位。

4. 硝基化合物的还原

可在酸性、碱性、中性等不同条件下实现硝基化合物的还原，得到一级胺。

$$R-NO_2 \xrightarrow{[H]} R-NH_2$$

酸性还原条件：$Fe+HCl$，$Zn+HCl$，$Sn+HCl$，$SnCl_2+HCl$，等等。

碱性还原条件：Na_2S，$NaHS$，$(NH_4)_2S$，NH_4HS，$LiAlH_4$，等等。

中性还原条件：Ni/H_2，Pd/H_2，Pt/H_2，等等。

选择还原条件时，必须考虑对底物分子中存在的其他官能团的影响。

5. 羧酸衍生物酰胺、腈的还原

用 $LiAlH_4$、B_2H_6或催化氢化的方法均可将它们还原得到不同类型的胺。腈还原得到一级胺，酰胺根据氮上连接基团不同可分别得到一级胺、二级胺和三级胺。

6. 醛、酮的还原胺化

胺与醛、酮发生亲核加成反应再消除得到亚胺，亚胺还原得到胺，这一过程称为还原胺化。

$$RCHO+NH_3 \longrightarrow RCH{=}NH \xrightarrow{[H]} RCH_2NH_2 \xrightarrow[②[H]]{①RCHO} (RCH_2)_2NH$$

类似反应继续进行下去可得到三级胺，酮也可以进行类似反应；还原剂可以是 $LiAlH_4$、催化氢化等。

若用羟胺则先得到肟，再还原同样得到胺。肟还可用 $Na+C_2H_5OH$ 来还原。

Leuckart-反应：

$$C_6H_5-C(=O)-CH_3 \xrightarrow[\triangle]{HCOONH_4} C_6H_5-CH(NH_2)-CH_3$$

Eschweiler-Clarke 反应：

$$RNH_2+CH_2O \xrightarrow{HCOOH} RNHCH_3 \xrightarrow[HCOOH]{CH_2O} RN(CH_3)_2$$

这里甲酸过量，起到还原剂作用。

7. 羧酸衍生物的重排反应

酰胺、酰基叠氮化合物重排反应，包括 Hoffman-重排、Curtius-重排、Schmidt-重排反应，都可由羧酸制备少一个碳原子的胺，机理类似，都经历相同的酰基氮宾中间体，注意重排时构型保持不变。

习　题

一、选择题

1. 下列所示化合物碱性最强的是(　　)。

(A) $[(CH_3)_2CH]_3N$　　(B) $[(CH_3)_2CH]_2NLi$

(C) $(CH_3)_2CHNH_2$　　(D) $CH_3CH_2CONH_2$

2. 下列所示化合物酸性最强的是(　　)。

(A) 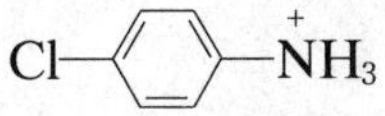 Cl—C_6H_4—$\overset{+}{N}H_3$　　(B) C_6H_5—$\overset{+}{N}H_3$

(C) O_2N—C_6H_4—$\overset{+}{N}H_3$　　(D) 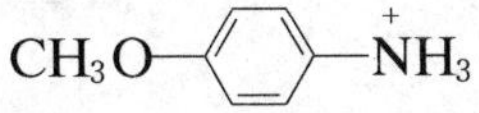 CH_3O—C_6H_4—$\overset{+}{N}H_3$

3. 下列所示化合物没有光学活性的是(　　)。

(A) α-甲基苯甲胺　　(B) 溴化甲基乙基正丙基苯基铵

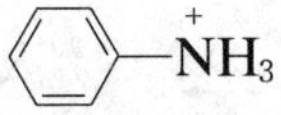

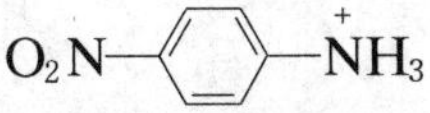

(C) *N*-甲基-*N*-乙基苯胺　　(D) *N*-甲基-*N*-乙基苯胺-*N*-氧化物

4. 下列所示化合物酸性最强的是(　　)。

(A) 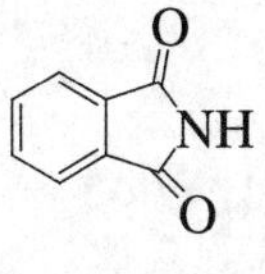 邻苯二甲酰亚胺（$C_6H_4(CO)_2NH$）　　(B) $C_6H_5CONH_2$

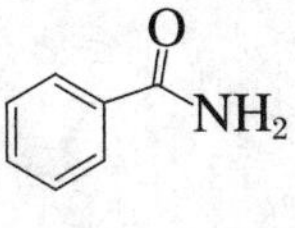

(C) CH_3CO—C_6H_4—$CONH_2$　　(D) 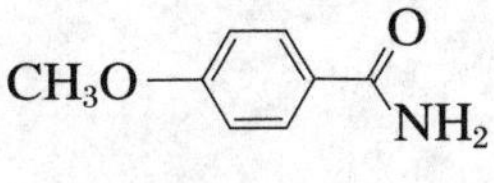 CH_3O—C_6H_4—$CONH_2$

5. 下列所示化合物碱性最强的是(　　)。

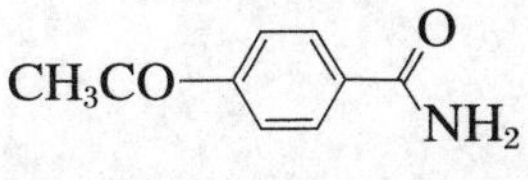

(A) 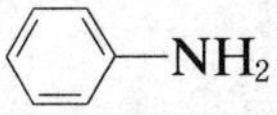 C_6H_5—NH_2　　(B) 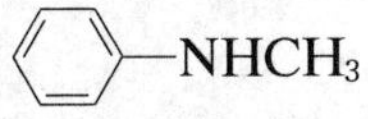 C_6H_5—$NHCH_3$

(C) CH_3NH_2　　(D) $(CH_3)_2NH$

二、填空题

给出下列反应主要产物的结构式：

1. 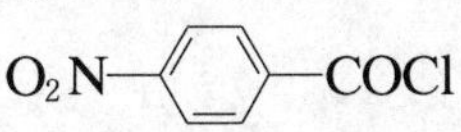 O_2N—C_6H_4—COCl ＋ $HOCH_2CH_2N(C_2H_5)_2$ $\longrightarrow$

2. $O_2N-C_6H_4-CO_2H \xrightarrow{Fe/HCl}$

3. $H_2N-C_6H_5 \xrightarrow{Br_2/H_2O}$

4. (喹嗪烷，N 位于两环稠合处) $\xrightarrow[②Ag_2O,\triangle]{①CH_3I}$

5. (环己烷：$\overset{+}{N}(CH_3)_3\,{}^{-}OH$ 及两个甲基取代) $\xrightarrow{\triangle}$

给出下列反应所需的主要试剂和条件：

6. $H_2N-C_6H_5 \xrightarrow{(\quad)} H_2N-C_6H_4-Br$

7. $C_6H_5-CHO \xrightarrow{(\quad)} C_6H_5-CH(OH)CH_2NH_2$

8. $C_6H_5-CHO \xrightarrow{(\quad)} C_6H_5-CH(OH)COOH$

9. 环己酮 $\xrightarrow{(\quad)}$ 环己基$-NHCH_3$

10. $H_2N-C_6H_5 \xrightarrow{(\quad)} F-C_6H_5$

第十三章 杂环化合物

一、五元杂环化合物结构特点

呋喃、噻吩、吡咯是具有代表性的芳香五元杂环化合物，环上的碳原子和氧、氮、硫等杂原子都可看作是 sp^2 杂化，各自的 sp^2 杂化轨道参与形成 σ 键，各自没有参与杂化的 p 轨道相互平行，彼此侧面重叠，碳原子的 p 轨道提供一个电子，杂原子的 p 轨道提供一对电子，形成封闭的环状共轭大 π 键，环状大 π 键中的电子数为 6，与苯的大 π 键电子结构类似，符合 $4n+2$ 规则，故它们与苯环类似，均具有芳香性。但由于杂原子的电负性、原子半径、p 轨道能量等不同，导致其环状大 π 键与苯的大 π 键有不同程度的差异，与苯相比，其芳香性或稳定性顺序是：

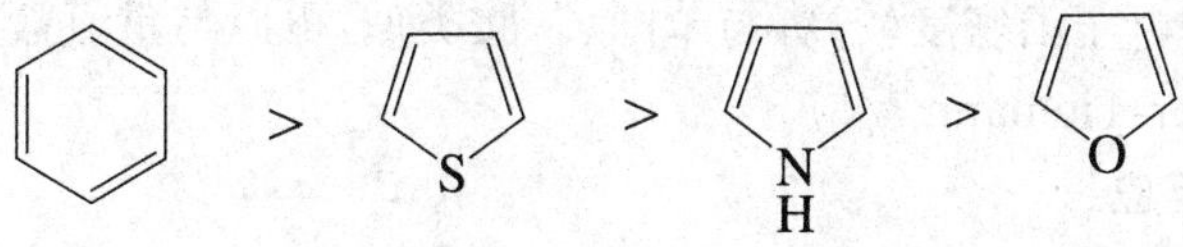

苯 > 噻吩 > 吡咯 > 呋喃

二、五元杂环化合物性质

1. 亲电取代反应

芳香五元杂环性质与苯类似，也可发生芳环上的亲电取代反应。由于其五元环的大 π 键上有六个电子，相对于六元环的苯环而言，环上电子云密度更高，因而其亲电取代反应活性比苯要高。类似苯环的亲电取代反应的定位效应，芳香五元杂环的亲电取代反应主要发生在 α-位，通过共振结构式分析其碳正离子中间体稳定性，可以看出发生在 α-位取代的中间体具有最多的较稳定共振结构。与苯相比，其亲电取代反应活性顺序为：

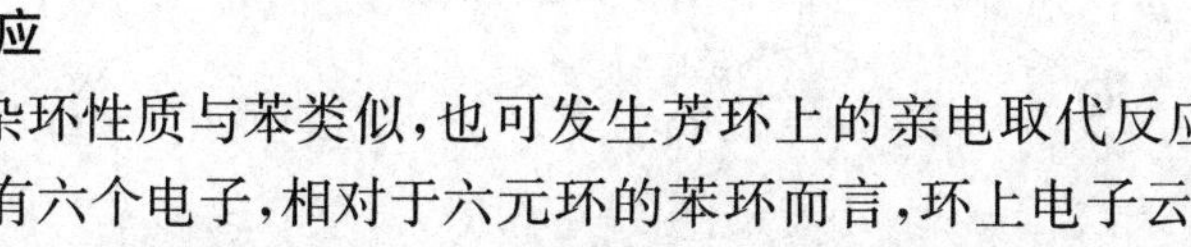

吡咯 > 呋喃 > 噻吩 > 苯

呋喃环具有烯醇醚结构，吡咯也具有烯胺结构特点，对强酸性介质比较敏感，而芳环上亲电取代反应都是在酸性甚至强酸性条件下进行，故而呋喃、吡咯的亲电取代反应需要避免强烈酸性条件，例如在进行硝化反应时，硝化试剂用的是硝酸乙酰酯；磺化时用的磺化试剂是吡啶与三氧化硫形成的复合物；Friedel-Crafts 酰化反应用弱的 Lewis 酸催化剂 $SnCl_4$ 和 BF_3 等，甚至直接用乙酸酐就可实现吡咯的乙酰化。

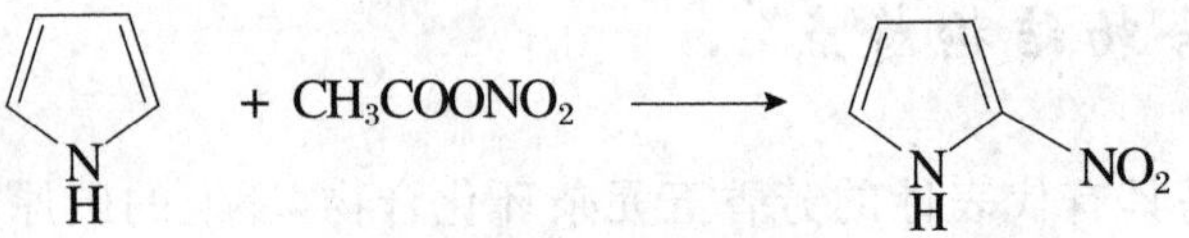

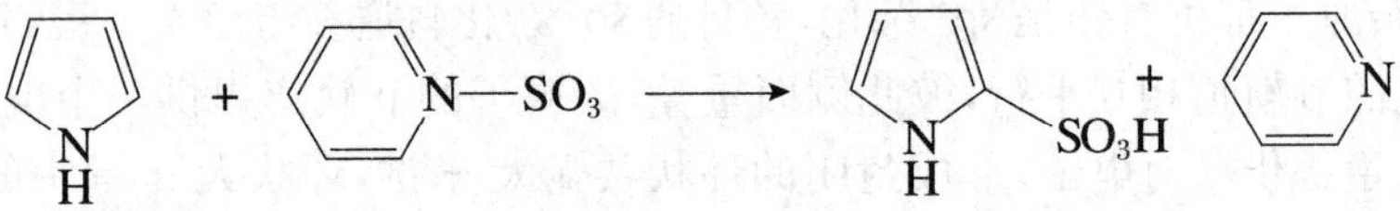

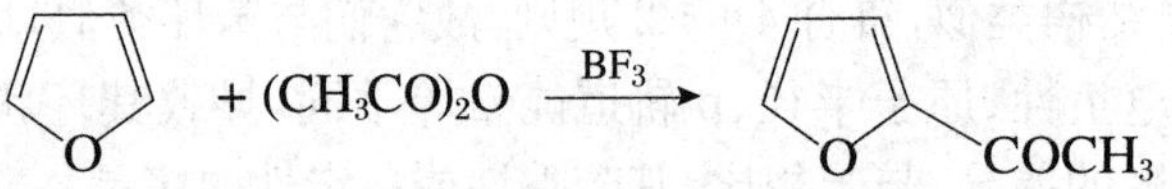

$$\text{吡咯} + CH_3COONO_2 \longrightarrow \text{2-硝基吡咯 (}NO_2\text{)}$$

$$\text{吡咯} + \text{吡啶}N—SO_3 \longrightarrow \text{吡咯-2-}SO_3H + \text{吡啶}$$

$$\text{呋喃} + (CH_3CO)_2O \xrightarrow{BF_3} \text{2-}COCH_3\text{呋喃}$$

吡咯环上的电子云密度较高，与苯酚、苯胺类似，可以与重氮盐发生偶联反应，也可发生 Reimer-Tiemann 反应。

2. Diels-Alder 反应

五元杂环的芳香性比苯弱的一个重要表现是：其具有类似环戊二烯的性质，与亲双烯体发生 Diels-Alder 反应。

$$\text{呋喃} + \text{马来酸酐} \longrightarrow \text{氧桥加成产物}$$

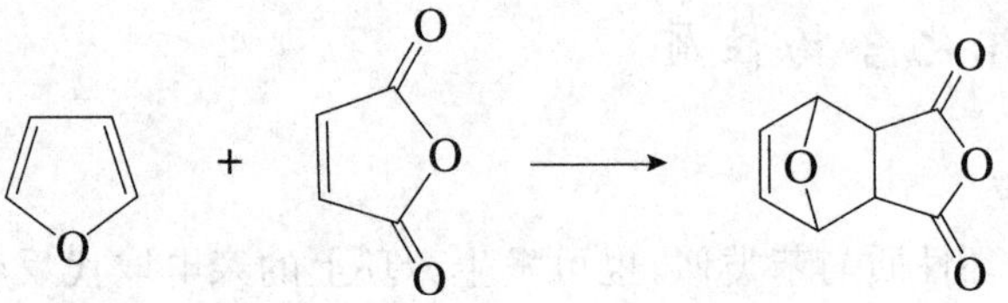

五元杂环化合物也可以与卤素、氢发生类似烯烃的亲电加成反应。

3. 吡咯氢的酸性

在五元杂环中，吡咯的氮上连有氢，具有一定的酸性，可与氨基钠、有机锂试剂、格式试剂等强碱性试剂作用形成盐，即得到亲核性的氮负离子，离域或共振可形成碳负离子，与酰卤或卤代烃反应，可分别得到氮上或碳上的酰基化或烷基化产物。

三、六元杂环化合物吡啶结构特点

六元杂环吡啶环上的碳原子和氮原子都可看作是 sp^2 杂化，各自的 sp^2 杂化轨道参与形成 σ 键，各自没有参与杂化的 p 轨道相互平行，彼此侧面重叠，每个 p 轨道都提供一个电子，形成封闭的环状共轭大 π 键，环状大 π 键中的电子数为 6，与苯的大 π 键电子结构类似，符合 $4n+2$ 规则，与苯环类似，均具有芳香性。注意氮原子的未共享电子对在 sp^2 轨道上，未参与环状共轭体系，故吡啶的氮原子具有碱性。

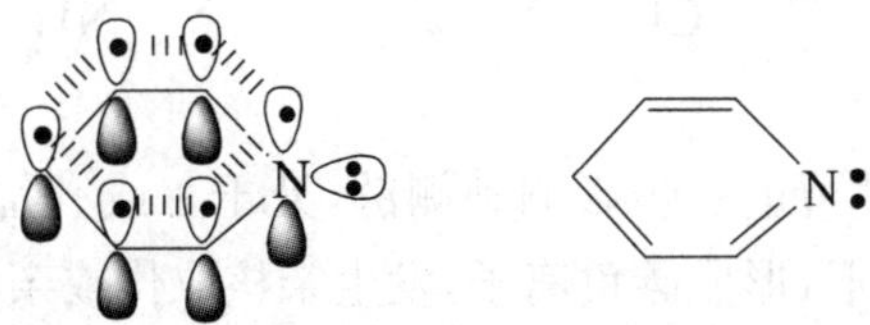

氮原子电负性较碳大，故环状大 π 键电子云分布不均匀，偏向氮原子，相当于降低了环上的电子云密度，对其化学性质产生很大影响。

四、吡啶的化学性质

1. 吡啶的碱性与亲核性

吡啶氮原子具有碱性，可与无机酸形成盐，也可作为 Lewis 碱，与 Lewis 酸形成酸碱对。其氮原子上的电子对还可作为亲核中心进攻亲电底物，发生亲核取代反应，如与卤代烃反应，得到 N-烷基化产物。

2. 亲电取代反应

由于吡啶环上氮原子的电负性较碳大，电子云偏向氮原子而使得碳原子上的电子云密度相对较低，故而亲电取代反应不易进行，Friedel-Crafts 反应难以发生，磺化、硝化、卤代等反应都需相对较强烈的条件下进行，且取代反应发生在 β 位。

N $\xrightarrow[\approx 300℃]{HNO_3/H_2SO_4}$ N （NO_2）

N $\xrightarrow[\approx 230℃]{SO_3/H_2SO_4}$ N （SO_3H）

3. 亲核取代反应

吡啶环上氮原子的影响还表现在其可发生类似连有吸电子取代基的苯环上发生的亲核取代反应，亲核取代主要发生在 α 位或 γ 位。

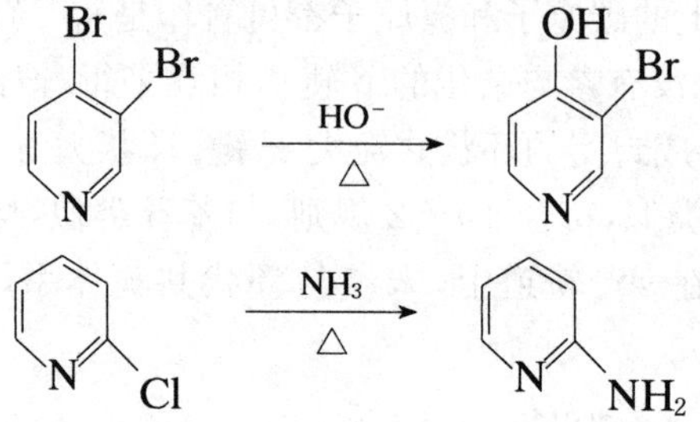

Br Br HO⁻ △ OH Br N N

N Cl NH_3 △ N NH_2

4. 侧链 α-氢的酸性

吡啶环的缺电子性可进一步影响到侧链，处于 α 或 β 位的侧链上的 α-氢具有一定酸性，在强碱作用下，形成碳负离子，发生亲核取代或亲核加成反应。

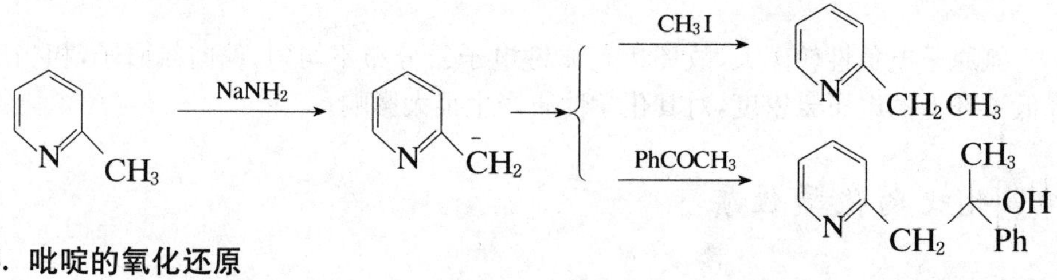

N CH_3 $NaNH_2$ N $\bar{C}H_2$ CH_3I N CH_2CH_3 $PhCOCH_3$ N CH_2 CH_3 OH Ph

5. 吡啶的氧化还原

吡啶环上电子云密度相对较低，使得其对氧化剂较苯环稳定，而又相对较易被还原。

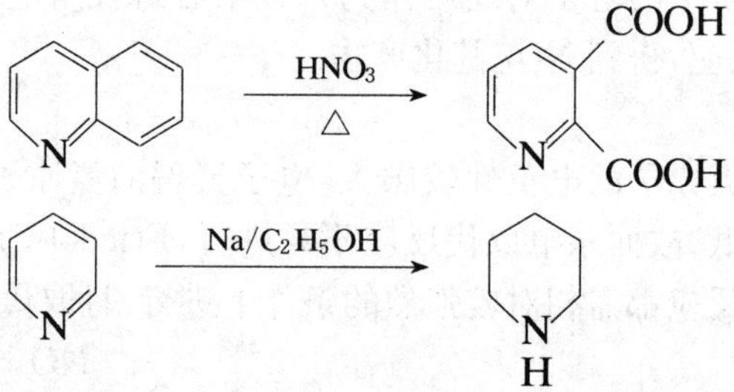

N HNO_3 △ N COOH COOH

N Na/C_2H_5OH N H

五、稠杂环化合物

1. 吲哚及其衍生物

吲哚是吡咯与苯形成的稠环化合物，具有苯环和吡咯环的结构特征，由于吡咯环电子云密度较苯环高，故亲电取代反应发生在吲哚环上，又由于苯环影响，取代基进入β位更有利。

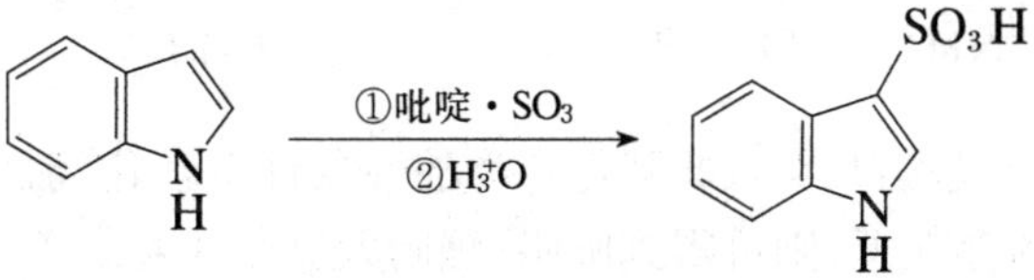

①吡啶 · SO_3 ②H_3^+O （吲哚 → 3-吲哚磺酸，SO_3H）

2. 喹啉及其衍生物

喹啉是吡啶与苯形成的稠环化合物，具有苯环和吡啶环的结构特征，由于吡啶环电子云密度较苯环低，故亲电取代反应发生在苯环上，而亲核取代反应发生在吡啶环上。

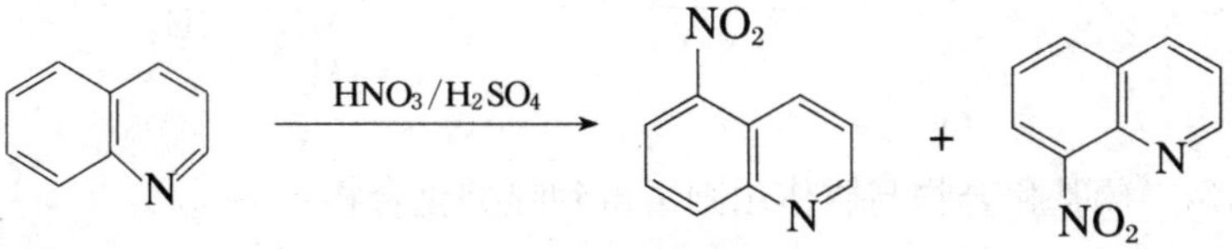

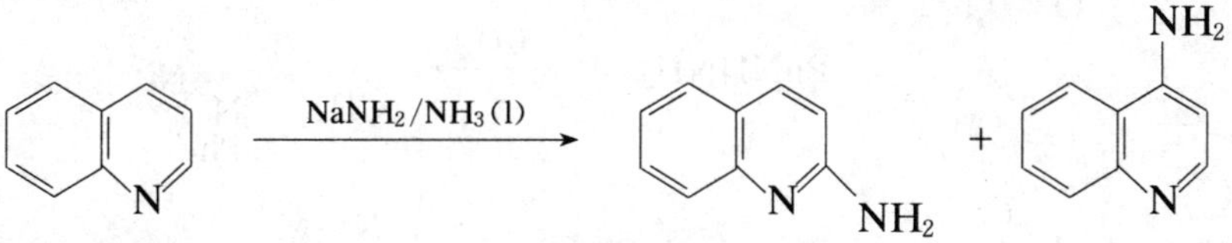

HNO_3/H_2SO_4 （喹啉 → 5-硝基喹啉（NO_2）+ 8-硝基喹啉（NO_2））

$NaNH_2/NH_3(l)$ （喹啉 → 2-氨基喹啉（NH_2）+ 4-氨基喹啉（NH_2））

3. 嘌呤及其衍生物

嘌呤是嘧啶与咪唑形成的稠环化合物，具有两种互变异构体。

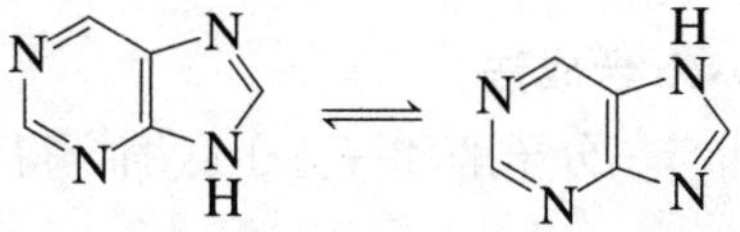

（9H-嘌呤 ⇌ 7H-嘌呤）

自然界中无取代的嘌呤并不存在，但其衍生物广泛存在于动、植物体中，如尿酸、黄嘌呤、咖啡碱、茶碱、可可碱、腺嘌呤、鸟嘌呤等。

六、重要杂环化合物的合成

1. 五元杂环化合物的合成

Knorr-合成法：氨基酮与活泼 α-亚甲基酮的缩合反应。

Paal-Knorr 合成法：1,4-二羰基化合物酸性条件下环化、脱水得到呋喃及其衍生物；在氨、硫化物存在下，则可得到吡咯、噻吩及其衍生物。

若用1,3-二羰基化合物与肼作用则可得到唑类化合物：

2. 吡啶环合成——Hantzsch 合成法

由两分子 β-羰基酸酯与一分子醛和一分子氨缩合得到。

3. 喹啉环的合成——Skraup 合成法

由苯胺和甘油为原料，在浓硫酸和氧化剂存在下于硝基苯中反应。

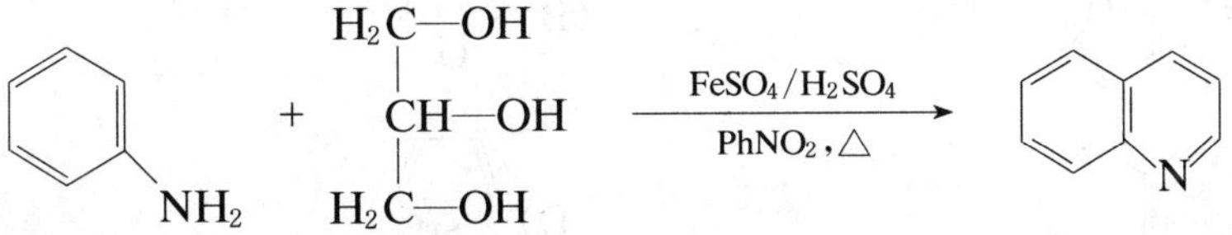

$$C_6H_5NH_2 + \begin{matrix} H_2C—OH \\ | \\ CH—OH \\ | \\ H_2C—OH \end{matrix} \xrightarrow[PhNO_2,\triangle]{FeSO_4/H_2SO_4} \text{喹啉}$$

4. 吲哚环的合成——Fischer 合成法

以苯肼和醛、酮为原料，先生成苯腙，然后在酸性条件下加热发生重排，再发生胺对亚胺的亲核加成，最后消除失去一分子氨得到吲哚环。

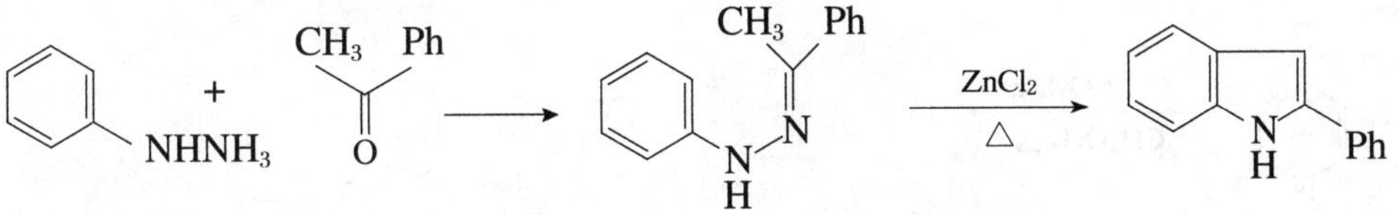

$$C_6H_5NHNH_3 + CH_3COPh \longrightarrow C_6H_5NH—N{=}C(CH_3)Ph \xrightarrow[\triangle]{ZnCl_2} \text{2-苯基吲哚}$$

习　题

一、选择题

1. 下列所示结构中碱性最强的是(　　)。

　(A) 吡咯　　(B) 吡啶　　(C) 咪唑　　(D) 六氢吡啶

2. 下列所示化合物中碱性最弱的是(　　)。

　(A) 吡咯　　(B) 苯胺　　(C) 吡啶　　(D) 乙二胺

3. 下列所示结构中没有芳香性的是(　　)。

　(A) 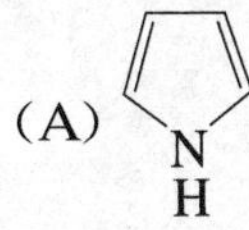　　(B) 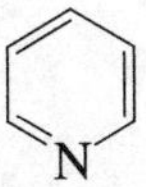 N　　(C) 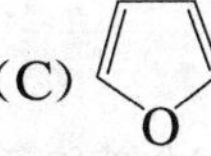　　(D) 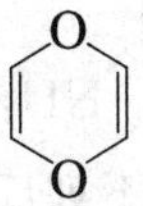 O O

4. 下列所示化合物既可溶于酸又可溶于碱的是(　　)。

　(A) 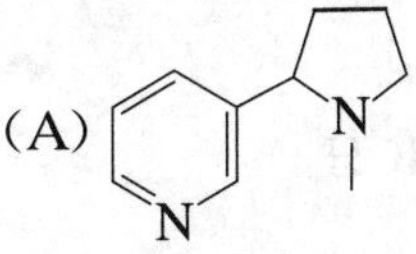　　(B) 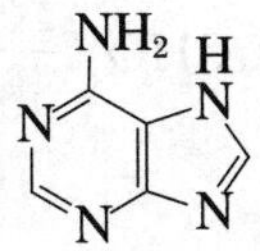 NH_2 H N N N N

　(C) 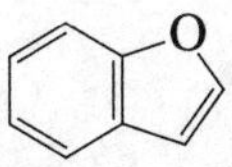 O　　(D) 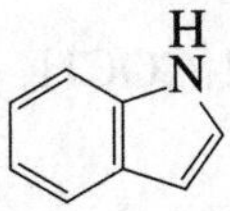 H N

5. 下列所示结构中对氧化剂最稳定的是(　　)。

(A) 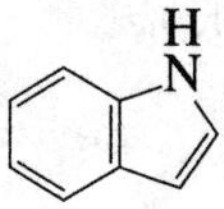 [吲哚]　　(B) 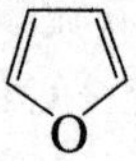 [呋喃]

(C) 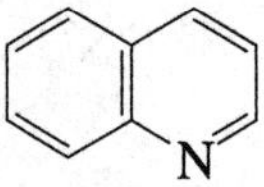 [喹啉]　　(D)  [吡咯]

二、填空题

给出下列反应主要产物的结构式:

1. 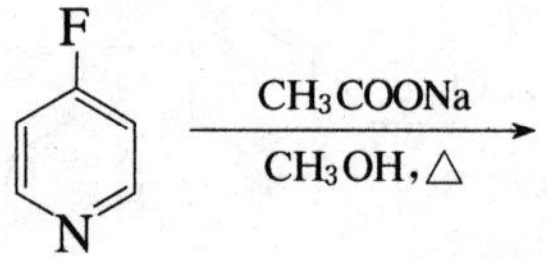 4-氟吡啶 $\xrightarrow[CH_3OH,\triangle]{CH_3COONa}$

2. 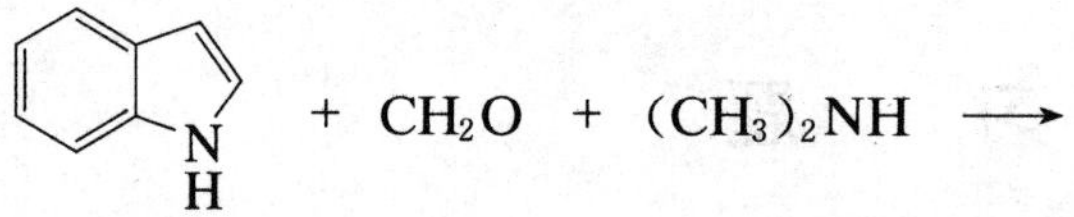 吲哚 + CH_2O + $(CH_3)_2NH$ $\longrightarrow$

3. 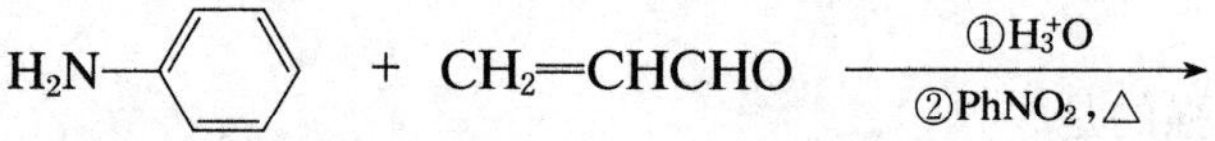 $H_2N-C_6H_5$ + $CH_2=CHCHO$ $\xrightarrow[②PhNO_2,\triangle]{①H_3^+O}$

4. 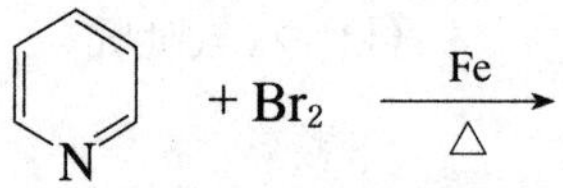 吡啶 + Br_2 $\xrightarrow[\triangle]{Fe}$

5. 邻氨基苯甲醛(CHO, NH_2) + 环己酮 $\xrightarrow[C_2H_5OH]{NaOH}$

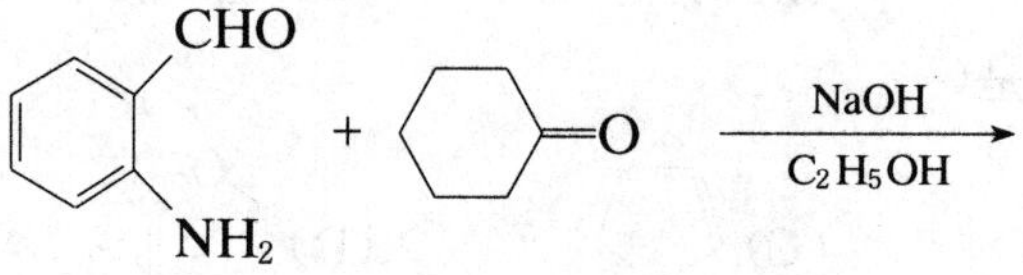

给出下列反应所需的主要试剂和条件:

6. 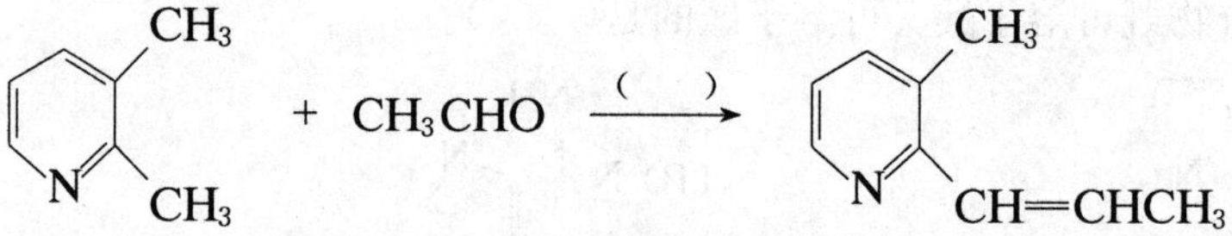 2,3-二甲基吡啶(CH_3, CH_3) + CH_3CHO $\xrightarrow{(\quad)}$ 3-甲基-2-($CH=CHCH_3$)吡啶

7. 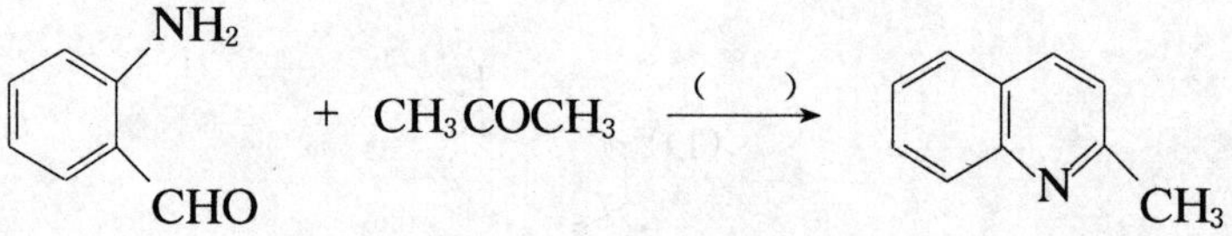 邻氨基苯甲醛(NH_2, CHO) + CH_3COCH_3 $\xrightarrow{(\quad)}$ 2-甲基喹啉(CH_3)

8. 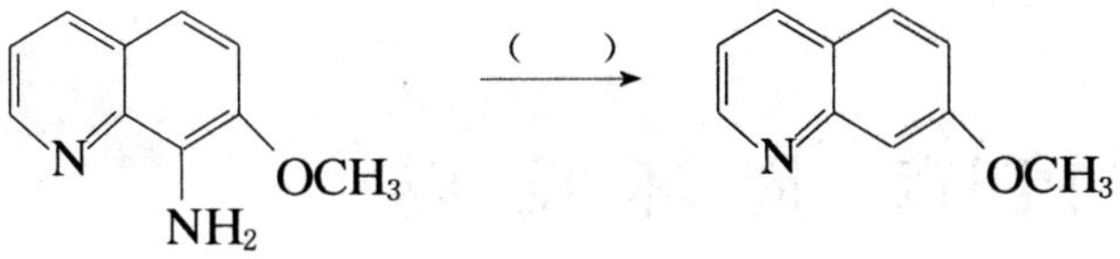 8-氨基-7-甲氧基喹啉 $\xrightarrow{(\quad)}$ 7-甲氧基喹啉

(Structures: quinoline bearing N, NH_2, OCH_3 → quinoline bearing N, OCH_3)

9. 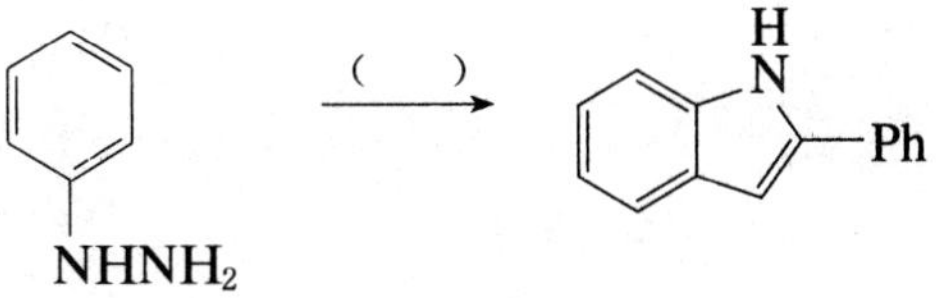 Phenylhydrazine ($NHNH_2$) $\xrightarrow{(\quad)}$ 2-phenylindole (H, N, Ph)

10. 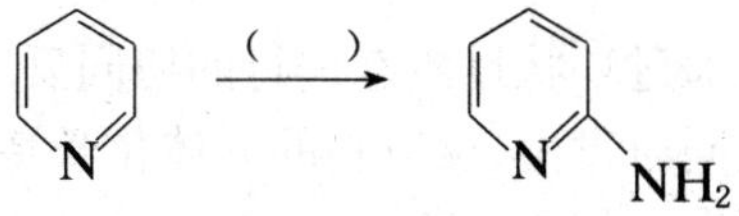 Pyridine (N) $\xrightarrow{(\quad)}$ 2-aminopyridine (N, NH_2)

第十四章　周 环 反 应

一、周环反应概念

周环反应一般是指在加热或光照条件下，通过环状过渡态进行的协同反应；而协同反应是指在反应过程中，键的生成与断裂同时发生，反应物的立体化学特征传递到产物。

二、周环反应的特点

①反应一步完成，不经过正离子、负离子、自由基等任何活泼中间体过程；
②溶剂极性、自由基引发剂或阻聚剂、酸碱催化剂等对反应影响较小；
③反应在加热或光照条件下进行，产物具有高度的立体专一性。

三、周环反应与分子轨道对称守恒

化学反应过程中键的断裂与生成，可以看作是分子轨道重新组合的过程，在协同反应过程中，从反应物到产物的转变过程中分子轨道的对称性保持不变，称之为分子轨道对称性守恒。

1. 前线轨道理论

在分子轨道理论中，把能量最高的电子占据轨道（简称 HOMO）和能量最低的电子未占轨道（简称 LUMO）称之为前线轨道。分子中能量最高已占轨道上的电子具有最高能量，因而具有电子给予体的性质，能量最低电子未占轨道（空轨道）易于接受电子，具有电子接受体性质，在反应的进程中电子的传递在 HOMO 和 LUMO之间进行，故而起着决定作用。

在周环反应中，相互作用的轨道对称性或两个相互作用的分子的轨道对称性一致（位相相同），称为轨道对称性匹配，反应是对称允许的，否则是对称禁阻。

2. 直链共轭多烯的 π-分子轨道的特征

①π-分子轨道数目等于参与共轭体系的原子数目；

②轨道对称性若按镜面对称操作，从最低能量轨道开始，则是对称—反对称—对称交替变化，若是按二重对称轴操作，则是反对称—对称—反对称交替变化；

③π-分子轨道节面数目，从最低能量轨道开始，由 0→1→2→…，依次增加；

④总的 π-分子轨道数目 n 为偶数时，成键轨道和反键轨道数目各为 $n/2$；n 为奇数时，成键轨道和反键轨道数目各为 $(n-1)/2$，第 $(n+1)/2$ 轨道为非键轨道。

四、周环反应的分类

1. 电环化反应

共轭多烯烃，位于共轭体系最高已占轨道的两端的碳原子，其 p 轨道旋转后以头碰头的方式重叠构成一个 σ 键，共轭体系相应减少一个双键而形成环状烯烃，或反之开环形成多一个双键的共轭体系，称之为电环化反应。

前线轨道理论指出，共轭体系两端的碳原子的 p 轨道旋转关环形成 σ 键时，相同位相才能有效重叠成键，故只能以顺旋或对旋的方式旋转成键。

电环化反应选择规则如下表：

共轭体系 π-电子数	反应条件	旋转方式
$4n$	加热 光照	顺旋 对旋
$4n+2$	加热 光照	对旋 顺旋

旋转方式的不同，决定了共轭体系两端的取代基在成环或开环后的空间取向，即立体专一性。

2. 环加成反应

两个或多个带有双键、共轭双键或偶极子的分子间相互作用，形成两个新的 σ 键，并形成环状化合物的反应，称为环加成反应。环加成反应也是可逆的。

前线轨道理论指出，环加成反应发生时，一个分子的 HOMO 轨道与另一个分子的 LUMO 轨道相互作用，电子由 HOMO 轨道流向 LUMO 轨道；两个相互作用的轨道在能量上越接近越有利；相互作用的两个轨道在相互作用形成 σ 键时，相互重叠的轨道的位相必须相同才能有效重叠成键。

环加成反应选择规则如下表：

参加反应的 π-电子数	**4n+2 [4+2]**	**4n [2+2]**
反应条件	加热	光照
HOMO		
LUMO		

由于两个 σ 键同时生成(协同),两端原子上取代基在空间的取向在反应物和产物中保持一致,导致其产物的立体专一性。

3. σ 键迁移反应

一个以 σ 键连接的原子或基团,从共轭体系的一端的 α-碳原子上迁移到共轭体系中的另一个原子上,同时伴随共轭体系 π 键的迁移。

$$\underset{1}{CH_2}(G)\underset{2}{CH}{=}\underset{3}{CH}{-}\underset{4}{CH}{=}\underset{5}{CH}{-}\underset{6}{CH}{=}\underset{7}{CH_2}$$

[1,3]-σ- 迁移 →

$$\underset{1}{CH_2}{=}\underset{2}{CH}{-}\underset{3}{CH}(G){-}\underset{4}{CH}{=}\underset{5}{CH}{-}\underset{6}{CH}{=}\underset{7}{CH_2}$$

[1,5]-σ- 迁移 →

$$\underset{1}{CH_2}{=}\underset{2}{CH}{-}\underset{3}{CH}{=}\underset{4}{CH}{-}\underset{5}{CH}(G){-}\underset{6}{CH}{=}\underset{7}{CH_2}$$

[3,3]-σ-迁移

Cope 重排

$$\begin{matrix} CH_3\overset{1}{C}H\overset{2}{C}H{=}\overset{3}{C}H_2 \\ | \\ CH_3\underset{1'}{C}H\underset{2'}{C}H{=}CH_2 \end{matrix} \xrightarrow{\triangle} \begin{matrix} CH_3\overset{1}{C}H{=}\overset{2}{C}H\overset{3}{C}H_2 \\ | \\ CH_3\underset{1'}{C}H{=}\underset{2'}{C}H\underset{3'}{C}H_2 \end{matrix}$$

Claisen 重排

$$\begin{matrix} \overset{1}{C}H_2\overset{2}{C}H{=}\overset{3}{C}H_2 \\ | \\ \underset{1'}{O}{-}\underset{2'}{C}H{=}\underset{3'}{C}H_2 \end{matrix} \xrightarrow{\triangle} \begin{matrix} \overset{1}{C}H_2{=}\overset{2}{C}H\overset{3}{C}H_2 \\ | \\ \underset{1'}{O}{=}\underset{2'}{C}H\underset{3'}{C}H_2 \end{matrix}$$

前线轨道理论指出,发生迁移的 σ 键以均裂的方式形成一个氢原子自由基或碳自由基,同时产生一个类似烯丙基自由基的共轭体系,[1,j]-σ 键迁移可看作是一个氢原子自由基或碳自由基在一个含奇数碳自由基的共轭体系上移动完成;迁移在含奇数碳自由基共轭体系的 HOMO 轨道上进行,迁移后形成键的重叠轨道位相是否相同决定反应是否发生，导致产物的立体专一性。

[1,j]-σ 键迁移选择规则如下表：

反应类型	[1,5]-氢迁移	[1,5]-碳迁移	[1,3]-碳迁移
过渡态	戊二烯自由基	戊二烯自由基	烯丙基自由基
对称性	同面	同面	异面
构型		保持	翻转

[3,3]-σ-键迁移则经过六元环状椅式过渡态。

习　题

一、选择题

1. 根据前线轨道理论判断下列反应是（　　）。

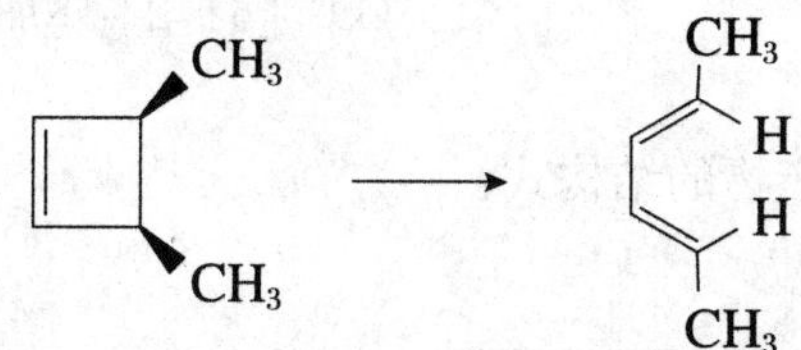

（A）加热顺旋开环　　（B）加热对旋开环
（C）光照顺旋开环　　（D）光照对旋开环

2. 根据 HOMO 轨道对称性判断下列反应是（　　）。

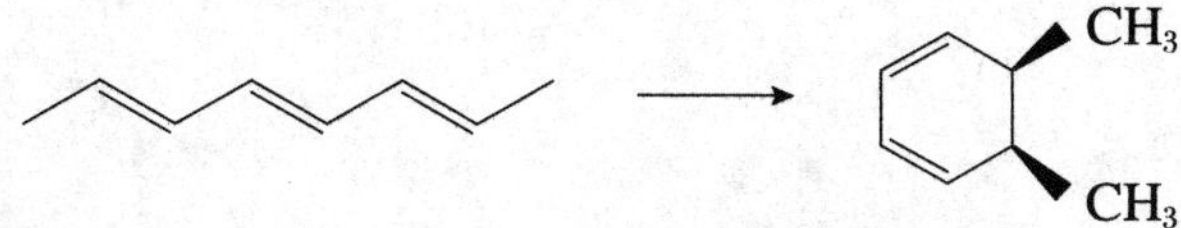

（A）加热顺旋关环　　（B）加热对旋关环
（C）光照顺旋关环　　（D）光照对旋关环

3. 根据下列反应的产物判断该反应是(　　)。

CD_3　　　△　　　CD_2

CH_2　　　　　　CH_2D

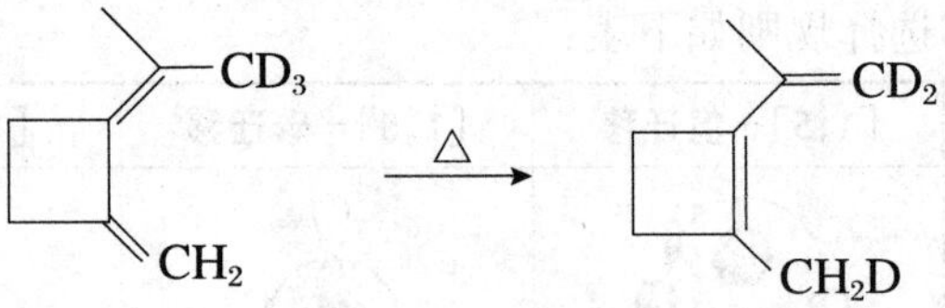

(A) [1,3]-D 迁移　　(B) [1,5]-H 迁移

(C) [1,3]-H 迁移　　(D) [1,5]-D 迁移

4. 根据下列反应的产物判断该反应是(　　)。

CH_3

△

CH_3

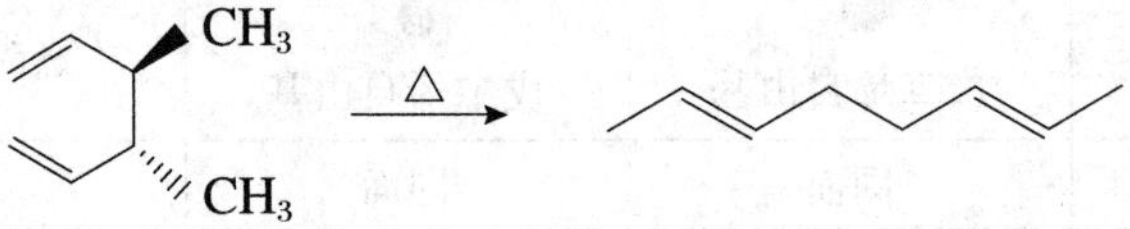

(A) [3,3]-迁移　　(B) 顺旋关环再开环

(C) [1,3]-迁移　　(D) 对旋关环再开环

5. 根据下列反应的产物判断该反应是(　　)。

O + 　△　 O

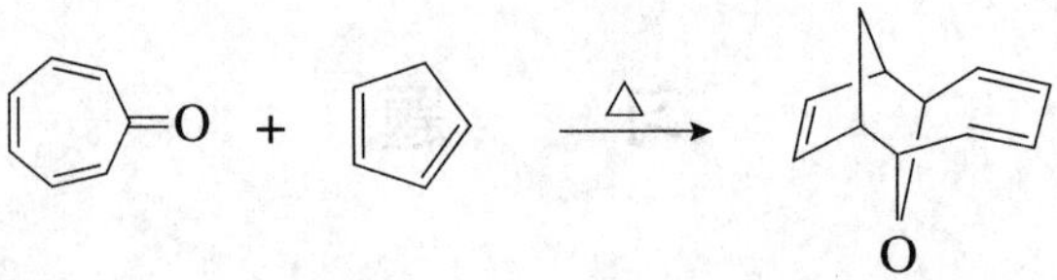

(A) [2+2]-环加成　　(B) [4+2]-环加成

(C) [6+4]-环加成　　(D) [6+2]-环加成

二、填空题

给出下列反应主要产物的结构式：

1. 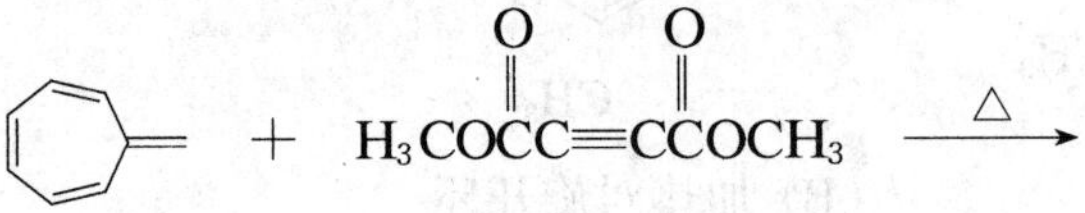 + $H_3COCC{\equiv}CCOCH_3$ $\xrightarrow{\triangle}$

2. 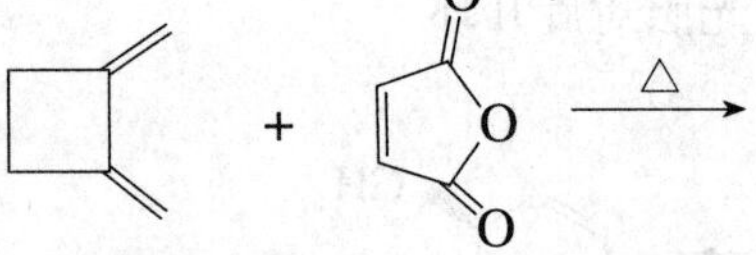 + (O, O, O) $\xrightarrow{\triangle}$

3. (H, H) $\xrightarrow{\triangle}$

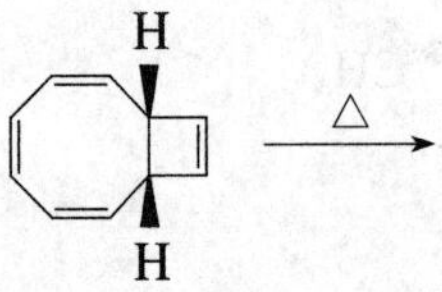

4. 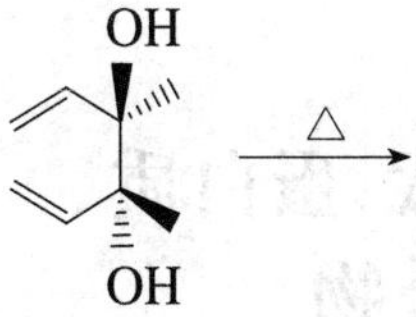 OH、OH 取代二烯 $\xrightarrow{\triangle}$

5. 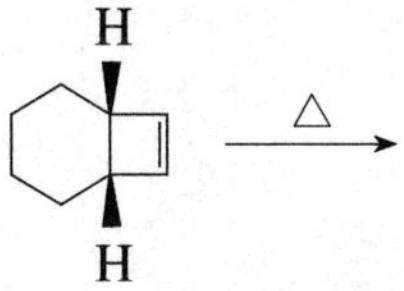 $\xrightarrow{\triangle}$

给出下列反应所需的主要试剂和条件：

6. 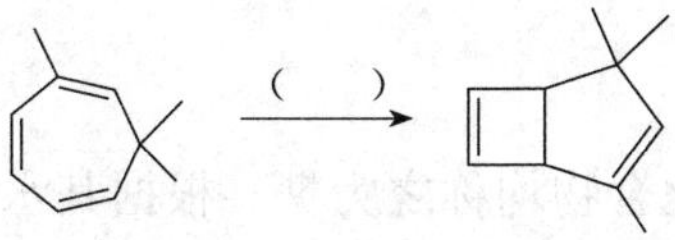 $\xrightarrow{(\quad)}$

7. 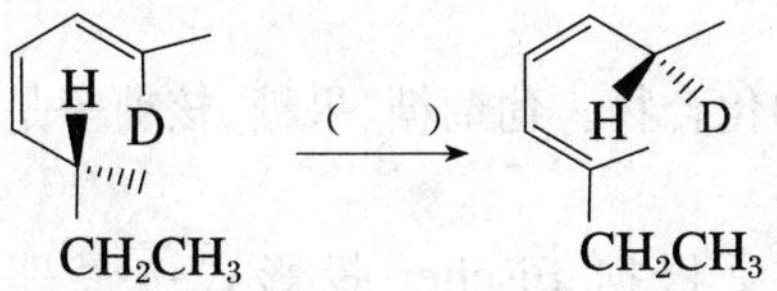 H D CH_2CH_3 $\xrightarrow{(\quad)}$ H D CH_2CH_3

8. 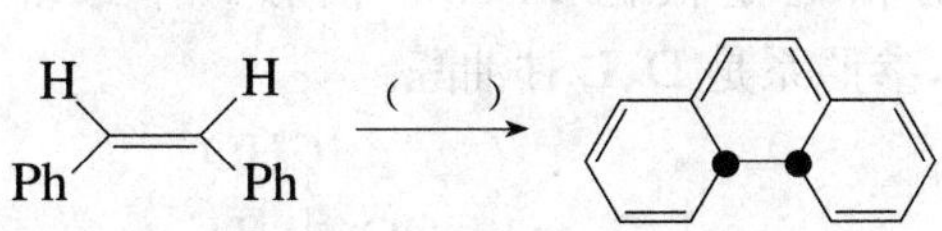 H H Ph Ph $\xrightarrow{(\quad)}$

9. 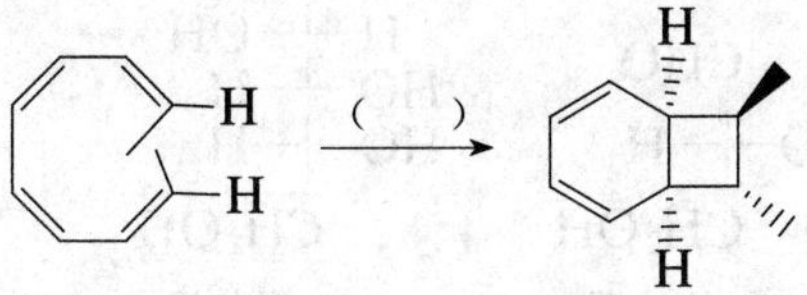 H H $\xrightarrow{(\quad)}$ H H

10. 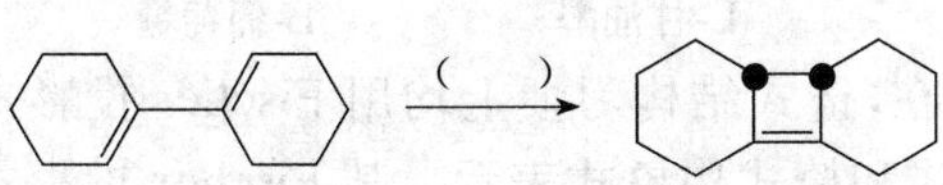 $\xrightarrow{(\quad)}$

第十五章　生物分子：糖、氨基酸、多肽、蛋白质、核酸、类脂、萜类、甾族化合物

一、糖

1. 单糖的结构特点

多羟基醛、酮或水解能最终生成这类醛、酮的化合物均称之为糖。根据其水解产物不同，糖分为单糖、寡糖和多糖。

单糖是不能再继续水解生成更小糖分子的化合物。葡萄糖、果糖、核糖等是自然界广泛存在也最为重要的单糖。

单糖分为 D、L 两大系列，其划分依据是根据 Fischer 投影式中最邻近 CH_2OH 基团的一个手性碳原子的构型，参照系是 D、L 甘油醛。

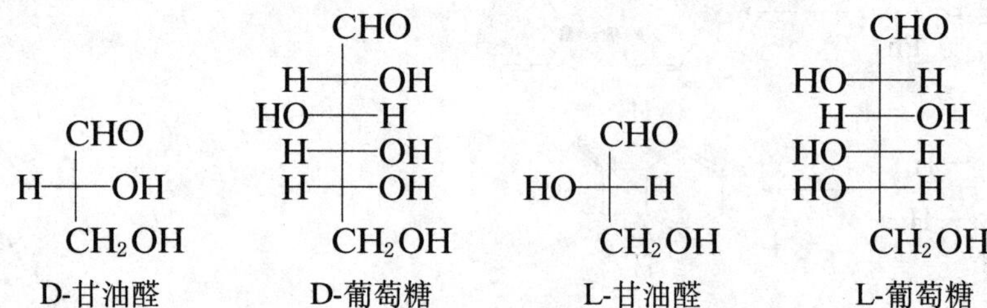

D-甘油醛　　D-葡萄糖　　L-甘油醛　　L-葡萄糖

单糖可以链式或环状结构形式存在，链式结构习惯上均用 Fischer 投影式表示，而环状结构一般用 Haworth 透视式和椅式构象式表示。其 Fischer 投影式中的氢原子可略去，也可只用一短线表示羟基。

D-(+)-葡萄糖的 Fischer 投影式

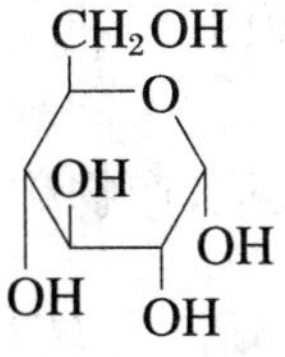

α-D-(+)-葡萄糖 β-D-(+)-葡萄糖 α-D-(+)-葡萄糖 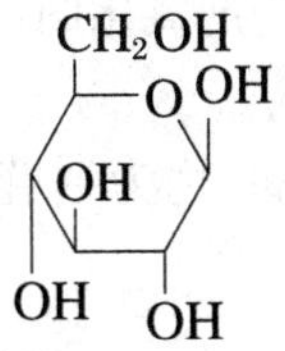 β-D-(+)-葡萄糖

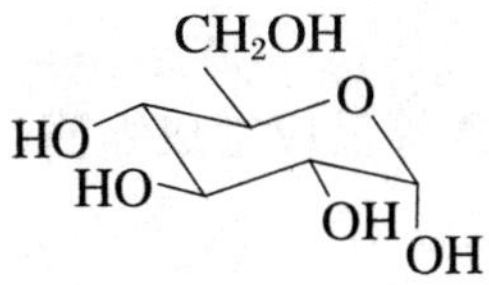

D-(+)-葡萄糖的 Haworth 透视式 D-(+)-葡萄糖的优势构象

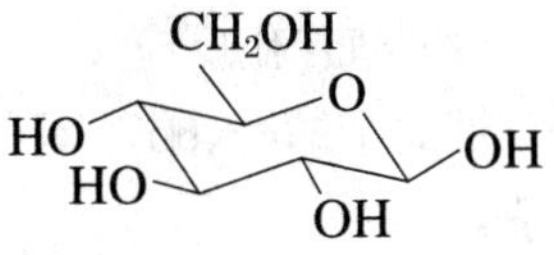

其环状结构是形成分子内的半缩醛结果，其半缩醛羟基有两种结构，分别标记为α-羟基、β-羟基及α-葡萄糖、β-葡萄糖，在其椅式构象中可清楚看出β-羟基在平伏键，α-羟基在直立键。半缩醛羟基活性较其他羟基活性高。

2. 双糖的结构特点

双糖也称为二糖，因其水解后生成两分子的单糖，如蔗糖、乳糖、麦芽糖、纤维二糖等。双糖都是通过醚氧键相连，一般醚氧键至少来自一个半缩醛或半缩酮羟基。双糖结构一般用 Haworth 透视式和椅式构象式表示。

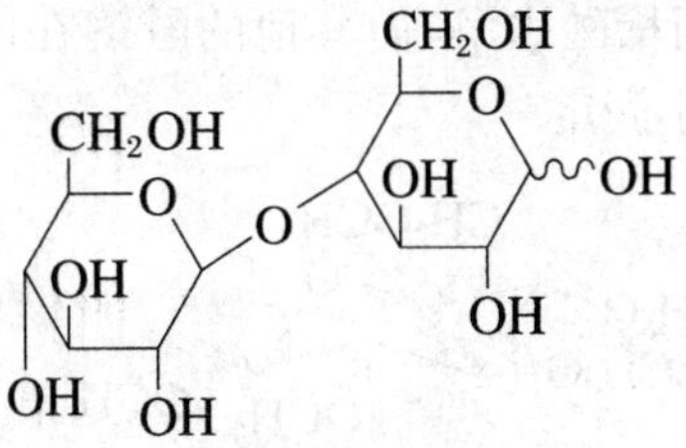

Haworth 透视式 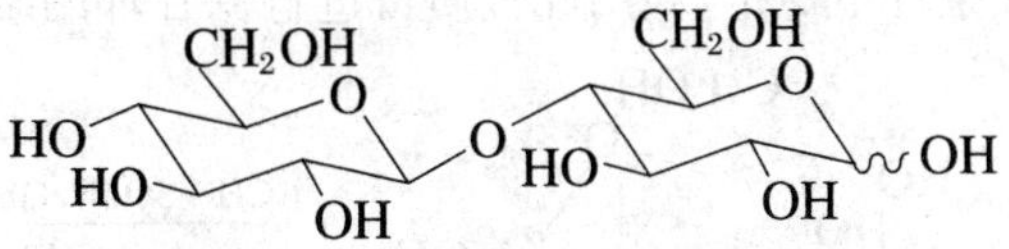 椅式构象式

3. 糖的化学性质

（1）糖的差向异构化

单糖具有邻羰基醇结构，α-H 较为活泼，易发生酮式-烯醇式互变异构，从而发生差向异构化。

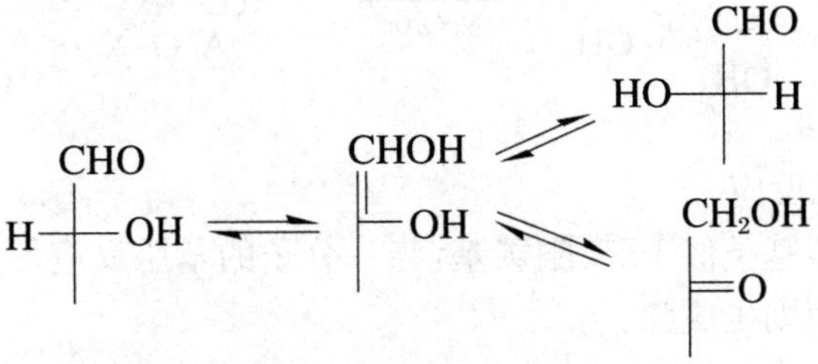

差向异构化是发生变旋光现象、酮糖易被弱氧化剂氧化的本质原因。

(2) 糖苷化反应

糖的半缩醛、酮羟基与醇等反应生成缩醛、缩酮，称为糖苷化反应，产物称为糖苷。

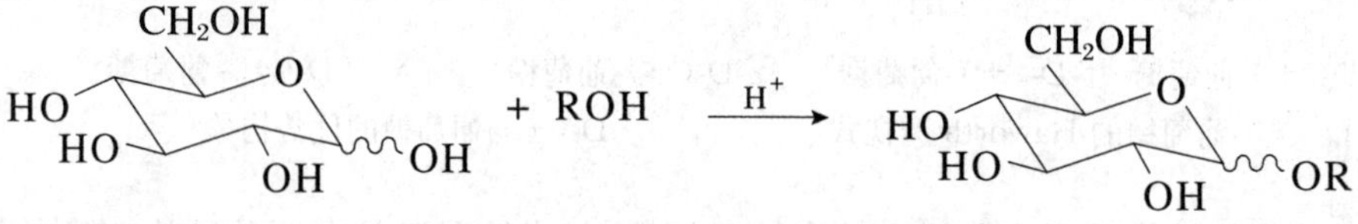

反应在酸(无水 HCl)催化下进行，一般得到 α-差向异构体、β-差向异构体混合物；糖苷键在碱性条件下稳定，酸性水溶液中会水解；糖苷键生成，阻止了环状结构与开链结构间的转化，也不会再发生变旋光现象。

(3) 甲基化反应

通过 Williamson 成醚反应可以使糖的所有羟基形成醚。糖在 NaOH 存在下与$(CH_3)_2SO_4$ 反应或在 Ag_2O 存在下与 CH_3I 反应均可得到相应的甲醚，称为甲基化反应。所有羟基成醚后，苷键活性较高，可以用稀酸水解，而其他的醚键在同样条件下稳定，利用此性质可进行糖苷环的结构大小测定。

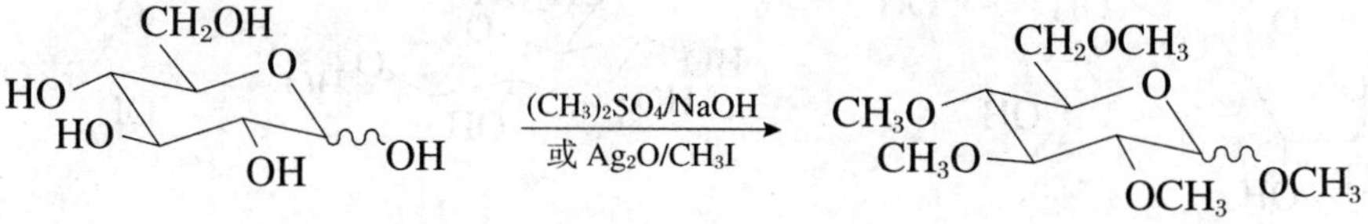

(4) 酰基化反应

糖分子中的羟基类似于醇羟基可发生酰基化反应生成酯，酸酐或酰卤是常用的酰基化试剂，所有羟基均可酰基化。

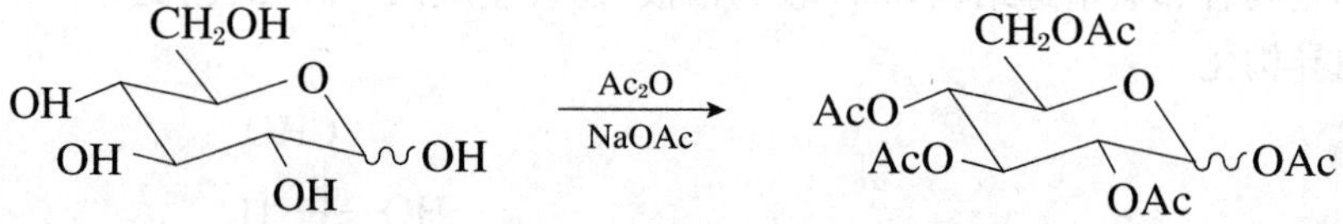

(5) 生成糖脎反应

糖分子中的羰基类似于醛、酮羰基，与一分子的苯肼反应得到相应苯腙，继续与过量的苯肼作用则生成脎。

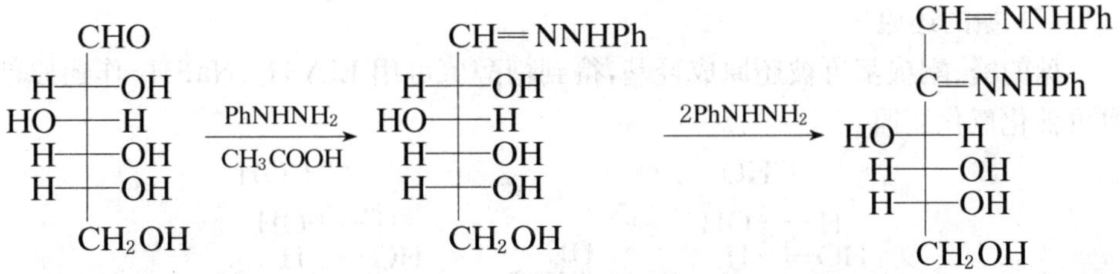

CHO / H—OH / HO—H / H—OH / H—OH / CH_2OH $\xrightarrow[CH_3COOH]{PhNHNH_2}$ CH═NNHPh / H—OH / HO—H / H—OH / H—OH / CH_2OH $\xrightarrow{2PhNHNH_2}$ CH═NNHPh / C═NNHPh / HO—H / H—OH / H—OH / CH_2OH

苯腙和糖脎都可形成很好的结晶,用来进行单糖的鉴定。

(6) 糖的氧化

弱氧化剂氧化:Tollens 试剂、Fehling 试剂、Benedict 试剂等 Ag(Ⅰ)、Cu(Ⅱ)试剂均可将醛、酮糖及其半缩醛、酮氧化成相应的糖酸。

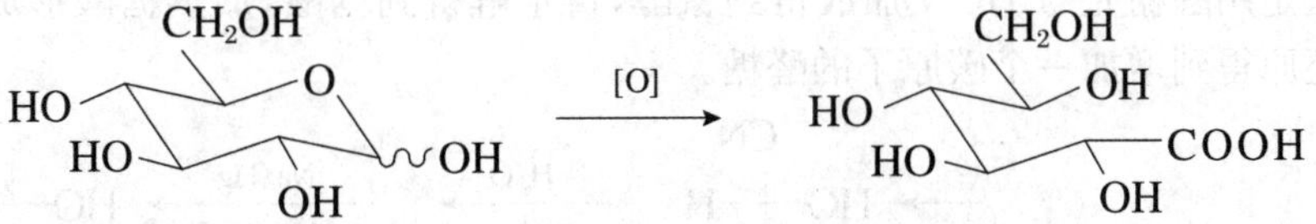

$\xrightarrow{[O]}$ (吡喃糖 → 糖酸:CH_2OH, OH, HO, HO, COOH, OH)

溴水氧化和硝酸氧化:溴水可将醛糖氧化为糖酸,酮糖不被氧化;硝酸可将醛糖氧化为糖二酸。

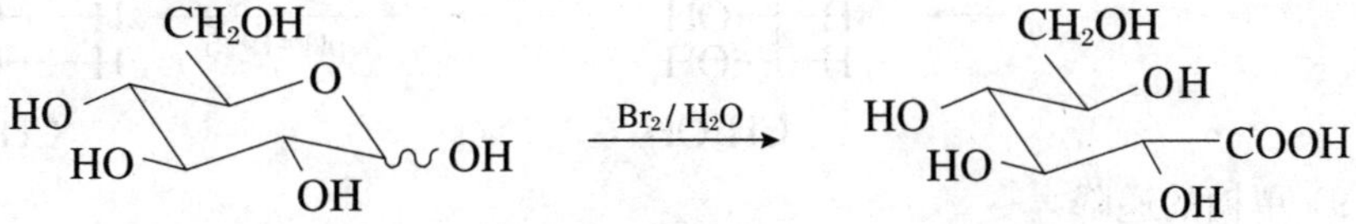

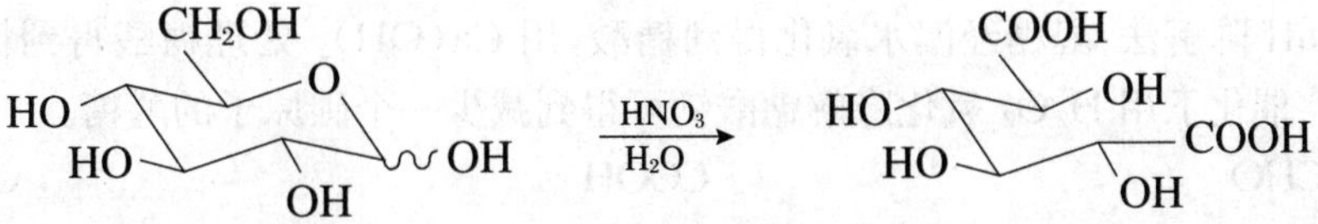

$\xrightarrow{Br_2/H_2O}$ (吡喃糖 → 糖酸:CH_2OH, OH, HO, HO, COOH, OH)

$\xrightarrow[H_2O]{HNO_3}$ (吡喃糖 → 糖二酸:COOH, OH, HO, HO, COOH, OH)

高碘酸(HIO_4)氧化:糖具有典型的邻二醇和邻羰基醇结构,故被高碘酸氧化断链,生成甲酸和甲醛,据此可进行糖结构的推测。

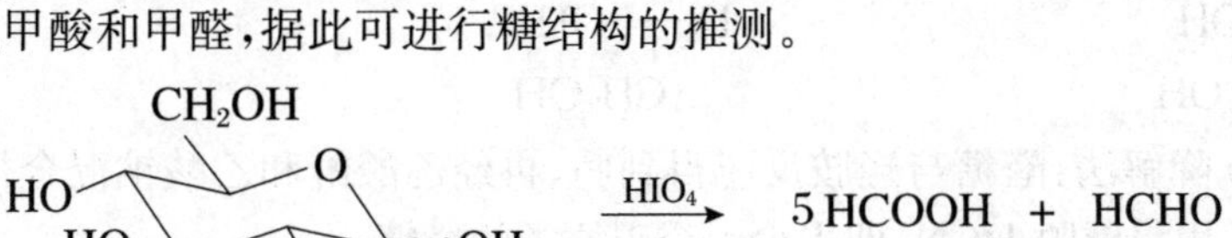

$\xrightarrow{HIO_4}$ 5 HCOOH + HCHO

(7) 糖的还原

糖的醛、酮羰基可被还原成羟基，得到糖醇。可用 $LiAlH_4$、$NaBH_4$ 作还原剂，也可催化氢化还原。

CHO
H—|—OH
HO—|—H
H—|—OH
H—|—OH
CH_2OH

$\xrightarrow{[H]}$

CH_2OH
H—|—OH
HO—|—H
H—|—OH
H—|—OH
CH_2OH

(8) 单糖的递增

单糖可经一系列反应得到增加一个碳原子的单糖，称为单糖的递增。最有效的方法是用醛糖先与 HCN 加成得到氰醇，再水解得到糖酸，加热糖酸形成内酯，再经还原得到增加一个碳原子的醛糖。

CHO
H—|—OH
CH_2OH

$\xrightarrow{HCN}$

CN
HO—|—H
H—|—OH
CH_2OH
$\xrightarrow[\triangle]{H_3^+O}$ $\xrightarrow[pH=3\sim5]{Na/Hg}$
CHO
HO—|—H
H—|—OH
CH_2OH

CN
H—|—OH
H—|—OH
CH_2OH
$\xrightarrow[\triangle]{H_3^+O}$ $\xrightarrow[pH=3\sim5]{Na/Hg}$
CHO
H—|—OH
H—|—OH
CH_2OH

(9) 单糖的递降

单糖可经一系列反应得到减少一个碳原子的单糖，称为单糖的递降。

Ruff 降解法：醛糖经溴水氧化得到糖酸，用 $Ca(OH)_2$ 处理糖酸得到糖酸钙，在 Fe^{3+} 催化下用 H_2O_2 氧化降解糖酸钙可得到减少一个碳原子的醛糖。

CHO
H—|—OH
HO—|—H
H—|—OH
H—|—OH
CH_2OH

$\xrightarrow{Br_2/H_2O}$

COOH
H—|—OH
HO—|—H
H—|—OH
H—|—OH
CH_2OH

$\xrightarrow[②H_2O_2/Fe^{3+}]{①Ca(OH)_2}$

CHO
HO—|—H
H—|—OH
H—|—OH
CH_2OH

Wolh 降解法：醛糖与羟胺反应得到肟，再经乙酸酐和乙酸钠混合加热脱水得到腈，然后用强碱脱 HCN，即得少一个碳原子的醛糖。

$$\begin{array}{c}CHO\\ H-\!\!\!\!-OH\\ HO-\!\!\!\!-H\\ H-\!\!\!\!-OH\\ H-\!\!\!\!-OH\\ CH_2OH\end{array}\xrightarrow{NH_2OH}\begin{array}{c}CH{=}NOH\\ H-\!\!\!\!-OH\\ HO-\!\!\!\!-H\\ H-\!\!\!\!-OH\\ H-\!\!\!\!-OH\\ CH_2OH\end{array}\xrightarrow[AcONa]{Ac_2O}\begin{array}{c}CN\\ H-\!\!\!\!-OH\\ HO-\!\!\!\!-H\\ H-\!\!\!\!-OH\\ H-\!\!\!\!-OH\\ CH_2OH\end{array}\xrightarrow[MeOH]{MeONa}\begin{array}{c}CHO\\ HO-\!\!\!\!-H\\ H-\!\!\!\!-OH\\ H-\!\!\!\!-OH\\ CH_2OH\end{array}$$

4. 多糖的结构特点

淀粉和纤维素是自然界存在最为广泛也是最多的多糖。直链淀粉是葡萄糖经 α-1,4′-糖苷键相连形成的大分子，纤维素是β-1,4′-糖苷键相连形成的大分子，直链淀粉除含 α-1,4′-糖苷键外还有 α-1,6′-糖苷键。环糊精则是由六、七、八个 α-D-吡喃葡萄糖以 α-1,4′-糖苷键首尾相连形成的环状结构分子。水溶性淀粉遇到碘呈蓝色；纤维素衍生化可得到具有不同性质的衍生物；环糊精空腔具有特异性。

二、氨基酸、多肽和蛋白质

1. 氨基酸结构特征

氨基取代羧酸简称氨基酸，是构成生物活性肽及蛋白质的基本结构单元。虽然自然界蛋白质种类非常繁多，但都主要是由 20 种 L-构型的 α-氨基酸组成，这 20 种 L-构型的 α-氨基酸的差别仅在于 α-位侧链或取代基不同。

根据 α-位侧链等不同，20 种天然氨基酸分为脂肪族、芳香族、杂环族三类；按照其氨基和羧基的数目分为酸性、中性、碱性三类。

2. 氨基酸性质

（1）酸碱性和等电点

α-氨基酸具有碱性的氨基和酸性的羧基，在结晶状态或接近中性的水溶液中，氨基酸不是以游离的氨基和羧基形式存在，而是离解成两性离子，即氨基以质子化氨基形式存在，羧基以羧酸根负离子形式存在。在水溶液中，氨基和羧基同时发生电离，电离程度则与溶液的 pH 值密切相关，pH 值较低时抑制羧基的离解，反之 pH 值较高时抑制氨基的离解，在该两种情况下，氨基酸均可发生电泳现象。当 pH 值调节至氨基酸完全以两性离子形式存在时，在电场中氨基酸不会发生电泳，此时溶液 pH 值称为该氨基酸的等电点(pI)。

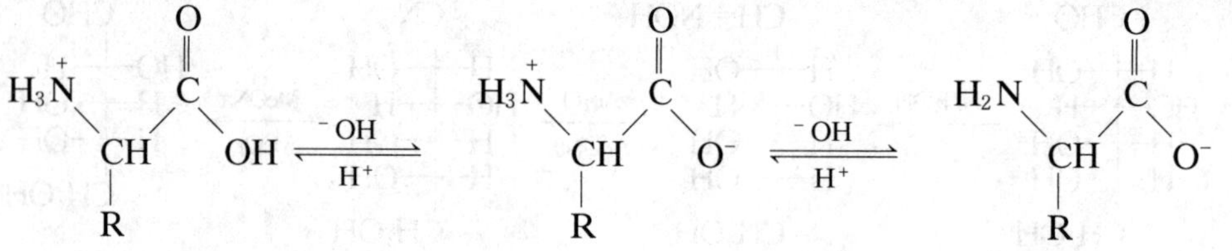

$$\mathrm{H_3\overset{+}{N}CH(R)COOH} \underset{H^+}{\overset{^-OH}{\rightleftharpoons}} \mathrm{H_3\overset{+}{N}CH(R)COO^-} \underset{H^+}{\overset{^-OH}{\rightleftharpoons}} \mathrm{H_2NCH(R)COO^-}$$

pH 值低 pI pH 值高 → pH

(2) 与水合茚三酮显色反应，用于氨基酸的鉴定。

(3) 在酸、碱介质中的消旋化反应，α-H 具有一定活性，易发生酮式-烯醇式互变而消旋化。

(4) 酯化反应，羧基具有的性质。

(5) N-酰基化反应，氨基具有的性质。

(6) 加热或脱水剂促进脱水，生成丙交酰胺。

(7) 脱羧反应。

3. 氨基酸制备

(1) α-卤代酸氨解

(2) Strecker-合成法

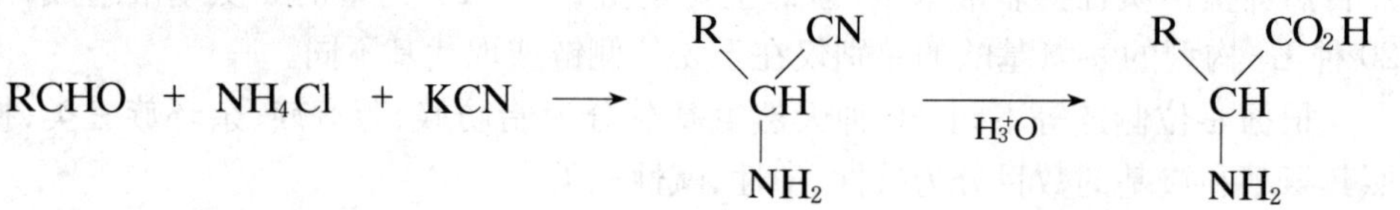

$$\mathrm{RCHO + NH_4Cl + KCN \longrightarrow R{-}CH(CN){-}NH_2 \xrightarrow{H_3^+O} R{-}CH(CO_2H){-}NH_2}$$

(3) 溴代丙二酸酯法

$$\text{邻苯二甲酰亚胺钾(NK)} + \mathrm{BrCH(CO_2C_2H_5)_2} \longrightarrow \text{邻苯二甲酰亚胺}{-}\mathrm{NCH(CO_2C_2H_5)_2} \xrightarrow{①RONa\ ②R'X} \text{邻苯二甲酰亚胺}{-}\mathrm{NC(R')(CO_2C_2H_5)_2} \xrightarrow{①HO^-/H_2O\ ②H_3^+O} \mathrm{R'{-}CH(CO_2H){-}NH_2}$$

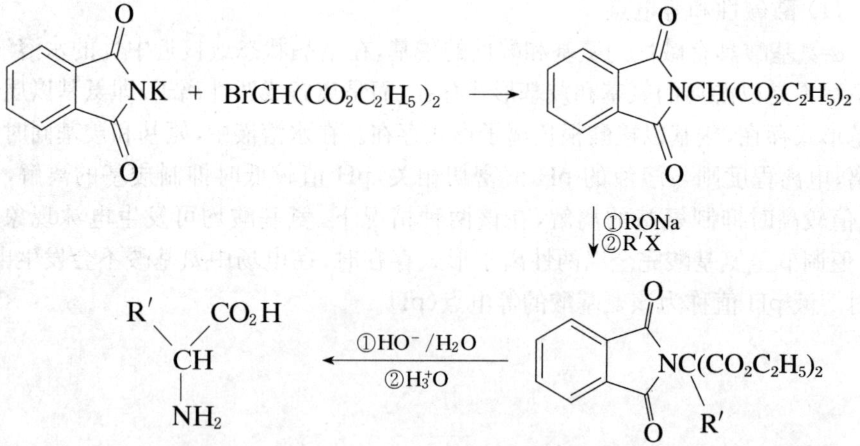

(4) N-酰基丙二酸酯法

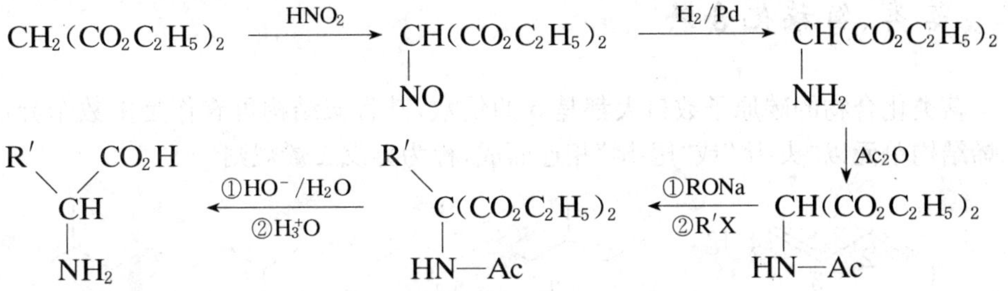

$$CH_2(CO_2C_2H_5)_2 \xrightarrow{HNO_2} CH(CO_2C_2H_5)_2(NO) \xrightarrow{H_2/Pd} CH(CO_2C_2H_5)_2(NH_2) \xrightarrow{Ac_2O} CH(CO_2C_2H_5)_2(HN{-}Ac)$$

$$\xrightarrow[\text{②}R'X]{\text{①}RONa} R'C(CO_2C_2H_5)_2(HN{-}Ac) \xrightarrow[\text{②}H_3^+O]{\text{①}HO^-/H_2O} R'CH(CO_2H)(NH_2)$$

4. 肽键结构

一分子的α-氨基酸的氨基与另一分子氨基酸的羧基之间脱水形成的酰胺键称为肽键,其氮原子上孤对电子与相邻羰基发生共轭作用,使 C—N 键具有部分双键性质,同时降低了氮原子的碱性,阻碍了 C—N 键自由旋转,增强了肽键的刚性。肽键的平面结构对于多肽或蛋白质的三维结构形成具有重要影响。

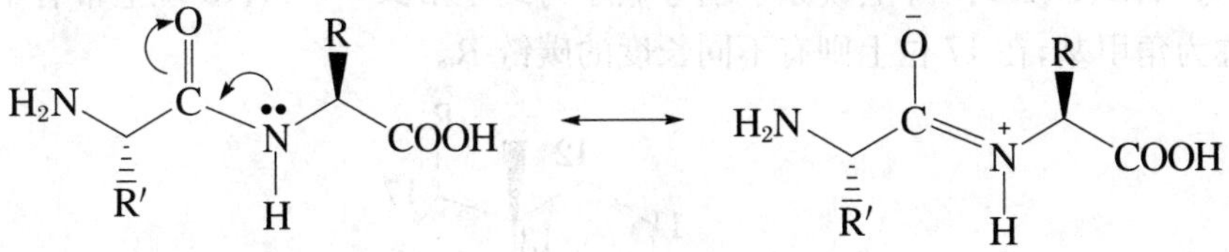

$$H_2N{-}CHR'{-}C(=O){-}\ddot{N}H{-}CHR{-}COOH \longleftrightarrow H_2N{-}CHR'{-}C(O^-){=}\overset{+}{N}H{-}CHR{-}COOH$$

5. 多肽一级结构测定

氨基酸分析:多肽或蛋白质在酸催化下完全水解,色谱分离,与标准氨基酸对照。

氨基酸残基序列测定:N-端氨基鉴定;C-端氨基酸测定。

6. 多肽合成

化学合成法:N-端的保护与脱保护;C-端的保护与脱保护。

固相合成法:将欲合成肽链的 C-端氨基酸的羧基通过共价键连接在一不溶性的高分子树脂上,然后以该氨基酸为起点,经过脱氨基保护基并与过量的活化羧基组分反应延伸肽链,重复"缩合—洗涤—脱保护—中和和洗涤—下一氨基酸缩合"过程。

酶促合成法:利用蛋白水解酶水解肽键的逆转反应形成肽键,具有立体专一性强、反应条件温和、氨基酸侧链官能团不必保护的特点。

三、萜类、甾族化合物

萜类化合物的碳原子数目大都是 5 的倍数，其骨架结构可看作是由数个异戊二烯结构单元以“头-尾”或“尾-尾”相连而成，称为异戊二烯规则。

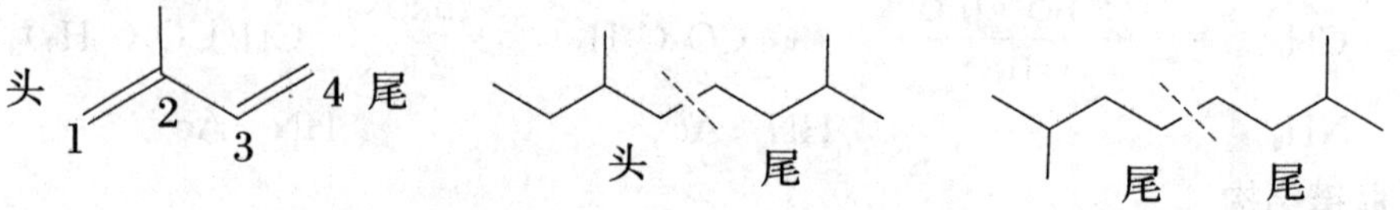

头 1 2 3 4 尾　　头 尾　　尾 尾

根据骨架可分为开链萜、单环萜、双环萜；根据异戊二烯单元数目可分为单萜（两个异戊二烯单元 C_{10}）、倍半萜（三个异戊二烯单元 C_{15}）等等。

甾族化合物都含有一个环戊烷并氢化菲的母体骨架，该四个环自左向右依次标记为 A、B、C、D 环，环上碳原子编号顺序为约定形式，在 10、13 位上常有甲基取代，称为角甲基，在 17 位上则有不同长度的碳链 R。

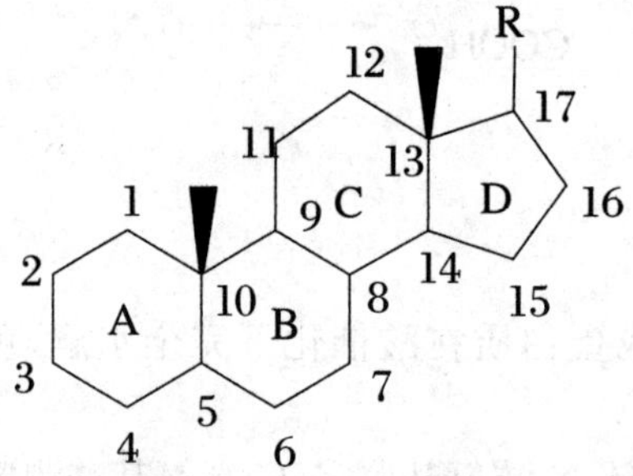

R 12 17 11 13 1 9 C D 16 2 10 B 8 14 15 A 3 7 5 4 6

碳正离子重排反应是萜、甾族类化合物在反应中常伴随发生的过程。

习　题

一、选择题

1. 下列所示碳水化合物属于非还原性糖的是(　　)。

　(A) 葡萄糖　　(B) 蔗糖　　(C) 果糖　　(D) 麦芽糖

2. 下列所示化合物中能还原 Fehiling 试剂的是(　　)。

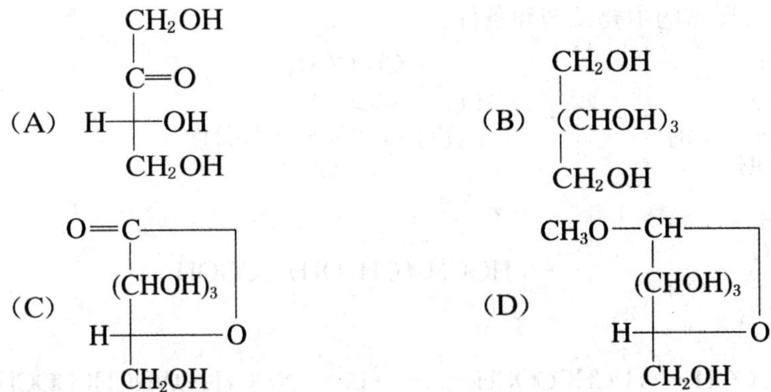

3. 下列所示氨基酸中等电点值最大的是(　　)。

(A) 甘氨酸　　(B) 苯丙氨酸　　(C) 精氨酸　　(D) 谷氨酸

4. 下列所示碱基配对方式不正确的是(　　)。

(A) G≡C　　(B) A═T　　(C) A═U　　(D) T═U

5. 萜类化合物的基本结构单元是(　　)。

(A) 1,3-丁二烯　　(B) 1,3-戊二烯　　(C) 1,4-戊二烯　　(D) 异戊二烯

二、填空题

给出下列反应主要产物的结构式：

1. 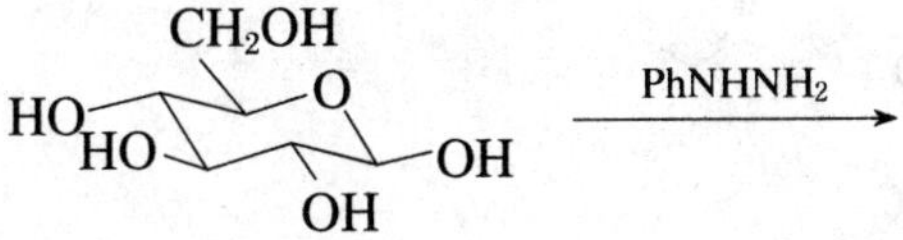 CH_2OH, O, HO, HO, OH, OH $\xrightarrow{PhNHNH_2}$

2. CH_2OH, O, HO, HO, OH, OH $\xrightarrow[HCl]{CH_3OH}$

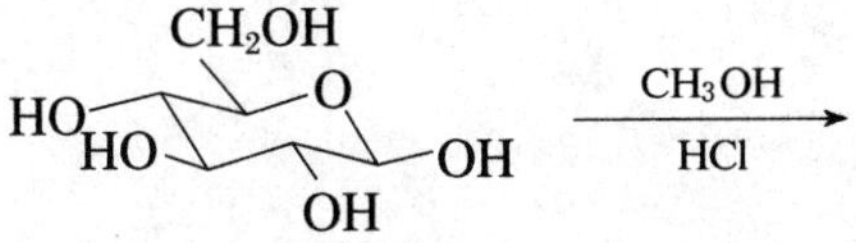

3. 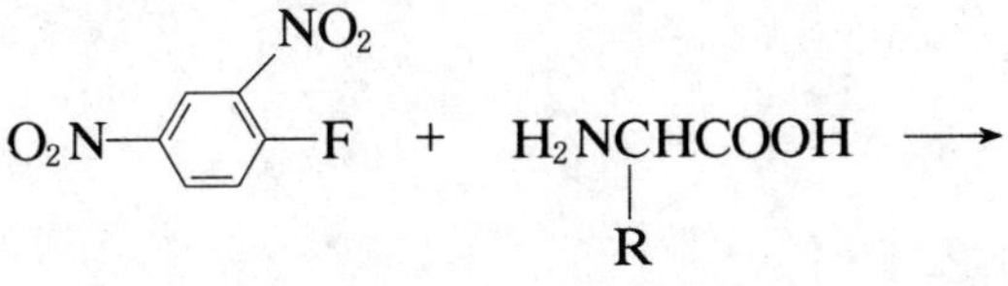 O_2N—(苯环, NO_2)—F + $H_2NCHCOOH$ (R) $\longrightarrow$

4.  (苯环)—CH_2CHO + HCN + NH_3 $\xrightarrow{\triangle}$

5. 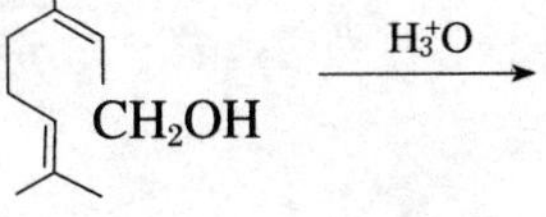 CH_2OH $\xrightarrow{H_3^+O}$

给出下列反应所需的主要试剂和条件：

1. β-D-吡喃葡萄糖（CH_2OH；HO、HO、OH、OH）$\xrightarrow{(\quad)}$ 甲基化产物（CH_2OCH_3；CH_3O、CH_3O、OCH_3、OCH_3）

2. β-D-吡喃葡萄糖（CH_2OH；HO、HO、OH、OH）$\xrightarrow{(\quad)}$ $HOCH_2(CH(OH))_4COOH$

3. $\text{Boc—NHCHCOOH} + \text{NH}_2\text{CHCOOCH}_3 \xrightarrow{(\quad)} \text{Boc—NHCHCONHCHCOOCH}_3$（R、R′ 为取代基）

4. 甾体 5,7-二烯-3-醇（R）$\xrightarrow{(\quad)}$ 开环三烯（HO、R）

5. 三烯（HO、R）$\xrightarrow{(\quad)}$ 维生素D型产物（HO、R）

参考答案

第一章　绪　　论

一、选择题

1.（B） 2.（D） 3.（A） 4.（B） 5.（C） 6.（D） 7.（C） 8.（C） 9.（C） 10.（B） 11.（D） 12.（B）

第二章　烷烃和环烷烃

一、选择题

1.（B） 2.（A） 3.（C） 4.（A） 5.（A） 6.（D） 7.（D） 8.（D） 9.（B） 10.（D） 11.（B） 12.（D） 13.（D） 14.（B）

二、填空题

1. 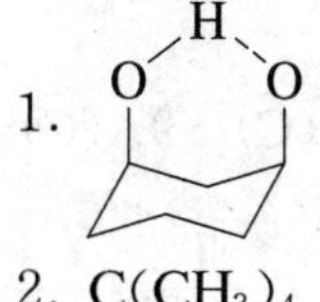

2. $C(CH_3)_4$

第三章　烯　　烃

一、选择题

1.（B） 2.（A） 3.（D） 4.（C） 5.（D） 6.（A） 7.（C） 8.（C） 9.（D） 10.（C） 11.（D） 12.（B） 13.（D） 14.（C）

第四章　二烯烃和炔烃

一、选择题

1.（C） 2.（A） 3.（D） 4.（A） 5.（B） 6.（C） 7.（B） 8.（C） 9.（A）

10.（D） 11.（D）

二、填空题

1. 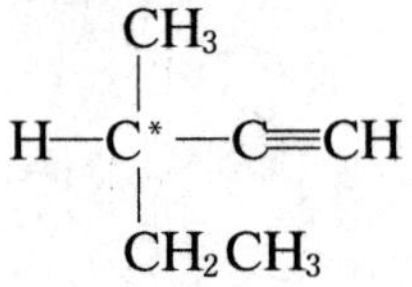 $H-\overset{\displaystyle CH_3}{\underset{\displaystyle CH_2CH_3}{\overset{|}{\underset{|}{C^*}}}}-C{\equiv}CH$

2. 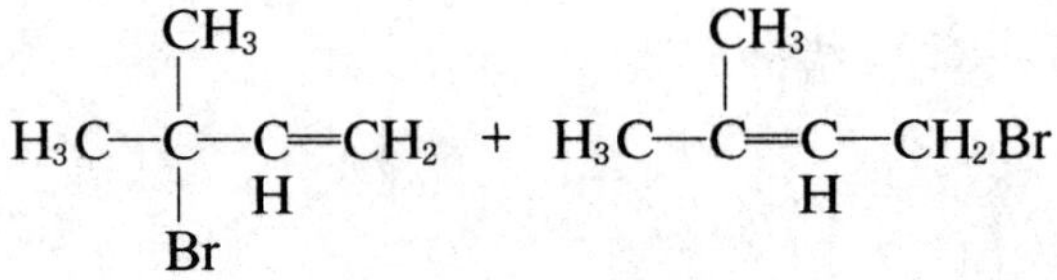 $H_3C-\overset{\displaystyle CH_3}{\underset{\displaystyle Br}{\overset{|}{\underset{|}{C}}}}-\underset{H}{C}{=}CH_2$ + $H_3C-\overset{\displaystyle CH_3}{\overset{|}{C}}{=}\underset{H}{C}-CH_2Br$

第五章　卤　代　烃

一、选择题

1.（A） 2.（C） 3.（D） 4.（D） 5.（D） 6.（D） 7.（B） 8.（D） 9.（B）
10.（D） 11.（C） 12.（B） 13.（D） 14.（D）

第六章　芳　香　烃

一、选择题

1.（D） 2.（A） 3.（A） 4.（D） 5.（D） 6.（C） 7.（B） 8.（C） 9.（C）
10.（D） 11.（C） 12.（A）

二、填空题

1. 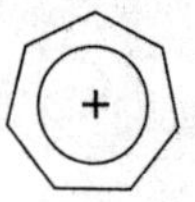 （环庚三烯正离子结构式，环内标 +） Br^-

2. 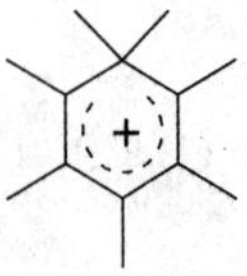 （七甲基苯正离子结构式，环内标 +） $AlCl_4^-$

第七章　立体化学

一、选择题

1.（C） 2.（C） 3.（D） 4.（A） 5.（B） 6.（A） 7.（B） 8.（C） 9.（D）

10.（C）

二、填空题

1. 不同的排列方式
2. 不一定
3. 不一定
4. 可能
5. 不一定

第八章　结构解析

一、选择题

1.（D）　2.（B）　3.（A）　4.（A）　5.（D）　6.（B）　7.（D）　8.（C）　9.（C）
10.（A）

二、填空题

1. 200 nm
2. 红移
3. $M+2$ 峰和 $M+4$ 峰
4. 越大
5. 共轭体系

第九章　醇　酚　醚

一、选择题

1.（A）　2.（D）　3.（B）　4.（D）　5.（D）

二、填空题

1. $\begin{array}{l} CH_3\underset{\displaystyle |\atop \displaystyle CH_3}{CH}COONa + CHI_3 \end{array}$

2. $\begin{array}{l} CH_3\underset{\displaystyle |\atop \displaystyle I}{CH}\overset{\displaystyle CH_3\atop \displaystyle |}{CH}CH_3 \end{array}$

$$\begin{array}{l}\quad\quad\quad\quad\ \ CH_3\\ \quad\quad\quad\quad\ \ |\\ 3.\ CH_3CH_2CCH_3\\ \quad\quad\quad\quad\ \ |\\ \quad\quad\quad\quad\ \ Cl\end{array}$$

$$\begin{array}{l}\quad\quad\ \ OH\\ \quad\quad\ \ |\\ 4.\ CH_3CHCH_2CH_2CH_2CH_2OH\end{array}$$

$$\begin{array}{l}\quad\quad\quad\quad\ \ OH\\ \quad\quad\quad\quad\ \ |\\ 5.\ CH_3CH_2CHCH_2CH_2CH_3\end{array}$$

6. $Hg(AcO)_2$/THF—H_2O;$NaBH_4$/HO^-

7. B_2H_6/THF;H_2O_2/HO^-

8. PhONa;Δ

9. $SOCl_2$/吡啶

10. CrO_3/吡啶盐酸盐

第十章 醛 酮 醌

一、选择题

1.(B) 2.(B) 3.(A) 4.(D) 5.(C)

二、填空题

1. 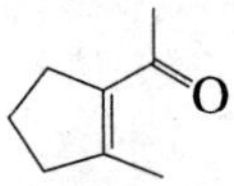 [结构式：1-乙酰基-2-甲基环戊烯]

2. [结构式：八氢萘-1,6-二酮（含C=C双键）]

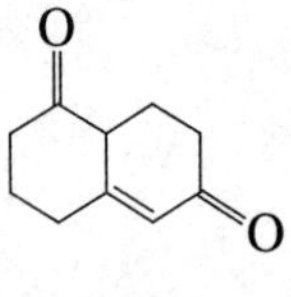

3.  [结构式：1-(氨甲基)环己醇] OH, CH_2NH_2

4. 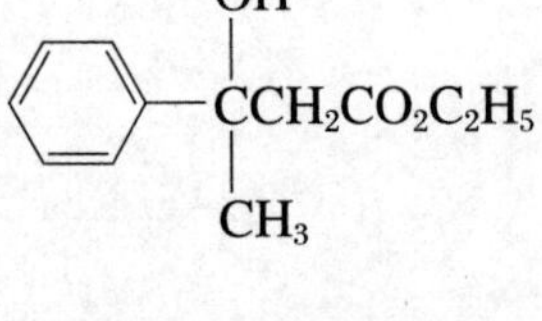
$$\begin{array}{l}\quad\quad\quad\ \ OH\\ \quad\quad\quad\ \ |\\ C_6H_5-CCH_2CO_2C_2H_5\\ \quad\quad\quad\ \ |\\ \quad\quad\quad\ \ CH_3\end{array}$$

5. 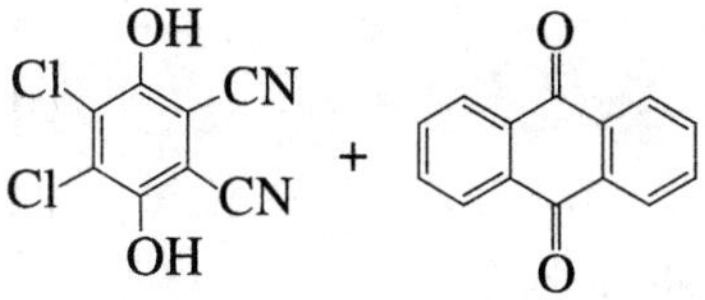 OH, Cl, CN, Cl, CN, OH（苯环） + O, O（蒽醌）

6. RCO_3H

7. H^+

8. $I_2/NaOH$；H_3^+O

9. Zn(Hg)/HCl

10. 5Na/$PhCH_3$；H_3^+O

第十一章　羧酸及其衍生物

一、选择题

1.（B）　2.（D）　3.（A）　4.（C）　5.（C）

二、填空题

1. $CH_3CH_2CH(OH)CH_2COCl$

2. 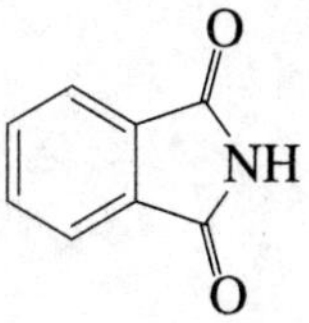 O, NH, O（邻苯二甲酰亚胺）

3. 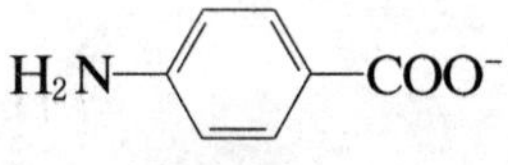 $H_2N-C_6H_4-COO^-$

4. $CH_3CH_2CH(CH_3)CH_2COC_2H_5$

5. 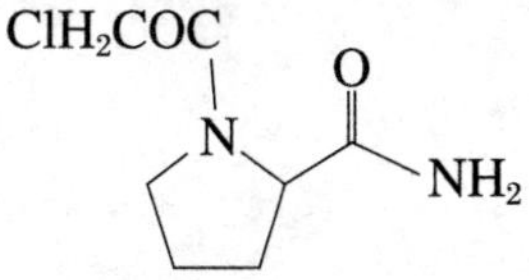 ClH_2COC–N（吡咯烷环）–C(=O)NH_2

6. $LiAlH_4$；PBr_3

7. $H_2/Pd/BaSO_4$/喹啉

8. Cl_2/P

9. $AgO;Br_2/CCl_4;\Delta$

10. $HCN;H_3^+O;\Delta$

第十二章　胺及含氮杂化化合物

一、选择题

1.（B）　2.（C）　3.（C）　4.（A）　5.（D）

二、填空题

1.  $O_2N-C_6H_4-CO_2CH_2CH_2N(C_2H_5)_2$

2. 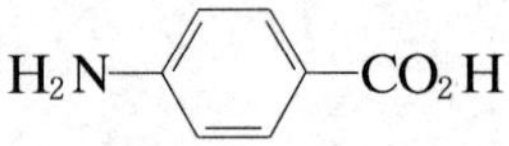 $H_2N-C_6H_4-CO_2H$

3. 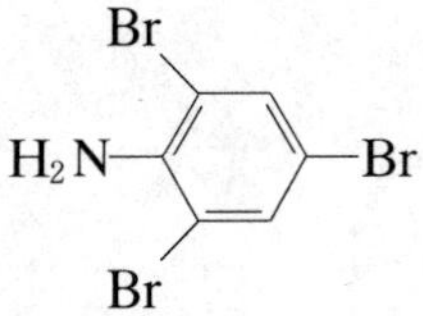 H_2N Br Br Br

4. N

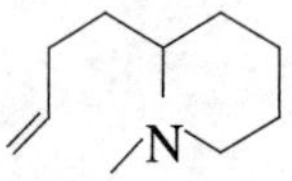

5.

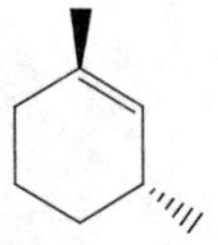

6. Br_2/CS_2

7. $HCN;H_2/Ni$

8. $HCN;H_3^+O$

9. $CH_3NH_2;H_2/Ni$

10. $NaNO_2/H_3^+O$,0℃～5℃;HBF_4

第十三章　杂环化合物

一、选择题

1.（D）　2.（A）　3.（D）　4.（B）　5.（C）

二、填空题

1. 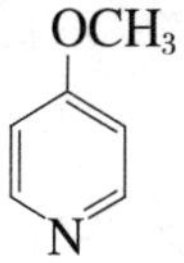 OCH_3 N

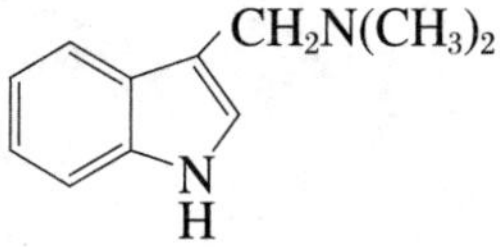

2. $CH_2N(CH_3)_2$ N H

3. N

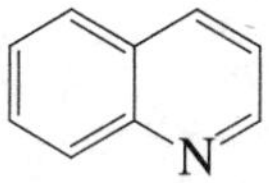

4. 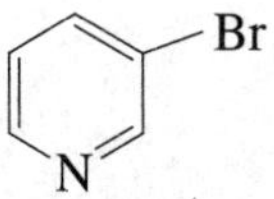 Br N

5. 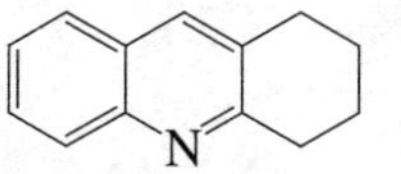 N

6. $ZnCl_2$, Δ
7. $NaOH/C_2H_5OH$
8. $NaNO_2/HCl$; H_3PO_2
9. $PhCOCH_3/PPA/\Delta$
10. $NaNH_2/NH_3(l)$

第十四章　周 环 反 应

一、选择题

1.（D） 2.（B） 3.（D） 4.（A） 5.（C）

二、填空题

1. 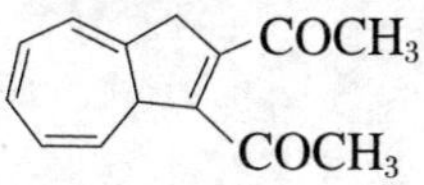 $COCH_3$ $COCH_3$

2. 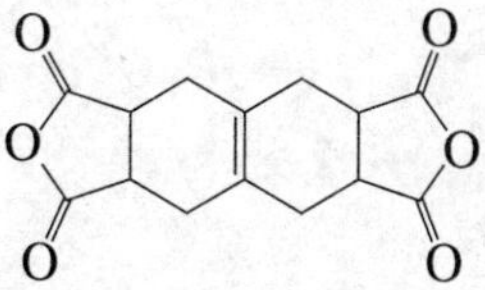 O O O O O O

3. 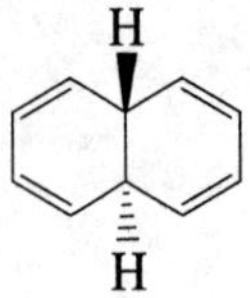 (trans-4a,8a-dihydronaphthalene structure: H wedge at top, H hashed at bottom)

4. 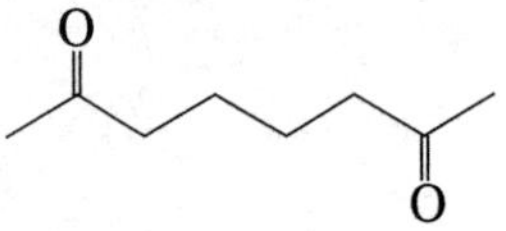 $CH_3COCH_2CH_2CH_2CH_2COCH_3$

5. 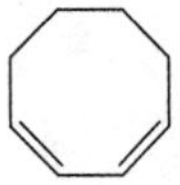 (cycloocta-1,3-diene structure)

6. 光照
7. 加热
8. 光照
9. 加热
10. 光照

第十五章 生物分子:糖、氨基酸、多肽、蛋白质、核酸、类脂、萜类、甾族化合物

一、选择题

1.（B） 2.（A） 3.（C） 4.（D） 5.（D）

二、填空题

1.

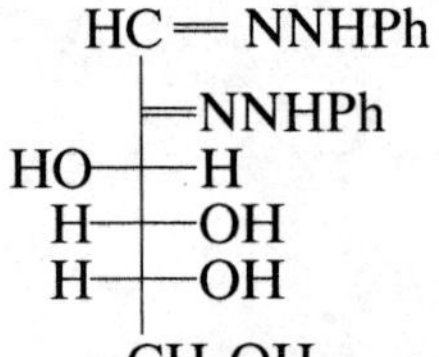

```
      HC═NNHPh
        │
        ═NNHPh
  HO────H
   H────OH
   H────OH
        │
      CH₂OH
```

2. 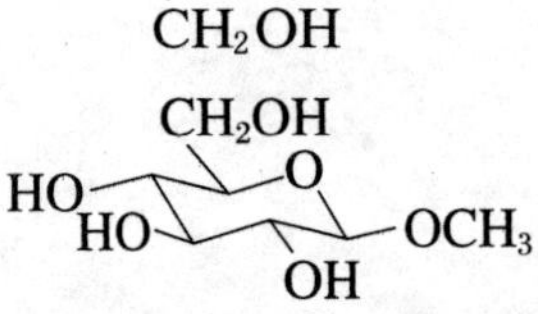 (pyranose structure: ring with CH_2OH, O, OCH_3, HO, HO, OH substituents)

3. 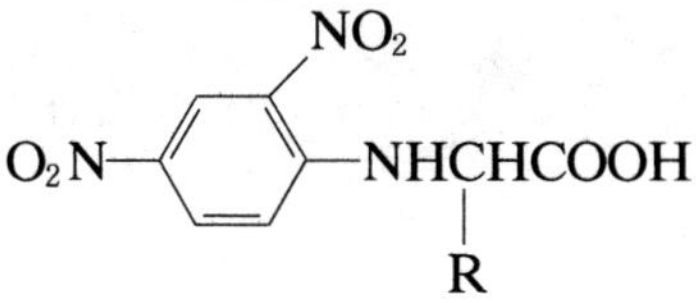

4. 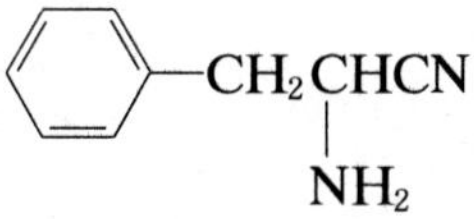

5. 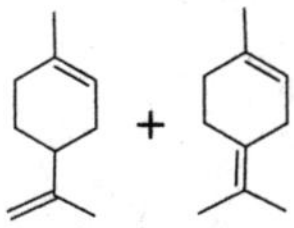

6. $(CH_3O)_2SO_2$

7. Br_2/H_2O

8. 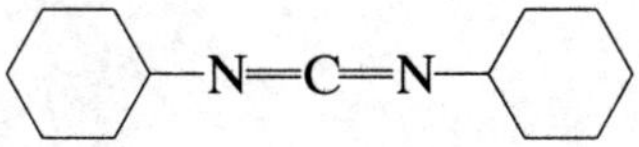

9. 光照

10. 加热

模拟试题

模拟试题(一)

一、**选择题**(每题1分，共90分)

1. 水的凝固点常数为1.86，0.1 $mol \cdot L^{-1}$的HAc溶液的凝固点为-0.188℃，则该溶液的电离度为(　　)。

(A) 0.5%　　(B) 0.1%　　(C) 1%　　(D) 5%

2. 升高同样温度，一般化学反应速率增大倍数较多的是(　　)。

(A) 吸热反应　　(B) 放热反应

(C) 活化能较大的反应　　(D) 活化能较小的反应

3. H原子第一激发态上的电子能量为(　　)。

(A) -13.6 eV　　(B) -3.4 eV　　(C) -6.8 eV　　(D) 13.6 eV

4. 下列说法中不正确的是(　　)。

(A) σ 键的一对成键电子的电子密度分布对键轴方向呈圆柱形对称

(B) 由于F的高电负性，CF_3COOH是强酸

(C) CF_4 在水中不水解是因为热力学条件不满足

(D) $H_3N—BH_3$ 晶体中存在氢键

5. 在下述金属中，熔点、沸点相差最大的是(　　)。

(A) Li　　(B) Al　　(C) Ga　　(D) In

6. 下列原子半径大小最相近的一组是(　　)。

(A) Cu，Ag　　(B) Nb，Ta　　(C) Sn，Pb　　(D) Kr，Xe

7. 鉴别Sn^{4+}和Sn^{2+}离子，应加的试剂为(　　)。

(A) 盐酸　　(B) 硝酸　　(C) 硫酸钠　　(D) 硫化钠(过量)

8. 原子簇化合物$Re_2Cl_8{}^{2-}$中，Re—Re金属键的类型为(　　)。

(A) $\sigma^2\pi^4\delta^2$　　(B) $\sigma^4\pi^4$　　(C) σ^2　　(D) $\sigma^2\pi^4$

9. 下列配合物中颜色最深的是(　　)。

(A) $Mn(H_2O)_6^{2+}$　　(B) $Mn(NH_3)_6^{2+}$　　(C) $Zn(NH_3)_6^{2+}$　　(D) $Mn(CN)_6^{4-}$

10. 下列络合物的几何构型，偏离正八面体最大的是(　　)。

(A) 六水合铜(Ⅱ)　　(B) 六水合钴(Ⅱ)

(C) 六氰合铁(Ⅲ)　　(D) 六氰合镍(Ⅱ)

11. 下列化合物中，Lewis酸性最强的是(　　)。

（A） BF_3　　（B） BCl_3　　（C） BBr_3　　（D） CCl_4

12. 下列四种硫酸盐加热都可以分解，分解温度最高的是（　　）。

（A） VSO_4　　（B） $Cr_2(SO_4)_3$　　（C） $MnSO_4$　　（D） $FeSO_4$

13. 对比镧系元素和锕系元素的性质，下列说法错误的是（　　）。

（A） 它们最稳定的氧化态都是 +3

（B） 锕系元素的配合物比镧系更多、更稳定

（C） 镧系和锕系的单质都是很活泼的

（D） 镧系元素的原子核都是稳定的，锕系都是放射性的

14. 下面所列的轨道符号皆指过渡元素中未占满的次外层或外数第三层的轨道，在形成化学键时起作用最小的是（　　）。

（A） 4d　　（B） 5d　　（C） 4f　　（D） 5f

15. 氧化性最强的含氧酸是（　　）。

（A） $HClO_4$　　（B） $HBrO_4$　　（C） HIO_4　　（D） H_2SO_4

16. SO_2 的共振 lewis 结构式数目有（　　）。

（A） 1　　（B） 2　　（C） 3　　（D） 4

17. 解离度随浓度增大而增加的是（　　）。

（A） HF　　（B） H_2S　　（C） HCl　　（D） H_2SiF_6

18. 下列碳的同素异形体中，C—C 键长最长的是（　　）。

（A） 金刚石　　（B） 富勒烯　　（C） 碳纤维　　（D） 石墨（层内）

19. 在特定条件下，金属铜与氧气、盐酸反应，生成氯化亚铜白色沉淀和超氧酸自由基（HO_2）。超氧酸自由基的 Lewis 结构式为（　　）。

（A） H—Ö=O:·　　（B） H—Ö=Ö:　　（C） H—:Ö:—:Ö:　　（D） H—:Ö:—:Ö·

20. 在 $Fe(CO)_4I_2$ 与 NO 的反应中，不属于反应产物的是（　　）。

（A） $Fe(NO_3)I$　　（B） $Fe(NO)_3$　　（C） I_2　　（D） CO

21. 利用 EAN 规则，确定$[(OC)_3Ni—Co(CO)_3]^Z$中未知数 Z 的值为（　　）。

（A） 0　　（B） +1　　（C） −1　　（D） −3

22. 某金属氢化物晶体的化学式表示为 M_4H。金属 M 以 ccp 堆积，H 原子占有金属 M 所围成的正四面体空隙，H 原子的空隙占有率为（　　）。

（A） 12.5%　　（B） 25%　　（C） 50%　　（D） 75%

23. 在 $[\text{(N}_4\text{C)—N=N—(CN}_4\text{)}]^{2-}$ 的阴离子中，离域 π 键的形式为（　　）。

(A) Π_5^5　　(B) Π_{12}^{14}　　(C) Π_{12}^{12}　　(D) Π_7^7

24. 在酸性介质中，往 $MnSO_4$(aq)中滴加$(NH_4)_2S_2O_8$(aq)。下列说法中错误的是（　　）。

(A) 利用该反应可以检验 Mn^{2+}

(B) $S_2O_8{}^{2-}$ 的氧化性比 $MnO_4{}^-$ 的氧化性强

(C) 该反应可以使用盐酸酸化

(D) 若有 0.1 mol 氧化产物，则转移 0.5 mol 电子

25. $[Co(NH_3)_6]^{3+}$ 离子的几何构型是正八面体而非三棱柱或平面六边形的理由是（　　）。

(A) 它是非极性的离子团　　(B) 其一氯取代物不存在同分异构体

(C) 其二氯取代物只存在两种异构体　(D) 离子团中键长与键角都相等

26. 下列物种中，不属于 C_3O_2 的等电子体的是（　　）。

(A) $N_5{}^+$　　(B) $C_2NO_2{}^+$　　(C) CN_3O　　(D) NC_3O^-

27. 在 $6P_2H_4 + 10Cs = Cs_2P_4 + 8CsPH_2 + 4H_2$ 中，生成的 $P_4{}^{2-}$ 离子团的几何构型为（　　）。

(A) 平面四边形　(B) 正四面体　　(C) 变形四面体　　(D) 直线型

28. $[C_6F_5XeF_2]^+$ 的正确的结构式为（　　）。

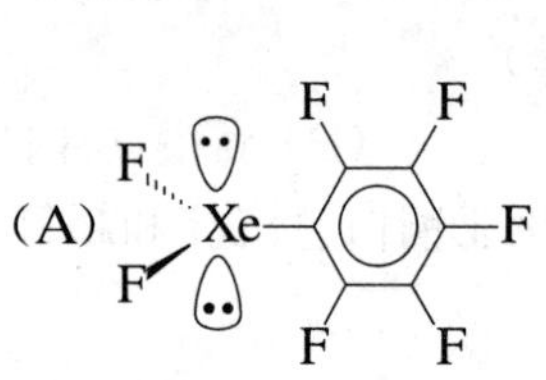

(B)

(C)

(D)

29. $SrFeO_3$ 属于钙钛矿型，Fe 的配位数为（　　）。

(A) 12　　(B) 8　　(C) 6　　(D) 4

30. 配体的配位数为（　　）。

(A) 9　　(B) 8　　(C) 6　　(D) 3

31. 下列有关误差的论述中,正确的是(　　)。

①随机误差大小出现机会相等　②系统误差只能减小,不能消除　③多次测量可以减小随机误差　④方法误差属于系统误差

(A) ①②③　　(B) ②③④　　(C) ③④　　(D) ②④

32. 分析仪器的本底信号是指(　　)。

(A) 没有试样时,仪器产生的信号

(B) 试样中无待测组分时仪器所产生的信号

(C) 试样中待测组分所产生的信号

(D) 待测组分的标准物所产生的信号

33. 用0.1000 mol·L^{-1}的 HCl 滴定 20.00 mL 0.1000 mol·L^{-1}的 NaOH,pH 突跃范围为9.7～4.3,则 0.01000 mol·L^{-1}的 HCl 滴定 20.00 mL 0.01 mol·L^{-1}的 NaOH,突跃范围应为(　　)。

(A) 9.7～4.3　　(B) 8.7～4.3　　(C) 8.7～5.3　　(D) 10.7～3.3

34. 欲用邻苯二甲酸氢钾标定 NaOH 溶液,在称取邻苯二甲酸氢钾时,错将0.6324 g 记为0.6234 g,则测出的 NaOH 溶液浓度(　　)。

(A) 偏高　　(B) 偏低　　(C) 无影响　　(D) 不能确定

35. 含有相同浓度 Cu^{2+} 的 pH = 10.0 的氨性缓冲溶液 A、B 两份。A 溶液中含有 0.3 mol·L^{-1}的游离 NH_3;B 溶液中含有 0.1 mol·L^{-1}的游离 NH_3。下列叙述中错误的是(　　)。

(A) A、B 两溶液中的$[Cu^{2+}]$不相等　(B) A、B 两溶液中的$[Cu^{2+}]'$不相等

(C) A、B 两溶液中的$\alpha_{Cu(OH)}$相等　　(D) A、B 两溶液中的 $\alpha_{Cu(NH_3)}$ 不相等

36. 以 Ag—AgCl 作为参比电极时,其电极电位取决于电极内部溶液的(　　)。

(A) Ag^+ 活度　　(B) Cl^- 活度

(C) AgCl 活度　　(D) Ag^+ 活度和 Cl^- 活度之和

37. 在 pH 为 10.0 的氨性溶液中,已知 $\lg K_{ZnY} = 16.5$, $\alpha_{Zn(NH_3)} = 10^{4.7}$, $\lg \alpha_{Zn(OH)} = 2.4$, $\lg\alpha_{Y(H)} = 0.5$。则在此条件下 $\lg K'_{ZnY}$为(　　)。

(A) 8.9　　(B) 11.3　　(C) 11.8　　(D) 14.3

38. 现用 EDTA 滴定法测定锡合金中的 Sn,应采用的滴定方式是(　　)。

(A) 直接滴定　　(B)返滴定　　(C)置换滴定　　(D)间接滴定

39. 已知 $\lg K_{ZnY} = 16.5$ 和

pH	4	5	6	7
$\lg\alpha_{Y(H)}$	8.44	6.45	4.65	3.32

若用0.02 mol·L^{-1}的EDTA滴定0.02 mol·L^{-1}的Zn^{2+}溶液,要求pM=0.2,E_t=0.1%,则滴定时最高允许酸度是(　　)。

(A)pH ≈ 4　(B)pH ≈ 5　(C)pH ≈ 6　(D) pH ≈ 7

40. 用洗涤的方法能有效地提高沉淀纯度的是(　　)。

(A)混晶共沉淀　(B) 吸附共沉淀　(C)包藏共沉淀　(D) 继沉淀

41. 以0.0200 mol·L^{-1}的EDTA滴定0.020 mol·L^{-1}的Zn^{2+},用NH_3—NH_4Cl缓冲溶液控制溶液pH值为10.0,若终点时[NH_3]=0.10 mol·L^{-1},未与EDTA络合的[Zn^{2+}]浓度为(已知$\lg K_{ZnY}$=16.50,pH=10.0时,$\lg\alpha_{Y(H)}$=0.45,$\lg\alpha_{ZnA}$=5.1,A表示NH_3)(　　)。

(A) 1.0×10^{-5} mol·L^{-1}　(B) 3.4×10^{-7} mol·L^{-1}

(C) 5.6×10^{-10} mol·L^{-1}　(D) 2.7×10^{-12} mol·L^{-1}

42. 用重量法测定氯化物中氯的质量分数,欲使0.100 g AgCl沉淀相当于5.00%的氯,应称取试样的质量为(已知A_r(Cl)=35.5,M_r(AgCl)=143.3)(　　)。

(A) 0.1239 g　(B) 0.2477 g　(C) 0.3716 g　(D) 0.4955 g

43. 吡啶缓冲液中(pK_a=8.72),用EDTA滴定含有Mn^{2+},Ca^{2+},Mg^{2+}的溶液中的Mn^{2+},为消除Ca^{2+}和Mg^{2+}的干扰,通常加入的掩蔽剂是(　　)。

(A)硫脲　(B) 氟硼酸铵　(C) 三乙醇胺　(D)氰化钾

44. pH玻璃电极的膜电位产生是由于(　　)。

(A) H^+离子穿过了玻璃膜

(B) 电子穿过了玻璃膜

(C) Na^+与水化玻璃膜上的Na^+交换作用

(D) H^+与水化玻璃膜上的H^+交换作用

45. 在电解分析中,要求沉积在电极上的待测物质必须是纯净、致密、坚固地附着在电极上,下列采取的措施中,错误的是(　　)。

(A) 控制适当的pH值　(B) 控制适当温度

(C) 搅拌溶液　(D) 较大的反应电流密度

46. 已知的E_{Cu^{2+}/Cu^+}=0.153 V,的$E_{I_3^-/I^-}$=0.536 V,Cu^{2+}能氧化I^-离子的原因是(　　)。

(A) 生成沉淀升高了Cu^{2+}/Cu^+电位　(B) I_3^-氧化能力强于Cu^{2+}

(C) I_3^-浓度较低使氧化反应进行　(D) 过量I^-离子降低I_3^-/I^-电位

47. 下列说法正确的是(　　)。
(A) MnO_2 能使 $KMnO_4$ 溶液保持稳定
(B) Mn^{2+} 能催化 $KMnO_4$ 溶液的分解
(C) 用 $KMnO_4$ 溶液滴定 Fe^{2+} 时,最适宜在盐酸介质中进行
(D) 用 $KMnO_4$ 溶液滴定 $H_2C_2O_4$ 时,不能加热,否则草酸会分解

48. 在色谱分析中,根据 Van Deemter 方程,在高流速条件下,影响柱效的主要因素是(　　)。
(A) 传质阻力　　(B) 纵向扩散
(C) 涡流扩散　　(D) 填充不规则因子

49. 称取软锰矿 0.3216 g,分析纯的 $Na_2C_2O_4$ 0.3685 g,置于同一烧杯中,加入 H_2SO_4,并加热;待反应完全后,用 0.02400 mol·L^{-1} 的 $KMnO_4$ 溶液滴定剩余的 $Na_2C_2O_4$,消耗 $KMnO_4$ 溶液 11.26 mL。则软锰矿中 MnO_2 的质量分数为(　　)。
(A)66.25%　　(B)56.08%　　(C)66.2%　　(D) 56.1%

50. 称取氯化物试样 0.2266 g,加入 30.00 mL 0.1121 mol·L^{-1} 的 $AgNO_3$ 溶液。过量的 $AgNO_3$ 消耗了 0.1158 mol·L^{-1} 的 NH_4SCN 6.50 mL。则试样中氯的质量分数为(　　)。
(A) 40.84%　　(B) 35.23%　　(C) 26.15%　　(D) 18.62%

51. 普通分光光度法不适用于大浓度值组分含量的直接测定,其原因是(　　)。
(A) 溶液体系吸光度与浓度不是线性关系
(B) 透光率太大,仪器测量误差大
(C) 无法选择合适的参比溶液
(D) 散射光的强度较大影响测定

52. 用银量法测定 $BaCl_2$ 试样中 Cl^- 的含量时,宜采用的方法是(　　)。
(A) 莫尔法　　(B) 佛尔哈德法(直接滴定法)
(C) 法扬斯法　　(D) 酸碱滴定法

53. 分子的紫外-可见吸收光谱呈带状光谱,其原因是(　　)。
(A) 分子中价电子运动的离域性质
(B) 分子振动能级的跃迁伴随着转动能级的跃迁
(C) 分子中价电子能级的相互作用
(D) 分子电子能级的跃迁伴随着振动、转动能级的跃迁

54. 以 0.1 mol·L^{-1} 的 $AgNO_3$ 滴定 0.1 mol·L^{-1} 的 I^-,在化学计量点前 0.1%时,pAg 为(已知 AgI 的 $pK_{sp}=16.08$)(　　)。
(A) 7.89　　(B) 8.04　　(C) 8.39　　(D) 11.78

55. 下列说法正确的是(　　)。

(A) 阳离子交换树脂可以交换溶液中的阴离子

(B) 阴离子交换树脂可以交换溶液中的阳离子

(C) 阳离子交换树脂可以交换溶液中的阳离子

(D) 阳离子交换树脂可以交换溶液中的阳离子活性基团

56. 离子交换色谱法,适用于分离的化合物是(　　)。

(A)萜类　　(B) 生物碱　　(C)淀粉　　(D)甾体类

57. 欲清洗因盛 $AgNO_3$ 溶液而产生的棕黑色污垢,应选用(　　)。

(A) HCl　　(B) HNO_3　　(C) H_2SO_4　　(D) NaOH

58. 分析含 Ni 约 0.1%的某水样中的 Ni 含量,宜采用的分析方法应为(　　)。

(A)丁二酮肟重量法　　(B) 液相色谱法

(C) 分光光度法　　(D) 离子色谱法

59. 用 CCl_4 从水溶液中萃取 I_2,在萃取前后分别用碘量法测得水相中 I_2 的浓度为 0.5230 mol·L 和0.0256 mol·L,则碘的萃取率为(　　)。

(A) 95.5%　　(B) 4.5%　　(C) 98.5%　　(D)48.9%

60. 测定固体表面 FeO,Fe_2O_3 和 Fe_3O_4 的分布,应采用(　　)。

(A) 原子吸收光谱法　　(B) 原子发射光谱法

(C) 俄歇电子能谱法　　(D) X 射线电子能谱法

61. 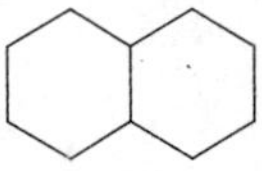 [结构式] 的 IUPAC 名称是(　　)。

(A) 双环[4,4,0]癸烷　　(B) 双环[4,4]癸烷

(C) 双环[5,5,0]癸烷　　(D) 双环[4,4,1]癸烷

62. 卡宾 (carbene,碳烯)与烯烃发生加成反应时,三线态卡宾比单线态卡宾的立体选择性差的原因是(　　)。

(A) 三线态能量高,易发生副反应　　(B) 三线态能量低,不易起反应

(C) 三线态易转化为单线态　　(D) 三线态的双价自由基分步进行加成

63. 试比较 CH_4(Ⅰ),NH_3(Ⅱ),$CH_3C{\equiv}CH$(Ⅲ),H_2O(Ⅳ)四种化合物的酸性强弱顺序为(　　)。

(A) Ⅰ>Ⅱ>Ⅲ>Ⅳ　　(B) Ⅲ>Ⅳ>Ⅱ>Ⅰ

(C) Ⅰ>Ⅲ>Ⅳ>Ⅱ　　(D) Ⅳ>Ⅲ>Ⅱ>Ⅰ

64. 不饱和羰基化合物与共轭二烯在加热条件下反应得到环己烯类化合物,该反应是(　　)。

(A) Hofmann 反应　(B) Sandmeyer 反应

(C) Diels-Alder 反应　(D) Perkin 反应

65. 确定分子是否具有共轭结构,通常采用的光谱是(　　)。

(A) 红外光谱(IR)　(B) 紫外光谱(UV)

(C) 核磁共振谱(NMR)　(D) 质谱(MS)

66. 下列 1,2,3-三氯环己烷的四个异构体中,最稳定的异构体是(　　)。

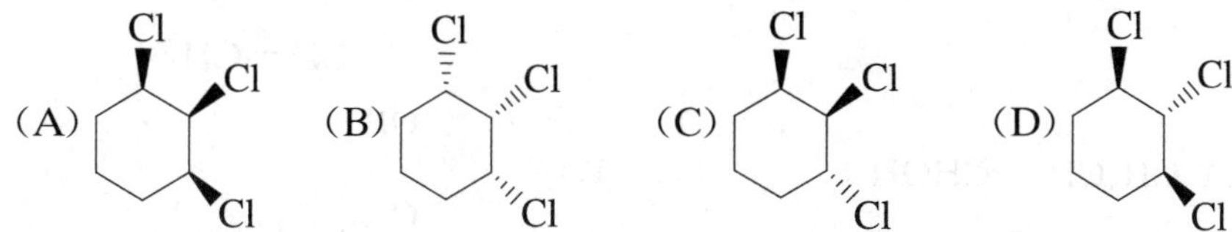

67. 下列所示反应 $ClCH_2CH_2CH_2OH + PBr_3 \longrightarrow$ 的主要产物为(　　)。

(A) $BrCH_2CH_2CH_2OH$　(B) $CH_2{=}CHCH_2OH$

(C) $ClCH_2CH{=}CH_2$　(D) $ClCH_2CH_2CH_2Br$

68. 下列所示四个化合物 $ClCH_2CH_2Cl$(Ⅰ),$BrCH_2CH_2Br$(Ⅱ),$Br_2CHCHBr_2$(Ⅲ),CH_3CH_3(Ⅳ)绕 C—C 单键旋转 360°,其最高旋转能垒的大小顺序为(　　)。

(A) Ⅰ > Ⅱ > Ⅲ > Ⅳ　(B) Ⅲ > Ⅱ > Ⅰ > Ⅳ

(C) Ⅲ > Ⅰ > Ⅱ > Ⅳ　(D) Ⅳ > Ⅲ > Ⅱ > Ⅰ

69. 制备格氏试剂应该采用的溶剂是(　　)。

(A) 乙醇　(B) 乙醚　(C) 乙酰乙酸乙酯　(D) 石油醚

70. 按同分异构类型分类,乙醇与二甲醚的异构体类型是(　　)。

(A) 碳链骨架异构　(B) 官能团位置异构

(C) 官能团异构　(D) 互变异构

71. 关于下列所示的两个化合物的熔点(Ⅰ)、沸点(Ⅱ)、在水中溶解度(Ⅲ)和比旋光度(Ⅳ),说法正确的是(　　)。

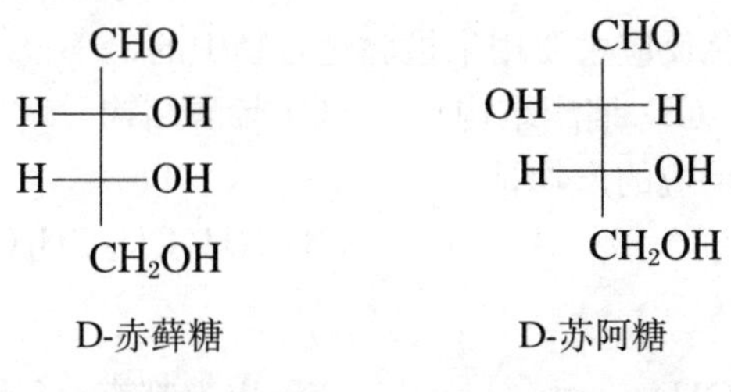

(A) Ⅰ、Ⅱ相同,Ⅲ、Ⅳ不同　(B) Ⅰ、Ⅱ、Ⅲ相同,Ⅳ不同

(C) 全部相同　(D) 全部不同

72. 已知某化合物分子中有两个手性碳原子，则该化合物(　　)。

(A) 一定有手性　　(B) 一定没有手性

(C) 一定存在外消旋体和内消旋体　　(D) 以上说法都不对

73. 分子式为 $C_6H_{12}O$ 的天然醇化合物，其比旋光度$[\alpha]^{25}=+69.5^\circ$，催化氢化后得到一个新的醇，其比旋光度为 0，则该天然醇的结构是(　　)。

(A) 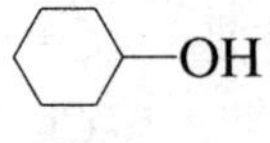 —OH

(B) $CH_3CH_2—CH—CH_2OH$（CH 上连 $CH=CH_2$）

(C) $CH_3CH_2—CHOH$（CHOH 上连 $CH_2CH=CH_2$）

(D) 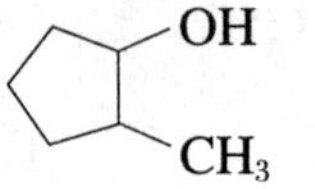 OH, CH_3

74. 下列有机物中能发生碘仿反应的是(　　)。

(A) 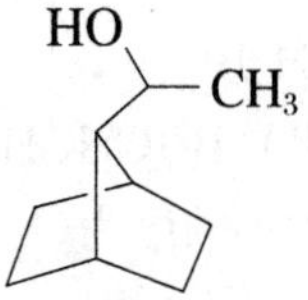 HO, CH_3

(B) 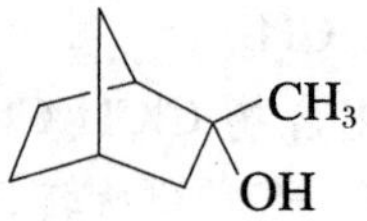 CH_3, OH

(C) 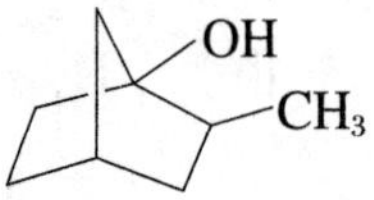 OH, CH_3

(D) 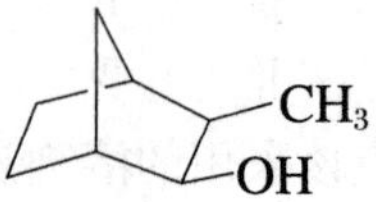 CH_3, OH

75. 下列反应称为克莱森重排，它是(　　)。

$OCH_2CH=CH_2$ → OH, $CH_2CH=CH_2$

(A) 碳正离子重排　　(B) 自由基重排

(C) 周环反应　　(D) 碳负离子重排

76. 与 $FeCl_3$ 发生颜色反应主要用来检验化合物中的(　　)。

(A) 羟基结构　　(B) 缩酮结构　　(C) 烯醇结构　　(D) 肽键结构

77. 环氧乙烷与氨水反应的产物是(　　)。

(A) CH_2CH_2（分别连 OH、NH_2）　　(B) $NH(CH_2CH_2OH)_2$

(C) $N(CH_2CH_2OH)_3$　　(D) 以上都有

78. 下列化合物不能用于制取醛酮的衍生物的是(　　)。

(A) 羟胺盐酸盐　　(B) 2,4-二硝基苯

(C) 氨基脲　　(D) 苯肼

79. 下列化合物实际上不与 $NaHSO_3$ 起加成反应的是(　　)。

(A) 乙醛　　(B) 苯甲醛　　(C) 2-丁酮　　(D) 苯乙酮

80. 下列所示碳水化合物属于非还原性糖的是(　　)。

(A) 蔗糖　　(B) 葡萄糖　　(C) 乳糖　　(D) 麦芽糖

81. 下列所示的一对化合物的相互关系是(　　)。

$$\begin{array}{c} COOH \\ H-\!\!\!+\!\!\!-Br \\ H-\!\!\!+\!\!\!-Br \\ CH_3 \end{array} \qquad \begin{array}{c} COOH \\ H-\!\!\!+\!\!\!-Br \\ H-\!\!\!+\!\!\!-CH_3 \\ Br \end{array}$$

(A) 对映异构体 (B) 非对映异构体 (C) 相同的化合物 (D) 不同的化合物

82. 下列所示反应的合适还原剂是(　　)。

3-氧代环戊烷甲酸甲酯（O=环戊烷—$COOCH_3$） ⟶ 3-羟基环戊基甲醇（HO—环戊烷—CH_2OH）

(A) $NaBH_4$　　(B) Na + $C_6H_5CH_3$

(C) Fe + CH_3COOH　　(D) Zn(Hg) + HCl

83. 与 HNO_2 反应能生成强烈致癌物 *N*-亚硝基化合物的是(　　)。

(A) 伯胺　　(B) 仲胺　　(C) 叔胺　　(D) 以上都可以

84. 分子式为 $C_5H_{10}O$ 的羰基化合物,其核磁共振谱只有两个单峰,其结构可能是(　　)。

(A) $CH_3CH_2COCH_2CH_3$　　(B) $CH_3COCH(CH_3)_2$

(C) $(CH_3)_3C—CHO$　　(D) $CH_3CH_2CH_2CH_2CHO$

85. 在水蒸气蒸馏时会发现邻硝基苯酚比对硝基苯酚有更好的挥发性,其原因是(　　)。

(A) 超共轭　　(B) 氢键　　(C) 邻位效应　　(D) 对称性

86. 下列化合物中最容易在沸腾的乙醇中按 E1 机理脱卤化氢的是(　　)。

(A) MeCH(Br)CHMe$_2$　　(B) C_6H_5—CH(Br)Me

(C) O_2N—C_6H_4—CH(Br)Me　　(D) MeO—C_6H_4—CH(Br)Me

87. 下列化合物中发生 S_N2 反应最容易的是(　　)。

(A) Me_2CHBr　　(B) 2-溴降冰片烷（—Br）

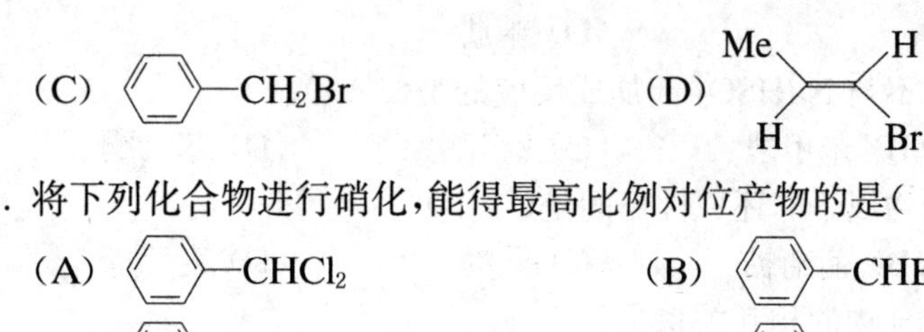

(C) 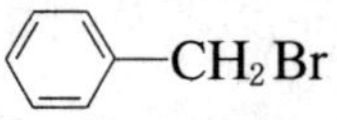　　(D) 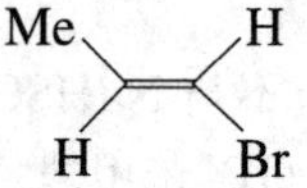

88. 将下列化合物进行硝化，能得最高比例对位产物的是(　　)。

(A) 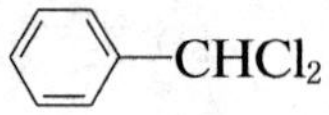　　(B) 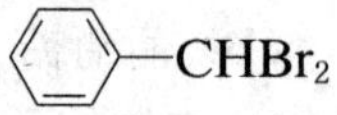

(C) 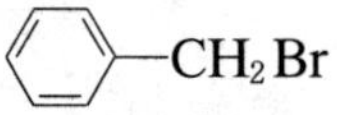　　(D) 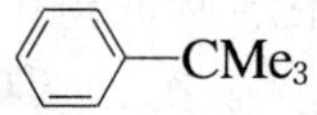

89. 下列所示分子或离子具有芳香性的是(　　)。

Ⅰ. 　Ⅱ. 　Ⅲ. 　Ⅳ. 　Ⅴ. 

(A) 只有Ⅰ　　(B) 只有Ⅰ、Ⅲ和Ⅳ

(C) 只有Ⅰ、Ⅲ、Ⅳ和Ⅴ　　(D) 每个都有芳香性

90. 下列机理步骤最不可能发生的是(　　)。

(A) 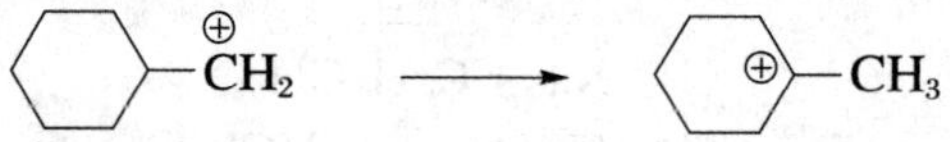

(B) 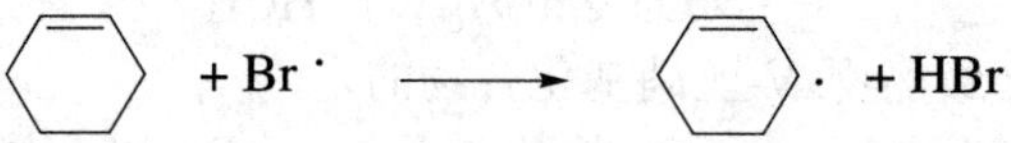

(C) 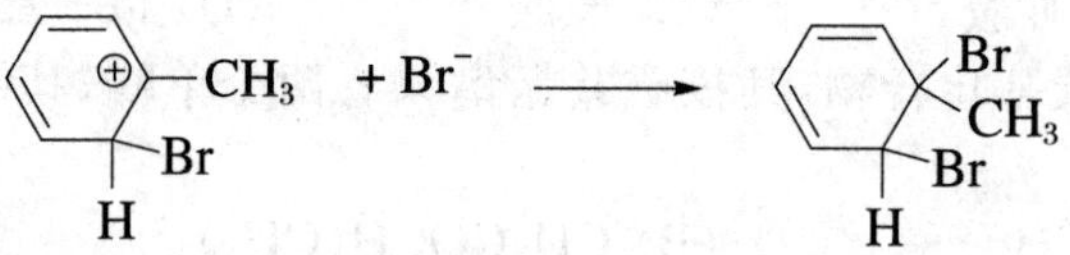

(D) 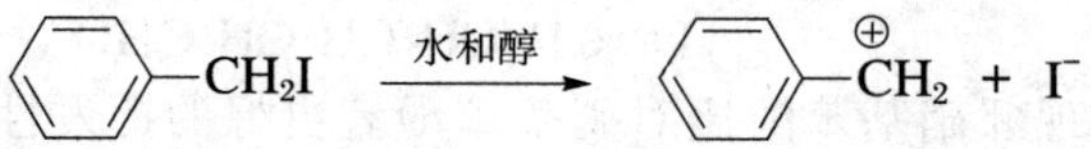

二、填空题(共60分)

91. (7分)美国和欧洲的科学家合作，在同温层发现了破坏臭氧的 Cl_2O_2。在此化合物中，氯的氧化数为__①__，氧的氧化数为__②__。Cl_2O_2 的结构式为__③__。净水剂 ClO_2 的离域 π 键为__④__，Cl_2O_4 从形式上看是 ClO_2 的二聚体，实际上在此化合物中，Cl 的实际氧化为__⑤__和__⑥__，其结构式为__⑦__。

92. (3分)命名下列配合物：

$[Pt(py)_4][PtCl_4]$：__①__；

$NH_4[Cr(NCS)_4(NH_3)_2]$：__②__；

$[Cr(H_2O)_4Br_2]Br\cdot 2H_2O$：__③__。

93. (6分)苯与 D_2(氘气)反应，生成六氘代苯，所用催化剂为(η^5-C_5H_5)TaH_3。该催化剂属于__①__电子构型的物质，用于此反应的催化之前，必须对催化剂进

行 ② ,使之成为 ③ 电子构型的物质。在该催化反应中,主要的反应类型有 ④ 和 ⑤ 。从化学键的角度来看,苯能转变成六氘代苯的驱动力是 ⑥ 。

(以下每题均为 2 分)

94. 如果发现 114 号元素,则该元素应属第 ① 周期 ② 族。

95. 配平下列方程式:

____ClO_3^- + ____As_2S_3 ⟶ ____Cl^- + ____$H_2AsO_4^-$ + ____SO_4^{2-}

96. 与化学分析方法相比,仪器分析法的主要特点有________、________、________和________。

97. 在电位分析法中,温度对电位测量有影响。但在某一浓度进行测量时,温度系数接近零,该点称为________,此浓度称为________。

98. 均相沉淀法最主要的目的是________;通过________能达到这一目的。

99. 测定$(NH_4)_2SO_4$ 中的氮时,不能用 NaOH 标准溶液直接滴定,这是因为________;测定方法是________。

100. 交换容量是指________,它是表征树脂交换能力大小的特征参数,其值通常约为________。

101. 在 pH = 13 时,以 0.020 $mol \cdot L^{-1}$ EDTA 滴定同浓度的 Ca^{2+},已知 $\lg K_{CaY}$ = 10.7, $\lg \alpha_{Y(H)} \approx 0$。在化学计量点时,$pc(Y)$ = ________,$[Y']$ = ________,pY = ________。

102. 在离子交换分离法中, 离子亲和力的大小与离子所带________及________有关,在交换过程中,价态愈 ________,亲和力越________,对于同价离子其水化半径越________(阳离子原子序数越大),亲和力越________。

103. 测定 Ca^{2+} 和 Mg^{2+} 离子共存的硬水中各种组分的含量,其方法是在 pH = ________,用 EDTA 滴定测得________。另取同体积硬水加入________,使Mg^{2+} 成为________,再用 EDTA 滴定测得________。

104. 用 0.0200 $mol \cdot L^{-1}$的 EDTA 滴定 pH = 10.0 每升含有 0.020 mol 游离氨的溶液中的 Cu^{2+}[$c_{Cu^{2+}}$ = 0.020 $mol \cdot L^{-1}$],则滴定至化学计量点前后 0.1% 时的 pCu'分别为________和________。

105. 今欲测定某含 Fe,Cr,Si,Ni 等元素的矿样中 Cr 和 Ni 的含量,用 Na_2O_2 在金属容器中熔融处理样品, 应使用________坩埚作为样品处理容器。

给出下列反应主要产物的结构式:

106. $(CH_3)_3COCH_2CH_3 \xrightarrow{HI/H_2O}$

107. $HO-C_6H_3(CH_3)-OCH_2CH=CHCH_3$ + CH_3COCl $\xrightarrow{Et_3N}$ $\xrightarrow{\triangle}$

108. $CH_3CH=CHCOCH_3$ $\xrightarrow[② H_3^+O]{① CH_3CH_2MgBr/CuBr}$

109. 2-甲基环己酮 + 间氯过氧苯甲酸（CO_3H, Cl） $\longrightarrow$

110. $EtOOCCH_2CH_2COOEt$ $\xrightarrow[EtOH]{EtONa}$

111. $Me_2CHCHBrMe$ $\xrightarrow[醚]{Mg}$ $\xrightarrow{H_2O}$

112. $Me_2C=CMe_2$ $\xrightarrow{O_3}$ $\xrightarrow[H_2O]{Zn}$

113. $CH_3O-C_6H_4-CH_2CH_3$ $\xrightarrow[AlCl_3]{Cl_2}$

114. 2-乙烯基吡啶 + $CH_3COCH_2COOCH_3$ $\xrightarrow[CH_3OH]{CH_3ONa}$

115. 顺-1,2-二乙烯基环丙烷 $\xrightarrow{\triangle}$

参考答案

一、选择题

1.（B） 2.（C） 3.（B） 4.（C） 5.（C） 6.（B） 7.（D） 8.（A） 9.（D）

10.（A） 11.（C） 12.（C） 13.（D） 14.（C） 15.（B） 16.（C） 17.（A）
18.（A） 19.（D） 20.（B） 21.（D） 22.（A） 23.（B） 24.（C） 25.（C）
26.（C） 27.（A） 28.（D） 29.（A） 30.（C） 31.（C） 32.（A） 33.（C）
34.（B） 35.（B） 36.（B） 37.（B） 38.（C） 39.（A） 40.（B） 41.（B）
42.（D） 43.（B） 44.（D） 45.（D） 46.（A） 47.（B） 48.（A） 49.（B）
50.（A） 51.（A） 52.（C） 53.（D） 54.（D） 55.（C） 56.（B） 57.（B）
58.（C） 59.（C） 60.（D） 61.（A） 62.（D） 63.（D） 64.（C） 65.（B）
66.（D） 67.（D） 68.（B） 69.（D） 70.（C） 71.（D） 72.（D） 73.（B）
74.（A） 75.（C） 76.（C） 77.（D） 78.（B） 79.（D） 80.（A） 81.（B）
82.（C） 83.（B） 84.（C） 85.（B） 86.（D） 87.（C） 88.（D） 89.（D）
90.（C）

二、填空题

91. ①+1 ②−1 ③ Cl—O—O—Cl ④ Π_3^5 ⑤+1 ⑥+7 ⑦Cl—O—ClO_3

92. ①四氯合铂(Ⅱ)酸四(吡啶)合铂(Ⅱ) ②四(异硫氰酸根)·二氨合铬(Ⅲ)酸铵 ③二水合溴化二溴·四水合铬(Ⅲ)

93. ①18 ②活化 ③16 ④氧化加成反应 ⑤还原消去反应 （④和⑤的顺序可以交换） ⑥氘原子与C原子的化学键的强度强于氢原子与C原子的化学键的强度

94. ①第七周期 ②ⅣA族

95. $14ClO_3^- + 3As_2S_3 + 18H_2O \longrightarrow 14Cl^- + 6H_2AsO_4^- + 9SO_4^{2-} + 24H^+$

96. 重现性好;灵敏度高;分析速度快;试样用量少

97. 等电位点;等电位浓度

98. 得到大颗粒沉淀;减小过饱和度

99. 铵盐是很弱的酸,达不到直接滴定的要求;可加碱将 NH_3 蒸出,用酸吸收;或加入甲醛,将铵盐转化成游离 H^+ 和配合酸

100. 每克干树脂所能交换的相当于一价离子的物质的量;3～6 $mmol·g^{-1}$

101. 2.0;$1.0\times10^{-6.4}$ $mol·L^{-1}$;6.4;

102. 电荷数;它的半径;高;大;大;小

103. 10;总量;NaOH;$Mg(OH)_2$ 沉淀;钙

104. 5;8.71

105. 铁

106. $(CH_3)_3Cl + CH_3CH_2OH$

107. 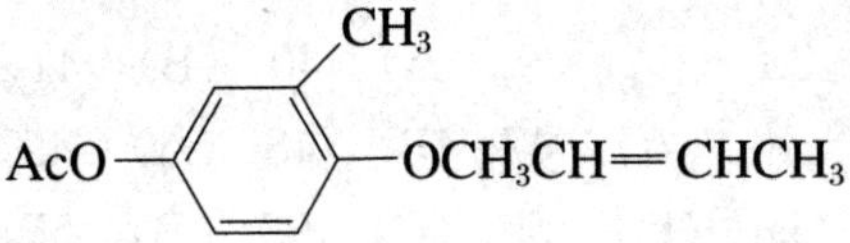 CH_3 AcO $OCH_2CH{=}CHCH_3$; AcO CH_3 OH

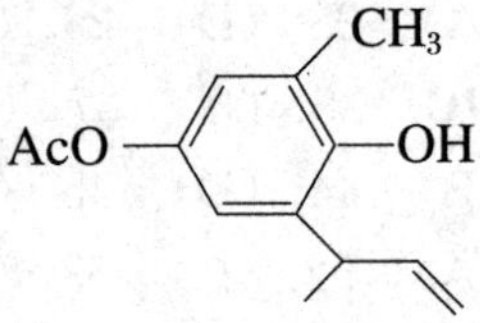

108. OH

109. O O

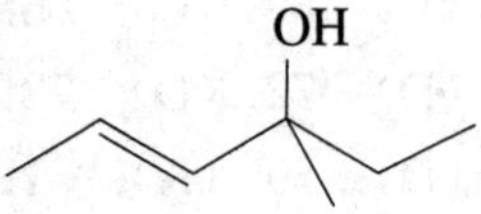

110. COOEt O O EtOOC

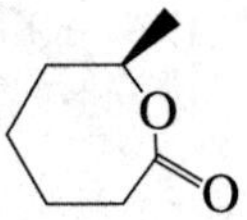

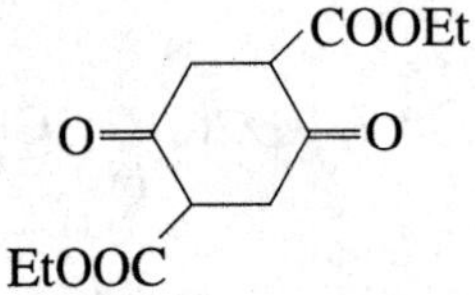

111. H $Me_2CHCHMe$

112. 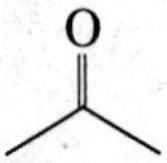 O

113. 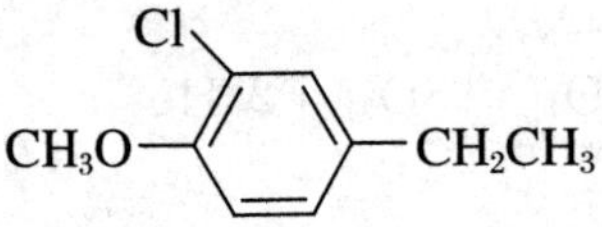 Cl CH_3O CH_2CH_3

114. 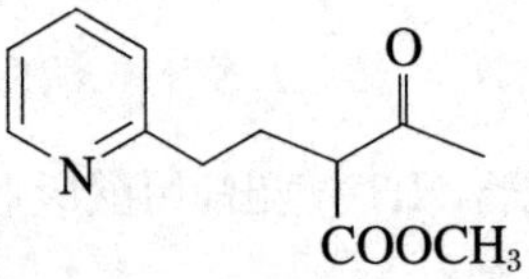 N O $COOCH_3$

115.

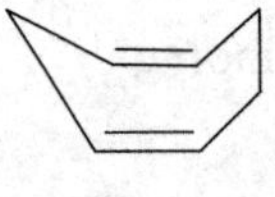

模拟试题(二)

一、选择题(每题1分,共90分)

1. 当溶液的pH值减小时,下列物质的氧化能力不增强的是(　　)。
(A) O_3　(B) NO_3^-　(C) $PbCl_6^{2-}$　(D) $Cr_2O_7^{2-}$

2. 催化剂能加速反应的速率,它的作用机理是(　　)。
(A) 增大碰撞频率　(B) 改变反应途径,降低活化能
(C) 减少速率常数　(D) 增大平衡常数

3. 下列说法错误的是(　　)。
(A) 在临界点,饱和蒸汽和饱和液体具有相同的 P 和 T,所以他们也具有相同的 V_m
(B) 同种条件下,氢气比氨气更接近理想气体
(C) 某一温度下,一种物质固体的蒸气压大于液体,则物质表现为凝固
(D) 高沸点气体比低沸点气体在同一溶剂中的溶解度大

4. 下列各组物种中,都含有两个 π_3^4 的是(　　)。
(A) N_2O,CO_2,N_3^-　(B) N_2O,NO_2,N_3^-
(C) N_2O, CO_2,NO_2　(D) NO_2,CO_2, N_3^-

5. 下列各组双原子分子中,均具有顺磁性的是(　　)。
(A) O_2,B_2　(B) C_2,O_2　(C) B_2,Be_2　(D) Be_2,O_2

6. 轨道运动状态为 ψ_{2pz},可用来描述的量子数是(　　)。
(A) $n=1,l=0,m=0$;　(B) $n=2,l=1,m=0$
(C) $n=2,l=2,m=0$;　(D) $n=1,l=2,m=1$

7. 下面不是白色颜料的是(　　)。
(A) TiO_2　(B) $[Pb(OH)_2CO_3]$
(C) ZnO　(D) Pb_3O_4

8. 焊接金属时除去金属表层的氧化物,一般可用(　　)。
(A) Na_2SO_4　(B) $Zn(NO_3)_2$　(C) CH_3COONH_4　(D) NH_4Cl

9. 下列关于电子云的说法不正确的是(　　)。
(A) 电子云是描述核外某空间电子出现的几率密度的概念
(B) 电子云是 $|\psi|^2$ 的数学图形

(C) 电子云有多种图形，黑点图只是其中一种

(D) 电子就像云雾一样在原子核周围运动，故称为电子云

10. 利用EAN规则，下列化合物不能存在的是(　　)。

(A) Fe(丁二烯)$(CO)_3$　　(B) Co(丁二烯)$(CO)_3$

(C) $(\eta^5\text{-}C_5H_5)_2NbCl_3$　　(D) $(\eta^5\text{-}C_5H_5)Mn(NO)_2$

11. 下列各化合物中，N—N键最长的化合物是(　　)。

(A) N_2H_4　　(B) N_2O_4　　(C) N_2F_2　　(D) $N_2O_3^{2-}$

12. 氦经常用于人造空气的主要原因是(　　)。

(A) 惰性　　(B) 质量轻　　(C) 低溶解度　　(D) 熔沸点低

13. 标准状态下，以下单质在水溶液中溶解度最大的是(　　)。

(A) Cl_2　　(B) Br_2　　(C) I_2　　(D) O_2

14. 某氮化锂晶体中，氮原子以hcp堆积，锂原子占有氮原子所围成的(　　)。

(A) 所有正四面体空隙

(B) 所有正八面体空隙

(C) 所有三角棱柱空隙

(D) 所有正四面体空隙和所有正八面体空隙

15. 碱性溶液中多硫化物离子(S_x^{2-})与溴酸根离子发生氧化还原反应，产物是硫酸根离子和溴离子。在反应中消耗的多硫化物离子与OH^-离子的个数比为1∶4，则x等于(　　)。

(A) 2　　(B) 3　　(C) 4　　(D) 5

16. $[Co(gly)_2ClBr]^+$配离子的立体异构体数目为(　　)。

(A) 11(5)　　(B) 10(4)　　(C) 9(4)　　(D) 8(3)

17. 下列卤素互化物中，最不稳定的是(　　)。

(A) ClF_3　　(B) BrF_3　　(C) ICl_3　　(D) ClI_3

18. 下列金属碳化物中，与水反应能生C_3H_4的是(　　)。

(A) Be_2C　　(B) Na_2C_3　　(C) Mg_2C_3　　(D) Al_4C_3

19. 在配平的$P_4 + CuSO_4 + H_2O \longrightarrow Cu_3P + H_3PO_4 + H_2SO_4$方程式中，$H_2O$前面的化学计量数应为(　　)。

(A) 60　　(B) 70　　(C) 85　　(D) 96

20. 下列电子排布式中，第121号元素的基态原子的核外电子排布式为(　　)。

(A) $[118]5g^18s^2$　(B) $[118]8s^28p^1$　(C) $[118]7d^18s^2$　(D) $[118]6f^18s^2$

21. hcp堆积的金属镁晶体与ccp堆积的金属镁晶体的密度的关系为(　　)。

(A) 前者大于后者　　(B) 后者大于前者

(C) 两者相等　　(D) 以上三种情况都可能

22. 下列含结晶水的盐中,加热不发生水解的是(　　)。
(A) $MgCl_2 \cdot 6H_2O$　(B) $CuSO_4 \cdot 5H_2O$
(C) $CoCl_2 \cdot 6H_2O$　(D) $FeSO_4 \cdot 7H_2O$

23. 不是由 d-d 电子跃迁引起物质的颜色的是(　　)。
(A) $KFeFe(CN)_6$　(B) $[Ti(H_2O_6)]Cl_3$
(C) $[Cu(NH_3)_4]SO_4$　(D) $[Co(NH_3)_6]Cl_3$

24. $[Pt(NO_2)Cl_3]^{2-}$ 与 NH_3 以 1∶1(摩尔比)的反应产物是反式-$[Pt(NO_2)(NH_3)Cl_2]^-$ 的理论依据是(　　)。
(A) 姜-泰勒效应 (B) EAN 规则　(C) 反位效应　(D) 软硬酸碱原理

25. 对于下面化学反应而言

$$M^+(aq) + 18-crown-6 \rightleftharpoons [M-crown]^+$$

下面碱金属离子中,能获得最大的上述配离子的生成常数的是(　　)。
(A) Li^+　(B) Na^+　(C) K^+　(D) Rb^+

26. 下列物质中不属于 $Cs[ICl_2]$ 热分解产物的是(　　)。
(A) Cl_2　(B) CsCl　(C) ICl　(D) (B)和(C)

27. 下列含氧酸中,pK_a 最小的是(　　)。
(A) CH_3COOH (B) CH_3CCOOH (C) $ClCH_2COOH$ (D) F_3CCOOH

28. 在 218K 时,XeF_4 与 $C_6F_5BF_2$ 反应,生成$[C_6F_5XeF_2][BF_4]$。该盐中正离子的几何构型为(　　)。
(A) 三角锥型　(B) 平面三角形　(C) T 型　(D) 四面体

29. 对于 HOCN,HNCO 和 HONC 三种异构体物质,最不稳定的是(　　)。
(A) HONC　(B) HOCN　(C) HNCO　(D) 无法判断

30. 下面阳离子中,能与$[Nb_6Cl_{18}]^{3-}$形成稳定的盐的是(　　)。
(A) Cs^+　(B) $[NMe_4]^+$　(C) NH_4^+　(D) K^+

31. 分析某合金粉末中各金属元素的成分,应采用的分析方法是(　　)。
(A) 配位滴定法　(B) 原子吸收光谱法
(C) 原子发射光谱法　(D) 俄歇电子能谱法

32. 以下情况所产生产生的误差,属于系统误差的是(　　)。
①指示剂变色点与计量点不一致　②滴定管读数最后一位估计不准　③重量法测定 SiO_2 含量时沉淀不完全　④称量过程中天平的零点稍有变动。
(A) ①②③④　(B) ①②　(C) ②④　(D) ①③

33. 比较某人分析结果与标准值之间是否存在显著性差异,应采用(　　)。
(A) t 检验法　(B) T 检验法　(C) F 检验法　(D) u 检验法

34. 用混有少量邻苯二甲酸的邻苯二甲酸氢钾标定 NaOH 溶液的浓度,其结果(　　)。

(A)偏高　(B)偏低　(C)没影响　(D)不能确定

35. 将25.00 mL 0.400 mol·L^{-1}的H_3PO_4和30.00 mL 0.500 mol·L^{-1}的Na_3PO_4溶液混合并稀释至100.00 mL,最后溶液的组成是(　　)。

(A) $H_3PO_4 + NaH_2PO_4$　(B) $Na_3PO_4 + Na_2HPO_4$

(C) $NaH_2PO_4 + Na_2HPO_4$　(D) $H_3PO_4 + Na_3PO_4$

36. 已知铜氨络合物各级不稳定常数为:$K_{不稳1} = 7.8 \times 10^{-3}$,$K_{不稳2} = 1.4 \times 10^{-3}$,$K_{不稳3} = 3.3 \times 10^{-4}$,$K_{不稳4} = 7.4 \times 10^{-5}$,若铜氨络合物溶液中$c(NH_3) = 1.0 \times 10^{-2}$ mol·L^{-1},$c(Cu^{2+}) = 1.0 \times 10^{-4}$ mol·L^{-1}(忽略Cu^{2+},NH_3的副反应),此时溶液中Cu(Ⅱ)的主要存在型体是(　　)。

(A) $Cu(NH_3)_4^{2+}$,$Cu(NH_3)_3^{2+}$　(B) $Cu(NH_3)_4^{2+}$

(C) $Cu(NH_3)_3^{2+}$　(D) $Cu(NH_3)_3^{2+}$,$Cu(NH_3)_2^{2+}$

37. 在气相色谱中,常用于评价色谱分离条件选择是否适宜的参数是(　　)。

(A)理论塔板数　(B)塔板高度　(C)分离度　(D)死时间

38. 在过量氨水存在的情况下,Cu^{2+}离子主要生成$[Cu(NH_3)_4]^{2+}$配离子,这意味着(　　)。

(A) Cu^{2+}离子能进一步生成$[Cu(NH_3)_4]^{2+}$配离子

(B) $c(Cu^{2+}) : c(NH_3) = 1 : 4$

(C) $[Cu(NH_3)_4]^{2+}$配离子最稳定

(D) $[Cu(NH_3)_4]^{2+}$ β值较大

39. 在pH=10的含酒石酸(A)的氨性缓冲溶液中,用EDTA滴定同浓度的Pb^{2+},已计算得此条件下$\lg \alpha_{Pb(A)} = 2.8$,$\lg \alpha_{Pb(OH)_2} = 2.7$,则$\lg \alpha_{Pb}$为(　　)。

(A)2.7　(B)2.8　(C)3.1　(D)5.5

40. 氟离子选择电极对氟离子具有较高的选择性是由于(　　)。

(A)只有F^-能透过晶体膜　(B)F^-能与晶体膜进行离子交换

(C)由于F^-体积比较小　(D)只有F^-能被吸附在晶体膜上

41. 沉淀速度较快时,母液常常会包夹在沉淀中载带下来,除去沉淀中母液的有效方法是(　　)。

(A)用水洗涤　(B)用稀沉淀剂洗涤

(C)重结晶　(D)陈化

42. 在pH=5.0的六次甲基四胺缓冲溶液中,用EDTA滴定Pb^{2+},以下关于化学计量点后pPb的叙述,正确的是(　　)。

(A)与$\lg K'(PbY)$和$c(Pb^{2+})$有关　(B)只与$\lg K'(PbY)$有关

(C) 只与 c(Y)有关　　(D) 只与 $c(Pb^{2+})$有关

43. 微孔玻璃坩埚内有棕色的 MnO_2 沉淀物,宜选用的洗涤液是(　　)。

(A) HNO_3　　(B) NaOH　　(C) HCl　　(D) 氨水

44. $K_3Fe(CN)_6$在强酸溶液中能定量地氧化 I^- 为 I_2,因此可用它为基准物标定 $Na_2S_2O_3$ 溶液。2 mol·L^{-1} HCl 溶液中 $Fe(CN)_6{}^{3-}/Fe(CN)_6{}^{4-}$ 电对的条件电位是(已知 $E^0_{Fe(CN)_6^{3-}/Fe(CN)_6^{4-}} = 0.36V$,$H_3Fe(CN)_6$是强酸,$H_4Fe(CN)_6$的 $K_{a3} = 10^{-2.2}$,$K_{a4} = 10^{-4.2}$,忽略离子强度影响)(　　)。

(A)0.70 V　　(B)0.68 V　　(C)0.36 V　　(D)0.29 V

45. 标定高锰酸钾溶液的准确浓度常用的基准物质是(　　)。

(A) $FeCl_2 \cdot 5H_2O$　　(B) $Na_2C_2O_4$

(C) $Na_2B_4O_7 \cdot 10H_2O$　　(D) Na_2CO_3

46. 直接电位法中,加入 TISAB 的目的是(　　)。

(A) 提高溶液酸度

(B) 恒定指示电极电位

(C) 固定溶液中离子强度和消除共存离子干扰

(D) 与待测离子形成配合物

47. 在重量分析中对无定形沉淀洗涤时,洗涤液应选择(　　)。

(A) 冷水　　(B) 热的电解质稀溶液

(C) 沉淀剂稀溶液　　(D) 有机溶剂

48. 催化剂中锰含量的测定常采用(　　)。

(A) 中和滴定法　　(B) 络合滴定法

(C) 氧化还原滴定法　　(D) 沉淀滴定法

49. 采用氧化还原滴定法测定硫酸铜含量,合适的标准溶液和指示剂分别是(　　)。

(A) $KMnO_4$,淀粉　　(B) $Na_2S_2O_3$,淀粉

(C) $K_2Cr_2O_7$,二苯胺磺酸钠　　(D) I_2,淀粉

50. 准确称取维生素 C ($C_6H_8O_6$)试样 0.1988 g,加新煮沸过的冷蒸馏水 100 mL 和稀醋酸 10 mL,加淀粉指示剂后,用 0.05000 mol·L^{-1}的 I_2 标准溶液滴定,消耗 22.14 mL。则试样中维生素 C 的质量分数为($M_r(C_6H_8O_6) = 176.1$,$M_r(I_2) = 126.9$,反应方程式为 $C_6H_8O_6 + I_2 = C_6H_6O_6 + 2HI$)(　　)。

(A) 98.1%　　(B) 49.03%　　(C) 66.5%　　(D) 70.66%

51. 称取一含银废液 2.075 g,加入适量 HNO_3,以铁铵矾为指示剂,消耗了 0.04634 mol·L^{-1}的 NH_4SCN 溶液 25.50 mL。则此废液中银的质量分数为(　　)。

(A) 6.14%　　(B) 6.143%　　(C) 6.1432%　　(D) 6.1%

52. 莫尔法测定 Cl^- 含量时，要求介质的 pH 在 6.5～10 范围内，若酸度过高，则(　　)。

(A) AgCl 沉淀不完全　　(B) Ag_2CrO_4 沉淀不易形成

(C) AgCl 沉淀易胶溶　　(D) AgCl 吸附 Cl^- 增强

53. 采用原子发射光谱法对矿石粉末样品进行定性分析时，应选用的光源是(　　)。

(A) 交流电弧　(B) 直流电弧　(C) 高压电火花　(D) 等离子体光源

54. 在某一不含其他成分的 AgCl 与 AgBr 混合物中，已知混合物中 Ag 的质量分数为 0.6569，则质量比 $m_{Cl}:m_{Br}$ 为(已知：$A_r(Cl)=35.45$，$A_r(Br)=79.90$，$A_r(Ag)=107.87$)(　　)。

(A) 1∶1　(B) 1∶2　(C) 1∶3　(D) 2∶3

55. 某同学进行光度分析时，误将参比溶液调至 90%而不是 100%，在此条件下，测得有色溶液的透射率为 35%，则该有色溶液的正确透射率是(　　)。

(A) 36.0%　(B) 34.5%　(C) 38.9%　(D) 32.1%

56. 下列因素中，与分配系数无关的是(　　)。

(A) 温度　(B) 物系种类　(C) 压力　(D) 组成

57. 饮用水常含有痕量氯仿。实验指出，取 100 mL 水，用 1.0 mL 戊烷萃取时的萃取率为 53%。若取 10 mL 水，用 1.0 mL 戊烷萃取时的萃取率为(　　)。

(A) 53%　(B) 90%　(C) 92%　(D) 99%

58. 为增加溶剂萃取分层的效果，下列的方法不正确的是(　　)。

(A) 离心分离　　(B) 增加两相的密度差

(C) 减小相界面张力　　(D) 增大相界面张力

59. 试剂(HR)与某金属离子 M 形成 MR_2 后而被有机溶剂萃取，反应的平衡常数即为萃取平衡常数，已知 $K=K_D=0.15$。若 20.0 mL 金属离子的水溶液被含有 $2.0\times10^{-2}\,mol\cdot L^{-1}$ 的 HR 的 10.0 mL 有机溶剂萃取，则在 pH=3.50 时，金属离子的萃取率为(　　)。

(A) 99.7%　(B) 99.0%　(C) 95.6%　(D) 90.5%

60. 在极谱分析中，由 Cu^{2+} 所带来的前波的消除方法是(　　)。

(A) 在酸性溶液中加入抗坏血酸

(B) 在酸性溶液中加入 KCN

(C) 在碱性溶液中加入铁粉

(D) 在酸性溶液中加入适量的铁粉将 Cu^{2+} 还原为 Cu

61. 由反应 $RC\equiv CH+NaNH_2 \longrightarrow RC\equiv CNa+NH_3$ 和 $RC\equiv CNa+H_2O \longrightarrow RC\equiv CH+NaOH$，可推测酸性强弱正确的是(　　)。

(A) $NH_3 > RC\equiv CH > H_2O$　(B) $H_2O > RC\equiv CH > NH_3$
(C) $H_2O > NH_3 > RC\equiv CH$　(D) $HN_3 > H_2O > RC\equiv CH$

62. 有机化合物共轭双键数目增加时,其紫外吸收带将(　　)。
(A) 红移　(B) 蓝移　(C) 不变化　(D) 无规律偏移

63. 用下列试剂作为还原剂,必须在无水介质中进行的是(　　)。
(A) $NaBH_4$　(B) $LiAlH_4$　(C) Zn + HCl　(D) HI

64. 下列化合物中能拆分出对映异构体的是(　　)。

(A) 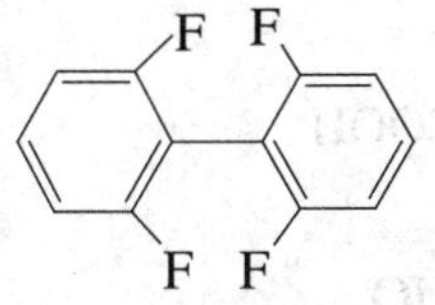 F F / F F　(B) 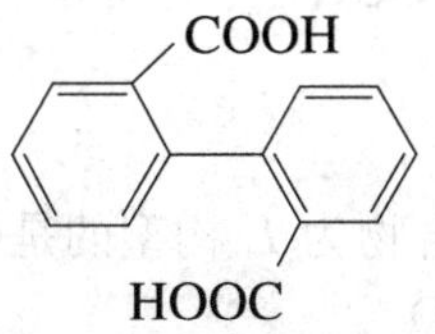 COOH / HOOC

(C) 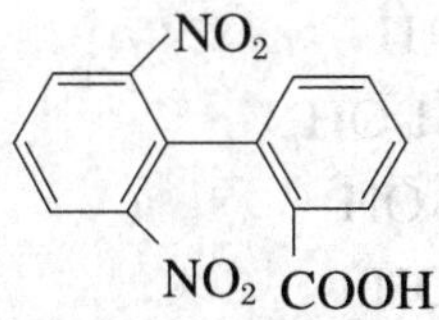 NO_2 / NO_2 COOH　(D) 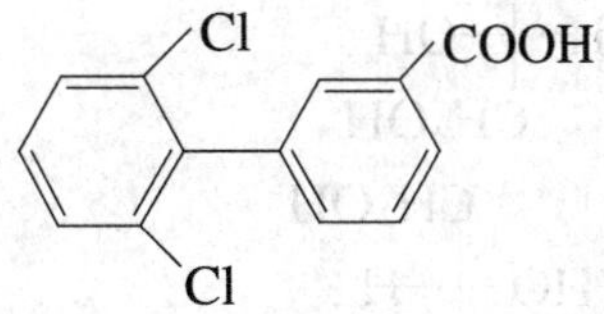 Cl / COOH / Cl

65. 下列所示酒石酸的构型为(　　)。

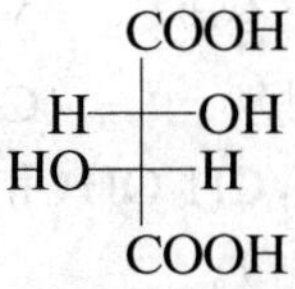

COOH
H—┼—OH
HO—┼—H
COOH

(A) 2*R*,3*R*　(B) 2*S*,3*S*　(C) 2*R*,3*S*　(D) 2*S*,3*R*

66. 下列所示化合物的旋光异构体数目为(　　)。

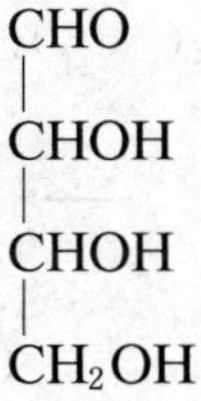

CHO
|
CHOH
|
CHOH
|
CH_2OH

(A) 2 种　(B) 3 种　(C) 4 种　(D) 5 种

67. 下列所示一对化合物的相互关系是(　　)。

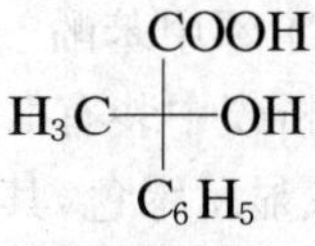

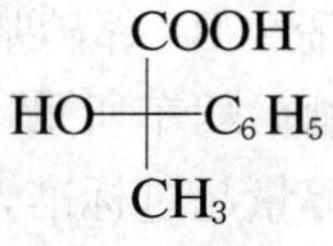

COOH
H_3C—┼—OH
C_6H_5

COOH
HO—┼—C_6H_5
CH_3

(A) 对映异构体 (B) 非对映异构体 (C) 相同的化合物 (D) 不同的化合物

68. 4-羟基-2-溴环己烷羧酸最稳定的立体异构体是(　　)。

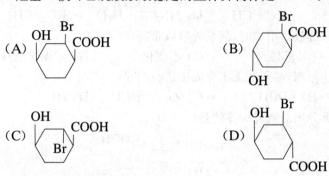

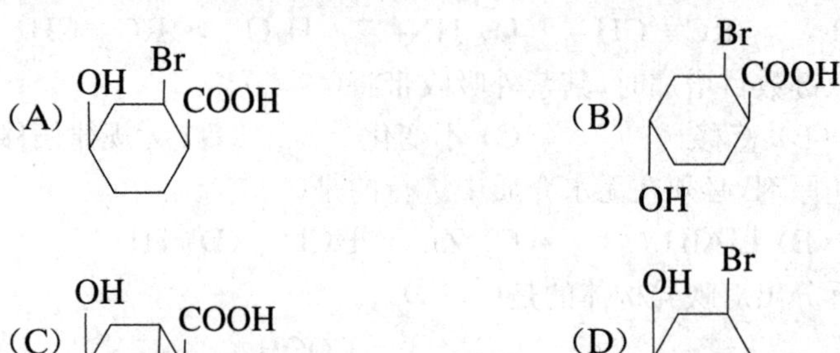

69. 下列所示化合物为 L 构型的是(　　)。

(A) 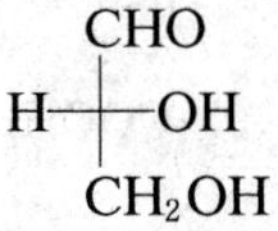 CHO / H—┼—OH / CH_2OH　　(B) 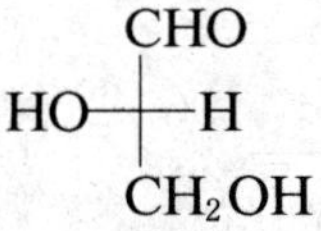 CHO / HO—┼—H / CH_2OH

(C) 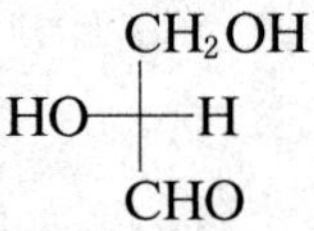 CH_2OH / HO—┼—H / CHO　　(D) 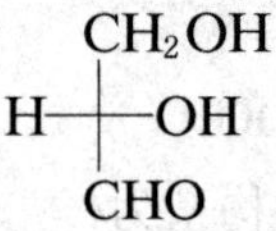 CH_2OH / H—┼—OH / CHO

70. Williamson 合成法主要用来合成(　　)。

(A) 酮　(B) 卤代烃　(C) 混合醚　(D) 简单醚

71. 下列所示化合物 HOH(Ⅰ)，CH_3OH(Ⅱ)，$(CH_3)_2CHOH$(Ⅲ)，$(CH_3)_3COH$(Ⅳ)的酸性强弱顺序是(　　)。

(A) Ⅰ>Ⅱ>Ⅲ>Ⅳ　(B) Ⅰ>Ⅲ>Ⅱ>Ⅳ

(C) Ⅰ>Ⅱ>Ⅳ>Ⅲ　(D) Ⅰ>Ⅳ>Ⅱ>Ⅲ

72. 下列所示反应合适的还原剂是(　　)。

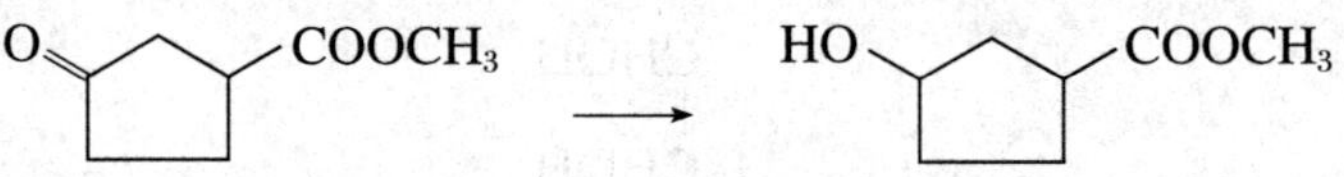

(A) $LiAlH_4$　(B) $NaBH_4$

(C) Fe + CH_3COOH　(D) Pt + H_2

73. 下列所示化合物中能形成分子内氢键的是(　　)。

(A) 对硝基苯酚　(B) 邻硝基苯酚　(C) 邻甲苯酚　(D) 对甲苯酚

74. 检查司机是否酒后驾车所采用的呼吸分析仪中装有 $K_2Cr_2O_7 + H_2SO_4$，如果司机血液中含乙醇量超过标准，则该分析仪显示绿色，其原因是(　　)。

(A) 乙醇被氧化　(B) 乙醇被吸收　(C) 乙醇被脱水　(D) 乙醇被还原

75. 苯甲醛与甲醛在浓 NaOH 作用下主要生成(　　)。

(A) 苯甲醇与苯甲酸　　(B) 苯甲醇与甲酸

(C) 苯甲酸与甲醇　　(D) 甲醇与甲酸

76. 乙醛和过量甲醛在 NaOH 作用下主要生成(　　)。

(A) $(HOCH_2)_3CCHO$　　(B) $C(CH_2OH)_4$

(C) $CH_3CH{=}CHCHO$　　(D) $CH_3CH(OH)CH_2CHO$

77. 用 Grignard 试剂合成下列所示的醇，不能使用的方法是(　　)。

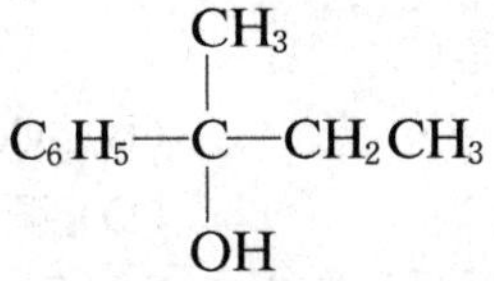

(A) $C_6H_5COCH_3 + CH_3CH_2MgBr$　　(B) $CH_3CH_2COCH_3 + C_6H_5MgBr$

(C) $C_6H_5COCH_2CH_3 + CH_3MgBr$　　(D) $CH_3CHO + C_6H_5MgBr$

78. 下列所示化合物中烯醇式含量最高的是(　　)。

(A) CH_3COCH_2COOEt　　(B) $CH_3COCH_2COCH_3$

(C) $PhCOCH_2COCH_3$　　(D) $C_6H_5COCH_3$

79. 下列所示化合物乙酰苯胺(Ⅰ)、乙酰甲胺(Ⅱ)、乙酰胺(Ⅲ)、邻苯二甲酰亚胺(Ⅳ)碱性强弱的次序是(　　)。

(A) Ⅰ＞Ⅱ＞Ⅲ＞Ⅳ　　(B) Ⅱ＞Ⅲ＞Ⅰ＞Ⅳ

(C) Ⅲ＞Ⅱ＞Ⅰ＞Ⅳ　　(D) Ⅳ＞Ⅰ＞Ⅲ＞Ⅱ

80. 与 $NaNO_2 + HCl$ 反应能放出 N_2 的是(　　)。

(A) 伯胺　　(B) 仲胺　　(C) 叔胺　　(D) 以上都可以

81. 下列所示化合物能溶于 $NaHCO_3$ 的是(　　)。

(A) 苯胺　　(B) 对甲苯酚　　(C) 苯甲酸　　(D) 乙酰苯胺

82. 分子式为 $C_5H_{10}O$ 的羰基化合物，其核磁共振谱在 $\delta = 1.05$ 处有一组三重峰，在 $\delta = 2.47$ 处有一组四重峰，其结构式可能是(　　)。

(A) $CH_3CH_2COCH_2CH_3$　　(B) $CH_3COCH(CH_3)_2$

(C) $(CH_3)_3C{-}CHO$　　(D) $CH_3CH_2CH_2CH_2CHO$

83. α-D-(+)-吡喃葡萄糖的 Haworth 式是(　　)。

(A) 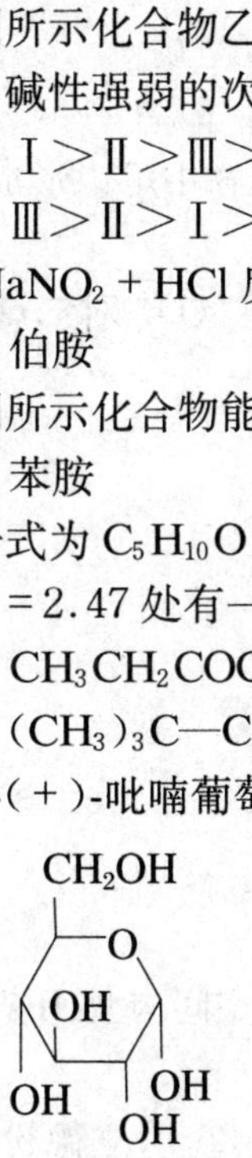

(B) 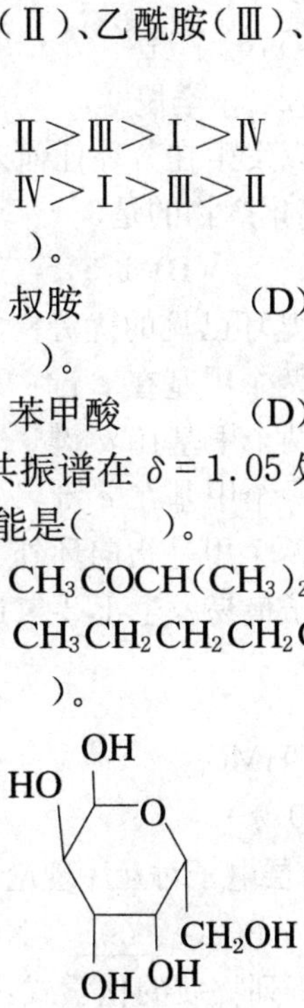

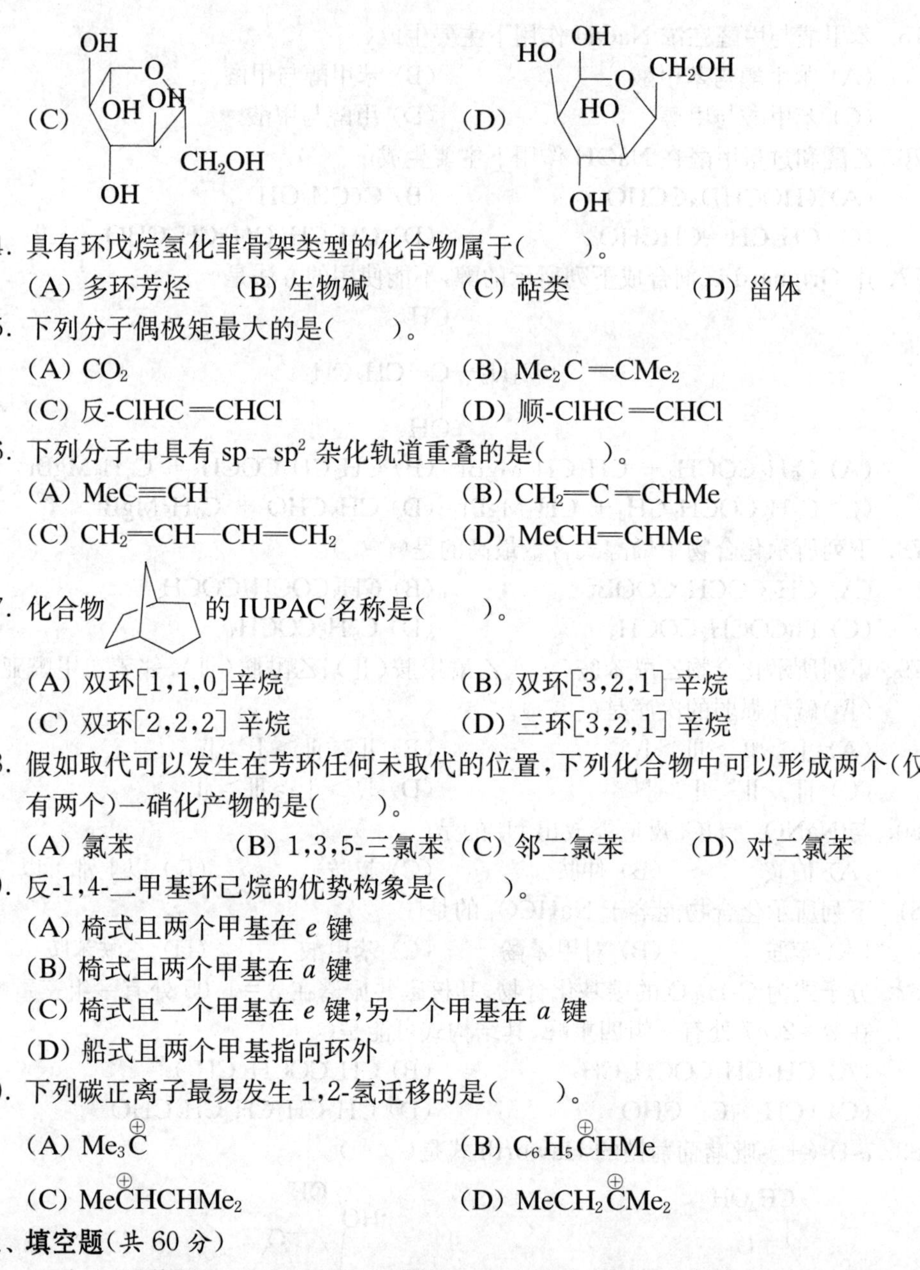

(C) (D)

84. 具有环戊烷氢化菲骨架类型的化合物属于(　　)。

(A) 多环芳烃　(B) 生物碱　(C) 萜类　(D) 甾体

85. 下列分子偶极矩最大的是(　　)。

(A) CO_2　(B) $Me_2C{=}CMe_2$

(C) 反-ClHC$=$CHCl　(D) 顺-ClHC$=$CHCl

86. 下列分子中具有 $sp-sp^2$ 杂化轨道重叠的是(　　)。

(A) $MeC{\equiv}CH$　(B) $CH_2{=}C{=}CHMe$

(C) $CH_2{=}CH{-}CH{=}CH_2$　(D) $MeCH{=}CHMe$

87. 化合物 的 IUPAC 名称是(　　)。

(A) 双环[1,1,0]辛烷　(B) 双环[3,2,1] 辛烷

(C) 双环[2,2,2] 辛烷　(D) 三环[3,2,1] 辛烷

88. 假如取代可以发生在芳环任何未取代的位置,下列化合物中可以形成两个(仅有两个)一硝化产物的是(　　)。

(A) 氯苯　(B) 1,3,5-三氯苯　(C) 邻二氯苯　(D) 对二氯苯

89. 反-1,4-二甲基环己烷的优势构象是(　　)。

(A) 椅式且两个甲基在 e 键

(B) 椅式且两个甲基在 a 键

(C) 椅式且一个甲基在 e 键,另一个甲基在 a 键

(D) 船式且两个甲基指向环外

90. 下列碳正离子最易发生1,2-氢迁移的是(　　)。

(A) $Me_3\overset{\oplus}{C}$　(B) $C_6H_5\overset{\oplus}{C}HMe$

(C) $Me\overset{\oplus}{C}HCHMe_2$　(D) $MeCH_2\overset{\oplus}{C}Me_2$

二、填空题(共 60 分)

91. (4 分)运用价层电子对互斥理论,判断下列分子或离子的空间构型:IF_2^- :__①__,ClF_3:__②__,PCl_4^+ __③__,XeO_6^{4-} :__④__。

92. (4 分) 写出下列物质的化学式:保险粉:__①__;甘汞:__②__;立德粉:__③__;

大苏打:__④__。

93. (8分)在氢氧化钾溶液中,铬酸钾与过氧化氢反应,生成K_3CrO_8。下面两个配平的反应方程式试图描述该反应。

(Ⅰ) $2K_2CrO_4 + 7H_2O_2 + 2KOH = 2K_3CrO_8 + 8H_2O$

(Ⅱ) $2K_2CrO_4 + 9H_2O_2 + 2KOH = 2K_3CrO_8 + O_2 + 10H_2O$

在(Ⅰ)中,K_2CrO_4 作__①__剂,H_2O_2 作__②__剂。

在(Ⅱ)中,K_2CrO_4 作__③__剂,H_2O_2 作__④__剂,此外 H_2O_2 还作__⑤__剂。正确反映该反应实质的是__⑥__,其理由是__⑦__。在 K_2CrO_8 中,铬的氧化态为__⑧__。

(以下每题均为2分)

94. 在室内悬挂涂有 CuI 的纸条可检测室内空气中是否有 Hg 的污染,写出其反应方程式________。

95. 高铁酸盐是一种非氯新型高效水消毒剂和水处理剂材料,主要是利用其__①__和__②__性能。

96. 在一定酸度和一定浓度 $C_2O_4^{2-}$ 存在下,CaC_2O_4 的溶解度计算式为________。

97. 已知 $E^0_{Ag^+/Ag} = 0.80$ V,Ag_2S 的 $pK_{sp} = 48.70$,则 $E^0_{Ag_2S/Ag} =$________。

98. 用摩尔法测定 Cl^- 浓度时,体系中不能含有________、________、________等阴离子,以及________、________、________等阳离子,这是由于________。

99. 用硼砂标定盐酸溶液浓度。准确称取硼砂($M_r = 381.4$) 0.3814 g 于锥形瓶中,加水溶解,以甲基红为指示剂用盐酸滴定至终点,消耗 20.00 mL,则盐酸溶液的浓度是________$mol \cdot L^{-1}$。

100. 用 0.10 $mol \cdot L^{-1}$的 NaOH 准确滴定 0.10 $mol \cdot L^{-1}$的某酸 H_3A(已知 $pK_{a1} = 3.00$, $pK_{a2} = 4.80$, $pK_{a3} = 8.20$),时,滴定产物是________,化学计量点的 $pH_{sp} =$________。

101. 含有 0.010 $mol \cdot L^{-1}$的 Mg^{2+}—EDTA 配合物的 pH = 10 的氨性缓冲溶液中,已知 $\lg K_{MgY} = 8.7$,$\lg \alpha_{Y(H)} = 0.5$,则 pMg =________,pY =________。

102. 在用 EDTA 滴定 Zn^{2+} 时,有时会使用 NH_3—NH_4^+ 溶液,其作用是________和________。

103. 用氢氟酸分解某硅酸盐样品时,应使用的适当容器是________。

104. 用8-羟基喹啉氯仿溶液于 pH = 7.0 时,从水溶液中萃取 La^{3+},已知它在两相中的分配比 $D = 43$,今取 La^{3+} 溶液(1 $mg \cdot L^{-1}$)30.00 mL,则用萃取液10.0 mL 一次萃取和 10.0 mL 分两次萃取的萃取率分别为________和________。

105. 用硅胶 G 的薄层层析法分离混合物中的偶氮苯时,以环己烷—乙酸乙酯(9∶1)为展开剂,经 2 h 展开后,测的偶氮苯斑点中心离原点的距离为 9.5 cm,其溶剂前沿距离为 24.5 cm。偶氮苯在此体系中的比移值 R_f 为________。

给出下面的反应产物或所需反应试剂和条件：

106. （反式-2-溴环己醇）$\xrightarrow{HBr/H_2O}$

107. $HO-C_6H_3(CH_3)-OCH_2CH=CHCH_3$ $\xrightarrow{Et_3N}$ $\xrightarrow[\triangle]{AlCl_3}$

108. （3-戊烯-2-酮）+ $CH_3CH_2NH_2$ $\longrightarrow$

109. （2-甲基环己酮）+ （四氢吡咯）$\xrightarrow{^+H/H_2O}$

110. $Me_2C=CMe_2$ $\xrightarrow{O_3}$ $\xrightarrow{H_3^+O}$

111. （含 C_9H_{17} 侧链、HO 取代的三烯甾体结构）$\xrightarrow{\triangle}$

112. （十氢萘，桥头碳上连 $^+N(CH_3)_3I^-$）$\xrightarrow[\triangle]{Ag_2O}$

113. （环己烯）+ Br_2 $\xrightarrow[10℃]{避光}$

114. $CH_3CO(CH_2)_3COOCH_2CH_3$ $\xrightarrow{(\quad)}$ （缩酮：1,3-二氧戊环）$(CH_2)_3COOCH_2CH_3$

115. $NC-C_6H_4-COCl$ $\xrightarrow{(\quad)}$ $NC-C_6H_4-CHO$

参考答案

一、选择题

1.(C) 2.(B) 3.(C) 4.(A) 5.(A) 6.(B) 7.(D) 8.(D) 9.(D)
10.(B) 11.(B) 12.(C) 13.(B) 14.(D) 15.(B) 16.(A) 17.(D)
18.(C) 19.(D) 20.(A) 21.(C) 22.(C) 23.(A) 24.(C) 25.(C)
26.(A) 27.(D) 28.(C) 29.(A) 30.(B) 31.(C) 32.(D) 33.(A)
34.(B) 35.(C) 36.(A) 37.(C) 38.(C) 39.(C) 40.(B) 41.(C)
42.(A) 43.(C) 44.(A) 45.(B) 46.(C) 47.(B) 48.(C) 49.(B)
50.(A) 51.(B) 52.(B) 53.(B) 54.(C) 55.(C) 56.(C) 57.(C)
58.(C) 59.(A) 60.(D) 61.(B) 62.(A) 63.(B) 64.(B) 65.(A)
66.(C) 67.(C) 68.(D) 69.(B) 70.(D) 71.(C) 72.(B) 73.(B)
74.(A) 75.(B) 76.(B) 77.(D) 78.(C) 79.(B) 80.(A) 81.(C)
82.(A) 83.(A) 84.(D) 85.(D) 86.(B) 87.(B) 88.(C) 89.(A)
90.(C)

二、填空题

91. ①直线型 ②T型 ③正四面体 ④正八面体

92. ①$Na_2S_2O_4$ ②Hg_2Cl_2 ③$ZnS \cdot BaSO_4$ ④$Na_2S_2O_3 \cdot 5H_2O$

93. ①还原 ②氧化 ③氧化 ④还原 ⑤取代 ⑥(Ⅱ) ⑦在 K_2CrO_4 中,Cr 为最高氧化态 +6,在氧化还原反应中只能作氧化剂,所以 H_2O_2 必须作还原剂,其氧化产物为氧气 ⑧+5

94. $4\,CuI + Hg(g) = Cu_2HgI_4 + 2Cu$

95. ①强氧化能力 ②絮凝能力

96. $\dfrac{K_{sp}}{\delta(C_2O_4^{2-}) \cdot c(C_2O_4^{2-})}$

97. −0.64V

98. PO_4^{3-};AsO_4^{3-};S^{2-};Pb^{2+};Ba^{2+};Cu^{2+};阴离子与银离子生成沉淀,阳离子与铬酸根生成沉淀

99. 0.1000

100. Na_2HA;6.5

101. 5.1;5.6

102. 控制溶液的 pH 值；防止 Zn^{2+} 水解

103. 聚四氟乙烯烧杯

104. 93.48%；99.58%

105. 0.39

106. 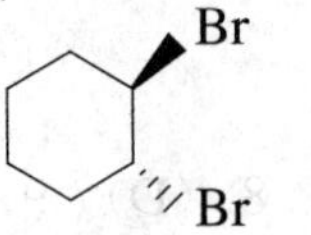 Br Br (dl)

107. 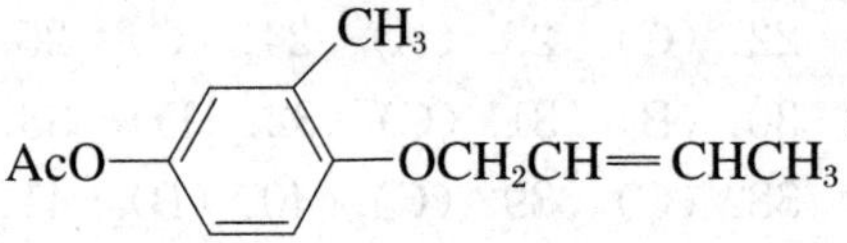 AcO—C₆H₃(CH₃)—$OCH_2CH=CHCH_3$；HO—C₆H₂(Ac)(CH₃)—$OCH_2CH=CHCH_3$

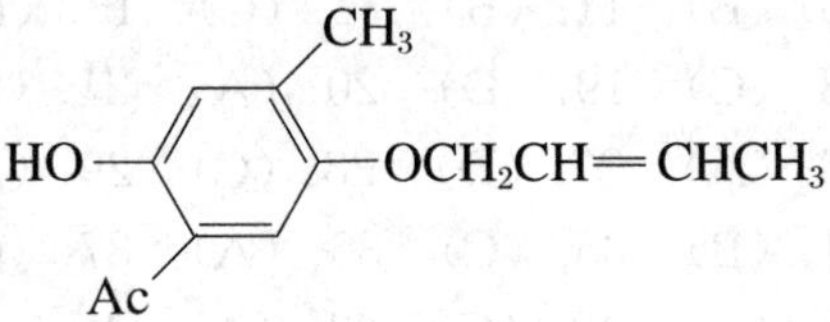

108.

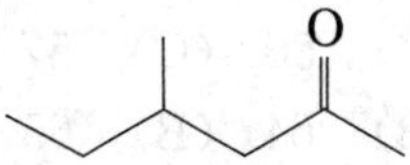

109. 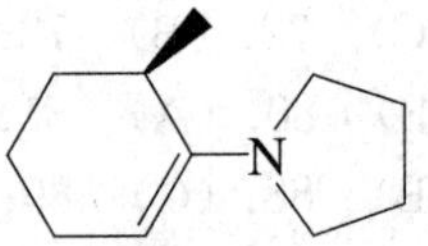 N

110. 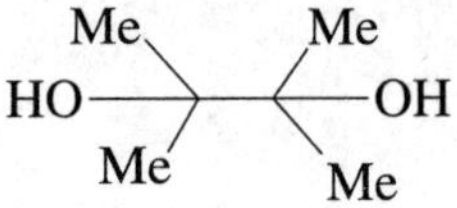 HO—C(Me)(Me)—C(Me)(Me)—OH

111. 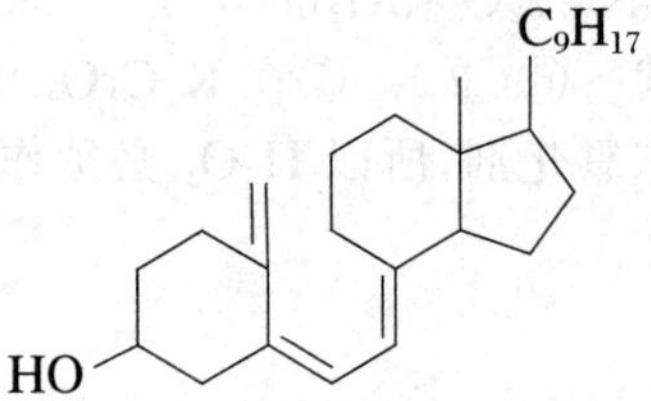 C_9H_{17} HO

112.

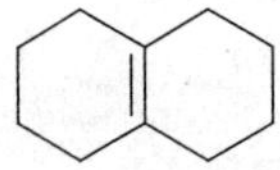

113. 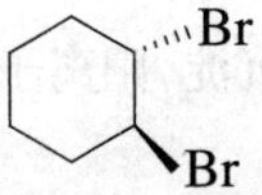 Br Br (dl)

114. $HOCH_2CH_2OH$ + HCl

115. $LiAlH(OBu^t)_3$